Paris
1872

Hœfer, Ferdinand

Histoire de la botanique, de la minéralogie et de la géologie depuis les temps les plus reculés jusqu'à nos jours

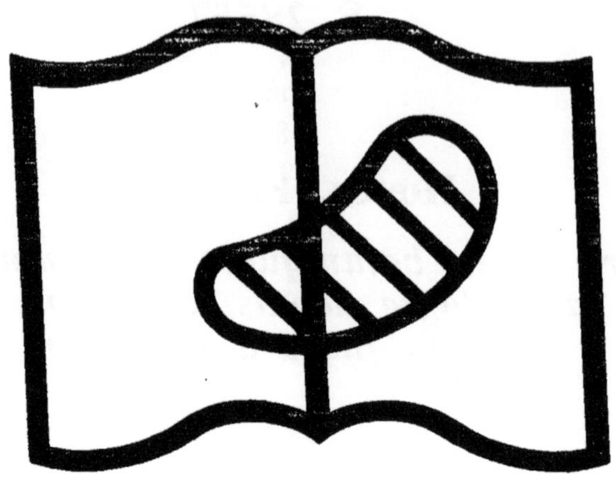

Symbole applicable
pour tout, ou partie
des documents microfilmés

Original illisible

NF Z 43-120-10

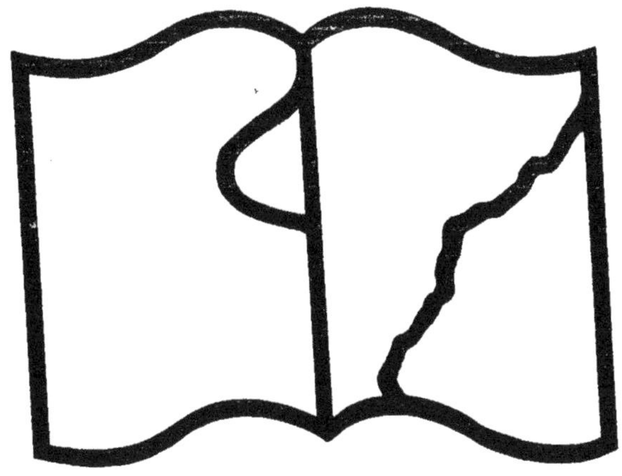

Symbole applicable
pour tout, ou partie
des documents microfilmés

Texte détérioré — reliure défectueuse

NF Z 43-120-11

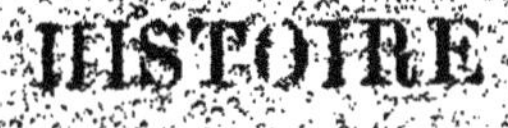

HISTOIRE

DE LA

BOTANIQUE

DE LA

MINÉRALOGIE ET DE LA GÉOLOGIE

DEPUIS LES TEMPS LES PLUS RECULÉS
JUSQU'À NOS JOURS

PAR

FERDINAND HOEFER

PARIS
LIBRAIRIE HACHETTE ET Cie
79, BOULEVARD SAINT-GERMAIN, 79

1872

HISTOIRE UNIVERSELLE

PUBLIÉE

par une société de professeurs et de savants

SOUS LA DIRECTION

DE V. DURUY

HISTOIRE

DE LA

BOTANIQUE

DE LA

MINÉRALOGIE ET DE LA GÉOLOGIE

OUVRAGES DE M. HOEFER

PUBLIÉS PAR LA MÊME LIBRAIRIE

Histoire de la physique et de la chimie, depuis les temps les plus reculés jusqu'à nos jours. 1 vol. in-12, broché, 4 fr.

Histoire de la zoologie. 1 vol. in-12.

Histoire de l'astronomie. 1 vol. in-12.

Histoire des sciences mathématiques. 1 vol. in-12.

La chimie, enseignée par la biographie de ses fondateurs : R. Boyle, Lavoisier, Priestley, Scheele, Davy, etc. 1 vol. in-12, broché . . . . 1 fr. 25 c.

Typographie Lahure, rue de Fleurus, 9, à Paris.

HISTOIRE

DE LA

BOTANIQUE

DE LA

MINÉRALOGIE ET DE LA GÉOLOGIE

DEPUIS LES TEMPS LES PLUS RECULÉS JUSQU'À NOS JOURS

PAR

FERDINAND HOEFER

PARIS

LIBRAIRIE HACHETTE ET Cie

79, BOULEVARD SAINT-GERMAIN, 79

1872

HISTOIRE

DE

LA BOTANIQUE.

LIVRE PREMIER.

LA BOTANIQUE DANS L'ANTIQUITÉ.

La connaissance de l'enveloppe végétale nécessaire à la nourriture de l'homme, connaissance qui constitue la *botanique* (du grec, *βοτάνη*, *végétal*), a suivi le mouvement de la civilisation. Les peuples primitifs ne nous ont rien transmis à ce sujet. Cela devait être; ils ignoraient l'usage de l'écriture. L'histoire de la botanique commence dès que l'esprit observateur a pu transmettre ses actes à la postérité. Elle sert en quelque sorte d'échelle graphique à ce mouvement.

Flore biblique.

Le plus ancien document que nous ayons ici à consulter, c'est la Bible. La Bible nous transporte, par ses récits, dans les contrées orientales du bassin méditerranéen, telles que la Phénicie, la Palestine, l'Égypte. C'était là que siégeait, il y a trois mille ans, la civilisation, quand l'Europe était encore plongée dans les ténèbres de la barbarie.

Les plantes que nous allons, le texte biblique à la main, passer en revue, appartiennent à cette zone qui s'étend depuis le littoral de la Phénicie jusqu'au bord occidental de l'Euphrate.

Parmi les *céréales*, nous signalerons d'abord le *khittah*, qui était une espèce de froment, le σῖτος des Grecs; puis le *sehorah*, qui était l'orge, comme le montre l'étymologie de ce nom (de l'hébreu *sahar*, être rude), par allusion aux arêtes de l'épi. Le froment et l'orge sont originaires de la Perse, s'il faut en croire le rapport des voyageurs naturalistes, tels que Olivier et André Michaux, qui y ont trouvé ces céréales à l'état sauvage. Le seigle ne paraît pas avoir été non plus inconnu aux anciens habitants de l'Asie occidentale; mais ils en faisaient fort peu de cas. Le *dokhan* ou *dourah*, que presque tous les interprètes ont inexactement rendu par *millet*, était de tout temps la céréale par excellence des peuples de l'Orient : c'était notre sorgho, espèce de houque (*holcus sorghum*, L.), facile à reconnaître à la largeur de ses feuilles, et surtout à ses épillets en panicule, qui sont, comme les graines, d'un brun plus ou moins foncé. C'est à ce dernier caractère que fait sans doute allusion le nom sémitique de *dokhan*, qui dérive évidemment de *dakhan*, être de couleur brunâtre.

Au nombre des végétaux à graines féculentes, appartenant à la famille des légumineuses, on trouve cité, dans l'Ancien Testament, le *pôl*, que la Vulgate a traduit par *faba*, fève. Mais, selon toutes les probabilités, il faut entendre par là le pois chiche, qui était de tout temps cultivé comme plante alimentaire dans les contrées méridionales. Le nom même de *pôl*, qui signifie gonfler ou bouillir, rappelle le latin *bulla* ou le français *poul*, par lequel on désignait autrefois un légume arrondi, gonflé, ayant quelque ressemblance avec une bulle de savon, et cette comparaison ne peut guère convenir qu'au pois chiche. On sait d'ailleurs que beaucoup de peuples anciens, notamment les Egyptiens, avaient interdit l'usage des fèves par des motifs de religion.

L'*adaschim*, que les traducteurs ont rendu par lentille, était la *vesce*, à juger par l'étymologie de ce nom. Car *adaschim* (pluriel d'*edesch*) vient d'*adasch*, faire paître un troupeau. Or ce n'étaient pas les lentilles, mais les vesces qui servaient anciennement, comme encore aujourd'hui, à amender les terres en jachère, en fournissant aux troupeaux des pâturages excellents. Au reste, la vesce est plus commune que la lentille dans les contrées méridionales de l'Ancien Monde. Les Arabes l'appellent encore aujourd'hui *adasch*. Ce ne fut donc pas pour un plat de lentilles, mais pour un plat de vesces, qu'Esaü vendit son droit d'aînesse[1].

Aucun pays ne devait être plus propre à la culture des oignons que la basse Égypte : ces plantes aiment un terrain alluvionnaire, humide. Il ne faut pas juger des oignons du midi par ceux du nord, qui ont une saveur âcre et excitent le larmoiement. Les oignons cultivés dans les régions méridionales, et particulièrement en Égypte, sont doux, mucilagineux, et beaucoup plus gros que ceux du nord. Les Hébreux, traversant le désert, regrettaient beaucoup les oignons d'Égypte[2]. Ils regrettaient aussi les *abattikhim*, qui étaient, non pas nos melons, mais les *pastèques*, qui font encore aujourd'hui la nourriture favorite des Orientaux pendant les chaleurs de l'été.

Qu'était le *khatsir*, dont il est souvent parlé dans l'Ancien Testament? Contrairement à l'opinion des traducteurs qui rendent ce mot par *poireau*, nous pensons que c'était une espèce de graminée, riche en sucre, et dont on

1. Genèse, XXV, 34.
2. Nombres, XI, 5.

pouvait mâcher la tige. Peut-être était-ce la véritable canne à sucre, mentionnée par Dioscoride et Pline, et connue, depuis la plus haute antiquité, des peuples de l'Orient.

Les Juifs avaient, suivant le Talmud, la coutume d'assaisonner tous leurs mets à l'ail. D'après Hérodote, on lisait sur la pyramide de Chéops, en caractères hiéroglyphiques, la quantité d'aulx, d'oignons et de raves que les ouvriers avaient consommés pendant la construction de ce monument[1].

Les *pakkuot*, que l'on a traduit indifféremment par coloquintes et par concombres sauvages, étaient les fruits du *momordica elaterium*, L., à juger par l'étymologie du mot, dérivant de *paka*, qui signifie, dans les idiomes sémitiques, *rompre*, *éclater*. Or ceci ne saurait s'appliquer qu'à cette cucurbitacée dont les fruits, à l'époque de leur maturité, se détachent de leur pédoncule avec bruit et lancent au loin les graines et le suc qu'ils contiennent. Le *momordica elaterium* est une plante propre à la région méditerranéenne et bien connue des anciens : ses fruits sont, comme l'indique la Bible, amers et vénéneux[2].

Les arbres et arbrisseaux portaient la dénomination générale de *etz*, qui dérive d'*atsah*, dur, et signifie primitivement le *bois*[3]. L'étymologie donne donc ici l'un des caractères essentiels qui servent à définir l'arbre et l'arbrisseau, savoir la *lignosité* de la tige.

Voici les principaux arbres dont il est question dans l'Ancien Testament.

Dattier. — Le dattier (*phœnix dactylifera*, L.) caractérise avec le palmier nain (*chamærops humilis*) la région méditerranéenne. Il frappe immédiatement tous les regards par sa tige svelte, élancée, dépourvue de branches et couronnée d'une cime de grandes feuilles en éventail. Toutes

1. Hérodote, II, 125.
2. II Rois, IV, 39-40.
3. Genèse, XL, 19; Deutéronome, XXI, 22.

les parties de cet arbre sont utilisées : la tige fournit une liqueur fermentescible, les feuilles servent à tisser divers ouvrages, et les dattes sont pour les Orientaux ce que la pomme de terre est pour les habitants de l'Europe. La Mésopotamie, la Syrie, la Palestine et quelques contrées de l'Arabie et de l'Afrique septentrionale passaient anciennement pour les pays les plus riches en dattes. Mais il faut aujourd'hui, au rapport des voyageurs, beaucoup rabattre de ces richesses.

La Bible ne parle pas d'une pratique agricole, fort ancienne en Egypte, qui consistait à secouer la poussière des fleurs mâles du dattier au-dessus du dattier à fleurs femelles, pour obtenir des fruits capables de mûrir. On sait cependant de temps immémorial que sans cette précaution la récolte des dattes avorte immanquablement. Comment la fécondation artificielle du dattier n'a-t-elle pas plus tôt conduit à la découverte des organes sexuels chez les plantes?

Grenadier. — Le *rimmôn* des Hébreux et des Chaldéens était le *ῥοά* des Grecs, le *malus punica* des Romains. Le grenadier était appelé *punica*, parce qu'on le croyait d'origine punique, des environs de Carthage. Il est au nombre des arbres caractéristiques de la région méditerranéenne. La pomme grenade était un des sept fruits de la Terre Promise[1]. Plusieurs endroits de la Palestine, fertile en grenades, portaient le nom de *Rimmôn*. Le grand prêtre des Hébreux avait ses habits sacerdotaux ornés de grenades, et la fleur (balauste) du grenadier se voit représentée sur des médailles phéniciennes et carthaginoises.

Amandier. — La région méditerranéenne est la véritable patrie de l'amandier, que les Hébreux désignaient par le nom de *schaked*. Ce nom a pour racine *schakad*, veiller, par allusion aux fleurs qui paraissent avant les feuilles, dès les premiers jours du printemps, au réveil de la

1. Deutéronome, VIII, 8.

nature. C'est sur cette étymologie que repose cette sorte de jeu de mots qu'on lit au chapitre I, 9-12, de Jérémie : « Que voyez-vous, Jérémie? Et je répondis : *Je vois une branche d'amandier.* » Les mots soulignés ont été rendus fort inexactement, selon nous, par : « *Je suis une verge qui veille.* » L'inexactitude de cette traduction, fondée cependant sur l'autorité de la Vulgate, est démontrée par la suite du texte de Jérémie : « Et Jéhovah dit : Vous avez bien vu ; car je veille pour accomplir mes paroles. » Le mot שקד *schaked*, (sans les points massorétiques), étant en même temps un substantif et le participe du verbe *schakad*, signifie tout à la fois *amandier* et *celui qui veille*.

Il est rare de voir, dans les langues anciennes, donner plusieurs synonymes à un seul et même arbre. Aussi n'admettrons-nous pas avec Celsius que *louz* signifie *amandier*, comme *schaked*. Le nom de *louz*, qui rappelle le *nux* des Latins, était appliqué, d'une manière générale, aux fruits à noix. C'est pourquoi les Septante ont eu raison de traduire ce nom hébreu par noyer *juglans regia*, L.), arbre assez bien connu des anciens, et que l'on croit originaire de la Perse. Mais nous rejetons, comme erronée, la version des traducteurs modernes allemands, danois et suédois, d'après lesquels *louz* serait le noisetier *corylus avellana*, L.) ; car, autant cet arbrisseau est commun en France, en Allemagne, en Danemark, en Suède, autant il est rare en Palestine et dans les pays circonvoisins.

Oranger. — Le nom hébreu de *tappoûakh* a été appliqué par les traducteurs à la pomme et au pommier. Cette interprétation est, selon nous, complétement inexacte. Car le pommier étant un arbre de la zone tempérée froide, prospère fort peu en Egypte, en Arabie, en Palestine, etc.; jamais ses fruits n'y attirent, ni par leur odeur, ni par leur saveur, l'attention des passants. Mais on trouve, dans la région méditerranéenne, un arbre bien connu, dont toutes les parties exhalent une odeur fort agréable : c'est l'oranger. C'est à lui que convient le nom de *tappouakh*, qui dérive de *nappakh*, répandre une bonne odeur; c'est à lui que conviennent ces paroles du Cantique des Cantiques, VII, 9 : « Et l'odeur de votre bouche sera comme celle des oranges[1]. » Tous les traducteurs cependant disent : « Et l'odeur de votre bouche sera comme celle des *pommes*. »

Olivier. — La connaissance de l'*olivier* et de ses usages remonte à la plus haute antiquité. La Genèse en fait mention sous le nom *zaïth*, qui se retrouve dans tous les idiomes sémitiques. Nous y reviendrons plus loin.

Figuier. — Les interprètes et commentateurs de l'Ancien Testament ont appliqué le nom de *tenah*, tantôt au bananier (*musa paradisiaca*, L.), tantôt au figuier commun (*ficus carica*, L.). Ainsi ils admettaient que les feuilles, dont Adam et Ève couvraient leur nudité, étaient les larges feuilles du bananier. Cependant, dans d'autres passages de la Bible, ce nom est aussi celui du figuier commun, dont les fruits sont énumérés parmi les productions de la Terre Promise. Les figues de la Palestine étaient renommées; elles portaient des noms différents, non-seulement d'après les variétés de l'espèce, mais suivant leur degré de maturité, de dessiccation ou de forme. Ainsi les figues d'hiver s'appelaient *paguim* (ὄλυνθοι des Septante, *grossi* de la Vulgate)[1]; les figues précoces ou printanières, *bicouroth*[2], nom encore aujourd'hui employé par les Arabes (*bucur*) pour désigner la même chose; enfin les figues desséchées et réduites en masses compactes se nommaient *debelin*, παλάθη des Grecs. Or, puisqu'on donnait déjà des noms différents aux fruits provenant d'une seule et même espèce d'arbre, il n'est guère probable que ce même nom de *tenah* ait été appliqué à la fois au bananier et au figuier proprement dit.

Sycomore. — Le *schikmah* du livre des Rois est bien le figuier de Pharaon ou sycomore (*ficus sycomorus*, L.), qu'il ne faut pas confondre avec notre érable. Le nom de syco-

1. Cantique, II, 13.
2. Jérémie, XXVIII, 4.

more, dérivé de σῦκος figue et de μῶρος mûrier, est très-expressif. Cet arbre ressemble, en effet, par ses fruits au figuier, et par ses feuilles au mûrier. Le sycomore paraît avoir été autrefois plus fréquent en Palestine et en Égypte qu'il ne l'est aujourd'hui. On le rencontre assez abondamment dans la Nubie. Son bois, qui passe pour résister à la pourriture, servait, chez les Égyptiens, à la fabrication des caisses de momie.

Cèdre. — Les prophètes parlent souvent de l'*érèz*, qui est bien le cèdre (*pinus cedrus*), et non pas, comme l'ont prétendu divers interprètes, le pin sylvestre. Cela résulte de ce passage d'Ezéchiel (XXXI, 3) : « Voyez Assur : il était comme un *érèz* sur le Liban : ses branches étaient belles, touffues et répandant l'ombre ; il était haut, et sa chevelure s'élevait d'entre les rameaux serrés. » Cette description s'applique en tout point au cèdre du Liban.

Le *cyprès* ou *bérosch* est presque toujours cité, dans l'Ancien Testament, à côté du cèdre. C'est qu'en effet ces deux arbres peuvent rivaliser ensemble par leur hauteur, par la verdure sombre de leur feuillage persistant et par les usages de leur bois, qui, imprégné de résine, résiste longtemps à la putréfaction. Le bois de cèdre et de cyprès, *la gloire du Liban*, selon l'expression d'Isaïe, avait été employé dans la construction du temple de Salomon.

Le *kinnamôn* était au nombre des aromates avec lesquels Moïse prépara, selon l'ordre de Jéhovah, l'huile sainte[1]. Si ce nom désigne réellement, ce qui paraît incontestable, la *cannelle*, c'est-à-dire l'écorce de plusieurs espèces de *cinnamomum*, arbres de l'Inde et particulièrement de l'île de Ceylan (la fameuse Taprobane des anciens), il faudra admettre que les habitants du pays de Chanaan, c'est-à-dire les Phéniciens, entretenaient déjà du temps de Moïse un commerce actif avec l'Inde. Ce commerce se faisait communément par l'intermédiaire

1. Exode. XXX, 23.

des Arabes; c'est pourquoi on prenait, pendant longtemps, les denrées de l'Inde pour des produits de l'Arabie. Hérodote, dans les renseignements qu'il nous donne sur la cannelle (III, 111), fut la dupe des rusés marchands de Tyr, qui répandaient des contes pour dérouter la concurrence. Il ajoute cependant avec raison que c'est des Phéniciens que « nous avons appris le nom et la chose ». Le *kinnamomon* des Grecs était donc, sans aucun doute, le *kinnamon* des Hébreux et des Phéniciens. Quant à la connaissance de l'arbre qui produit la cannelle, elle resta pendant longtemps un mystère pour les botanistes.

Myrrhe. — Le nom hébreu de *mor* (dérivant de *marar*, découler, être amer) paraît être la racine des mots grec et latin, μύῤῥα, *myrrha*. La myrrhe est, en effet, une substance amère, résineuse, qui découle d'un certain arbre ; de tout temps fort estimée des Orientaux, elle se rencontre dans le commerce en larmes ou en grains, dont les plus volumineux ont la grosseur d'une noisette. Elle vient de l'Arabie et de l'Abyssinie. Mais quel est l'arbre qui la fournit ? Les renseignements que nous donnent à cet égard les anciens, sont fort divergents. D'après Théophraste et Diodore, c'est un arbre qui, par son fruit et son feuillage, ressemble au *térébinthe*, espèce de *lentisque*[1]. Pline le compare au genévrier[2], et Dioscoride à un acacia[3]. Bélon et d'autres naturalistes modernes inclinent vers l'opinion de Dioscoride. Mais s'il y a des acacias qui fournissent de la gomme, il n'y en a aucun qui donne une substance résineuse semblable à la myrrhe. Il est infiniment plus probable que l'arbre myrrhifère appartient à la famille des térébinthacées, plantes presque toutes remplies de résine aromatique. Cette opinion, appuyée sur l'autorité de Théophraste et de Diodore, est confirmée par deux voya-

1. Théophraste, *Hist. plant.*, IX, 4 ; Diodore, V, 41.
2. Pline, *Hist. nat.*, XII, 15
3. Dioscoride, *Mat. med.*, I, 75.

geurs naturalistes, Ehrenberg et Hemprich. Le premier a décrit l'arbre d'où découle la myrrhe : il l'appelle *balsamodendron myrrha* (famille des térébinthacées), voisin du genre *boswellia*, dont plusieurs espèces fournissent l'encens.

La myrrhe, presque toujours associée à d'autres substances résineuses, aromatiques, jouait un grand rôle dans les pratiques religieuses des Juifs et des Egyptiens. Elle entrait dans l'huile sainte, qui servait à oindre le Tabernacle; elle était au nombre des présents offerts par les Mages. Nicodème l'employa, mêlée à d'autres aromates, pour embaumer le corps du Christ. Le *vin myrrhiné* (οἶνος ἐσμυρνισμένος) qu'on donnait à boire à Jésus sur la croix[1], était amer, excitant, mais ne possédait aucune des propriétés narcotiques que lui supposaient les commentateurs.

Qu'était-ce que le *pischtah*, dont il est si souvent question dans l'Ancien Testament ? Nous pensons que c'était le *coton*, contrairement à l'opinion des interprètes qui ont traduit *pischtah* par *lin*. Notre opinion est corroborée par un passage de Josué (II, 6), où il est question d'une femme de Jéricho, nommée Rahab, qui cacha chez elle des hommes dans des « bois de cotonniers », *hepischteh haëts*, mots que les traducteurs ont rendus par « sous des bottes de lin ». Or le cotonnier, d'annuel qu'il est, devient vivace et ligneux dans une contrée chaude, comme l'était la vallée de Jéricho, où il peut acquérir les dimensions d'un arbre moyen. Ceux qui objectent que le coton était inconnu aux anciens, oublient, qu'au rapport de Pline (*Hist. nat.*, XIX, 1) le cotonnier était cultivé de tout temps en Arabie et en Egypte, et que les Phéniciens et les Carthaginois répandirent l'usage du coton en Grèce, en Italie et en Espagne. Le coton le plus fin était appelé, en hébreu, *bouts*; βύσσος, *byssus*, chez les Grecs et les Romains.

1. S. Marc, XV, 23.

Le mot *atad*[1] a été diversement rendu par *buisson*, *églantier*, *petit houx*, *prunier sauvage*, etc. Cependant les Arabes désignent par le même mot une espèce de rhamnée, le *rhamnus paliurus*, L., arbrisseau très-commun en Palestine, et remarquable par ses fortes épines. Hasselquist[2] donne à notre arbrisseau le nom de *rhamnus spina Christi*, supposant avec beaucoup de probabilité que les Juifs avaient fait de ses rameaux la couronne d'épines du Christ.

Les *doudaïm* de la Bible, que les traducteurs rendent tantôt par *mandragores*, tantôt par *pommes d'amour*, paraissent être les fruits, non pas d'une solanée, mais d'une asclépiadacée, de l'*asclepias gigantea*. C'est un arbre qui croît en Palestine, ainsi que dans la Haute Égypte. « Son fruit, rapporte Robinson, est semblable à une pomme lisse, de couleur jaunâtre, et disposé en faisceau de trois à quatre; si on le comprime, il crève avec bruit comme une vessie gonflée d'air, et il ne reste dans la main qu'une enveloppe mince et des filaments fibreux; il contient une espèce de soie fine, avec les graines[3]. » Robinson avait trouvé cet arbre à Aïn-Gidy, sur le littoral de la mer Morte. Les fleurs paraissent de très-bonne heure, car déjà en mai on en voit les fruits. Cette particularité s'accorde parfaitement avec ce qu'on lit dans le Cantique des Cantiques (VII, 12 et 13), où il est question des plantes dont les fleurs annoncent le retour du printemps. Dans ce même passage, on mentionne le parfum des fleurs de *doudaïm*, caractère qui ne s'applique ni à la mandragore, ni à aucune solanée. Enfin, les fruits de l'*asclepias gigantea*, connus sous le nom de *pommes de Sodome*, passaient chez les Orientaux pour

1. Juges, XIX, 14 et 15 ; Psaumes, VIII, 10.
2. *Iter Palestinum* (Stockh. 1757, p. 523).
3. Robinson, *Palestine, Journal d'un Voyageur en 1838*, t. I, p. 472.

un puissant aphrodisiaque ; c'est aussi la propriété que semble, d'accord avec l'étymologie de *doudaïm* (de *dod* amour), leur attribuer l'auteur sacré (*Genèse*, XXX, 15 et 16).

Nous nous bornerons à signaler parmi les principales plantes annuelles et vivaces, mentionnées dans l'Ancien Testament, les espèces suivantes :

Kikaïôn. — Ce végétal, sous lequel s'abrita le prophète Jonas, était probablement le ricin (*ricinus palma Christi*). Le ricin, qui est annuel dans nos climats, devient vivace en Orient, où il acquiert les dimensions d'un arbre, et répand, par ses larges feuilles palmées, un ombrage épais. Le *kiki*, nom que les Égyptiens donnaient, suivant Diodore (*Bibl. Hist.*, I, 34), à l'huile de ricin, rappelle tout à fait le nom hébreu de *kikaïôn*. C'est donc à tort que les anciens interprètes l'ont traduit par *lierre* (κισσὸν, *hedera*). D'autres ont entendu par là une espèce de cucurbitacée[1].

Lis. — Dans le temple de Salomon les chapiteaux des colonnes avaient la forme du *schôschan*, et on y voyait un bassin ou coupe artificielle, semblable à une fleur de *schôschan* épanouie[2]. Le psalmiste parle d'un instrument de musique qui, à cause de sa forme, avait reçu le nom de *schôschan*[3]. Le Cantique des Cantiques donne le même nom comme un symbole de grâce et de beauté. De l'examen comparatif de ces détails on a conclu avec raison que le *schôschan* des Hébreux ne pouvait être que le lis (*lilium candidum*, L.). D'ailleurs ce mot a pour racine *schôsch*, blancheur, et le lis est indigène de l'Orient. On rencontre encore aujourd'hui de nombreuses espèces de liliacées dans les vallées de la Palestine, particulièrement aux environs de Hébron (Khalil)[4].

1. Voy. Celsius, *Hierobotanicon*, t. II, p. 273-282, et Niebühr, *Description de l'Arabie*, t. I, p. 208.
2. I Rois VII, 19, 22 ; XXVI, 2.
3. Ps. XLV, 1 ; LX, 1.
4. Voy. Schubert, *Reise in das Morgenland*, t. II, p. 275.

Parmi les plantes amères, comprises sous la dénomination générale de *leânah* (πικρία, ἀνάγκαι), on remarque surtout deux espèces d'armoise, l'*artemisia judaica*, L., et la santoline (*artemisia santolina*, L.), communes en Palestine et dans les ouaddis de l'Arabie. Peut-être est-ce à l'une de ces armoises que Salomon a voulu comparer la fin amère d'une prostituée[1]. « Nourrir quelqu'un de *leânah* » était une locution proverbiale pour exprimer un châtiment raffiné. Si ce châtiment était la peine capitale, le *leânah* devait être une plante vénéneuse, par conséquent différente de nos armoises.

Hysope. — Le nom d'*hysope* (ὕσσωπος, *hyssopus*) vient de l'hébreu *ézôb*. Sur l'ordre de Moïse, les Israélites en Egypte faisaient des aspersions avec l'hysope trempé dans le sang de l'agneau pascal[2]. Les lépreux, pour se purifier après leur guérison, devaient offrir de l'hysope trempé dans du sang de passereau[3]. On faisait aussi des aspersions avec de l'hysope trempé dans l'eau, contenant des cendres d'une vache rousse immolée[4]. Tout le monde connaît ce verset du psalmiste : « Tu m'aspergeras avec de l'hysope, et je serai purifié. » — Mais l'hysope des anciens est-il réellement l'hysope des botanistes modernes, l'*hyssopus officinalis?* Cette question doit être résolue négativement, si, comme cela paraît incontestable, le mot *ézôb* dérive de *azub*, être rude ou velu ; car la plante que nous appelons aujourd'hui *hysope* n'est ni rude, ni velue : ses feuilles et sa tige sont plutôt lisses et glabres. Cependant l'hysope dont les Hébreux se servaient dans leurs purifications, était une de ces plantes aromatiques dont se compose la famille des labiées. Suivant Gesenius, c'était une espèce de menthe ou d'origan. Le prieur du couvent de Sainte-Catherine, au mont Sinaï, montra

1. Prov., v, 4.
2. Exode, xii, 22.
3. Lévit., xiv, 4, 6, 51, 52.
4. Nombres, xix, 18.

au voyageur naturaliste Schubert, comme étant l'hysope de la Bible, une espèce de labiée, qui par la forme de ses feuilles se rapprochait du *teucrium pollium*, L. Si des connaissances d'histoire naturelle pouvaient se transmettre intactes par voie de tradition, il faudrait s'en rapporter au jugement des moines du Mont-Sinaï. Quoi qu'il en soit, l'*ézôb* de l'Ancien Testament ne paraît guère être le même que l'ὕσσωπος dont il est parlé dans l'Evangile de de saint Jean (XIX, 29), et qui servit à présenter au Christ sur la croix une éponge imbibée de vinaigre. Cet hysope était probablement le romarin, arbrisseau propre à la région méditerranéenne, et dont la tige et les rameaux peuvent acquérir une grandeur considérable. Cette conjecture rend inutile l'explication d Hiller, d'après laquelle on aurait attaché l'éponge à une touffe d'hysope, fixée au bout d'un roseau.

Le *gad* de l'Ancien Testament (Exode, XVI, 41; Nomb. XI, 7) est la coriandre (*coriandrium sativum*, L.), ombellifère commune dans la région méditerranéenne. Cette interprétation a été donnée par Gesenius (*Lexicon Hebraicum*) d'après un passage de Dioscoride[1], et sur ce que les Phéniciens ou Carthaginois l'appelaient *goïd*. Or le nom de *goïd* est évidemment le *gad* des Hébreux. Quant au nom même de *coriandrium*, en grec χόριον, il dérive de χόρις, punaise, et se rapporte à un des caractères distinctifs du *coriandrium sativum* : les feuilles exhalent une odeur de punaise marquée, tandis que les graines ont une odeur très-agréable et une saveur aromatique.

Le panier de jonc, *thébah gomèh*, dans lequel fut exposé sur le Nil Moïse enfant[2], était sans doute un de ces petits bateaux de papyrus dont se servaient les Egyptiens : les tiges étaient soudées avec de l'asphalte et de la poix. Isaïe (VIII, 11) parle de navires de papyrus glis-

1. *Mat. med.*, III, 64.
2. Exode, II, 3.

sant à la surface des eaux. Au rapport du voyageur Bruce, les Nubiens et les Abyssiniens font encore aujourd'hui usage de bateaux légers, construits avec des tiges de papyrus. Pour comprendre cet usage, il faut savoir que les tiges triangulaires du papyrus peuvent, dans des conditions de température et de sol convenables, acquérir les dimensions d'un gros tronc.

Le papyrus (*cyperus papyrifera*), si célèbre pour la fabrication du papier, est aujourd'hui très-rare en Égypte. Jadis si abondant dans le Delta, il se trouve maintenant relégué aux bords de quelques lacs ou rivières de la Nubie, de l'Abyssinie et du Soudan.

L'*aghrémon*, dont il est question dans les Prophètes[1], était, comme le papyrus, une plante palustre, à juger seulement par son nom (de *agam*, marais). Elle servait à la fois comme combustible et pour faire des palissades. A raison de ce double usage, nous pensons que c'était le grand roseau à quenouille (*arundo donax*, L.) C'est, en effet, la plus forte espèce du genre *arundo* : sa tige dure, ligneuse, haute de trois à quatre mètres, est employée encore aujourd'hui à faire des claies et des palissades; on s'en sert aussi en guise de combustible dans les contrées méridionales où cette espèce est indigène.

Nous ne pousserons pas plus loin cette énumération des espèces végétales mentionnées dans la Bible. Elle doit suffire pour montrer combien il règne, parmi les interprètes, d'incertitude sur la détermination de ces espèces. La même incertitude se retrouve dans les livres sacrés de l'Inde et de la Chine. Aussi n'en parlerons-nous pas ici.

Cependant au milieu des tâtonnements primitifs on voit déjà poindre l'idée de deux *classifications* distinctes. L'une repose sur les propriétés des plantes en rapport avec leur emploi; c'est la classification des plantes en

1. Isaïe, XXXV, 7; Jérémie, LI, 32; Job, XLI, 11.

utiles et en *nuisibles*. Les plantes utiles se divisent en *alimentaires*, en *textiles*, etc.; les plantes nuisibles, qui comprennent les poisons, sont presque toutes des plantes *médicinales*.

La seconde classification, tout aussi ancienne que la première, se rattache moins à l'utilité matérielle, immédiate, que les hommes peuvent tirer du règne végétal; elle relève davantage de l'ordre intellectuel et scientifique. Cette classification se présente tout naturellement à l'esprit humain. Placez un enfant au milieu d'une campagne fertile, et engagez-le à grouper les plantes qui l'environnent. Comment s'y prendra-t-il? Il commencera par mettre les *arbres* d'un côté, et les *herbes* de l'autre. C'est la classification qu'avait suivie Salomon; car la Bible (I Rois, IV, 33) dit de ce roi « qu'il avait traité de tous les arbres depuis le cèdre du Liban jusqu'à l'hysope qui sort des murailles. »

Flore d'Homère.

Les poëmes d'Homère, qui étaient aussi vénérés des Grecs que les livres de l'Ancien Testament l'étaient des Juifs, nous font encore mieux pénétrer dans la zone végétale qui caractérise la région méditerranéenne. Les côtes de l'Ionie, antique siége de la civilisation, nous rapprochent déjà de la Grèce.

Parmi les plantes dont parle l'immortel poëte, l'*olivier* occupe le premier rang. Homère distingue nettement l'olivier cultivé (ἐλαίη) de l'olivier sauvage (φυλίη)[1], et il présente le premier comme ornant les jardins de Laërte et d'Alcinoüs. L'entrée du port d'Ithaque était ombragée par un olivier aux rameaux étendus (τανύφυλλος ἐλαίη)[2]. L'oli-

1. Odyssée, V, 477.
2. Odyssée, X , 102.

ier n'était pas seulement utile par l'huile que fournis-aient ses fruits, son bois servait à la fabrication de beau-oup d'ustensiles. C'est ce qui fit dire à Columelle : *olea prima omnium arborum est*, « l'olivier est le premier de tous les arbres. »

Les Grecs ne sont pas d'accord sur l'origine de l'olivier, de tout temps si commun dans leur pays. Selon les uns, il fut transporté d'Égypte à Athènes par Cécrops en 1580 avant l'ère chrétienne ; selon d'autres, ce fut Hercule qui, au retour de ses expéditions, apporta l'olivier en Grèce et le planta sur le mont Olympe. Les Grecs avaient cet arbre en si grande vénération, qu'ils en firent le symbole de la sagesse, de l'abondance et de la paix. Il passait pour un bienfait de Minerve. Les vainqueurs aux jeux de l'É-ide étaient couronnés de rameaux d'olivier. Il était pri-mitivement défendu de faire servir l'olivier à des usages profanes, et on ne permettait pas de brûler sur les autels des dieux les branches qu'on présentait pour demander la paix. Les Phocéens, qui fondèrent Marseille environ 600 ans avant J. C., passent pour avoir introduit l'olivier en Italie et dans les Gaules. D'après une tradition, rap-portée par Pline, il n'y avait pas encore, sous le règne de Tarquin l'Ancien, d'olivier en Italie.

Les *chênes* faisaient particulièrement l'admiration des anciens : Homère en témoigne. Mais il importe surtout de ne pas confondre les espèces méridionales avec celles qui ne se plaisent que dans la zone tempérée froide. Parmi les premières on distingue le chêne à glands comestibles (*quercus esculus*), celui qu'Homère désigne sous le nom de φηγός (*fagus*), en le qualifiant de « très-bel arbre de Jupiter ».

Εἷσαν ὑπ' αἰγιόχοιο Διὸς περικαλλέϊ φηγῷ[1].

Ils le placèrent (Sarpédon blessé par Hector) sous un très-beau chêne de Jupiter, porteur de l'égide.

1. Iliade, v, 693.

Il ne faut point se laisser induire en erreur par le mot *fagus* (φηγός), qui s'applique aussi au hêtre (*fagus sylvatica*). Le hêtre sans doute est aussi un très-bel arbre, digne, par la magnificence de son port, de la majesté de Jupiter. Mais il devait être rare, sinon introuvable, dans les plaines de la Troade où l'Iliade nous transporte. Le hêtre, remarquable par son feuillage luisant et son écorce lisse, grisâtre, se plaît surtout dans les régions sous-alpines. Théophraste et Pline le connaissaient. Ce dernier distingue parfaitement le fruit du hêtre, le faîne triangulaire, du gland arrondi, comestible[1]. Les glands du φηγός (de φάγω, je mange) composaient la nourriture primitive de beaucoup de peuplades anciennes, particulièrement des Arcadiens, qui reçurent de là l'épithète de βαλανοφάγοι, mangeurs de glands.

Quant au nom général de δρῦς, *chêne*, il s'appliquait, suivant les épithètes que lui donnait le poëte, tantôt à l'yeuse (*quercus ilex*, L.), employé en palissades à cause de la dureté de son bois (*Odyssée*, XIV, 12), tantôt aux chênes verris (*quercus cerris*), arbres à hautes et larges cimes, δρύες ὑψικάρηνοι et ὑψίκομοι[2]. Ces derniers, communs dans les forêts du midi, diffèrent des chênes de nos forêts septentrionales par leurs feuilles plus profondément découpées et par leurs cupules dont les écailles se terminent par de longs filaments.

Le *frêne*, μελίη, qui croissait dans les montagnes, et servait à faire des bois de lance, était probablement le *fraxinus ornus* de Linné, plus propre aux contrées méridionales que le *fraxinus excelsior*, L.

L'arbre que les nymphes plantèrent sur le tertre couvrant les cendres d'Aétion[3], était-il réellement, comme le croit Sprengel, notre ormeau, *ulmus campestris*[4]? C'est

1. Pline, *Hist. nat.*, XVI.
2. Iliade, XII, 132; XXIII, 118.
3. Iliade, VI, 419.
4. Sprengel, *Hist. rei herbariæ*, t. I, p. 23.

fort douteux; car le nom de πτελέη, ici employé, paraît s'appliquer plutôt à une espèce de peuplier. Achille, luttant contre le courant du Scamandre, « saisit de ses mains le peuplier bien poussé, grand : »

. .. πτελέην ἕλε χερσὶν
Εὐφυέα, μεγάλην ....

Les qualificatifs de « bien poussé, grand, » conviennent parfaitement à un arbre qui, tel que le peuplier, se plaît aux bords des fleuves. Du reste, la même incertitude se présente pour la détermination exacte des arbres qui ornaient l'île de Calypso. Les

Κλήθρη τ', αἴγειρός τ', ἐλάτη τ' ἦν οὐρανομήκης,

étaient-ils réellement l'*aune*, le *peuplier*, le *sapin?* Il est permis d'en douter.

Quant au πλατάνιστος (*Iliade*, II, 307), c'était bien le platane (*platanus orientalis*), encore aujourd'hui commun en Asie Mineure. A raison de son port, il mérite bien l'épithète de *beau*, καλή, que lui donne Homère.

Qu'était-ce que le *lotus* d'Homère? Avant de répondre à cette question, il importe d'abord d'établir que ce même nom s'appliquait à des espèces végétales très-différentes.

Ainsi, le *lotus bleu* et le *lotus rose* dont parle Hérodote, étaient des plantes aquatiques, des nymphéacées, anciennement aussi abondantes dans le Nil qu'elles y sont aujourd'hui rares. Le lotus à fleurs bleues, *nymphæa cærulea (nelumbium speciosum)*, a le fruit semblable à une capsule de pavot; il renferme une quantité prodigieuse de petites graines que les Égyptiens employaient à la fabrication de leur pain. Les fleurs bleues de cette belle nymphéacée, qui se retrouve encore dans les fleuves de l'Inde, se voient fréquemment peintes sur les antiques monuments de l'Égypte. Le lotus à fleurs roses, *nymphæa nelumbo*, donnait la *fève d'Égypte* (κύαμος Αἰγύπτιος). Ces fèves sont contenues dans une capsule, percée de trous au sommet, et ayant tout à fait la forme d'une pomme d'arrosoir. Hérodote parle aussi d'un lotus à grandes fleurs blanches, semblables à celles du lis, et dont la racine était comestible. C'était là, non pas une nymphéacée, comme on l'a prétendu, mais une espèce d'aroïdée, probablement l'*arum colocasia*. Ses belles fleurs blanches faisaient partie de la coiffure d'Isis et d'Osiris. On les figurait aussi sur la tête d'Harpocrate.

Le nom de *lotus* s'appliquait également au micocoulier (*celtis australis*, L.), arbre de la grandeur d'un poirier, propre à la région méditerranéenne. Ses fruits, qui ressemblent à des fèves, sont insipides et inodores[1]. Son bois, remarquable par sa dureté et sa couleur brune, servait à la fabrication des flûtes et des statues de divinités. C'est pourquoi λωτός est quelquefois synonyme de αὐλός, flûte. — Le *diospyros lotus* était le lotier arborescent, à baies rouges, légèrement sucrées, cultivé en Italie, autour des habitations[2].

Parmi les herbes de la campagne dont parlait Télémaque, se trouvait aussi un lotus[3]. Etait-ce le mélilot ou le lotier corniculé de nos botanistes? Voilà ce qui n'est guère facile à décider.

Enfin l'arbrisseau dont les fruits servaient d'aliment aux Lotophages, était, d'après l'opinion la plus accréditée, le jujubier (*rhamnus lotus*, L., *ziziphus lotus*, Encyclop.). Clusius, J. Bauhin, Linné, Shaw, partagèrent cette opinion. Poiret et Desfontaines essayèrent de la confirmer. Poiret trouva le *ziziphus lotus* sur le littoral de Tunis et de Tripoli, particulièrement dans la petite Syrte et dans l'île de Djerbi. Desfontaines l'observa dans les mêmes contrées; la description qu'il en fait s'accorde

1. Théophraste, *Hist. plant.*, IV, 3.
2. Columelle, VII, 9.
3. Odyssée, IV, 603.

avec celle qu'en donne Polybe. « Le lotus des Lotophages est, dit cet historien, un arbrisseau rude et armé d'épines. Ses feuilles sont petites, vertes et semblables à celles du *rhamnus*; ses fruits, encore tendres, ressemblent, lorsqu'ils sont mûrs, aux baies du myrte; en prenant une couleur rousse, ils égalent en grosseur les olives rondes, et contiennent un noyau osseux. » Polybe donne encore d'autres renseignements sur le lotus. « Lorsque le fruit, ajoute-t-il, est mûr, les Lotophages le cueillent, l'écrasent et le renferment dans des vases. Ils ne font aucun choix des fruits qu'ils destinent à la nourriture des esclaves; mais ils choisissent ceux qui sont de meilleure qualité pour les hommes libres. Leur saveur approche de celle des figues ou des dattes. On en fait aussi une sorte de vin en les mêlant avec de l'eau. Cette liqueur est très-bonne, mais elle ne se conserve pas au delà de dix jours. » — Ces renseignements s'accordent avec ceux d'Hérodote. « Le fruit du lotus est, dit-il, de la grosseur d'une baie de lentisque et d'une saveur analogue à celle des dattes. Les Lotophages préparent du vin avec ce fruit[1]. »

Ainsi, suivant les autorités que nous venons de citer, les fruits du lotus d'Homère étaient les jujubes, assez communes sur les côtes de l'Afrique septentrionale. Mais il faut cependant reconnaître que ces fruits, s'ils peuvent être de quelque ressource pour des peuplades sauvages, n'ont aucune des qualités que leur assignait le poëte. D'abord les fleurs du jujubier, parfaitement insipides, ne se mangent point; ces paroles d'Homère, ἄνθινον εἶδαρ, *mets fleuri*, ne leur sont donc pas applicables :

....ἐπέβημεν
Γαίης Λωτοφάγων, οἵτ' ἄνθινον εἶδαρ ἔδουσιν[2].

1. Hérodote, IV, 177.
2. Odyssée, IX, 83-84.

. . . . Nous descendîmes
Sur la terre des Lotophages, qui mangent un mets fleuri.

On a beau forcer le sens des mots, on n'en fera jamais sortir ce qui ne s'y trouve pas : ἄνθινον signifie *fleuri, ce qui est de la fleur*, et εἶδαρ, *mets*, à moins qu'on ne lui donne le sens de *splendide*.

Puis, les jujubes, d'une saveur inférieure à celle des dattes, sont loin d'avoir le goût du miel ; enfin elles n'ont rien de cette douceur qui puisse faire oublier à ceux qui en mangent le retour dans leur patrie. On ne saurait donc en aucune façon leur appliquer la suite des vers du poëte :

Τῶν δ' ὅστις λωτοῖο φάγοι μελιηδέα καρπόν,
Οὐκ ἔτ' ἀπαγγεῖλαι πάλιν ἤθελεν, οὐδὲ νέεσθαι.

Aucun de ceux qui eut mangé du fruit mielleux du lotos
Ne voulut y renoncer, ni revenir (dans son pays).

On peut s'étonner avec raison que Desfontaines, dans son *Histoire du lotus*[1], n'ait pas fait mention d'un arbre qui a beaucoup plus de titres que le jujubier à être pris pour le lotus d'Homère ; cet arbre c'est le caroubier (*ceratonia siliqua*, L.), de la famille des légumineuses. Ses fleurs papilionacées, en grappe, ont une saveur sucrée, très-agréable, due aux petites gousses (siliques) tendres, qui commencent à se montrer bien avant que les corolles ne soient tombées. C'est ce qui justifie parfaitement cette locution d'Homère, ἄνθινον εἶδαρ, *mets fleuri*, qui a donné tant de mal aux interprètes. Quant aux longues gousses, qu'on nomme *caroubes*, il suffit d'en avoir goûté pour leur trouver immédiatement cette saveur mielleuse qui rappelle le μελιηδέα καρπόν, *fruit mielleux*, d'Homère, bien différent de la saveur des jujubes.

Il est d'autant plus étonnant que personne n'ait songé

1. Dans les *Mém. de l'Acad. des Sciences*, année 1788, p. 443 et suiv.

avant nous, à propos des Lotophages, au fruit du caroubier[1], que cet arbre était connu de tout temps des peuples groupés autour du grand bassin méditerranéen, et qu'encore aujourd'hui il est une ressource alimentaire pour les populations du littoral de l'Afrique, précisément là où Homère plaçait le pays des Lotophages. Notre opinion a été confirmée depuis par M. Ph. Bonné, professeur au collége d'Alger, parfaitement à même d'étudier la question sous tous ses points de vue[2].

Le *népenthès*, νηπενθές d'Homère, a également exercé l'esprit des commentateurs. A juger par son étymologie, le népenthès était un produit propre à chasser la *tristesse*, πένθος. C'est aussi le sens que lui donne le poëte quand il dit qu'Hélène

Jeta aussitôt dans le vin, qu'ils (les convives de Ménélas) buvaient, un poison,
Contraire à la tristesse (népenthès) et à la colère, faisant oublier tous les maux.

Αὐτίκ' ἄρ' εἰς οἶνον βάλε φάρμακον, ἔνθεν ἔπινον,
Νηπενθές τ' ἄχολόν τε, κακῶν ἐπίληθον ἁπάντων.

Et pour mieux préciser encore l'action de ce φάρμακον, mot qui signifie à la fois *poison* et *médicament*, le poëte ajoute :

Celui qui en a avalé après qu'on l'a mêlé à la coupe,
Peut rester une journée sans répandre une larme sur les joues,
Alors même que lui viendraient à mourir père et mère,
Ou qu'il verrait devant lui périr, par le fer, un frère ou un fils chéri.

Ὃς τὸ καταβρόξειεν, ἐπὴν κρητῆρι μιγείη,
Οὐκ ἂν ἐφημέριός γε βάλοι κατὰ δάκρυ παρειῶν,

1. Nous en avons parlé pour la première fois dans notre volume de l'*Univers pittoresque*, contenant les *États Tripolitains*, page 83 (Paris, 1850).
2. *Le caroubier ou l'arbre des Lotophages*, par Philippe Bonné, membre fondateur du Comice agricole d'Alger, etc. Alger, 1860, in-18.

Οὐδ' εἴ οἱ κατατεθναίη μήτηρ τε πατήρ τε,
Οὐδ' εἴ οἱ προπάροιθεν ἀδελφὸν, ἢ φίλον υἱὸν,
Χαλκῷ δηϊόῳεν, ὁ δ' ὀφθαλμοῖσιν ὁρῷτο[1].

On a beaucoup discuté pour savoir ce qu'était le népenthès d'Homère. Suivant les uns, c'était la cynoglosse (*cynoglossum officinale*, L.). Mais cette plante, de la famille des borraginées, n'a aucune des vertus que le poëte attribuait au népenthès. Suivant les autres, c'était la stramoine (*datura stramonium*, L.), de la famille des solanées. Ceux-là approchaient davantage de la vérité. Selon d'autres, le népenthès aurait été tout simplement du vin capiteux, procurant une prompte et longue ivresse[2]. Enfin, il y en a qui prennent le φαρμακον d'Hélène pour une espèce d'inule, l'*inula Helenium* de Linné, qui n'est aucunement narcotique. Cette opinion ne mérite pas même d'être réfutée.

Nous croyons que le fameux népenthès dont parlent, après Homère, Pline (*Hist. nat.*, XXI, 337 et 91, XXV, 5), Macrobe et Eustathe, était l'opium. Ce suc concrété du pavot (*papaver somniferum*, L.) réunit, en effet, toutes les propriétés qu'on attribuait à la drogue employée par Hélène, initiée à la connaissance des poisons.

Diodore nous apprend qu'on invoquait les vers cités plus haut comme témoignage du séjour d'Homère en Egypte. « En effet, ajoute-t-il, les femmes de Thèbes (en Egypte) connaissent encore aujourd'hui la puissance du népenthès, et les Diospolitaines (Thébaines) sont les seules qui s'en servent depuis un temps immémorial pour dissiper la colère et la tristesse[3]. » — On voit que l'opium a joué, de toute antiquité, un grand rôle en Orient.

Une autre femme, que le poëte nous représente comme bien plus habile encore que la belle Hélène à préparer

1. Odyssée, IV, 220-226.
2. Voy. l'*Excursus* de Desfontaines, dans le t. II, p. 151 et suiv., de l'édition de Pline (Collect. des Classiques de Lemaire, Paris, 1830).
3. Diodore, I, 97.

des poisons, c'était la fameuse Circé, qui hébergeait chez elle des loups et des lions apprivoisés après leur avoir donné des poisons (ἐπεὶ κακὰ φάρμακ' ἔδωκεν). Ces bêtes féroces la suivaient comme des chiens, caressant leur maîtresse. C'est Circé qui changea les compagnons d'Ulysse en pourceaux, après les avoir enivrés et touchés de sa baguette. Ulysse aurait subi le même sort, si Mercure ne lui eût pas montré le moyen de neutraliser l'action du φάρμακον de Circé, par une plante

Qui avait la racine noire et la fleur d'un blanc de lait ;
Les dieux la nomment *moly*; elle est difficile à creuser
Aux mortels.

Ῥίζῃ μὲν μέλαν ἔσκε, γάλακτι δὲ εἴκελον ἄνθος·
Μῶλυ δέ μιν καλέουσι θεοί· χαλεπὸν δέ τ' ὀρύσσειν
Ἀνδράσι γε θνητοῖσι[1].

Quelle était la plante, appelée *moly?* Les anciens, tels qu'Ovide, Lycophron et les scoliastes qui en parlent, ne nous donnent là-dessus aucun renseignement précis.

Théophraste (*Hist. plant.*, IX, 15) dit que la racine du moly est bulbeuse, que ses feuilles sont semblables à celles de la scille, et il indique les bords du Phénée en Arcadie comme lieu de provenance du moly le plus estimé. C'était donc une plante qui aimait les localités humides.

Pline répète à peu près les mêmes détails; et il ajoute que des auteurs grecs ont dépeint la fleur comme jaune, tandis qu'Homère la décrit comme blanche[2]

Partant de ces données, Clusius (de l'Ecluse) et J. Bauhin ont cru voir dans le moly d'Homère une espèce d'*allium*, genre qui contient, entre autres, l'oignon et l'ail, réputés propres à combattre les effets de l'ébriété. Adoptant cette opinion, Linné a donné le nom homérique

1. Odyssée, X, 212 et suiv.
2. Pline, *Hist. nat.*, XXV, 8.

de *moly* à l'ail doré (*allium moly*), que l'on cultive dans les parterres, à cause de ses fleurs nombreuses d'un beau jaune, à odeur alliacée, très-pénétrante.

Le moly était, suivant nous, une espèce d'*arum*, probablement la serpentaire (*arum dracunculus*, L.), dont la réputation contre les maléfices est fort ancienne. Sa racine bulbeuse, qui trace profondément, est noire, imprégnée d'un suc laiteux, corrosif; l'enveloppe de la fleur (spathe) est marquée, comme la hampe, de taches blanches. Tout cela s'accorde très-bien avec les caractères donnés par Homère à une plante recommandée par le dieu qui avait son caducée enroulé de serpents. Ajoutons enfin que la serpentaire est une plante propre aux localités humides et ombragées de la région méditerranéenne.

Les autres plantes mentionnées par Homère sont : l'*asphodèle*, qui formait, près des Portes du Soleil (Gibraltar), la prairie (ἀσφοδελὸν λειμῶνα) habitée par les âmes, fantômes des trépassés (ψυχαί, εἴδωλα καμόντων [1]; c'était l'*asphodelus ramosus*, belle plante méditerranéenne, dont les racines bulbeuses sont comestibles, et que les anciens plantaient près des tombeaux, dans la croyance que les mânes s'en nourrissaient. — Le *pavot* (μήκων), qui penche la tête, chargée de graines (*Iliade*, VIII, 306). — Le κρόκος et le ὑάκινθος (*Iliade*, VIII, 347), plantes printanières, comme le sont le *safran* et la *jacinthe*. — Le *jonc* (σχοῖνος), qui croît aux bords des fleuves (*Odyssée*, V, 463). — Le *cornouiller* (κρανείη), avec le fruit duquel Circé nourrissait les compagnons d'Ulysse, changés en pourceaux (*Odyssée*, X, 242). — Le *peuplier noir* (αἴγειρος) (*Odyssée*, VII, 106; XVII, 208), et le *peuplier blanc* (ἀχερωίς), qu'Hercule, après sa descente aux enfers, avait rapporté des bords de l'Achéron (*Iliade*, XIII, 389; XVI, 482). — Le *sapin* (ἐλάτη), qui habite le mont Ida (*Iliade*, XIV, 287). — On trouve aussi

1. Odyssée, XXIV, 13-14.

ns les poëmes d'Homère une mention fréquente du *blé* ειά), d'une *terre fertile en blé*, ζείδωρος ἄρουρα, et de la vigne, ltivée à Ithaque et à l'île de Schéria dans les jardins Alcinoüs.

Flore du paganisme.

Les plantes jouaient un grand rôle dans le symbolisme iéroglyphique des Egyptiens. Osiris et Harpocrate sont gurés naviguant assis sur des feuilles de lotos. A Isis tait consacré le *persea*. Qu'était-ce que le περσία ou ερσία? Les opinions sont divisées là-dessus. Suivant les ns, c'était le *pêcher*, en s'appuyant sur ce passage de iodore : « Il croît aussi en Egypte plusieurs espèces 'arbres, parmi lesquels on distingue le *persea*, dont les ruits sont remarquables par leur douceur ; cet arbre a été nporté de l'Ethiopie par les Perses à l'époque où Cambyse tait maître du pays[1]. » Suivant d'autres, au nombre esquels se trouve Sprengel, c'était le sebestier (*cordia nyxa*), arbre à feuilles arrondies, aminciées à leur base, ches en nervures, dont le pétiole sort d'un nodule cupuliforme. Ses fruits drupacés, connus sous le nom de *ebestes*, ont une saveur sucrée ; ils étaient autrefois emloyés en médecine. Cet arbre, anciennement commun dans a haute Egypte, y est aujourd'hui extrêmement rare. Au apport de Delisle, le perséa est le *balanites ægyptiaca*, e *heglyg* ou *lebakh* des Arabes, arbre de six à sept mèes de haut, dont le fruit a quelque ressemblance avec elui du dattier. Il ne se rencontre aujourd'hui que sur es frontières de l'Éthiopie[2].

Sur les monuments assyriens ou perses, rapportés des

1. Diodore, I, 34 (t. I, p. 39 de la 2e édit. de notre traduction).
2. Delisle, *Flore de l'Egypte* (dans le t. XIX, p. 263, de la *Description de l'Egypte*).

fouilles de Khorsabad, on voit la figure d'une divinité tenant dans la main droite un produit végétal, qu'on a pris pour une pomme de pin, et qui est, selon nous, tout simplement un bourgeon, reconnaissable à sa forme et à la disposition de ses écailles, symbole du réveil de la nature au printemps. Le même bourgeon se montre épanoui au sommet de la tête de la figure, garnie de cornes, symbole du principe fécondant [1].

Les arbres les plus beaux, ou caractérisés par quelque propriété saillante, étaient consacrés chacun à une divinité particulière. A Jupiter était consacré le châtaignier :

> .... Jovi quæ maxima frondet
> Æsculus [2].

A Hercule le peuplier, à Bacchus la vigne, à Vénus le myrte, à Apollon le laurier :

> Populus Alcidæ gratissima, vitis Iaccho,
> Formosæ myrtus Veneri, sua laurea Phœbo [3].

Les arbres de la forêt, notamment les chênes, étaient animés par des nymphes, les *Dryades*. Quelques-unes de ces divinités faisaient pour ainsi dire corps avec ces arbres, d'où leur nom de *Hamadryades* [4].

Les Héliades, filles du Soleil, furent métamorphosées en peupliers noirs, qui passaient pour sécréter le succin [5].

A l'origine de la *jacinthe* se rattache tout un mythe. Apollon avait tué involontairement d'un coup de disque le jeune et beau Spartiate *Hyacinthus*. Pour perpétuer les traces de sa douleur, ce dieu fit naître une fleur, belle

1. Voyez notre *Babylonie, Assyrie*, etc., p. 320, composant le t. IX de l'*Asie* de l'*Univers pittoresque*.
2. Virgile, *Georg.*, II, 15.
3. Virgile, *Eclog.*, VII, 61-62.
4. Virgile, *Eclog.*, V, 59 ; X, 62.
5. Virgile, *En.*, X, 190 ; Diod., V, 23.

comme le lis; seulement sa couleur, au lieu d'être blanche, était pourprée. Non content de cela, Apollon inscrivit ses pleurs sur les feuilles, et les lettres *ai ai*, que porte la fleur, marquent les gémissements du dieu :

> Flos oritur, formamque capit quam lilia; si non
> Purpureus color hic, argenteus esset in illis.
> Non satis hoc Phœbo est, is enim fuit auctor honoris :
> Ipse suos gemitus foliis inscribit, et *ai ai*
> Flos habet inscriptum, funestaque littera ducta est [1].

La seule fleur, connue des anciens, à laquelle puissent convenir ces caractères, c'est, non pas une jacinthe proprement dite, mais une espèce de lis, le lis martagon (*lilium martagon*, L.). Les segments de la corolle, fortement roulés en dehors, sont marqués de taches noires, auxquelles il est facile, avec un peu d'imagination, de trouver quelque ressemblance avec certaines lettres grecques.

Du sang de Vénus naquit la rose, et de ses larmes l'anémone :

> Αἷμα ῥόδον τίκτει, τὰ δὲ δάκρυα τὰν ἀνεμώναν [2].

Une plante, remarquable par ses fleurs d'un beau rouge foncé, l'*adonis æstivalis*, doit sa naissance au sang d'Adonis que Vénus fit périr [3]. Cette plante s'appelle encore aujourd'hui la *goutte de sang*.

La fleur en laquelle fut changée la nymphe Clytie [4], passe pour celle d'une espèce de crucifère, voisine de la giroflée, pour l'*hesperis matronalis*.

Phérénicus, poëte épique d'Héraclée, se rendit célèbre en imaginant des métamorphoses de ce genre. Il chanta, entre autres, le figuier, le cornouiller, le peuplier, le hêtre,

1. Ovide, *Metamorph.*, x, 212 et suiv.
2. Bion, I. 166.
3. Ovide, *Metam.*, x, 725.
4. Ibid., x, 267.

comme étant des Hamadryades, engendrées par le commerce d'Oxyle avec une nymphe.

La mythologie, cette religion d'artistes, qui animait tout le règne végétal, prêtait singulièrement à la poésie. Les croyances austères qui lui ont succédé ont arrêté ces élans de l'imagination.

Le *jardin des Hespérides*, dont les pommes d'or étaient gardées par un dragon à cent têtes, renfermait, sous une forme poétique, quelques faits réels. Les Hespérides étaient les nymphes de l'Occident, filles de Jupiter et d'Hespérus. Mais l'Occident change de signification suivant la région où l'observateur se trouve placé relativement au soleil. Ainsi, pour les Hellènes, l'Asie Mineure était l'Orient, tandis que pour les habitants de l'Asie Mineure la Grèce était l'Occident. Maintenant, quel est le peuple auquel les Grecs ont emprunté la plupart de leurs légendes mythologiques ? Ce sont, selon leur propre aveu, les Égyptiens. Or à l'occident de l'Égypte et au midi du Péloponnèse est située la Cyrénaïque, portion orientale du littoral de l'Afrique septentrionale. C'est dans la Cyrénaïque que les plus anciens géographes placent le jardin des Hespérides. Voici ce qu'on lit dans le Périple de Scylax : « Le golfe formé par le promontoire de Phycus est inabordable. Près de là se trouve le jardin des Hespérides. C'est un lieu de dix-huit orgyes, ceint de toute part de précipices si escarpés qu'il n'est accessible d'aucun côté. Il a deux stades d'étendue en tout sens, sa longueur étant égale à sa largeur. Ce jardin est rempli d'arbres serrés les uns contre les autres, et dont les branches s'entrelacent. Ce sont des lotus, des pommiers de toute espèce, des grenadiers, poiriers, arbousiers, mûriers, myrtes, lauriers, lierres, oliviers cultivés et sauvages, amandiers et noyers[1]. »

En résumé, suivant le témoignage de Scylax, c'est près

1. Scylax, *Peripl.*, 110 (édit. Gronov.).

du golfe formé par le promontoire de Phycus (aujourd'hui *Ras-Sem*) qu'il faut placer le jardin des Hespérides. Ce témoignage semble confirmé par les voyageurs modernes. Ainsi, au rapport de Pacho, on retrouve encore, dans le lieu indiqué, tous les arbres nommés par Scylax, à l'exception des noyers et des pommiers. Dans l'emplacement inabordable, ceint de précipices rocailleux, le voyageur voit l'allégorie du dragon préposé à la garde du jardin des Hespérides[1]. A quelque distance du cap Phycus sont les ruines de Beneghdem, l'ancienne *Balacris*, située sur la route qui conduisait à Ptolémaïs, à quinze milles de Cyrène, suivant Ptolémée. Non loin de là était le port où abordèrent probablement les Argonautes, lorsque du cap Malé ils furent rejetés sur les côtes de l'Afrique par un vent du nord. Hercule, qui était au nombre des Argonautes, parvint, d'après la légende, à s'emparer des pommes d'or du jardin des Hespérides.

Poëtes, historiens et voyageurs, tous ont vanté la beauté et la fertilité de cette plage. Pindare l'appelle « la *frugifère*, le Jardin de Jupiter, le Jardin de Vénus. » Selon Théophraste, les terres de la Cyrénaïque étaient légères, vivifiées par un air pur et sec ; l'olivier et le cyprès y acquéraient une rare beauté[2]. « Le territoire limitrophe de la Cyrénaïque, dit Diodore, est excellent et produit quantité de fruits, car il est non-seulement fertile en blé, mais il produit aussi des vignes, des oliviers et toutes sortes de fruits sauvages. »

Strabon plaçait le jardin des Hespérides aux environs de la grande Syrte. « Ceux qui habitent, dit-il, le fond de la Syrte, ne mettent que quatre jours pour se rendre au jardin des Hespérides, en suivant la direction du levant d'hiver. »

Della Cella, qui de nos jours l'a parcouru, s'accorde

1. Pacho, *Voyage dans la Marmarique et la Cynénaïque*, p. 172.
2. Théophraste, *Hist. plant.*, VI, 27 ; IV 3.

avec ces témoignages. Ainsi, au rapport de ce voyageur, les deux arbres dont parle Théophraste comme acquérant une rare beauté dans la Cyrénaïque, l'olivier et le cyprès, présentent encore aujourd'hui, dans cette contrée, une végétation singulièrement luxuriante[1]. C'est dans la plaine située entre la partie élevée de la Cyrénaïque et le bord de la mer qu'il place le jardin des Hespérides. Toute cette étendue de côte, à partir de l'ouest du cap Ras-Sem (Phycus), est rendue à peu près inaccessible par les innombrables rochers qui la bordent. Derrière ces rochers se trouvent les belles prairies d'Ericab.

On a beaucoup discuté pour savoir si les pommes dorées du jardin des Hespérides étaient des citrons ou des oranges. Cette question a peu d'importance. Il suffit de savoir qu'aujourd'hui, comme autrefois, on rencontre des citronniers et des orangers sur tout le littoral de l'Afrique, depuis la Cyrénaïque jusqu'aux Colonnes d'Hercule.

Dans le même territoire de la Cyrénaïque, qu'habitaient les Lotophages, se trouvait aussi le *silphium*, plante à laquelle les anciens attribuaient les propriétés les plus merveilleuses. Pline lui reconnaissait, entre autres, celles d'endormir les moutons et de faire éternuer les chèvres[2].

Le suc de cette plante se vendait au poids de l'or. Le *silphium* fut un des principaux objets du commerce des Cyrénéens; il passa en proverbe comme un symbole de richesses. Une tige de *silphium* était regardée comme un présent digne des princes et des dieux. César retira d'une de ces tiges, conservée dans le trésor public de Rome, la somme de quinze cents marcs d'argent. Les Cyrénéens avaient consacré cette plante à leurs souverains

1. Della Cella, *Viaggio da Tripoli di Barbaria alle frontiere occidentali dell' Egitto*, p. 77 et 119.
2. Pline, *Hist. nat.*, XII, 23.

les plus vertueux. Ainsi, sur plusieurs médailles de Cyrène, on voit, d'un côté, la tête du roi Battus ou de Jupiter Ammon, et, de l'autre, la figure du *silphium*.

Le suc de cette plante, qui passait pour une sorte de panacée, s'obtenait par l'incision de la tige et de la racine. Le suc de la tige s'appelait *thysias*, et celui de la racine, *caulias*. L'un et l'autre portaient le nom de *larmes de la Cyrénaïque*. Le suc de la racine était préféré à celui de la tige, parce qu'il se conservait plus longtemps. Pour empêcher qu'il ne se corrompît, on y mêlait de la farine. Une loi fixait le temps et la manière de faire l'incision, ainsi que la quantité de suc que l'on devait en tirer pour ne pas faire périr la plante.

Enfin, de quelle espèce végétale était le *silphium*, et dans quelle partie de la côte africaine le rencontrait-on plus particulièrement?

Scylax et Hérodote plaçaient le *silphium* dans la région littorale de la Pentapole libyque, depuis l'île de Platée jusqu'à l'entrée de la Grande Syrte. Catulle le plaçait près de Cyrène. Arrien et Pline le reléguaient sur la lisière intérieure des terres fertiles, tandis que, suivant Ptolémée et Strabon, il ne se voyait que dans la partie centrale du désert du sud de la Cyrénaïque. On a essayé de concilier ces opinions, en donnant le nom de Cyrénaïque à toute l'étendue orientale de la côte libyque, y compris la région ammonienne. Partant de là on a supposé que le *silphium* croissait dans toute cette vaste contrée, au nord, aussi bien qu'au sud, ce qui semblerait justifier les noms de *Cyrénaïque silphifère*, de *Libya silphifera*, etc. Mais cette explication est contredite par la nature du sol, qui n'est pas la même dans la partie septentrionale que dans la partie méridionale de la Libye.

Depuis les sommets, qui dominent l'ancienne Chersonèse cyrénaïque, jusqu'à la côte orientale de la Grande Syrte, on trouve fréquemment, dans un espace qui s'étend au sud, tout au plus à huit ou dix lieues du rivage, une grande espèce d'ombellifère, que les Arabes nommen *derias*, et dont voici les principaux caractères : racin fusiforme, charnue, très-longue, d'un brun foncé à l surface ; tige striée, atteignant deux ou trois pieds d hauteur, et s'élevant sur un collet épais d'où jaillit, s on l'incise, un suc laiteux, abondant ; feuilles luisantes surdécomposées, caduques ; fleurs en ombelles jaunes graines ovales, comprimées, bordées d'une membran transparente. Ces caractères s'accordent parfaitement av ceux que donne Pline. En effet, suivant ce naturaliste la racine du *silphium* était d'un brun foncé et ava plus d'une coudée de longueur. A l'endroit où elle sorta hors de terre était une grosse tubérosité (collet) qui, pa incision, laissait suinter un suc laiteux. Ses grain étaient aplaties (comprimées), ses feuilles tombaient tou les ans, dès que soufflait le vent du midi[1].

Mais le *silphium* des anciens croît-il encore aujourd'h dans la Cyrénaïque ? Si, du temps de Plaute[2], on en faisa encore d'abondantes récoltes, le *silphium* commençait devenir rare dès l'époque de Strabon. Au siècle de Plin (Ier siècle de notre ère), il avait été détruit par les bestiau et on ne connaissait plus qu'un *laser*, provenant de l Perse et de l'Arménie, très-inférieur à celui de la Cyr naïque. Sous Néron, on n'en trouva plus qu'un se pied, qui fut envoyé à ce prince comme une curiosi rare. Strabon attribue la cause de la rareté du *silphiun* de son temps, à une invasion des Barbares qui avaie cherché à le détruire par l'extirpation de ses racines. E répétant ce fait, Solin ajoute que les Cyrénéens avaie eux-mêmes contribué à détruire le *silphium*, pour s délivrer des impôts énormes dont il était l'objet. Mais n'est guère probable qu'on puisse ainsi anéantir toute un espèce végétale. Un fragment de racine, une grain

1. Pline, *Hist. nat.*, XIX, 15.
2. Plaute, *Rudens*, act. III, sc. 2, vers 15 et 16.

échappée par hasard, peuvent en assurer la propagation. On peut donc admettre, comme une chose très-probable, que le *laserpitium derius* de Pacho, ou le *thapsia silphium* de Viviani, qui se rencontre encore aujourd'hui dans les États Tripolitains, est le *silphium* des anciens. Seulement, dans ce cas, il faut beaucoup rabattre des propriétés merveilleuses de cette plante. La plupart des voyageurs ont reconnu, comme Pline, sa propriété d'être nuisible aux bestiaux. Mais c'est à peu près le seul caractère que le *laserpitium derius* partage avec le *silphium* des anciens.

Suivant Desfontaines[1], le *silphium* ou le *laser* des anciens était l'assa fœtida, suc concrété de la longue racine noire du *ferula assa fœtida*. Son odeur alliacée, repoussante (d'où son nom officinal de *stercus diaboli*), était anciennement fort recherchée, au point qu'on s'en servait pour aromatiser les mets, ce qui justifie le proverbe que « des goûts et des couleurs il ne faut pas disputer. » Le *narthex* des Grecs était aussi une espèce de *ferula* (*f. narthecα* de Poiret). Tournefort dit l'avoir retrouvé dans les îles de l'Archipel. « La tige, épaisse d'environ trois pouces, a, dit-il, cinq pieds de haut; elle est remplie d'une moelle blanche qui, étant bien sèche, prend feu comme la mèche. Le feu s'y conserve parfaitement bien, ce qui peut servir à expliquer un passage d'Hésiode qui, parlant du feu que Prométhée vola dans le ciel, dit qu'il l'emporta dans une férule. Ces tiges sont assez fortes pour servir d'appui, et trop légères pour blesser ceux que l'on frappe; c'est pourquoi Bacchus, législateur, ordonna sagement aux premiers hommes qui buvaient du vin de se servir de cannes de férule, parce que souvent, dans la fureur du vin, ils se cassaient la tête avec les bâtons ordinaires. Les prêtres du même dieu s'appuyaient sur des tiges de férule.... Plu-

1. Pline, *Hist. nat.*, t. VI, p. 465 (*Excursus*, III, de l'édition de Lemaire).

tarque et Strabon remarquent qu'Alexandre tenait les œuvres d'Homère dans une cassette de férule[1]. »

La flore médicale d'Hippocrate et de Galien se compose à peine de deux cents plantes, dont les noms sont loin de se rapporter à des espèces exactement déterminées. Ainsi, l'*ellébore noir*, ἐλλέβορος μέλας, dont la racine passait pour guérir la folie, était, selon toute apparence, non pas notre rose de Noël (*helleborus niger*, L.), mais l'*helleborus orientalis*, Encycl. Anticyre était le lieu qui fournissait le meilleur ellébore; d'où vint le proverbe d'envoyer à Anticyre les personnes malades du cerveau. En visitant l'île d'Anticyre, l'Eubée, la Béotie, le mont Hélicon, Tournefort n'y trouva que l'ellébore oriental. Il en essaya l'usage; mais le succès ne répondit pas à son attente.

Le panais opopanax (*pastinaca opopanax*, L.) fournit, par l'incision des racines, une gomme-résine, qui paraît avoir figuré dans la pharmacopée des anciens. Mais il n'est pas certain que le *panakès* (πάνακες) d'Hippocrate (d'où le nom de *panacée*) soit cette gomme-résine. Le panais opopanax se rencontre dans la Syrie. Ni Sibthorp, ni Fraas ne l'ont rencontré en Grèce. L'auteur de la *Flora græca* (Sibthorp) dit que le panais commun (*pastinaca sativa*) croît aux bords des champs cultivés, dans les îles de l'Archipel. C'est de celui-là que parlent Dioscoride (III, 80) et Pline (XXII, 22).

Parmi les autres ombellifères de la flore hippocrato-galénique, nous citerons le *buprestis* (βούπρηστις), qui paraît être le *bupleurum fruticosum*, L., commun dans la région méditerranéenne; ses feuilles ovales, lisses, devaient, à cause de leur persistance pendant l'hiver, attirer de tout temps l'attention sur cette espèce arborescente. — Le *séséli* (σέσελι), qui n'appartient à aucune espèce de séséli des botanistes modernes, est, suivant Sprengel, le *tordylium officinale*, L., dont les graines ont la saveur de

1. Tournefort, *Voyage au Levant*, t. I, p. 290.

celles du cumin et passent pour diurétiques. Dioscoride (III. 56) en parle sous le nom de τορδύλιον ou σέσελι κρητικόν. Son *séséli éthiopique*, σέσελι αἰθιωπικόν, était le *buplevrum fruticosum*. On le rencontre assez abondamment sur les collines arides du Péloponnèse.

Le *conium*, κώνειον d'Hippocrate et de Théophraste, que Pline nommait *cicuta*, paraît être notre grande ciguë, *conium maculatum*, facile à reconnaître à son odeur vireuse et à ses tiges, parsemées de taches livides comme la peau d'un serpent. Cette ombellifère abonde dans les localités humides de la Grèce, à l'exception de l'Attique où elle est rare[1]. Est-ce là la ciguë que l'Aréopage d'Athènes employait pour faire périr les condamnés à la peine capitale, et que la mort de Socrate a suffi pour immortaliser ? C'est très-probable, bien qu'il y en ait qui prétendent que la ciguë, qui remplaçait chez les Athéniens notre guillotine, était la cicutaire, *cicuta virosa*, L. Mais cette espèce, dont le suc est aussi vénéneux que celui de la grande ciguë, préfère les contrées du nord à celles du midi.

Le *marathrum*, μάραθρον d'Hippocrate et de Théophraste, est notre fenouil (*anethum fœniculum*, L.), dont toutes les parties exhalent une odeur caractéristique. On le rencontre fréquemment sur le littoral de l'Attique, à quelque distance de la mer, souvent en compagnie avec une espèce voisine, l'*anethum graveolens*, L., que Théophraste avait déjà indiquée sous le nom d'*aneth*, ἄνηθον.

Parmi les autres plantes de la flore médicale, on remarque : l'*iris* (ἶρις Hipp.), que Théophraste qualifie d'odorante, de céleste, d'admirable ; c'était l'*iris florentina*, L., dont la racine a une odeur de violette, et qu'on trouve, suivant Sibthorp, sur le Taygète ; — la *garance*, ἐρυθρόδανος, cultivée dans les plaines maritimes de l'Attique, de Salamine, de l'Eubée ; — la *scammonée* (σκαμμωνίον

1. Fraas, *Synopsis plantarum floræ classicæ*, p. 141.

Hipp., σκαμμωνία Diosc.) était le *convolvulus scammonia*, dont la racine donne par incision une gomme-résine, bien connue des anciens comme purgative; — la *jusquiame*, ὑοσκύαμος (fève de porc), dont les anciens distinguaient l'espèce *noire* (ὑ. μέλας) et l'espèce *blanche* (ὑ. λευκός); — la *violette odorante* qu'Hippocrate appelle λευκοίον, et Théophraste, ἴον, l'un et l'autre avec l'épithète de *noire*, τὸ μέλαν; elle est aujourd'hui rare en Grèce; — le *cyclamen*, κυκλάμινος d'Hippocrate, était, non pas comme le prétend Sprengel, le *cyclamen europæum*. L., qui appartient à l'Europe centrale, mais une espèce particulière, le *cyclamen græcum*. Sib., également remarquable par sa grosse racine, amylacée, renfermant un suc drastique; — le *strychnos*. στρύχνος, était, soit la douce-amère, remarquable par ses baies d'un rouge écarlate, soit la morelle, caractérisée par ses baies noires; — l'*acté*, ἄκτη d'Hippocrate, était l'hièble, *sambucus ebulus*, L., tandis que l'*actea*, ἀκτέα (ἀκτῆ) de Théophraste était notre sureau, *sambucus nigra*, qui affecte, en effet, comme le dit Théophraste, la forme d'un arbre et croît dans les lieux plutôt secs qu'humides. — Le *polycarpe*, πολύκαρπον d'Hippocrate, qui croissait parmi les mauvaises herbes des champs cultivés, a exercé la sagacité des commentateurs. Suivant les uns, c'était la persicaire (*polygonum persicaria*, L.); suivant d'autres, c'était une espèce de mélampyre ou la nielle. Nous croyons que c'était tout simplement une renoncule, peut-être le *ranunculus arvensis*: le nom de *polycarpe* lui conviendrait parfaitement.

Flore extra-méditerranéenne.

Les rapports des Grecs avec le vaste empire des Perses, qui par l'expédition de Cambyse avaient conquis l'Egypte (en 525 avant J. C.), contribuèrent beaucoup à développer leurs connaissances en histoire naturelle. Hérodote explora la Mésopotamie, étudia sur le terrain les marches de Xerxès, répandit tant de lumières sur la mystérieuse Égypte, sur les parties voisines de la Libye et de l'Arabie, et visita, en observateur attentif, la Phénicie, la Palestine et la Syrie. Ces voyages comprennent un intervalle d'environ dix ans (de 454 à 444 avant J. C.). Un autre Grec célèbre, dont nous ne connaissons les ouvrages que par les fragments conservés dans Diodore, Ctésias, résida longtemps à la cour de Perse, et devint médecin d'Artaxerxès Mnémon. Il faisait partie de la suite de ce roi à la bataille de Cunaxa (en l'an 400 avant J. C.), que perdirent les Grecs engagés par Cyrus à la révolte contre son frère. Xénophon, conduisant à travers des régions jusqu'alors inexplorées les débris de l'armée grecque, profita de l'occasion pour faire plus d'une remarque utile pour l'histoire naturelle.

En parlant de la Babylonie, Hérodote apprenait à ses compatriotes que toute la région située entre l'Euphrate et le Tigre était, comme l'Égypte, sillonnée de canaux qui portent la fertilité dans les champs couverts de céréales. « On n'essaye pas, dit-il, d'y cultiver des arbres fruitiers, ni le figuier, ni la vigne, ni l'olivier; car le terrain est si propice aux céréales que le blé rapporte, en moyenne, deux cents et, dans les années les plus favorables, trois cents pour un. Les feuilles du froment et de l'orge y acquièrent facilement jusqu'à quatre doigts de largeur. » — Il s'agit probablement ici d'un froment et d'une orge différents de nos espèces.

Hérodote admirait surtout les dimensions du millet et du sésame de la Babylonie. « Je n'en parlerai pas, dit-il, bien que j'en aie une parfaite connaissance, très-convaincu que ceux qui n'ont pas visité la Babylonie ne croiraient pas ce que je leur dirais de ses productions.... Les habitants ont des palmiers plantés dans toute la plaine; la plupart portent des fruits, d'où ils tirent des aliments, du vin et du miel. Ils les soignent à la manière des figuiers : ils attachent aux palmiers à dattes ce que les Grecs nomment les *mâles des palmiers* (φοινίκων τοὺς ἔρσενας); l'insecte (ψῆν) qui s'y trouve mûrit la datte en y pénétrant, et l'empêche de tomber[1]. » On voit par ce passage que les Babyloniens avaient, comme les Grecs, connaissance du sexe des plantes. Le palmier (*phœnix dactylifera*) devait, en effet, le mieux se prêter à cette découverte : les deux sexes s'y trouvent disposés chacun sur une tige différente, comme dans toutes les plantes dioïques : le palmier qui portait des fruits était réputé du sexe féminin, et le palmier stérile, du sexe masculin. Seulement, au lieu d'attribuer la fécondation du palmier femelle à la poussière des fleurs du mâle, on l'attribuait à un insecte. Ce n'est que beaucoup plus tard que l'on reconnut que les insectes qui butinent sur les fleurs mâles, ne font que transporter la poussière fécondante sur les fleurs femelles.

Hérodote fit le premier connaître le vin de palmier. Il rapporte que Cambyse envoya aux Ethiopiens, par l'intermédiaire des Ichthyophages, quelques mesures de ce vin. « Dans les contrées voisines de la Haute-Egypte, on en fait, dit-il[2], encore aujourd'hui usage. On l'obtient par la fermentation du suc qui s'écoule des jeunes pousses du sommet des palmiers à l'époque de leur taille. »

Ses voyages dans les principales régions de l'Ancien Continent lui permettaient de faire des observations qui ne devaient qu'après de longs siècles fournir des éléments à la géographie botanique et agricole. Telles sont, entre autres, les zones végétales, dans lesquelles Hérodote divise la Cyrénaïque. Voici cette division. « La Cyrénaïque, pays le plus élevé de la Libye qu'occupent les nomades, a trois

1. Hérodote, I, 193.
2. Ibid., III, 20.

zones dignes de remarque, déterminées par les saisons. Dans la première, qui comprend le littoral, la moisson et la vendange se font de bonne heure. Quand elles y sont terminées, les fruits commencent à mûrir dans la zone intermédiaire, qui s'élève à partir de la zone que l'on appelle les *collines* (βουνοί); lorsque la récolte y est faite, les productions de la partie supérieure de la colline, la plus haute de tout le pays, touchent à la maturité; de telle sorte que quand les fruits donnés par les deux premières récoltes ont été consommés, les fruits de la dernière région succèdent aux premiers. Les Cyrénéens ont ainsi huit mois d'automne[1]. » — A cette description il ne manquait, pour être complète, que l'indication des distances. Strabon et Pline y ont suppléé en rapportant que dans l'espace de cent stades du rivage, le pays est couvert d'arbres, et que dans une étendue de cent stades plus au sud, il ne produit que des céréales.

Ctésias avait donné les plus curieux détails sur les merveilles de Babylone, notamment sur le fameux *Jardin suspendu*, ouvrage, non pas de Sémiramis, mais de Nabuchodonosor. Ce roi l'avait fait construire pour plaire à une de ses femmes, qui, originaire de la Perse, regrettait les prés de ses montagnes. Le Jardin suspendu, de forme carrée, avait environ cent vingt mètres de côté; on y montait par des degrés, sur des terrasses posées les unes au-dessus des autres. Ces terrasses étaient soutenues par des colonnes qui supportaient tout le poids des plantations; la colonne la plus élevée supportait le sommet du jardin. Les plates-formes des terrasses étaient composées de blocs de pierres, recouverts d'une couche de roseaux mêlés de bitume; sur cette couche reposait une double rangée de briques cuites, cimentées avec du plâtre; ces briques étaient, à leur tour, recouvertes de lames de plomb, afin d'empêcher l'eau de filtrer à travers les atter-

1. Hérodote, IV, 198 et 199.

rissements artificiels et de pénétrer dans les fondations. Sur cette couverture enfin se trouvait répandue une masse de terreau suffisante pour recevoir les racines des plus grands arbres. « Ce sol artificiel était, ajoute l'historien, rempli d'arbres de toute espèce, capables de charmer la vue par leurs dimensions et leur beauté. Les colonnes s'élevaient graduellement, laissaient par leurs interstices pénétrer la lumière, et donnaient accès aux appartements royaux, nombreux et diversement ornés. Une seule de ces colonnes était creuse depuis le sommet jusqu'à la base; elle contenait les machines hydrauliques qui faisaient monter de l'Euphrate une grande quantité d'eau, sans que personne ne pût rien voir à l'extérieur[1]. » — Il est à regretter que l'historien n'ait pas fait connaître au moins les principales espèces végétales cultivées sur les terrasses du Jardin supendu.

Xénophon, qui commandait l'arrière-garde dans la fameuse retraite des Dix mille, a soin de signaler les principaux traits de la physiologie végétale des pays qu'il traversait. Ainsi, « en passant par la Cilicie, il vit, non loin de Tarse, une grande et belle plaine, bien arrosée, couverte de vignes et d'arbres de toute espèce. » Cette plaine produisait aussi « du sésame, du sorgho (μελίνη), du millet (κέγχρον), du froment et de l'orge en abondance[2]. » — Le sésame (σήσαμον), l'un des végétaux caractéristiques de l'Orient (*sesamum orientale*, L.), était alors cultivé, comme l'est aujourd'hui le pavot, à cause de l'huile qu'on retirait de ses graines. Il est, suivant Pline, originaire de l'Inde, et l'huile de sésame, remarquable par sa blancheur, était, selon Dioscoride, fort recherchée des Egyptiens[3].

Dans la partie méridionale de la Mésopotamie, Xénophon vit la rive plate de l'Euphrate entièrement couverte d'absinthe. Ammien Marcellin s'accorde ici avec le gé-

1. Diodore, II, 10.
2. Xénophon, *Anabasis*, I, 2, 22.
3. Pline, *Hist. nat.*, XVIII, 22; Dioscoride, I, 121.

ral grec. « Dans cette plaine étendue, aride, on ne ouve, dit-il, que de l'eau saumâtre, que de tristes herbes, lles que l'*abrotanum*, l'*absinthium* et le *dracontium*[1]. » Le nom de ἀψίνθιον, *absinthium*, s'appliquait à toutes les utes herbes amères, de la famille des corymbifères. Ce i le prouve, c'est la qualification d'*odorantes*, εὐώδη, *comme s aromates* (ἅπαντα ἦσαν εὐώδη, ὥσπερ ἀρώματα), que leur onne l'historien grec. — Un peu plus loin, dans le voisige de Babylone, le pays « était tout à fait dénudé de gétation; on n'y voyait ni arbre, ni herbe[2]. »

En Arménie, dans la contrée des Carduques, où les recs eurent à lutter contre tant d'obstacles, Xénophon ncontra des villages dont les habitations étaient, comme s cavernes, creusées dans le sol. Ces habitations souterines, où étaient logés des bœufs, des moutons, des èvres et des poules, étaient en même temps des magans de blé, d'orge et de légumes. « Il y avait aussi, ajoute énophon, des cratères remplis de *vin d'orge*; des grains orge nageaient à la surface du liquide, qui portait aussi s *chaumes sans nœuds* (κάλαμοι γόνατα οὐκ ἔχοντες), les ns plus petits, les autres plus grands[3]. » Les habitants s montagnes inhospitalières de l'Arménie, où le froid npêche la vigne de croître, remplaçaient le vin par la *ière*; car c'est là ce que signifie οἶνος κρίθινος, *vin d'orge*. ous devons rappeler ici le breuvage des anciens Germains, cette liqueur d'orge ou de froment changée, par la fernentation (corruption), en une espèce de vin, » *humor ex ordeo aut frumento in quamdam similitudinem vini orruptus*, dont parle Tacite[4]. Quant aux *chaumes sans œuds*, qui ont tant occupé les commentateurs de Xénohon, ils servaient sans doute à aspirer le liquide, pour e boire, et pour cela il fallait que les chaumes ou tiges

1. Am. Marcel., XXVI, 8.
2. Xénophon, *Anabas.*, I, 5, 1 et 4.
3. Ibid., IV, 5, 28.
4. Tacite, *De morib. Germ.*, 123.

creuses fussent dépourvus de diaphragmes à l'intérieur, c'est-à-dire sans nœuds.

En traversant la Colchide, non loin de Trébizonde, Xénophon rencontra de nombreuses ruches de miel. « Tous les soldats qui, dit-il, mangèrent de ce miel, eurent le délire ; les uns eurent en même temps des vomissements, les autres la diarrhée, aucun ne put se tenir debout ; ils ressemblaient à des gens ivres, à des fous et à des mourants ; mais personne ne mourut, et le lendemain ils étaient tous rétablis[1]. » — Ce miel devait ses propriétés vénéneuses aux plantes sur lesquelles avaient butiné les abeilles. Ces plantes étaient probablement, non pas des azalées, comme on le prétend, mais des solanées, telles que la belladone, la stramoine et la jusquiame.

Dans les pays des Mosynèques, où était située la ville de Cérasonte (d'où l'on croit originaire le cerisier), les Grecs trouvèrent en abondance du blé, principalement de l'*épeautre*, ζειά, et « des châtaignes que les indigènes mangeaient bouillies ou cuites en guise de pain[2]. » — Les anciens distinguaient, comme nous, deux espèces d'épeautre, sous les noms de *zeia* et d'*olyra*. La première espèce était probablement l'épeautre proprement dit, le *triticum spelta*, L., qui se distingue, à la simple vue, du froment cultivé, par ses épis bien moins larges et ventrus ; la seconde espèce était, selon toute apparence, le *triticum monococcum*, le froment loculâr, dont la farine fournissait une bouillie excellente, désignée par les Romains sous le nom d'*alica*.

Aucune expédition militaire ne fut aussi utile au progrès des sciences que celle d'Alexandre le Grand. Si le fils de Philippe de Macédoine n'eût été que l'instrument aveugle de la haine séculaire des Grecs contre le succes-

1. Xénoph. *Anab.*, IV, 8, 20-21.
2. Ibid., V, 4, 28-39.

ur de Darius et de Xerxès, sa gloire ne serait que celle un audacieux et heureux conquérant ; mais le disciple Aristote s'était fait accompagner d'hommes capables observer les merveilles de la nature, et les résultats de s conquêtes, mettant indissolublement l'Asie et l'Afrique n rapport avec l'Europe, ne devaient jamais s'anéantir.

Au nombre des espèces végétales dont la connaissance répandit rapidement depuis l'expédition d'Alexandre le rand (de 334 à 322 avant J. C.), il nous suffira de citer citronnier, le cannellier, le poivrier, etc.

Le citronnier (*malus medica*, L.), que Pline appelle pomier de l'Assyrie ou de la Médie, *malus Assyria*, *malus edica*, ne fut acclimaté en Italie que par Palladius, au nquième siècle de notre ère. Du temps de Pline, on ne e cultivait que dans des vases de poterie, percés d'ouvertures pour faire respirer les racines (*fictilibus in vasis, ato per cavernas radicibus spiramento*). « Mais, ajoute e naturaliste romain, cet arbre n'a voulu jusqu'à présent rospérer que chez les Mèdes et en Perse (*nisi apud Medos et in Perside nasci voluit*). » En même temps il en donne comme caractère, « de porter des fruits dans toutes es saisons : les uns tombent pendant que les autres mûrissent, et que d'autres encore commencent à paraître. Son feuillage ressemble à celui de l'arbousier, avec des épines intercurrentes. La pomme (citron) ne se mange point ; mais son odeur sert, comme celle de la feuille, à chasser les teignes des vêtements. Les Parthes nobles en emploient les graines pour aromatiser leurs aliments et leur haleine. » — Théophraste (IV, 4) s'accorde ici avec Pline (XII, 7).

Athénée, écrivain du troisième siècle de notre ère, apprit d'un de ses amis, qui avait été gouverneur d'Égypte, que le citron est l'antidote de tous les poisons. « Cet ami, raconte-t-il, avait un jour condamné quelques criminels à être mordus par des serpents venimeux : ils allaient subir leur sentence, lorsque la maltresse d'une taverne leur donna, par pitié, du citron qu'elle avait à la main; ils le prirent, le mangèrent, et ne reçurent aucun mal des aspics, aux piqûres desquels ils furent exposés [1]. »

Il ne faut pas confondre les pommes médiques ou assyriennes, qui sont, comme nous venons de voir, les citrons, avec les pommes persiques, *mala persica*. Celles-ci sont les pêches, fruits de l'*amygdalus persica*, L. Suivant Diphile de Siphné, cité par Athénée, les pommes ou prunes, *coccymela*, de Perse, sont d'un suc de moyenne qualité, mais plus nourrissantes que les pommes ordinaires. Pline avait entendu dire que le pêcher, *Persica arbor*, possède en Perse, sa patrie, des propriétés vénéneuses, et qu'il fut, par les rois, transplanté en Égypte comme un moyen de supplice. Ce que Pline rapporte ici, comme un simple bruit, auquel il refusait toute créance, montre que les anciens connaissaient le violent poison (acide prussique) qu'on peut retirer des noyaux de pêche pilés. C'est ce qui explique pourquoi le pêcher était consacré à Harpocrate, au dieu du silence, comme nous l'apprend Plutarque, dans son traité d'*Isis et Osiris*.

La cannelle, écorce du *laurus cinnamomum*, L., avait été pour la première fois apportée en Europe par les Phéniciens, qui faisaient le commerce de l'Inde par la mer Rouge; c'est pourquoi la pointe méridionale de cette mer reçut le nom de cap des Aromates. Du reste, le nom même de *cinnamomum*, en hébreu *kinnamôn*, est d'origine sémitique ou phénicienne. Mais l'expédition d'Alexandre compléta les renseignements très-vagues qu'on avait eus jusqu'alors sur le cannellier. Hérodote propagea les fables par lesquelles les rusés marchands de Tyr ou de Sidon avaient essayé de cacher l'origine du *cinnamomum* et de la *casia* (écorce du *laurus cassia*, L.); et on crut pendant

1. Athénée, *Deipnosoph.*, IV, 26.

longtemps que ces aromates provenaient des brindilles de bois avec lesquelles le phénix construit son nid.

Parmi les épices qui, depuis Alexandre, s'introduisirent en Grèce et de là en Italie, nous citerons le poivre, le gingembre et le cardamome. « Bien des choses, dit Plutarque, que nos ancêtres trouvaient détestables, sont aujourd'hui fort goûtées. » Tel était, entre autres, le *poivre* (πέπερι), que Pline appelle *piper longum*, en distinguant, selon le degré de maturité, le poivre noir du poivre blanc[1]. Déjà à l'époque de Martial, les cuisiniers de Rome faisaient un grand usage de poivre :

O quam sæpe petet vina, piperque coquus [2].

Tandis qu'on prenait avec raison le poivre pour le fruit d'un arbre, on n'ignorait pas que le gingembre (*zingiber* de Pline, γιγγίβερι de Galien) était la racine d'une plante herbacée. C'est, en effet, la racine de l'*amomum zingiber*, à tige herbacée et à feuilles planes, engainantes. Mais, au lieu d'être originaire de l'Arabie et de la Troglodytique, comme le prétendaient Dioscoride, Pline, Galien et Oribase, cette plante a pour patrie la zone australe, insulaire, de l'Inde. Les marchands l'employaient, suivant Pline, à falsifier les autres épices, particulièrement le poivre.

On connaissait aussi, depuis l'expédition d'Alexandre, le cardamome, καρδάμωμον, nom donné aux graines de l'*amomum cardamomum*, plante de la même famille que le gingembre.

L'un des arbres que les compagnons d'Alexandre admiraient le plus, c'était le figuier de l'Inde, le figuier des pagodes (*ficus religiosa*, L). Cet arbre, d'un aspect singulier, pousse de ses branches de longs rejets pendants qui ressemblent à des cordes ; ces rejets gagnent la terre, s'y

1. Pline, XII, 14.
2. Martial, XIII, 13, 1.

enracinent et forment de nouveaux troncs, qui à leur tour en produisent d'autres semblables, de telle sorte qu'un seul arbre, s'étendant et se multipliant ainsi de tous côtés, présente une seule cime d'une étendue prodigieuse, et qu'on dirait posée sur un grand nombre de troncs, comme le serait la voûte d'un vaste édifice, soutenue par de nombreuses colonnes[1].

Les étoffes de coton étaient depuis longtemps usitées chez les Égyptiens et les Hébreux. Mais le cotonnier (*gossympinus arbor*, de Pline) ne commença d'être connu en Grèce que depuis l'expédition d'Alexandre. Il est vrai qu'Hérodote (III, 106) avait déjà parlé des « arbres de l'Inde qui ont pour fruit une laine, plus belle que la laine des brebis, et dont les Indiens se servaient pour faire des vêtements. » Mais le disciple du maître d'Alexandre le Grand, Théophraste, fournit à ce sujet des détails[2], qui manquaient au père de l'histoire, et que les écrivains n'ont fait que copier. Signalons, en passant, une erreur qui fut longtemps accréditée : on croyait que la soie, la matière lanugineuse des *Seres* (Indo-Chinois) était fournie, comme le coton, par un arbre particulier, dont les feuilles devaient ressembler à celles du mûrier. Pollux, dans son *Onomasticon*, annonça le premier que les bombyx, produisant la soie, étaient des vers, des *chenilles* (σκώληκες), filant une toile comme les araignées.

En somme, le quart environ des plantes décrites par Théophraste, Dioscoride, Pline et Galien, était inconnu en Europe avant l'expédition d'Alexandre le Grand.

1. Théophraste, IV, 5; Pline, XII, 11 ; Quinte-Curce, IX, 1.
2. Théophraste, IV, 9.

Phytologie.

Sous le nom de *phytologie* nous comprendrons, non plus la description des espèces végétales dont la réunion forme une flore, mais les idées qu'on a successivement émises sur l'origine, la constitution et la vie des plantes[1]. Ces idées étaient, comme pour les autres sciences, d'abord purement spéculatives, c'est-à-dire dépourvues de toute sanction expérimentale.

Empédocle d'Agrigente écrivit, vers 440 avant J. C., un livre *Sur la nature* (Περὶ φύσεως), en hexamètres. Dans ce livre, qui est, à l'exception d'un petit nombre de fragments, entièrement perdu, le célèbre philosophe enseignait que « les plantes apparurent avant la formation complète de la terre, qu'elles ont, comme les animaux, des instincts, des sentiments et même de l'intelligence, enfin qu'elles ont les deux sexes réunis. » Ces idées n'étaient que l'exagération d'un fait vulgaire, à savoir que les plantes naissent et meurent comme tous les êtres vivants. Elles ont même été renouvelées de nos jours par ceux qui ne voient autre chose que de simples mouvements mécaniques dans les phénomènes de la sensitive et d'autres espèces végétales. Quant au sexe des plantes, la fécondation du dattier à fruits par les fleurs du dattier sans fruits pouvait facilement y conduire. Aristote saisit toute l'importance de cette assimilation du règne végétal au règne animal quand il dit : « Chez tous les êtres (animaux)

1. Plutarque, *De placitis philos.*, V, 26; Sextus Empiricus, *advers. Math.*, VIII, 286; Nicolas de Damas, *De plantis* (édit. F. Meyer; Lipz. 1841).

qui ont la faculté de se transporter d'un lieu dans un autre, le sexe masculin est séparé du sexe féminin : tel individu est mâle, tel autre est femelle, comme dans l'espèce humaine. Chez les végétaux, au contraire, les deux sexes sont réunis, et la graine est le résultat immédiat de cette réunion[1]. » Sans doute cette proposition est trop absolue, puisqu'il y a des animaux qui se reproduisent comme les plantes ; mais elle n'en est pas moins remarquable. En commentant ce vers d'Empédocle : « Les arbres mêmes pondent des œufs, à commencer par l'olive, » Aristote compare la graine à l'œuf, et il ajoute qu'une partie seulement de la graine constitue le végétal futur, et que le reste ne sert qu'à nourrir la gemmule et la radicelle. Rien n'est plus exact que cette remarque.

Suivant *Anaxagore* de Clazomène, l'air est rempli de semences qui, entraînées par les eaux de pluie, produisent des végétaux. Tout ce qui vit respire, la plante aussi bien que l'animal.

Hippon de Rhegium, qui faisait venir toute substance de l'eau, enseignait le premier que toute plante cultivée abandonnée à elle-même, retourne au type sauvage. Cette opinion était partagée par Platon, lorsqu'il regardait les espèces sauvages comme plus anciennes que les espèces cultivées.

Aristote, ce génie vraiment encyclopédique, avait écrit un ouvrage sur la *Théorie des plantes*, qui malheureusement n'est pas parvenu jusqu'à nous. On lui attribuait encore d'autres ouvrages du même genre, qui sont également perdus. Les fragments phytologiques d'Aristote ont été recueillis par Wimmer (*Phytologiæ aristotelicæ fragmenta*; Breslau, 1838, in-8°). En voici les points les plus saillants. Il y a des plantes qui ne vivent qu'un an, tandis qu'il y en a d'autres qui peuvent vivre un grand nombre d'années. C'est la première distinction qui ait été faite de

1. Aristote, *De generat. animalium*, I, 23.

lantes en annuelles et vivaces. — Ce que les mollusques sont pour l'élément humide, les végétaux le sont pour l'élément terrestre: les premiers sont les plantes de mer, et les derniers les huîtres de la terre. Les racines sont l'organe, par lequel le végétal absorbe ses aliments. — Aristote ne soupçonnait pas encore la fonction respiratoire des feuilles. Ces organes ne devaient, selon lui, servir qu'à couvrir ou protéger le fruit. C'était là le but qui leur était assigné par la nature, dont l'objet principal consiste dans la matière et dans la forme.

Tout être qui sort d'un œuf vit d'abord comme un végétal: la gemmule s'accroît comme l'embryon. Les racines sont les analogues des intestins; elles puisent les aliments dans le sol qui est pour la plante ce que la cavité abdominale est pour l'animal. Avant d'arriver à se mouvoir librement, à changer de place, l'embryon d'où sortira l'animal est fixé d'abord à l'utérus, où il a une vie purement végétative. — Aristote touchait ici à une analogie qui ne fut découverte que plus tard, à savoir que l'embryon, d'où sortira le végétal, a dans la graine à peu près les mêmes organes (cordon ombilical, placenta, etc.) que l'embryon dans l'œuf.

La chute des feuilles, Aristote la comparait à la mue des oiseaux et au changement du pelage de certains quadrupèdes, et il en attribuait la cause à un défaut de chaleur humide. Le phénomène périodique de la chute des feuilles, coïncidant avec celui de l'hivernation de quelques espèces animales, l'avait particulièrement frappé. « Pourquoi, se demandait-il, les cheveux ne repoussent-ils pas aux têtes chauves, tandis que le feuillage de la plante et le pelage de l'animal hivernant se renouvellent régulièrement? C'est que l'homme porte en lui-même l'hiver et l'été; les âges de sa vie sont ses saisons. La vie des plantes et des animaux hivernants est, au contraire, intimement liée aux périodes de l'année, aux saisons proprement dites.... Pourquoi, demandait-il encore, un grain de blé produit-il toujours le même blé, pourquoi l'olive ne produit-elle qu'un olivier de même espèce, etc.? Ce n'est point là, évidemment, l'effet du hasard ou d'une coïncidence fortuite; ce n'est pas davantage le résultat de l'action des éléments, ni de l'attraction et de la répulsion. Il y a donc là quelque chose de prémédité, de rationnel, de divin, d'éternel. »

D'après la doctrine d'Aristote, la femelle représente la matière, et le mâle le mouvement; les deux sexes, distincts dans les animaux supérieurs, se trouvent confondus dans les plantes. — Ceci n'est pas vrai d'une manière absolue; car il y a des espèces végétales où les fleurs mâles et les fleurs femelles sont parfaitement distinctes, qu'elles viennent, soit sur la même tige (fleurs monoïques), soit sur des tiges différentes (fleurs dioïques). Sauf ces deux cas, le fait énoncé par Aristote est certain : dans l'immense majorité des plantes, les fleurs renferment les deux sexes; elles sont hermaphrodites. « Tout cela, ajoute le chef de l'école péripatéticienne, a été arrangé conformément à la raison. L'unique affaire, le seul but de la plante, est dans la production de la graine, et comme cette production a lieu par l'accouplement du mâle et de la femelle, les deux sexes se trouvent réunis dans les plantes. »

Aristote enfin adopte la doctrine de quelques-uns de ses prédécesseurs, d'après laquelle tout ce qui vit a une âme, conséquemment les végétaux n'en sont pas plus dépourvus que les animaux. Puis, partant de là, il admet au moins trois espèces d'âmes : l'âme nutritive, qui préside aux fonctions nutritives; l'âme sensible, comprenant les sens et les mouvements de relation, et l'âme rationnelle. La première est le partage exclusif des végétaux; elle s'ajoute à l'âme sensible dans les animaux; l'homme seul contient toutes les âmes réunies. Cette division remarquable a reçu depuis lors de nombreuses applications.

La botanique traitée par les disciples d'Aristote.

Au nombre des disciples d'Aristote qui avaient pris le règne végétal pour objet de leurs études, on compte particulièrement Phanias, Dicéarque et Théophraste.

Phanias le botaniste, qu'il ne faut pas confondre avec Phanias le stoïcien, ami de Posidonius d'Alexandrie, était natif d'Érésus dans l'île de Lesbos, et vivait vers 350 avant notre ère. De son ouvrage *Sur les plantes* (Περὶ φυτῶν) il ne nous reste plus qu'un très-petit nombre de fragments, conservés dans Athénée. A juger par ces fragments, il s'était surtout occupé des fruits. C'est ainsi qu'Athénée rapporte, entre autres, d'après Phanias, que les Mendéens avaient la coutume d'arroser les grappes de raisin avec le jus amer des fruits d'élatérium (*momordica elaterium*, L.?), pour enlever au vin son âpreté, pour lui donner du velouté ; car c'est là ce que les Grecs entendaient par οἶνος μαλακός, vin mou. — Phanias appela le premier l'attention des observateurs sur ce qu'on nomme aujourd'hui les végétaux *agames* ou *cryptogames*, quand il dit : « Il y a des plantes qui n'ont ni fleurs, ni organes de fructification apparents ; tels sont les champignons, les mousses, les fougères. » — Il compara le fruit de la mauve à un gâteau rond, à bord denté. Les fruits des légumineuses (haricot, pois, fève, lentille, etc.) et des ombellifères (anis, fenouil, coriandre, ciguë, etc.) paraissent avoir été l'objet de ses études spéciales.

Dicéarque, de Messine, avait été chargé par les successeurs d'Alexandre le Grand de mesurer la hauteur des montagnes de la Grèce. Ayant trouvé 1250 pieds de hauteur verticale au mont Pélion, qui passait pour la plus haute montagne de la contrée, il déclara que cette hauteur n'était qu'une saillie insignifiante sur la circonférence de la terre, comparativement à la longueur du rayon terrestre. Il décrivit en même temps les arbres et les plantes herbacées qui forment la végétation du mont Pélion[1].

Théophraste mérite ici une mention particulière, à raison de l'importance de ses ouvrages, qui nous sont parvenus. Compatriote de Phanias, il naquit vers 370 avant Jésus-Christ, à Érésus dans l'île de Lesbos. Il vint fort jeune à Athènes, où il assista d'abord aux leçons de Platon, et suivit, après la mort de ce maître, l'enseignement d'Aristote, auquel il resta toujours fidèle. Après la mort d'Aristote (en 322 avant Jésus-Christ), qui lui avait légué sa bibliothèque, Théophraste devint le chef de l'école péripatéticienne. Il eut pour amis les principaux lieutenants d'Alexandre, notamment Cassandre et Ptolémée. Ce dernier essaya vainement de l'attirer en Egypte. Théophraste fut, comme son maître, accusé d'impiété par quelques Athéniens ultra-religieux, promoteurs d'une loi qui interdisait, sous peine de mort, l'ouverture d'une école philosophique, sans y avoir été autorisé par l'aréopage et le peuple. Cette loi liberticide fut rapportée l'année suivante. Théophraste atteignit un âge très-avancé : il mourut presque centenaire. Suivant saint Jérôme, il mourut à l'âge de 107 ans.

Les deux ouvrages de botanique qui nous sont parvenus de lui, ont pour titre, l'un l'*Histoire des plantes* (Περὶ φυτῶν ἱστορία), en dix livres, l'autre les *Causes* (Αἴτια φυσικά) *des plantes*. Le premier de ces ouvrages a été publié, avec des commentaires prolixes, par Boddeus à Stapel, Amsterd. 1644, in-fol. avec fig. Le second se trouve

1. Voy. Gail, *Geographi græci minores*, t. II, p. 140 et suiv (Paris, 1828, in-8°).

dans l'édition estimée des œuvres de Théophraste, par J. G. Schneider (5 vol. in-8°, Leipz. 1818-1825).

Les *Caractères* de Théophraste, étrangers à la botanique, ont eu de nombreuses éditions. Wimmer avait commencé une édition complète des écrits de Théophraste ; mais, faute d'encouragements, il ne put en donner que le tome I, contenant l'*Histoire des plantes;* Breslau, 1842, in-8°.

L'auteur de l'Histoire des plantes traite, dans le premier chapitre, des parties ou organes des végétaux. Il distingue très-bien les parties qui, telles que les racines et la tige, sont permanentes, des parties qui, telles que les feuilles, les fleurs, les fruits, n'ont qu'une durée limitée. Poursuivant les analogies de la plante avec l'animal, il regarde les nervures de la feuille comme des veines, et il assimile les fibres du bois aux fibres de la chair, la sève au sang. Sa classification est celle des végétaux divisés en arbres, arbrisseaux, arbustes et plantes herbacées. Cependant il les divise aussi en *plantes terrestres* et *plantes aquatiques*, en *plantes à feuillage persistant*, et en *plantes à feuillage caduc*, etc. Les chapitres (XI et XIII) du premier livre, qui traitent des fleurs, des fruits, des graines et de leurs enveloppes, offrent beaucoup d'intérêt. Nous en dirons autant des chapitres qui, dans le deuxième livre, traitent de la durée et de la maladie des arbres, des différentes espèces de bois, de leur propagation et de leur multiplication.

Dans le huitième chapitre du second livre se trouve la description d'une espèce de palmier, remarquable par la division de son tronc en deux branches principales qui se subdivisent à leur tour, et dont les rameaux ont aussi leurs bifurcations : c'est le *cucifera thebaïca* de Delisle (le *doum* des Arabes), particulier à la Haute-Egypte.

A la fin du même livre (neuvième chapitre), l'auteur s'étend sur la *caprification*, procédé qui consistait à hâter la maturation des fruits du figuier cultivé au moyen des piqûres d'insectes nés sur une espèce de figuier sauvage, nommé ἐρινός. Malgré les détails qu'en donnent Théophraste et Pline (*Hist. nat.*, XV, 22 ; XVII, 44), il est difficile d'en apprécier exactement la valeur. Cependant ce procédé est encore aujourd'hui en usage dans les îles de l'Archipel : et voici les renseignements que nous donne à cet égard Tournefort, dans son *Voyage au Levant*. « On cultive, rapporte-t-il, dans la plupart des îles de l'Archipel, deux espèces de figuiers : la première, qui est le figuier sauvage, s'appelle *ornos* (*erinos* des anciens Grecs, le *caprificus* des Latins) ; la seconde espèce est le figuier domestique. Le sauvage porte trois sortes de fruits absolument nécessaires pour faire mûrir ceux du figuier domestique. Les fruits qu'on nomme *fornites*, paraissent dans le mois d'août et durent jusqu'en novembre sans mûrir; il s'y engendre de petits vers, d'où sortent certains moucherons que l'on ne voit voltiger qu'autour de ces arbres. Dans les mois d'octobre et novembre, ces moucherons piquent d'eux-mêmes les seconds fruits des mêmes pieds de figuier ; ces fruits, que l'on appelle *cratitires*, ne se montrent qu'à la fin de septembre. Les *fornites* tombent peu à peu après la sortie de leurs moucherons; les *cratitires* restent, au contraire, sur l'arbre jusqu'au mois de mai, et renferment les œufs que les moucherons des *fornites* y ont déposés en les piquant. Dans le mois de mai la troisième sorte de fruits commence à pousser sur les mêmes pieds de figues sauvages, qui ont produit les deux autres. Ce dernier fruit, qui se nomme *orni*, est beaucoup plus gros; lorsqu'il a une certaine grosseur, et que son œil commence à s'entr'ouvrir, il est piqué dans cette partie par les moucherons des *cratitires*, qui se trouvent en état de passer d'un fruit à l'autre pour y décharger leurs œufs.... Ces trois sortes de fruits ne sont pas bons à manger; ils sont destinés à faire mûrir les fruits des figuiers domestiques. Voici l'usage qu'on en fait. Pendant les mois de juin et de juillet, les paysans prennent les *orni* au moment où leurs moucherons sont prêts à sortir, et les portent tous, enfilés dans des fétus, sur les figuiers domestiques. Si l'on manque ce temps favorable, les *orni* tombent et les fruits du figuier domestique ne mûrissant pas, tombent aussi dans peu de temps. Les paysans connaissent si bien ce précieux moment que tous les matins, en faisant leur revue, ils ne transportent sur les figuiers que les *orni* bien conditionnés, autrement ils perdraient leur récolte.... Enfin, les paysans ménagent si bien les *orni*, que leurs moucherons font mûrir les fruits du figuier domestique dans l'espace de quarante jours.... Je ne pouvais assez admirer la patience des Grecs occupés pendant plus de deux mois à porter ces piqueurs d'un figuier à l'autre; j'en appris bientôt la raison : un seul de leurs arbres rapporte ordinairement jusqu'à deux cent quatre-vingts livres de figues, au lieu que les nôtres n'en rendent pas vingt-cinq livres. Les piqueurs contribuent peut-être à la maturité des fruits du figuier domestique, en faisant extravaser le suc nourricier dont ils déchirent les tuyaux en déchargeant leurs œufs; peut-être aussi qu'outre leurs œufs ils laissent échapper quelque liqueur propre à fermenter doucement avec le lait de la figue et en attendrir la chair. Nos figues, en Provence et à Paris même, mûrissent bien plus tôt si on pique leurs yeux avec une paille graissée d'huile d'olive[1]. »

Au nombre des espèces végétales décrites par Théophraste dans son *Histoire des plantes*, nous signalerons encore la sensitive (*mimosa pudica*), le citronnier, la mâcre (*trapa natans*), le silphium, l'oseille, etc. A propos d'une plante nommée *anthemon*, il fait remarquer que ses fleurs se développent non pas de bas en haut, comme chez les autres plantes, mais de haut en bas.

1. Tournefort, *Relation d'un Voyage du Levant*, t. 1, p. 130 (Amsterdam, 1718, in-4°).

Des causes des plantes. — C'est dans cet ouvrage que Théophraste a consigné ses principales théories. Comme Aristote, il admet la génération spontanée, surtout pour les végétaux inférieurs. Mais il croit, chose digne de remarque, que dans beaucoup de cas la reproduction de ces végétaux s'explique plus naturellement par le transport des semences par la pluie, par des inondations, et même par l'air. Il chercha l'un des premiers à débarrasser la science de cette téléologie erronée qui rapporte tout dans la nature aux usages de l'homme. « La nature a, dit-il, ses principes en elle-même, c'est par là qu'elle agit conformément à ses propres plans (τὰ αὐτόματα). La partie charnue de la pomme (le péricarpe) n'existe pas pour être mangée par l'homme, mais pour protéger le fruit. »

Tous les phénomènes de la végétation sont ramenés par Théophraste à l'action de la chaleur et du froid, et à celle de l'humidité et de la sécheresse. Il consacra presque tout le second livre des *Causes des plantes* aux influences que la pluie, la neige, les vents, l'exposition au nord ou au sud, à l'est ou à l'ouest, les eaux douces et les eaux salées, les différentes sortes de terrain, peuvent exercer sur les productions végétales. « Les arbres trop rapprochés, sur lesquels, dit-il, n'agit ni le soleil, ni le vent, deviennent élancés, grêles, et perdent facilement les fruits avant leur maturité.... Les arbres stériles ou portant peu de fruits vivent plus longtemps que les arbres fertiles. »

Les mouvements qu'éprouvent les feuilles et les fleurs de certaines plantes, avaient été observés déjà par Théophraste, conséquemment bien longtemps avant Linné. On trouve encore dans les *Causes des plantes* la description de différentes maladies des végétaux, particulièrement des céréales, la manière de conserver les graines, la transformation des espèces sauvages par la culture, le développement d'excroissances ou de monstruosités, la comparaison des graminées avec les légumineuses, enfin une série de chapitres sur la saveur et l'odeur des plantes.

La botanique depuis Théophraste jusqu'à Pline.

Bien des événements se sont passés dans l'intervalle compris entre le quatième siècle antérieur à notre ère et le milieu du premier siècle après Jésus-Christ. Les lieutenants d'Alexandre se sont formé des royaumes avec les débris de vastes conquêtes, royaumes éphémères, à l'exception de celui de l'Égypte fondé par Ptolémée, surnommé le *Sauveur* (Soter). Cet habile prince et ses successeurs firent d'Alexandrie le siége de la culture intellectuelle, ils y fixèrent un moment la civilisation, qui des côtes ioniennes de l'Asie Mineure s'était transportée dans l'Attique. La division des Grecs appela l'intervention des Romains qui finirent par faire du pays, où les dieux du paganisme avaient fixé leur séjour, une province de leur vaste empire. Tous ces changements ne devaient être guère favorables aux progrès de la science.

Nous ne connaissons que par des citations de Pline, d'Athénée, et de quelques scoliastes, les noms de Diphile, de Philotime, d'Erasistrate de Céos, d'Hérophile de Chalcédoine, d'Apollonius, d'Andréas, d'Héraclide de Tarente, etc., qui avaient écrit sur différentes parties d'histoire naturelle et de matière médicale [1]. Le seul écrivain de cette période alexandrine dont il nous reste encore des ouvrages relatifs à la connaissance des plantes, c'est Nicandre de Colophon.

Nicandre, sur lequel nous n'avons que des renseigne-

1. Voy. H. F. Meyer, *Geschichte der Botanik*, t. I, p. 227-244.

ments épars et contradictoires, vivait dans le second siècle avant notre ère. Il dédia un de ses poëmes à Attale, roi de Pergame, dernier de ce nom, lequel monta sur le trône en 138 avant Jésus-Christ. Il nous reste de lui deux poëmes didactiques, dont l'un a pour titre Θηριακά, composé de 958 hexamètres, l'autre est intitulé Ἀλεξιφάρμακα, et contient 630 vers. De ses *Géoponiques* il ne reste que des fragments, qui se trouvent réunis dans l'édition que J. G. Schneider a donnée des Thériaques (*Nicandri Colophonii Theriaca*, etc., Leipz. 1816, in-8).

Trois plantes sont particulièrement recommandées, dans les Thériaques, contre toutes les maladies : ce sont la *chironia*, l'*aristoloche* et le *triphyllon*. Un mot sur chacune de ces plantes.

La *chironia*. « Ce qu'il faut, dit Nicandre, prendre d'abord, c'est la *racine salutaire de Chiron*, ainsi nommée parce que le centaure Chiron, le Kronide, la trouva sur le col neigeux du Pélion. La tige est entourée de feuilles semblables à celles de l'amaracos, sa fleur est jaune d'or, sa racine n'est pas très-profonde. » — La plante dont il est ici question, était probablement une espèce de gentiane, peut-être la grande gentiane à fleurs jaunes (*gentiana lutea*, L.) ; elle habite les régions alpestres, et sa racine a été de tout temps d'un grand usage en médecine. En aucun cas la *chironia* de Nicandre ne saurait être la petite centaurée (l'*erythræa centaurium*) : car celle-ci, partout répandue en Europe, a les fleurs roses, quelquefois blanches, jamais jaunes.

L'*aristolochia* de Nicandre. « L'*aristolochia* qui aime l'ombre, porte, comme le lierre, ses feuilles sur une tige grimpante, ses fleurs sont teintes de pourpre, d'une odeur pénétrante, et se changent en un fruit pyriforme. La racine est ronde.... » C'était probablement notre *aristolochia rotundifolia*, L., encore aujourd'hui commune dans les lieux ombragés des montagnes de la Grèce, particulièrement aux environs de Delphes et dans l'île d'Eubée[1].

Le *triphyllon* ou trifolié de Nicandre, qui se plaît sur les monts touffus ou dans des précipices, s'appelait aussi *minyanthes*: « son feuillage rappelle celui du lotos, et son odeur celle de la rue; et quand elle fleurit, elle exhale une odeur de bitume.... » Ce dernier caractère a fait conjecturer avec raison que le triphyllon, ainsi décrit, était une légumineuse, le *psoralea bituminosa*, qui se rencontre encore aujourd'hui fréquemment en Grèce; les habitants la désignent sous le nom de ἄγριο τρίφυλλι, *trifoliée sauvage*[2]. Ce n'est donc pas notre trèfle d'eau, *menyanthes trifoliata*, L., comme on aurait pu d'abord le croire.

Le second poëme de Nicandre, intitulé Ἀλεξιφάρμακα, traite des poisons et de leurs antidotes Les anciens en faisaient grand cas; Dioscoride, Aétius et d'autres le consultaient souvent. Les *Sikelica*, les *Bœotica*, les *Thebaica* et les *Ætolica* étaient des poëmes où, à juger par les fragments qui nous en restent, il était question des plantes de la Sicile, de la Béotie, des environs de Thèbes, et de l'Étolie.

Parmi les herboristes ou *rhizotomes* de l'époque de Nicandre, nous devons citer Crateus, Dionysios et Metrodoros. Malheureusement aucun de leurs écrits ne nous est parvenu. On peut en dire autant d'un certain nombre d'écrivains, postérieurs à cette époque, tels que Mnésithée d'Athènes, Hikesios, Mikton ou Mycon, Dalion, Solon de Smyrne, Pharnakès, Amérias le Macédonien, etc., dont Pline a donné la liste et qui se trouve reproduite dans la *Bibliotheca botanica* de Haller[3]. Des fragments de leurs écrits sont imprimés dans le recueil précieux que Cassianus Bassus a publié, en 912-919 de notre ère, sous le titre de *Geoponica*.

1. Fraas, *Synopsis plant. floræ classicæ*, p. 267.
2. Dioscoride (III, 113) lui donnait déjà le nom de *triphyllon*.
3. Voy. Meyer, *Gerchichte der Botanik*, t. I, p. 250 et suiv.

Nous ne devons pas oublier ici le prince des poëtes idylliques, *Théocrite*. Ce poëte, qui vivait en Sicile, 250 ans avant notre ère, parle de beaucoup de plantes qui se retrouvent dans les Géorgiques et les Bucoliques de Virgile. La flore de ces deux poëtes a été l'objet de travaux particuliers de M. Fée. Malheureusement il faut se contenter le plus souvent de quelques qualificatifs pour arriver à reconnaître, d'une façon plus ou moins certaine, l'espèce végétale que le poëte aura voulu désigner. C'est ainsi que « la violette d'un pourpre noir, τὸ ἴον μέλαν, est probablement la jacinthe (lis martagon), *marquée de lettres*, ἁ γραπτὰ ὑάκινθος. Il faut deviner les fleurs qui « entrent dans les bouquets printaniers, » ἐν τοῖς στεφάνοις τὰ πρᾶτα λέγονται. On est réduit à conjecturer que « le cytise (τὸν κύτισον), que suit la chèvre, est une plante grimpante[1]. » — Les mots de « doux bruissements, » ἁδύ τι τὸ ψιθύρισμα, rendent en quelque sorte onomatopiquement le bruit que produit une légère brise en traversant les feuilles aciculaires du pin (πιτύς)[2]. — Le *butomus aigu*, βούτομον ὀξύ (qui n'est pas le *butomus umbellatus*, de L.), et le *touffu cyperus*, βαθὺς κύπειρος, désignent sans doute différentes espèces de *carex*, telles que le *carex acutus* et le *carex cyperus*, qui aiment bien l'humidité d'une *grande prairie* (λειμὼν μέγας)[3]. Quant aux mots κυάνεον χελιδόνιον, ils s'appliquent, non pas à une chélidone à fleurs bleues (les *chelidonium* ont les fleurs jaunes), mais à la glaucescence du feuillage d'une papavéracée[4]. Rien n'est plus beau que cette alliance de la sensibilité du poëte avec la contemplation de la nature.

Cessez votre bucolique, ô Muses, cessez votre chant ;
Maintenant que les ronces, que les épines, portent des violettes,
Que le beau Narcisse fleurisse sur le genévrier.

1. Théocrite, Idyll. x, 28-30.
2. Idyll. I, 1.
3. Idyll. XIII, 35,
4. Ibid., 41.

Que tous les contraires se mélangent, que le pin produise des poires,
Puisque Daphnis est mort.... [1].

Nicolas de Damas est, de tous les écrivains grecs du premier siècle de notre ère, le seul dont il nous soit resté un ouvrage sur la botanique. Encore cet ouvrage ne nous est-il parvenu que dans une traduction latine, barbare, faite, par un nommé Alfred, sur une version arabe. Ordinairement attribué à Aristote, il a pour titre : *De plantis libri duo* (E. H. F. Meyer, Leipz. 1841, in-8°). La version arabe est de Honaïn ibn Ischak, qui vivait de 809 à 877 de notre ère, et s'était fait connaître par des translations nombreuses d'ouvrages grecs en arabe ou en syriaque.

L'auteur, qui s'en rapporte à l'autorité des maîtres plutôt qu'à l'observation expérimentale, définit la plante « un être vivant, privé de mouvement de relation et fixé au sol. » Il lui suppose une âme, différente de celle de l'animal, en tant qu'elle manque de sentiment. « L'âme naturelle de ces plantes a, dit-il, pour principale fonction d'attirer et s'approprier de la nourriture; l'animal la possède aussi. » — Ses idées sur le sexe des plantes étaient purement imaginaires, et les raisonnements dans lesquels il entre à ce sujet tiennent bien plus de la dialectique pure que de l'étude de la réalité. Mais sa classification des végétaux suivant la nature du terrain est l'expression même de ce qui est. Il reconnaît ainsi que les végétaux qui croissent aux bords des rivières ou dans les marais sont tout à fait différents de ceux des localités élevées, sèches et arides. Il croit en même temps à la transformation des espèces cultivées en espèces sauvages et réciproquement.

Le texte latin de ce Traité des plantes, que cite Roger Bacon en l'attribuant à Aristote, est rempli de termes arabes et syriaques, ce qui ne contribue pas peu à l'obscurcir.

1. Théocrite, Idylle I, 131 et suiv.

La botanique chez les Romains.

En passant des Grecs aux Romains, on voit l'étude des plantes se rapprocher davantage de l'occident de la région méditerranéenne. Cette étude prit un cachet essentiellement pratique, comme nous le montrent les écrits qui nous restent des *Scriptores rei rusticæ* (édit. J. Math. Gessner, Leipz. 1734-35. 2 vol. in-4°. et J. G. Schneider, ibid., 1793-96, 4 vol. in-8°). Nous allons les passer rapidement en revue, dans leur ordre chronologique.

Caton l'Ancien. — Son traité *De re rustica* est une réunion de préceptes, d'observations faites jour par jour et exposés sans aucun ordre. C'est pourquoi on l'avait longtemps regardé comme la production d'un grammairien de beaucoup postérieur à l'époque de Caton. Mais la critique a montré que l'ouvrage de Caton l'Ancien portait précisément ce caractère d'un journal, et que nous avons là un des monuments les plus anciens de la littérature romaine[1]. Car Caton l'Ancien, surnommé le *Censeur*, mourut en 147 avant Jésus-Christ, à l'âge de quatre-vingt-cinq ans, cinq ans avant la destruction de Carthage, à laquelle il avait tant contribué par ses discours au Sénat, invariablement terminés par ces mots, devenus fameux : *Cæterum censeo Carthaginem esse delendam*. — « Le plus grand éloge, dit-il dès le commencement de son livre, qu'on pût autrefois faire d'un citoyen, c'était de le présenter comme un bon cultivateur et un bon colon, *bonum agricolam bonumque colonum*.... C'est de cette classe de ci-

1. Kletz, dans *Nouvelles Annales de philologie et de pédagogique* (en allemand), t. X, p. 5 (1844).

toyens que sortent les hommes les plus forts et les meilleurs soldats. Leur gain honnête les attache à la patrie et au sol; les pensées d'envie, de luxe et d'ambition ne les troublent point. » — L'auteur fait ensuite des observations pleines d'intérêt pour l'histoire de l'économie rurale.

Les plantes qui se trouvent mentionnées dans le traité de Caton sont au nombre d'environ cent vingt. Nous y remarquons particulièrement l'asperge (*asparagus*), dont la culture n'a guère changé depuis lors, c'est-à-dire depuis deux mille ans. L'auteur recommande de choisir pour cela une terre grasse et humide, d'y faire des fossés d'une certaine largeur, et d'y planter les griffes d'asperges par rangées que séparent des intervalles égaux[1]. Parmi les arbres fruitiers, l'olivier et le figuier occupent le premier rang : puis viennent les pommiers et les poiriers. Il est difficile de déterminer à quelles variétés de nos pommes appartenaient les *mala struthea*, *scantiana*, *quiriana*. Le cognassier et le grenadier étaient, à cause de la forme de leurs fruits (*malum cotoneum* et *malum punicum*), rangés au nombre des pommiers.

Caton parle de six variétés de poires, nommées en partie d'après les pays d'où elles proviennent; telles étaient les poires d'Anicie, de Tarente, de Voles : celle qui avait la forme d'un concombre s'appelait *cucurbitinum*, et les deux autres portaient les noms de *musteum* et de *sementivum*. Il ne fait que mentionner le prunier, *prunus*. Le cerisier lui était encore inconnu.

Varron. — Un des esprits les plus actifs de son temps, Terentius Varron (mort en 26 avant Jésus-Christ, à l'âge de quatre-vingt-dix ans), lié avec Pompée et Cicéron, s'était appliqué à presque toutes les branches des connaissances humaines, principalement aux origines de

1. *De re rustica*, CLXI.

la langue latine, à l'archéologie et à l'agriculture. Son traité *De re rustica* est le seul de ses ouvrages qui nous ait été conservé intégralement. Il se compose de trois livres, dont le premier traite de l'agriculture proprement dite ; le deuxième, de l'élève du bétail; le troisième, des volières, des vaches, des viviers. Au trente-neuvième chapitre du premier livre on trouve mentionné le cerisier, *cerasus*, sur la culture duquel s'est étendu Palladius. Parmi les autres arbres ou arbrisseaux indiqués par Varron, on remarque l'arbousier, le sapin, le genévrier, le platane, le peuplier, le saule, le sorbier, etc. Les légumes alors les plus cultivés étaient le pois, la fève, la lentille, la vesce, l'ervilie, le lupin, le concombre, le chou. Parmi les plantes cultivées pour leurs propriétés aromatiques, on distinguait le serpollet, l'*ocimum* (basilic), plusieurs espèces de mélisse ou de menthe, confondues sous les noms grecs de *melissa*, *mentha*, *mellissophyllon*, *melinon*; le romarin (*ros marinus*) ; le thym, etc.[1].

Le traité de Varron et celui de Caton se complètent réciproquement : ce qui est à peine esquissé dans l'un est détaillé dans l'autre. Nous citerons, comme exemple, la culture de la vigne, de l'olivier, des plantes fourragères et des plantes médicinales. Varron mentionne le premier deux espèces fourragères jusqu'alors inconnues en Italie, la médique (*medica*), probablement notre luzerne (*medicago sativa*), et le cytise (*cytisum*) ou luzerne arborescente (*medicago arborea*). La première avait pour patrie, non pas l'Espagne, comme le prétend de Candolle, mais la Médie, comme son nom l'indique[2] ; la seconde était originaire de l'île de Kythnos, l'une des Cyclades. Ces deux espèces de plantes fourragères, remplaçant avec avantage les feuilles d'arbres indigènes, avec lesquelles on nourrissait en Italie

1. Varron, *De re rustica*, III, 16, où se trouve énuméré un grand nombre d'espèces végétales.
2. Comp. Strabon, XI, 13.

les bestiaux, avaient trouvé un panégyriste dans Amphiloque d'Athènes[1].

Un mot sur l'introduction du *cerisier*. Athénée, dans son *Banquet des savants* (II, 11), fait ainsi parler Larensius : « Vous autres Grecs, vous vous attribuez beaucoup de choses, soit comme les ayant dénommées, soit comme les ayant découvertes. Mais vous ignorez sans doute que Lucullus, général des armées romaines, après avoir vaincu Mithridate et Tigrane, apporta le premier le cerisier de Cérasonte en Italie, et il le nomma *cerasus* du nom de cette ville du Pont. » — Cette opinion fut également propagée par Pline (*cerasi ante victoriam mithridaticam L. Luculli non fuere in Italia*)[2], par Ammien Marcellin (XXII, 8), par Tertullien (*Apolog.* XI) et par saint Jérôme (*Epist.* XIX, *ad Eustochium*).

Voici cependant ce que l'auteur du Banquet des Savants fait répliquer à Larensius par Daphnus : « Diphile de Siphne, homme très-renommé, et qui a vécu nombre d'années avant Lucullus, c'est-à-dire sous Lysimaque, un des successeurs d'Alexandre, fait mention des cerises, en disant : « les cerises sont stomachiques, mais peu nourrissantes... » — A cela nous ajouterons le témoignage de Théophraste, contemporain de Lysimaque. Théophraste décrit (*Hist. Plant.*, III, 13) le cerisier, κέρασος, comme un arbre déjà connu de son temps ; il en compare le port et l'écorce à ceux du tilleul... « Sa fleur, dit-il, est blanche, et ressemble à celle du poirier et du néflier. » — Le cerisier appartient, en effet, à la même famille que le poirier et le néflier. — « Son fruit, continue-t-il, est rouge, semblable à celui du *diospyros;* il a un noyau moins dur que celui du diospyros. »

Les commentateurs de Théophraste, particulièrement Bodæus à Stapel, se sont vainement efforcés d'interpréter

1. Pline, *Hist. nat.*, XVIII, 6.
2. Ibid., XV, 30.

dans un autre sens ce passage, qui présente le cerisier comme bien plus ancien que ne le prétendaient les Romains. Cependant les deux opinions, en apparence contradictoires, peuvent très-bien se concilier. Le cerisier de Diphile et de Théophraste était tout simplement le cerisier sauvage, notre merisier (*cerasus avium*), qui se rencontre dans beaucoup de bois de l'Europe, tandis que le cerisier que Lucullus apporta de l'Asie en Italie, et qui, d'après Pline, se propagea, en moins de cent cinquante ans, jusque dans la Grande-Bretagne, était notre cerisier domestique. Cet arbre est encore aujourd'hui très-commun aux environs de Cérasonte, sur le littoral de la mer Noire. « La campagne de Cérasonte nous parut, rapporte Tournefort, très-belle ; ce sont des collines couvertes de bois où les cerisiers naissent d'eux-mêmes[1]. »

Columelle. — Natif de Cadix, Columelle parcourut, au commencement du premier siècle de notre ère, l'Espagne, la Gaule, l'Italie, la Grèce, plusieurs provinces de l'Asie Mineure, particulièrement la Cilicie et la Syrie. Il visita aussi les côtes de l'Afrique, surtout les environs de Carthage, afin d'y suivre pas à pas les travaux agricoles décrits par Magon dans son *Traité d'Agriculture*, au manuscrit autographe duquel les Romains rendaient autant d'honneur qu'aux fameux livres Sibyllins, et qui devint, comme ceux-ci, la proie des flammes, l'an de Rome 670. Après ses voyages, Columelle s'établit à Rome pour y rédiger son Traité d'Agriculture *De re rustica*, en treize livres, précédé d'une préface où il déplore l'état d'avilissement dans lequel était, depuis la chute de la République, tombée l'agriculture. « Je vois partout, dit-il, des écoles ouvertes aux rhéteurs, à la danse, à la musique, même aux saltimbanques ; les cuisiniers, les barbiers sont en vogue ; on tolère des maisons infâmes où les jeux et tous

1. *Relation d'un Voyage du Levant*, t. II, p. 98 (édit. in-4°).

les vices attirent la jeunesse imprudente : tandis que pour l'art qui fertilise la terre, il n'y a rien, ni maître, ni élèves, ni justice, ni protection. Voulez-vous bâtir, vous rencontrez à chaque pas des architectes. Voulez-vous courir les hasards de la mer, vous trouverez partout des constructeurs. Mais souhaitez-vous tirer parti de votre héritage, améliorer les procédés qui vous semblent mal entendus, vous n'avez ni guides, ni gens qui vous comprennent. Et si je me plains de ce mépris, on me parle aussitôt de la stérilité actuelle du sol ; on va jusqu'à me dire que la température actuelle est changée. Le mal est plus près de vous, ô mes contemporains ! L'or, au lieu de se répandre dans les campagnes, qui nourrissent les villes, est jeté à pleines mains au luxe, à la débauche, aux exactions. Écoutez-en mon expérience, reprenez la charrue.... » Ces plaintes, chose triste à constater, sont encore aujourd'hui, après un laps de près de deux mille ans, en grande partie fondées.

Les quatre premiers livres du *Traité* de Columelle sont consacrés aux exploitations rurales, aux labours, aux semailles, aux engrais, à la culture des champs, des prés et de la vigne. La culture de l'olivier, du grenadier, du noyer, des pommiers et du cytise fait le sujet du cinquième livre. Le cytise de Columelle est, selon Thiébaud de Barnéaud, non pas la luzerne arborescente (*medicago arborea*), mais le faux ébénier *cytisus laburnum*, L.[1]. Les quatre livres suivants 6e, 7e, 8e et 9e traitent de l'élève des bestiaux, des oiseaux de basse-cour et des abeilles. Le 10e livre, en vers, est consacré à la culture des jardins, que l'auteur recommande de bien arroser, « parce qu'ils ont, dit-il, toujours soif, *semper sitiunt horti*. » Les mauvaises herbes qui les infestent, sont décrites dans un langage très-poétique. Les livres 11e et 12e ont pour objet les principales industries agricoles. Le 13e et dernier livre

1. *Mém. de l'Acad. des Sciences*, année 1814.

traite de l'arboriculture. — Pour perpétuer la mémoire du célèbre agronome romain, Wahl a donné le nom de *columellia* à un genre de plantes originaires du Pérou et voisines des calcéolaires.

Virgile. — D'une cinquantaine d'années antérieur à Columelle, Virgile est souvent cité par celui-ci comme une autorité. C'est que, à l'exception de Théocrite, son modèle, peu de poëtes ont eu un sentiment plus vrai et plus profond de la nature. Ce sentiment, qui éclate à chaque page des Bucoliques et surtout des Géorgiques, se retrouve dans l'Énéide, et il n'a pas peu contribué au déploiement de ces qualités qui, si l'on excepte Homère, manquent à presque tous les poëtes épiques.

Les Bucoliques ou Églogues sont les véritables débuts de la muse Virgilienne. Ces poëmes champêtres furent composés, de 43 à 37 avant J. C., pendant les troubles civils qui suivirent la mort de César. Le genre idyllique était alors inconnu aux Romains. Virgile ne pouvait mieux faire que de prendre pour modèle Théocrite : il l'imita non-seulement dans le choix de ses sujets, mais il lui emprunta des vers et des développements tout entiers. Rien de plus attachant que cette poésie de la nature, entrelacée de feuillages et de fleurs :

Les sillons destinés aux céréales....
Sont envahis par la triste ivraie (*infelix lolium*) et les avoines stériles ;
A la place de la douce violette et du narcisse pourpré s'élèvent
Le chardon et la ronce [1].

L'épithète de *purpureus*, que Virgile donne ici au narcisse, ne peut s'appliquer qu'à la petite couronne pourpre qui occupe le centre de la fleur blanche du narcisse des poëtes (*narcissus poeticus* L.). Quel air de fête cette fleur donne aux prairies lorsqu'elle s'ouvre aux rayons du soleil printanier!

1. *Eclog.*, v, 38 et suiv.

Quant à ce vers si souvent cité :

> Alba ligustra cadunt, vaccinia nigra leguntur [1],

nous avons montré ailleurs qu'il s'agit ici d'une seule et même espèce végétale, de notre troène (*ligustrum vulgare*, L.), dont les fleurs blanches, printanières, tombent (*alba ligustra cadunt*), tandis que les baies noires qui leur succèdent en automne, sont cueillies pour servir en teinture, comme nos airelles (*vaccinia nigra leguntur*) [2].

Après les Bucoliques parurent les *Géorgiques*, qui coûtèrent au poète également six ans de travail (de 37 à 31 avant J. C.). Quelques plantes y sont si bien décrites qu'il est facile d'y reconnaître les synonymes de la nomenclature moderne. Telle est, entre autres, cette belle espèce de marguerite, qui se rencontre dans les prés (*flos in pratis*) et qui mérite d'être comparée à une étoile (*aster amellus*), quand elle montre au-dessus de ses feuilles, denses comme un gazon, une forêt de capitules fleuris (*ingentem tollit de cespite silvam*), disposés en corymbe, fleurs composées d'une couronne d'or (*aureus ipse*), garnie de rayons d'un pourpre foncé comme les pétales de la violette. C'est là la caractéristique de notre *aster amellus*, que le poète a chanté dans ces vers :

> Est etiam flos in pratis, cui nomen amello
> Fecere agricolæ, facilis quærentibus herba ;
> Namque uno ingentem tollit de cespite silvam,
> Aureus ipse ; sed in foliis, quæ plurima circum
> Funduntur, violæ sublucet purpura nigræ [3].

L'*aster amellus*, L., que sa beauté a fait surnommer *œil du Christ*, appartient aux contrées méridionales, où il se plaît sur les collines arides. La plupart des plantes n'étant désignées dans d'autres vers de Virgile que par un ou deux

1. *Eclog.*, II, 18.
2. Voy. *Nos Saisons*, 1re série, p. 334.
3. *Georg.*, IV, 271 et suiv.

qualificatifs, il est plus difficile d'en déterminer exactement les espèces; tels sont l'*amomum*, le *crocus rubens* d'automne, probablement notre *colchicum autumnale*, — le *galbanum*, *thurifera arbor*. — l'*ulva palustris* (*typha latifolia* ?), — le *semper frondens acanthus* l'*acacia vera* ?), — les *centauria graveolentia*, etc.[1]

Hygin écrivit sur les Géorgiques de Virgile un ouvrage qui ne nous est pas parvenu.

Horace, *Vitruve*[2] l'architecte et *Strabon* le géographe[3] ont donné, dans leurs ouvrages, quelques observations qui ne sont pas sans intérêt pour l'histoire de la science.

Aperçu historique de la botanique, depuis le premier siècle de notre ère jusqu'au moyen âge (époque de Charlemagne).

Deux auteurs, souvent cités, ouvrent cette période : Dioscoride et Pline.

Dioscoride. — Natif d'Anazarbe en Cilicie, Dioscoride paraît avoir vécu, comme Pline, dans la première moitié du premier siècle de notre ère. Il nous reste de Dioscoride un Traité de matière médicale (Περὶ ὕλης ἰατρικῆς), dont Sprengel, qui en a donné une excellente édition (Leipzig, 1829, 2 vol. in 8°), a relevé les principales espèces végé-

1. Voy. Fée, *Flore de Virgile*, dans la collection des Classiques latins de Lemaire. Retzius, *Flora Virgiliana*; Londres, 1809, in-8°. Tenore, *Osservazioni sulla flora Virgiliana*, Naples, 1826, in-8°.

2. Meyer, *Geschichte der Bot.* t. I, p. 382 et suiv.

3 Meyer, *Versuch botanischer Erläuterungen zu Strabon*, etc.; Koenigsberg, 1852, in 8°.

tales dans son *Histoire de la Botanique*. Ainsi, la plante que Dioscoride désigne sous le nom de φοῦ (I, 10), était, selon toute apparence, la grande valériane (*valeriana phu* de Lin., *valeriana Dioscoridis* de Hawkins), qui croît dans les lieux montagneux des contrées méridionales ; elle est facile à reconnaître à sa grosse racine odorante, à ses feuilles, dont les inférieures sont entières ou à trois lobes, et les supérieures pinnatifides, ainsi qu'à ses fleurs disposées en une panicule rouge ou blanche. Dioscoride et d'autres écrivains ont donné le nom de *nard*, νάρδος, à beaucoup de plantes aromatiques, particulièrement à la valériane, dont la plupart des espèces sont remarquables par leur odeur caractéristique. Le *nard celtique*, ἡ κελτικὴ νάρδος, est le *valeriana celtica* de L., qu'on trouve en Grèce, en Italie et jusque sur les montagnes du Piémont et du Dauphiné. Le *nard indien* et le *nard des montagnes* paraissent être également des valérianes (*valeriana Hardwickii* et *v. tuberosa*).

Ce que Dioscoride dit de ce qu'il nomme matière *indienne tinctoriale bleue*, ἰνδικὸν βαφικὸν κυανοειδές, montre que les anciens connaissaient l'indigo[1] ; mais, contrairement à l'opinion de Sprengel, il n'est pas aussi certain qu'ils connussent la plante, l'*indigofera tinctoria*, d'où provenait l'indigo. Nous ne partageons pas davantage le sentiment de Sprengel, quand nous le voyons rapporter l'héliotrope ou tournesol, ἡλιοτρόπιον, de Dioscoride et de Pline, à notre *heliotropium europæum*. Cette borraginée, commune dans les décombres et les terrains en friche, n'attire en rien les regards du passant : ses fleurs, d'un blanc bleuâtre, sont petites, disposées en épis scorpioïdes, et ne présentent aucun mouvement qu'on puisse rapporter à l'action du soleil. Il n'en est pas de même d'un certain nombre de ces fleurs composées qui, comme le soleil (*helianthus annuus*, L.), semblent rechercher la lumière de l'astre du jour

1. Voy. Beckmann, *Geschichte der Erfind.*, t. IV, p. 475.

Quant à l'*isatis*, ἰσάτις, que les teinturiers employaient pour teindre la laine, c'était bien, à juger par la courte description qu'en donne Dioscoride, notre *isatis tinctoria*, crucifère qui croît naturellement dans une grande partie de l'Europe, et qui se distingue par ses feuilles glauques, lancéolées, embrassantes, dans lesquelles réside une matière tinctoriale bleue. C'est cette matière qui a pendant longtemps remplacé l'indigo.

Quoi qu'il en soit, l'établissement exact de la synonymie de Dioscoride, comparée avec la synonymie des botanistes modernes, offre des difficultés presque insurmontables; et nous sommes loin d'admettre tout ce qui a été tenté à cet égard par le savant auteur de l'*Historia rei herbariæ*[1].

Pline l'Ancien. — Le prince des naturalistes romains mourut âgé de cinquante-six ans (en 79 après J. C.), victime de son ardeur scientifique. Pendant qu'il commandait la flotte, stationnée à Misène, il voulut explorer le Vésuve, au moment où une éruption de cendres engloutit les villes d'Herculanum et de Pompéi. Le vaste recueil de curiosités de toutes sortes qu'il laissa sous le titre de *Historia naturalis*, en trente-sept livres, comprend le règne végétal, depuis le douzième jusqu'au vingt-huitième livre. Cette partie a été commentée avec une grande autorité par Desfontaines, dans les t. V-VII de l'excellente édition de Pline, de la collection des Classiques latins de Lemaire.

A l'exemple de ses prédécesseurs, Pline adopte la division primitive des plantes en arbres et en herbes; il commence le douzième livre de son *Histoire naturelle* par les arbres et leurs usages en général. Il s'étend d'abord sur le platane (*platanus orientalis*), et admire la grosseur des platanes de l'Académie et du Lycée, où se promenaient à Athènes les

1. Sprengel, *Hist. rei herb.*, t. I, p. 152 et suiv.

disciples de Platon et d'Aristote. Puis il traite des arbres étrangers ou encore peu connus, tels que le citronnier (*malus assyria* ou *medica*), les cotonniers « arbres porte-laine des Sères » (*lanigeras Serum arbores*); l'ébénier (*ebenus*); le *spina indica*, dont on n'a pas encore la détermination exacte; le figuier d'Inde (*ficus religiosa*, L.), et le pistachier, « arbre semblable au térébinthe et portant des fruits comme l'amandier. » Il décrit ensuite la racine de gingembre (*radix zingiberi*), espèce d'amomum, qu'il supposait être un arbre, comme le poivrier; le poivre cubèbe (*piper cubeba*, L.), qu'il nomme *garyophyllon*, ce qui pourrait faire croire au girofiier, indigène des îles Moluques; le *costus* de l'Inde, probablement la cannelle blanche; le nard sylvestre (*asarum europæum*), à feuilles rondes, toujours vertes comme celles du lierre, et à fleurs pourpres; les arbres d'où découlent l'oliban, l'encens, la myrrhe, etc.

Pline et Dioscoride parlent à peu près dans les mêmes termes d'un suc concrété qu'ils appellent *saccharon* et qui était notre sucre. « Le *saccharon* le plus estimé vient, disent-ils, de l'Inde. C'est un miel recueilli sur des roseaux (*mel in arundinibus collectum*), blanc comme de la gomme, croquant sous les dents (*dentibus fragile*), de la grosseur d'une noisette, et propre seulement aux usages de la médecine, *ad medicinæ tantum usum.* » Pline parle aussi, d'après Onésicrite, d'arbres de l'Hyrcanie, dont les feuilles ressemblaient à celles du figuier, et qui laissaient, vers le matin, suinter du miel. C'étaient probablement des espèces d'érables, dont les feuilles sécrètent, en effet, une liqueur sucrée. Notons en passant que l'eau-de-vie, produit de fermentation du sucre, était d'abord, comme le sucre lui-même, employée en médecine, longtemps avant d'entrer dans la consommation alimentaire.

Le phénomène que Pline raconte d'un arbre de l'île du golfe Arabique, a été généralisé par Linné sous le nom d'*horloge* ou de *sommeil* des plantes. « La fleur qui, dit-il, se ferme la nuit, commence à s'ouvrir au lever du soleil, et est entièrement épanouie à midi. Les indigènes disent qu'elle dort. » C'était probablement une espèce d'acacia.

Le treizième livre de l'Histoire naturelle de Pline continue l'histoire des arbres et arbrisseaux, tels que les palmiers (dattier, palmier doum, *chamærops humilis*), pistachier, caroubier, etc. On y trouve aussi la description de plusieurs végétaux non arborescents, tels que le papyrus, d'où vient l'usage du papier, le lotus du Nil, diverses espèces de *ferula*, etc.

Le quatorzième livre est consacré à la vigne, à sa culture et aux perfectionnements de ses produits. Les Romains laissaient parvenir la vigne à toute sa hauteur, et ne lui donnaient pour appui que les arbres le long desquels ils la faisaient grimper. Les Grecs, au contraire, préféraient le système des vignes basses, qui est le système moderne et qu'on pratique encore aujourd'hui en Grèce, notamment dans les îles de l'Archipel. C'est ce fait général qu'il faut toujours avoir présent à l'esprit pour bien comprendre les écrits des agronomes anciens. Presque tous les vins étaient, dans l'antiquité, chauffés et aromatisés, et l'usage de ces vins s'est conservé durant le moyen âge.

Le quinzième livre a pour objet l'olivier, sa culture et les différentes espèces d'huiles. Il traite, en outre, du sebestier (*myxa*), du pêcher, des poiriers, des pommiers, des sorbiers, des noyers, des mûriers, des cerisiers, des cornouillers et des lauriers. — Le seizième livre est consacré principalement à la description des arbres forestiers, tels que les chênes, que l'auteur divise en sauvages (*silvestres*) et en cultivés (*cultæ*). Le hêtre, qui s'élève très-haut, *fagus alta*, étend au loin ses rameaux, *patula*, a un feuillage touffu, *densa*, épaississant l'ombre, *umbrosa cacumina*, toutes qualités chantées déjà par Virgile :

> Cæditur et tilia ante jugo levis, altaque fagus.
>
> . . . .
>
> Tityre, tu patulæ recubans sub tegmine fagi.

. . . .
Tantum inter densa umbrosa cacumina, fagus[1].

La description du hêtre est suivie de celle des arbres résineux, comprenant le pin silvestre (*pinaster*), le sapin (*picea*), l'épicée (*tæda*). On y trouve aussi l'histoire des tilleuls, de l'érable (*acer*), de l'ormeau (*ulmus*), du buis (*buxus*), des peupliers, des saules, etc. — Le dix-septième livre traite de l'arboriculture, des pépinières, de la taille, de la greffe, des irrigations. — Le dix-huitième livre contient l'histoire naturelle des céréales, les pronostics, bons ou mauvais, tirés des astres, les engrais, les semailles, la conservation des blés, etc. — Le dix-neuvième livre est consacré à l'horticulture et à la culture du lin. — Le vingtième livre traite des plantes potagères et des remèdes qu'elles fournissent. — Le vingt-unième contient l'énumération des plantes entrant dans la composition des couronnes dont les Romains se plaisaient à faire étalage. — Les livres suivants (vingt-un à vingt-huit) sont consacrés à la matière médicale. Les remèdes y sont exposés, tantôt suivant la nature des maladies qu'ils étaient supposés guérir, tantôt suivant l'ordre alphabétique.

On chercherait vainement dans Pline des détails précis de physiologie végétale et des indices d'une méthode de classification rationnelle.

Nous ne ferons que citer les médecins qui, tels que *Scribonius Largus* (médecin de l'empereur Claude), *Galien*, *Celse*, *Oribase*, *Aëtius*, *Alexandre de Tralles*, *Paul d'Egine*, n'ont parlé que très-sommairement des plantes employées en médecine. Nous pouvons ajouter à cette liste les écrivains qui, comme *Apicius*, ne voyaient dans les végétaux qu'une matière utile pour l'art culinaire.

Citons aussi *Palladius* et *Isidore de Séville*. Le premier

1. *Georg.*, I, 173; *Buc.*, I, 1; II, 3.

(vivant dans le quatrième siècle après J. C.) est auteur d'un traité *De re rustica*, en quatorze livres, dont le premier donne des règles générales sur l'agriculture; les douze livres suivants traitent des travaux agricoles; le quatorzième livre, écrit en vers élégiaques, est consacré à la greffe des arbres. L'ouvrage de Palladius, très-populaire au moyen âge (Vincent de Beauvais en inséra une grande partie dans son *Speculum naturale*), est une compilation faite d'après les traités de Caton, de Varron et de Columelle. Il se trouve imprimé dans les collections des *Scriptores rei rusticæ* de Mathiæ et de Schneider.

Isidore de Séville (né en 570, mort en 636) parle d'un certain nombre de plantes dans le dix-septième livre de son ouvrage encyclopédique, intitulé les *Origines* (édit. par J. Arevoli; Rome, 1797-1803, 7 vol. in-4°). L'un des premiers il mentionne la rhubarbe sous le nom de *rheum barbarum*, par opposition aux *rheum ponticum* (*rhaponticum*) et *rheum indicum*, indiqués par des écrivains plus anciens.

Parmi les auteurs dont les écrits, quoique étrangers à la botanique, contiennent des renseignements utiles pour l'histoire de cette science, nous citerons Athénée (les *Deipnosophistes* ou *Banquet des savants*), Pollux (*Onomasticon*), Serenus Samonicus (*De medicina præcepta saluberrima*), Florentinus (*Georgica*), Sextus et Jules l'Africain (*Cesti*), Jules Solin, Ammien Marcellin, Théodore Priscien, Marcelle l'Empirique, Sérapion, Cosmas l'Indicopleuste, etc. On trouve des fragments et extraits de ces auteurs dans les *Geoponica*, recueil fait par ordre de l'empereur Constantin VII, surnommé *Porphyrogénete* (né en 905, mort en 959), et dont Nicolas a donné une excellente édition (Leipzig, 1781, 4 vol. in-8°).

Les *Capitulaires* de Charlemagne renferment quelques noms de plantes qui ne sont pas sans intérêt pour l'histoire de la science. La nielle, commune dans les champs de blé, s'y appelle *gith*, et ce nom se retrouve dans celui d'*agrostemma githago*, donné à la même plante par Linné. La menthe aquatique s'y nomme *menthastrum*, nom déjà employé par Serenus Samonicus; la petite centaurée, *febrifuga;* la carotte, *carruca;* la garance, *warentia;* la joubarbe, *Jovis barba;* la guimauve, *ibischa mismalva;* le cabaret (*asarum europæum*, L.) *vulgigina;* le pois cultivé, *pisus mauriscus*, etc.

Cette nomenclature montre l'influence que les langues vulgaires ou barbares commençaient alors à exercer sur la langue latine.

LIVRE DEUXIÈME.

LA BOTANIQUE AU MOYEN AGE.

La période, si arbitrairement circonscrite sous le nom de *moyen âge*, comprend, après la chute de l'empire romain, l'intervalle de temps où l'esprit humain semble avoir recueilli ses forces pour se déployer tout à coup, au seizième siècle, dans toutes les directions à la fois.

Toutes les races humaines n'ont pas une égale part à ce grand mouvement de la civilisation, dont les sciences composent l'élément essentiellement progressif, et à la tête duquel se trouve la race aryenne ou indo-européenne. La race mongole, représentée par les Chinois et les Japonais, y a contribué pour une part aussi obscure que restreinte, et les Arabes, race sémitique, dont l'histoire se trouve mêlée davantage à celle de notre race, n'ont guère fait que propager les lumières des Grecs, et préparé ainsi l'époque de la Renaissance.

Botanistes arabes.

C'est presque exclusivement dans ses rapports avec la médecine que les Arabes, plutôt poëtes qu'observateurs, ont étudié la botanique. Les écrits de Mesué, de Rhasès, d'Ibn-Baïthar, d'Avicenne, d'Averroës, d'Avenzoar, etc., en témoignent.

De tous les médecins arabes, *Abd-Allatif* paraît être le seul qui ait montré une connaissance assez approfondie des principales espèces végétales. Aussi mérite-t-il que nous nous y arrêtions un instant.

Né à Bagdad, en 1162 de notre ère, Abd-Allatif était lié d'amitié avec le vizir Bohadin, qui jouissait de toute la faveur du sultan Saladin. Ainsi protégé, il put se procurer tous les moyens nécessaires pour visiter fructueusement l'Egypte. Il vint mourir dans sa ville natale, à l'âge de soixante-neuf ans. Sa *Relation de l'Egypte* a été traduite en français par Sylvestre de Sacy; Paris, 1810, in-4°.

Abd-Allatif a décrit, comme plantes particulières à l'Egypte, les espèces dont nous allons dire un mot.

Le *bamia* est, à juger par la caractéristique que l'auteur en donne, l'*hibiscus esculentus*, vulgairement nommé *gombo*. Son fruit ressemble à un petit concombre hérissé de poils raides, et divisé par des cloisons en cinq loges qui contiennent des graines rondes. « A cause de son mucilage légèrement sucré, ajoute l'auteur, les habitants de l'Egypte le coupent par petits morceaux et le font cuire avec de la viande. » C'est l'usage qu'on fait encore aujourd'hui de cette malvacée dans beaucoup de contrées méridionales, notamment en Syrie et dans le nord de l'Afrique. Les *méloukia* et *khatmi* étaient aussi des espèces de malvacées, voisines des *hibiscus*.

Le *lébkoh* était un arbre de belle apparence. Abd-Allatif en a décrit le fruit avec beaucoup de détails. « Le fruit du *lébkah* est, dit-il, du volume d'une grosse datte, encore verte, et lui ressemble pour la couleur, si ce n'est qu'il est d'un vert plus foncé. Tant qu'il est vert, il a une saveur astringente, comme la datte verte; mais à sa maturité il devient doux et visqueux. Son noyau ressemble à celui de la prune ou à l'intérieur du fruit de l'amandier; d'un blanc tirant sur le gris, il se casse aisément, et en dedans se trouve une amande humide, blanche, douce au toucher. La chair de cette amande, qui se raccornit beaucoup par la dessiccation, est d'une saveur très-amère et produit sur la langue la sensation d'une piqûre qui persiste longtemps. » Enfin l'auteur répète, d'après Dioscoride et Nicolas de Damas, que « le lébkah était dans la Perse un poison mortel : mais qu'ayant été transplanté en Egypte, il est devenu un aliment. » — Bien des conjectures ont été émises sur la véritable nature de cet arbre, qui était déjà rare en Egypte à l'époque d'Abd-Allatif, c'est-à-dire au douzième siècle. Suivant les uns, c'était le *persea* de Théophraste, de Dioscoride, de Galien, etc. Mais ici commence la difficulté. Qu'était-ce que le *persea* des anciens? La plupart s'accordent à l'identifier avec l'abricotier ou le pêcher, dont le noyau contient, en effet, une amande amère, imprégnée d'un poison violent (acide prussique). Quelques-uns en font une espèce de laurier : c'était l'avis de l'Ecluse et de Linné en donnant à l'avocatier le nom de *laurus persea*. Mais indépendamment de ce que l'avocatier est originaire de l'Amérique, la description que les anciens donnent du *persea*, ne s'applique ni à l'abricotier, ni au pêcher, ni au *laurus persea*. Dans un mémoire lu en 1818 à l'Académie des sciences, Delisle a montré que le lébkah des anciens Arabes ou le persea de Théophraste doit être rapporté au *xymenia ægyptiaca* de Linné; il en fait en même temps un genre particulier sous le nom de *balanites*. Cet arbre, aujourd'hui presque introuvable en Egypte, semble avoir émigré, comme beaucoup d'espèces végétales et même animales, vers la Nubie et l'Abyssinie. Il est, en effet, commun dans ces contrées, où il se nomme *heglyg*[1]. Son fruit, qui ressemble à la datte, et qui devient doux en mûrissant, rappelle tout à fait la description qu'Abd-Allatif a faite du lébkah.

Le *djoummeïz* est incontestablement une espèce de

1 Voy. p. 27.

figuier, le *ficus sycomorus* de Linné. « Cet arbre semble, dit Abd-Allatif, être un figuier sauvage; ses fruits naissent sur le bois et non à l'aisselle des feuilles. On en fait sept récoltes par an, et on en mange pendant quatre mois de l'année. Quelques jours avant qu'on en fasse la cueillette, un homme muni d'une pointe de fer monte sur l'arbre, et fait avec cet instrument une piqûre à tous les fruits l'un après l'autre : il coule de la plaie une liqueur d'un blanc de lait qui ne tarde pas à brunir; c'est cette opération qui donne aux fruits une saveur sucrée. Il y en a qui sont extrêmement doux, plus même que la figue; mais on y trouve toujours un arrière-goût de bois. L'arbre est grand comme un vieux noyer.... On se sert de son bois pour la construction des maisons, et l'on en fait des portes et d'autres gros ouvrages; il dure très-longtemps, et souffre l'eau et le soleil sans en être endommagé. » — Cette description s'accorde parfaitement avec celle que Prosper Alpin (*Hist. nat. Ægypt.*, part. II, p. 12), Sonnini (*Voyage dans la haute et basse Egypte*, t. I, p. 352 et suiv.) et d'autres voyageurs ont donnée du figuier sycomore. Nous avons déjà dit (p. 8) que les caisses de momies égyptiennes ont été faites avec le bois de cet arbre.

Le *baumier*. C'est l'*amyris gileadensis*, L., qu'il ne faut pas confondre avec le sapin baumier (*abies balsamifera*), qui appartient aux forêts de l'Amérique septentrionale. Abd-Allatif trouva le vrai baumier en Egypte, dans un enclos soigneusement gardé. « C'est, dit-il, un arbuste d'environ une coudée de hauteur. Il a deux écorces : l'une extérieure, qui est rouge et mince; l'autre intérieure, verte et épaisse; quand on mâche celle-ci, elle laisse dans la bouche une saveur onctueuse et un goût aromatique; ses feuilles ressemblent à celles de la rue. » — Cette description s'accorde en tout point avec celle du baumier que Belon observa, au seizième siècle, dans un jardin près du Caire, et qu'il rapporte aux *xylobalsamum* et *carpobalsamum* des anciens. Il insiste surtout sur la forme des feuilles impari-pennées. « Les feuilles sont, dit-il, ordonnées à la manière du lentisque, à savoir de côté et d'autre, comme nous voyons aux feuilles des rosiers; toutefois la grandeur n'excède point la feuille des pois chiches, et est faite de telle façon que la dernière feuillette (foliole), qui est au bout, fait que le nombre en soit impair, tellement que comptant les feuillettes de toute la feuille, on y en trouve trois, cinq ou sept, et nous n'avons guères vu qu'elles dépassent le nombre sept. La feuillette de l'extrémité est plus grande que les autres qui suivent; car elles vont en amoindrissant, comme il advient à la feuille de la rue[1]. »

Abd-Allatif a le premier fait connaître tous les détails relatifs à la récolte du baume. « Après avoir, rapporte-t-il, arraché de l'arbuste toutes ses feuilles, on fait au tronc des incisions avec une pierre aiguë; cette opération exige de l'adresse, car il faut couper l'écorce externe et fendre celle de dessous, mais de manière que la fente n'atteigne pas le bois; si l'on attaque le bois, l'incision ne donnera aucun produit. La fente faite comme nous venons de dire, on attend que le suc de l'arbuste coule sur le bois; on le ramasse avec le doigt, que l'on essuie sur le bord d'une corne. Quand la corne est pleine, on la vide dans des bouteilles de verre, ce que l'on continue sans interruption jusqu'à ce que la récolte soit finie et qu'il ne coule plus rien de l'écorce. Plus l'air est humide, plus l'arbuste fournit une récolte abondante; elle est, au contraire, médiocre dans les années de sécheresse. » — On faisait, pendant tout le moyen âge un grand commerce avec le baume, nommé *baume de Giléad*, que l'on disait venir de la Judée. Mais Abd-Allatif raconte qu'il n'avait trouvé aucun baumier en Palestine. Mandeville, Prosper Alpin, Belon et

1. Belon, *les Observations de plusieurs singularités trouvées en Grèce, Asie, Égypte*, etc., liv. II, c. 39. Anvers, 1555, in-12. Comparez Prosper Alpin, *Hist. nat. Ægypt.*, part. II, p. 14.

d'autres voyageurs ont confirmé l'assertion du médecin arabe.

Le *kholkas* d'Abd-Allatif et d'Ibn-Beïtar est, à n'en pas douter, l'*arum colocasia*, L., bien que de l'Ecluse et d'autres aient essayé de l'identifier avec la *fève* d'Egypte des anciens, qui était, comme nous l'avons dit, une nymphéacée (*nymphæa nelumbo*, L.). Ce que Abd-Allatif raconte de la racine de l'*arum colocasia* a été reconnu vrai pour les racines de presque toutes les aroïdées. « La saveur de cette racine est, dit-il, un peu astringente et extrêmement âcre. Quand on la fait bouillir, elle perd toute son âcreté, et peut servir de nourriture. » Ce genre d'aliment, qui rappelle la racine de manioc du Nouveau-Monde, était très-usité chez les anciens habitants de l'Egypte ; c'est ce qui explique pourquoi on l'a confondu avec la fève d'Egypte, jadis également employée comme nourriture.

On conserve dans les principales bibliothèques publiques de l'Europe, particulièrement à celles de Leyde, de Paris, de l'Escurial et de Vienne, un certain nombre de manuscrits arabes qui intéressent plus ou moins directement l'histoire de la botanique. Ces manuscrits, la plupart inédits, ne méritent guère, sauf quelques rares exceptions, de voir le jour, à juger du moins par les analyses qu'on en a données[1].

Botanistes byzantins.

La division du grand empire romain en empire grec ou d'Orient, ayant pour capitale Constantinople (Byzance), et en empire d'Occident, ayant Rome pour capitale, les discordes sanglantes qui s'en suivirent, entretenues par

1. Voy. H. F. Meyer, *Geschichte der Botanik*, t. II, page 99 et suivantes.

l'invasion des barbares, tout cela n'était guère propre à favoriser le développement de la science.

D'ailleurs les Grecs du Bas-Empire s'occupèrent bien moins de l'étude de la nature que de discussions théologiques et de rédactions de chroniques ou d'autres recueils. Photius, Théophane, Nonnus, Psellus, Suidas, etc., n'ont traité de quelques plantes que très-incidemment. Nous ne devons ici une mention spéciale qu'à Siméon Sethus et à Nicolas Myrepsus.

Siméon Sethus écrivit un ouvrage *Sur les aliments*, rangés par ordre alphabétique, et le dédia à l'empereur Michel Ducas, qui régna de 1071 à 1080. Cet ouvrage a été, entre autres, traduit en latin, par Martin Bogdan, et publié sous le titre de *Simeonis Sethi magistri Antiocheni volumen de Alimentorum facultatibus, juxta ordinem litterarum digestum*, etc., Paris, 1658, in-8°. On y trouve pour la première fois mentionné le *camphre*, καφουρά « C'est, dit l'auteur, la résine d'un arbre indien, d'une grandeur telle qu'il peut ombrager une centaine d'hommes. » Le *laurus camphora*, L., d'où l'on retire le camphre, est loin d'avoir ces dimensions. Sethus tenait ses renseignements probablement de quelques marchands qui se plaisaient, par leurs exagérations, à cacher la véritable provenance du camphre.

En parlant de l'*asperge*, ἀσπάραγος, Sethus dit : « Cette sorte de légume était naguère inconnue; on l'a maintenant en abondance au printemps ; on ne connaissait jusqu'alors que l'asperge amère, qu'on nomme *éliodaphné*, ἐλειοδάφνη. » L'asperge cultivée (*asparagus officinalis*, L.), dont Sethus n'ignorait pas l'action sur la sécrétion urinaire, était connue depuis longtemps, puisque Caton en parle déjà, comme nous l'avons montré. Galien cependant n'en faisait pas usage [1]. L'*éliodaphné* paraissait être

1. Voy. Galien, liv. II, *des Aliments* (t. VI, p. 641 et suiv. de l'édit. de Kühn).

une espèce de *ruscus*, de la même famille que l'asperge.

La *girofle*, καρυόφυλλον, mentionnée par Sethus, était connue seulement depuis le septième siècle de notre ère. Paul d'Egine en parle. Sethus a le premier indiqué la *noix de muscade*, sous le nom de κάρυον ἀρωματικόν. A cette même épice paraît s'appliquer le nom de *noix indienne*, qu'on trouve dans Aëtius, qui vivait au commencement du sixième siècle.

Sethus emploie le nom de *maroullia* (μαρούλλια) pour désigner la laitue cultivée, qui se nommait aussi *thridacine* (θριδακίνη)[1], d'où le nom de *thridace*, par lequel on désigne aujourd'hui le suc concrété de la laitue. — Le nom de *tarchon* (ταρχών), également employé par Sethus, est le *tarcoun*, par lequel les Arabes désignent notre estragon, *artemisia dracunculus*[2].

Nicolas Myrepsus, souvent confondu avec *Nicolas Præpositus*, écrivit, au treizième siècle, un traité en grec *Sur la composition des médicaments*, qui fut traduit en latin par Léonard Fuchs, sous le titre de : *Medicamentorum opus*, etc., Bâle, 1549, in-fol. On y trouve pour la première fois mentionnés : l'herbe au musc (*erodium moschatum*, Willd.), sous le nom de *moscho-botanon*, μοσχοβότανον ; le chardon bénit (*centaurea benedicta*, L.), sous le nom de *cardio-botanon*, καρδιοβότανον ; la nielle, sous celui de *cocalis du blé* (κόκκαλις τοῦ σίτου) ; le fraisier, sous celui de *fragouli*, φράγουλι. Myrepsus et son contemporain, le médecin Actuarius, ont aussi les premiers parlé de l'action purgative des feuilles et des fruits du séné (*cassia senna*).

1. Voy. Fabricius, *Biblioth. Græca*, t. XII, p. 608.
2. Rauwolf, *Reise ins Morgenland*, p. 73.

Botanistes de l'Occident.

Nous placerons ici un auteur qui, sous le nom de *Macer Floridus*, a écrit un médiocre poëme, en hexamètres, sur les vertus des plantes, *De viribus herbarum*, dont J. Sillig a donné une édition estimée (Leipz., 1832, in-8). Bien des conjectures ont été émises sur l'époque à laquelle vivait cet auteur ; une chose certaine, c'est qu'il n'est point postérieur au treizième siècle, puisqu'il est souvent cité par Vincent de Beauvais. Quelques-uns l'ont faussement identifié avec l'ancien poëte romain *Æmilius Macer*; d'autres, sur la foi de certains manuscrits, l'ont présenté comme identique avec Othon de Morimont (*Odo Muremundensis* ou Othon de Meung (*Odo Magdunensis*), vivant l'un et l'autre au douzième siècle. Il aurait donc été Français. C'était là l'opinion de Haller et de Choulant, se fondant sur ce que beaucoup de mots, employés par Macer, se retrouvent encore aujourd'hui en français, tels que *maurella*, morelle, *gaisdo*, gaude, *jusquiamus*, jusquiame. Suivant Renzi[1], Macer appartient à l'école de Salerne, et F. Meyer le croit antérieur à cette école.

L'*Ecole de Salerne* exerça une grande influence sur la culture des sciences naturelles au moyen âge. La création de cette école était due aux moines du mont Cassin, près de Naples, parmi lesquels on cite, comme particulièrement versés en médecine, *Desiderius*, *Alfan* et surtout *Constantin l'Africain*. Ce dernier, natif de Carthage, vivait vers 1050. Son contemporain, *Gariopontus*, passe pour l'auteur du traité *De simplicibus medicaminibus ad Paternianum*, qui se trouve parmi les écrits faussement attribués à Galien. On y trouve, entre autres, le mot *salvicula*

1. *Collectio Salernitana*, I, p. 213 et suiv.

saliunca de Pline), qui s'applique, croyons-nous, à une petite ombellifère partout assez commune dans les bois au printemps, à la sanicle (*sanicula Europæa*), anciennement fort usitée en médecine, témoin ce dicton :

> Avec la bugle et la sanicle (prononcez *sanique*)
> On fait au chirurgien la nique.

Le *Regimen sanitatis Salernitanum*, sorte de Codex en vers léonins, souvent édité, de l'école de Salerne, et que Michel Lelong a traduit en français sous le titre de *Le régime de santé de l'eschole de Salerne* (Paris, 1633, in-8), fait le plus grand cas de la sauge, comme médicament. Il s'étonne même « qu'en cultivant la sauge dans son jardin un homme puisse mourir : »

> Cur moriatur homo, cui salvia crescit in horto?
> Salvia salvatrix, naturæ conciliatrix.

Les conquêtes de Charlemagne, et plus tard les croisades introduisirent le goût de l'histoire naturelle, particulièrement de la botanique médicale, dans des contrées de plus en plus éloignées de la région méditerranéenne. L'Allemagne, à peine sortie de l'état de barbarie où l'avait trouvée saint Boniface, produisit, dès le neuvième siècle, Walafrid, surnommé *Strabus* ou *Strabon*.

Disciple de Raban Maur, célèbre abbé de Fulda, *Walafrid*, abbé de Reichenau, mort en 849, chanta, en 444 hexamètres, les plantes qu'il cultivait dans son jardin. Son poëme, intitulé *Hortulus*, jardinet, a été souvent édité. L'édition la plus récente est de F. A. Reuss (Würzb., 1834, in-8). Parmi les plantes du jardinet de Walafrid, on remarque : la sauge, la rue, l'aurone (*abrotanum*), le concombre, le melon, l'absinthe, la marrube (*marrubium*), le fenouil, le glayeul, la livèche (*libysticum*), le cerfeuil, le lis, le pavot, la sclarée (sauge), la menthe, l'ache, la bétoine, l'aigremoine, la cataire ou herbe aux chats (*nepeta cataria*), le radis, la rose, etc.

L'abbesse *Hildegarde* compte aussi au nombre des personnes qui s'intéressaient à l'étude des plantes, à une époque où les sciences étaient encore à peu près inconnues en Allemagne. Née en 1099 à Bechelheim, elle fonda, en 1148, un monastère sur le mont Saint-Rupert, près de Bingen, aux bords du Rhin, d'où son surnom de *Pinguia*; elle y termina sa vie. On lui attribue des miracles, et elle fut canonisée après sa mort.

Renommée pour sa piété et son savoir, sainte Hildegarde a laissé un ouvrage d'histoire naturelle médicale, intitulé *De physica*, en quatre livres, dont le premier traite des éléments, de quelques fleuves de la Germanie, de la nature et des propriétés des métaux ; le deuxième, de la nature et des propriétés des légumes, des fruits et des herbes; le troisième, de la nature et des propriétés des arbres, des arbrisseaux, des arbustes et de leurs fruits; le quatrième, de la nature et des propriétés des poissons, des oiseaux et des animaux terrestres. Cet ouvrage a été imprimé dans la collection des médecins de J. Schott; Strasbourg, 1544, in-fol. C'est plus qu'un simple composé d'emprunts faits, selon la coutume d'alors, aux écrivains grecs, romains et arabes; car il contient beaucoup d'observations originales. Il est en même temps précieux pour la détermination exacte des synonymes.

L'abbesse Hildegarde eut le mérite d'employer la première sa langue maternelle là où l'on n'était habitué qu'à se servir du grec et du latin. C'est ce qu'attestent les expressions de *Vichbona*, haricot ; *Bachminza*, menthe aquatique; *Lungwurz*, pulmonaire ; *Haselwurtz*, cabaret; *Ringella*, souci des champs; *Storchenschnabel*, bec de grue ou herbe-à-Robert; *Erdpfefer*, piment terrestre; *Hunesdarm*, boyau de géline ou mouron (*stellaria media*); *Weich*, houque; *Himmelsschuzela*, primevère; *Walbere*, airelle; *Yffa*, if; *Hartbaum*, cornouiller; *Bluoth-wurtz* (racine de sang), la tormentille, dont la décoction de racines est rouge; *Gelisia*, ortie blanche ou jaune; *Rifelbire*, grosseillier à maquereau (*ribes grossularia*, L.) ; *Weggras z*, trainasse (*polygonum aviculare*), etc.

L'étude de la botanique s'étendit de plus en plus du midi au nord. Dès le treizième siècle, elle avait gagné jusqu'aux îles Scandinaves, témoin le danois *Harpestreng* (mort en 1244), qui traduisit dans sa langue Macer Floridus, en y ajoutant des commentaires. Cette traduction a été publiée par Christian Molbech : Copenhague, 1826, in-8.

Les hommes d'étude du treizième siècle avaient tous le génie plus ou moins encyclopédique, en tant qu'ils aimaient à s'occuper de presque toutes les sciences transmises par l'antiquité. Albert le Grand, Vincent de Beauvais, Barthélemy l'Anglais, Roger Bacon, etc., en offrent les exemples les plus remarquables. Cependant la partie de leur temps qu'ils ont consacrée à l'étude des plantes, est relativement fort minime ; et encore cette étude n'intéresse-t-elle guère que la matière médicale, si variée au moyen âge.

Albert de Bollstedt, surnommé *le Grand*, évêque de Ratisbonne (né en 1193, mort en 1280), a composé sur les plantes divers écrits (*De vegetabilibus et plantis libri* VII) qui se trouvent imprimés dans le sixième volume de l'édition Lyonnaise de Pierre Jammy, composée de vingt et un volumes in-fol., 1651. F. Meyer en a donné une analyse détaillée[1]. Il en résulte que ces écrits renferment très-peu de doctrines et d'observations nouvelles ; l'autorité d'Aristote l'y emporte encore sur celle de la nature. Dans le chapitre qui traite des arbres, nous trouvons, entre autres, une description assez exacte et très-bien faite de l'aune (*alnus glutinosa*), arbre plus commun dans le nord que dans le midi. Albert le Grand était à même de l'observer en Allemagne, où l'aune abonde aux bords des rivières.

1. *Geschichte der Botanik*, t. IV, p. 40 et suiv.

« C'est, dit-il, un arbre qui aime les lieux humides; son bois rougeâtre, recouvert d'une écorce brune et assez lisse, donne des cendres d'une parfaite blancheur. Il se développe par couches ou anneaux (*tunicis ligneis*) : à l'état sec il se fend plus facilement que le bois de sapin, et il peut se conserver sous l'eau pendant des siècles. Les feuilles de l'aune sont arrondies comme celles du poirier, mais pas si dures et d'un vert plus foncé; dans leur jeunesse, elles sont enduites d'une humeur visqueuse, à laquelle manque l'arome des feuilles du peuplier. En hiver, l'aune pousse, comme le noisetier, des pendeloques (chatons). En été, il leur succède des fruits noirs, de la grosseur de l'olive, semblables aux cônes de pin, et renfermant les semences.... »

Le traité *De viribus herbarum*, livre de recettes cabalistiques, sur lequel Haller et Sprengel ont jugé trop sévèrement Albert le Grand, n'est pas de lui.

Vincent de Beauvais, surnommé le Pline du moyen âge (né vers 1190, mort vers 1264), est l'auteur d'une vaste compilation, qui porte, dans les manuscrits, indifféremment les titres de *Bibliotheca mundi*, de *Speculum majus*, et de *Speculum triplex naturale, historiale et doctrinale*, et qui a été imprimé par Jean Mentelin, à Strasbourg, 1473, dix vol. in-fol.[1]. Les livres dix et quinze du *Speculum naturale* ont seuls quelque intérêt pour la botanique. On y trouve, d'après les récits des voyageurs, la première mention du vernis du Japon (*ailanthus glandulosa*, Desf.), bel arbre qui est depuis longtemps naturalisé en Europe.

Roger Bacon ne s'était occupé de botanique que très-incidemment.

Le *De proprietatibus rerum*, et le *De natura rerum*, le premier attribué à *Barthelemy l'Anglais*, le second à

1. Voy. *Hist. litt. de la France*, t. XVIII.

Thomas de Cantiprato, étaient des livres très-populaires dès le quatorzième siècle.

Pierre de Crescence, sénateur de Bologne, écrivit vers 1306, sur l'ordre de Charles II, roi de Sicile et de Jérusalem, un livre sur l'agriculture et les plantes en général. Ce livre a été souvent imprimé à la fin du quinzième siècle et au commencement du seizième siècle. Nous possédons l'édition de Bâle, de 1538, qui a pour titre : *De agricultura, omnibusque plantarum et animalium, libri XII*, etc., *autore optimo agricola et philosopho Petro Crescentiensi*. L'auteur montre qu'il était plutôt agronome que botaniste proprement dit. Il a parlé, l'un des premiers, du *ranunculus flammula*, qu'il appelle simplement *flammula*, et dont il signale la parenté avec la clématite *vidalba*, sc. *clematis vitalba* « Celle-ci, dit-il, a les fleurs blanches, tandis que la *flammula* les a jaunes. » Ce qu'il nomme *jarus*, c'est l'*arum arisarum*. Il parle aussi du panicaut sous le nom de *trincium* (*eryngium campestre*) ; de la garance, qu'il appelle *rubba*, etc. Beaucoup de ses descriptions ont été empruntées au livre de Platearius, de l'école de Salerne (*Circa instans*, Lyon, 1525, in-4°).

La *Clavis sanationis* de Simon de Janua, le *Liber Pandectarum medicinæ*, et le *Buch der Natur* (livre de la nature), de Conrad de Meyenberg, étaient des ouvrages souvent consultés aux quatorzième et quinzième siècles.

Voyages scientifiques.

Pour étendre les connaissances en histoire naturelle, il faut que l'observateur se déplace, qu'il change de lieu à la surface du globe. Tant que les peuples, dépositaires de la civilisation, restaient groupés autour du grand bassin méditerranéen, le savoir des naturalistes se bornait aux espèces végétales ou animales, exclusivement propres à la région méditerranéenne. Alexandre le Grand, par ses conquêtes, Pythéas de Marseille, par ses voyages, élargirent les premiers, au midi et au nord, l'horizon de la science. Pythéas poussa ses explorations, vers 350 avant Jésus-Christ, jusqu'au nord des îles Britanniques (*ultima Thule*) et jusqu'aux côtes de la mer Baltique, d'où les marchands Phéniciens apportaient la résine fossile, connue sous le nom d'ambre jaune ou de succin. Malheureusement les renseignements qu'il avait communiqués à ses contemporains sur la végétation septentrionale, ne nous sont point parvenus, sauf un petit nombre de fragments, conservés par Strabon et d'autres. On sait trop peu de chose des expéditions maritimes, phéniciennes et carthaginoises (Périples[1], pour apprécier leur influence sur le progrès de l'histoire naturelle. Avec l'extension de l'Empire romain, la science aurait dû également agrandir son domaine, si l'esprit militaire pouvait se concilier avec l'esprit d'observation. Plus tard, les Arabes et les Croisés ne s'éloignèrent guère de la région méditerranéenne.

A l'époque où les Normands envahirent la France, des pêcheurs scandinaves découvrirent, aux confins du septentrion, après avoir navigué sans doute à travers des montagnes de glaces, une vaste contrée qui, à cause de son aspect verdoyant, reçut le nom de *Groenland*, c'est-à-dire *Contrée verte*. La tradition désigne Eric, surnommé *den Rode* (le Rouge), chef normand, et son fils Leif comme ayant, en 990, les premiers colonisé la côte orientale, aujourd'hui presque inabordable, de cet immense pont de glace et de neige jeté par la nature entre l'Ancien et le Nouveau Continent. Vers la même époque, un Islandais, nommé Bjarne, ayant voulu rejoindre son père, ami d'Eric, en Groenland, fut entraîné par une tempête au loin dans l'ouest, d'où il aperçut une région très-boisée; c'était, dit-on, l'entrée du fleuve Saint-Laurent (Amérique septentrionale). Mais, détourné par le courant de ce fleuve, il ne put aborder les côtes, et revint en Groenland, où il raconta à Eric son aventure. Sur ce récit, Eric équipa un navire monté par trente-cinq hommes, et en confia le commandement à son fils Leif. Celui-ci mit à la voile, et découvrit d'abord l'*Helluland* (Terre-Neuve); de là, se dirigeant vers le sud, il signala une contrée couverte de forêts (Nouvelle-Écosse). Poussé plus loin par le vent, il trouva un pays d'un climat plus doux et couvert d'une riche végétation (le littoral du Canada), où il s'établit pour passer l'hiver. Un Allemand, nommé Türker, qui faisait partie de cette expédition, s'aventura dans l'intérieur du pays : il y trouva du blé et la vigne sauvage, ce qui fit donner à ce pays le nom de *Wynland* (pays de vigne). Tel est le récit des légendes scandinaves[1]. Quoi qu'il en soit, il n'est pas impossible que des navigateurs norwégiens ou islandais aient abordé le nord de l'Amérique, plusieurs siècles avant la découverte du Nouveau-Monde par Christophe Colomb.

Au treizième siècle, il y eut plusieurs voyageurs qui se livrèrent, en passant, à des observations d'histoire naturelle.

Jacques *de Vitry*, près de Paris, célèbre prédicateur, ayant résidé dix ans en Palestine (de 1217 à 1227), écrivit une *Histoire de Jérusalem* en trois livres, imprimée dans Bongars, *Gesta Dei per Francos* (Hanau, 1611, in-fol.). Le chapitre quatre-vingt-cinq du tome I, p. 1, est consacré à la description de diverses productions naturelles propres à la Palestine.

Toute une famille de marchands vénitiens, celle des *Poli*, s'illustra par des voyages faits dans l'Asie centrale et orientale, où aucun Européen n'avait encore pénétré[2]. Le plus célèbre est connu sous le nom de *Marco Polo*

1. Voy. Torfæus, *Groenlandia antiqua;* Copenhague, 1706. Schroeder, *Om scandinavernes fordoa*, etc., ibid., 1818.

2. Voy. l'article *Polo (Marco)* de M. Pauthier, dans la *Biographie générale*.

(né à Venise vers 1256, mort en 1323 dans la même ville).

Les voyages des Poli ont été publiés en italien, en français et en latin; ils se trouvent dans plusieurs recueils, notamment dans celui de Ramusio (Venise, 1583, in-fol.).

Le second voyage des deux frères Poli en Mongolie et en Chine, après avoir passé par la Syrie et l'Arménie, a été le plus riche en résultats pour la science dont l'histoire nous occupe ici. A Mossoul, les frères Poli admirèrent la culture du cotonnier; à Bassora, sur le Tigre, ils mangèrent les meilleures dattes du monde; en Perse, ils trouvèrent du froment, de l'orge, du millet, du vin et des arbres fruitiers en abondance. A Timochaïm (Damaghan dans le Tabaristan), ils virent « un arbre remarquable, *l'arbre du soleil*, que les chrétiens nomment *arbre sec*: il est élevé, épais; ses feuilles sont, d'un côté vertes, de l'autre blanches; ses fruits, gros comme les châtaignes, sont hérissés d'aspérités et ligneux; son bois est dur et de la couleur de celui du buis. » Il s'agit ici évidemment du platane (*platanus orientalis*). — Plus loin, les mêmes voyageurs nous apprennent que sur les montagnes des environs de Succuir (So-Tschéu), en Chine, croît en abondance la *rhubarbe* la plus estimée, et que les marchands l'exportent de là dans toutes les parties du monde. Les environs de Gouza (Tscho-Tschéu) sont décrits comme étant couverts de *mûriers*, propres à l'éducation des vers à soie. Le *bambou* est signalé comme très-commun aux bords du fleuve Jaune et de ses affluents.

Les deux frères voyageurs mentionnent aussi les arbres à épices, tels que le poivrier, le muscadier, comme croissant dans les îles de Java et de Sumatra. Ils ont les premiers décrit les noix de coco (*cocos nucifera*, L.), « noix grosses comme la tête d'un homme, bonnes à manger, d'une saveur sucrée, d'une blancheur de lait, remplies à l'intérieur d'un suc frais et limpide, préférable au meilleur vin. » Ils parlent aussi des bananes (*musa paradisiaca*, L.) qu'ils appellent *pommes de paradis*, des noix de bétel, du camphre, du gingembre, de divers bois tinctoriaux, etc.[1].

Le franciscain *Odoric* de Pordenone (*De Porto Naonis*) en Frioul (né en 1286, mort en 1331), suivit les traces de Marco Polo. Envoyé en 1318 comme missionnaire en Chine, il passa par Constantinople et Trebizonde, traversa l'Arménie et la Perse; de Ormuz il longea la côte de Malabar, et se dirigea, par l'île de Ceylan et l'Archipel indien, vers le Thibet et la Chine. Il fut de retour en 1330, après avoir suivi une route qu'il n'a pas indiquée. La Relation de son voyage a été imprimée dans le tome II du recueil de Ramusio (*Raccolta delle navigazioni e viaggi*). Ses descriptions s'accordent, en général, avec celles de Marco Polo. On y trouve mentionnés la canne à sucre, le palmier « d'où l'on tire une farine » (*sagus farinifera*), le palmier à sucre (*arenga saccharifera*), le bambou (*bambusa arundinacea*), etc.

Un gentilhomme anglais, John *Mandeville* ou *Maundeville* (né à Saint-Albans vers 1300, mort à Liége en 1372), remplit le quatorzième siècle du récit de ses merveilleux voyages en Égypte et en Asie, où il erra pendant trente-quatre ans (de 1322 à 1356). Sa Relation, dont il existe de nombreux manuscrits en français et en anglais, fut pour la première fois imprimée en français à Lyon, en 1480 (édition très-rare). À côté de beaucoup de sujets fabuleux, on y trouve des observations exactes. Ainsi, l'auteur décrit très-bien les fours à poulets de l'Égypte, la poste aux pigeons, la récolte du baume, le gisement des diamants, la végétation et la récolte du poivre, etc.

1. Voy. H. F. Meyer, *Geschichte der Botan.*, t. IV, p. 127 et suiv.

LIVRE TROISIÈME.

LA BOTANIQUE DANS LES TEMPS MODERNES.

La Botanique depuis la découverte de l'Amérique.

La découverte du Nouveau-Monde, à la fin du quinzième siècle, ouvrit tout à coup aux sciences naturelles un champ illimité. La comparaison des plantes des deux hémisphères, si longtemps restés inconnus l'un à l'autre, imprima à l'étude de la botanique une impulsion extraordinaire. Et, par un heureux concours de circonstances, cette impulsion coïncida avec le réveil soudain des études classiques. Théophraste, Dioscoride, Pline, pour ne citer que les principaux botanistes de l'antiquité, trouvèrent de dignes commentateurs ou interprètes dans Théodore Gaza, Hermolao Barbaro Nicolas Leonicenus, Mathiole, etc. D'un autre côté, les nombreux recueils ou lexiques qui parurent dès le milieu du quinzième siècle, sous les titres d'*Herbolaria*, *Herbiers*, *Herbals*, en Allemagne, en France, en Angleterre, ne contribuèrent pas peu à populariser la botanique.

Colomb avait rapporté de son premier voyage, où il aborda à l'île de Haïti (*Hispaniola*), divers objets naturels, tels que des fruits et des peaux de bêtes. La reine Isabelle, la principale promotrice de ce grand voyage de découvertes, engagea l'amiral à continuer ses collections; dans une lettre écrite de Ségovie au mois d'août 1494, elle lui demande surtout « les oiseaux qui peuplent les forêts et les rivages, dans ces pays où règnent un autre climat et d'autres saisons. » Parmi les productions naturelles que Colomb rapporta de son second voyage, on remarque surtout le fruit de l'ananas (*bromelia ananas*). La chair exquise et la forme singulière de ce fruit, qui ressemble à une pomme de pin, avaient surtout fixé son attention : *Cierta fruta, que parecia piñas verdes, y venas de una carne, que parecia melon, muy olorosa y suave.* Le roi Ferdinand d'Espagne préféra ce fruit, s'il faut en croire Pierre le Martyr (*De rebus oceanicis*, Dec. II, lib. XXXIX), à tous les autres. Malgré son manque absolu de connaissances en histoire naturelle, Colomb avait ce sens observateur dont étaient complètement dépourvus les *conquistadores* qui, comme Cortez, les Pizzare, etc., n'apportèrent dans le Nouveau-Monde que l'esprit de conquête et d'extermination. « Ce n'est pas à eux, dit avec raison Alexandre de Humboldt, que l'on doit faire honneur des progrès scientifiques qui ont incontestablement leur principe dans la découverte du Nouveau Continent, et sont venus agrandir les connaissances des Européens.... Ces progrès sont l'œuvre de voyageurs plus pacifiques; ils sont dus à un petit nombre d'hommes distingués, fonctionnaires municipaux, ecclésiastiques et médecins. Habitant d'anciennes villes indiennes, dont quelques-unes étaient situées à 12000 pieds au-dessus de la mer, ces hommes pouvaient observer de leurs propres yeux la nature qui les entourait, vérifier et combiner, pendant un long séjour, ce que d'autres avaient vu, recueillir des productions de la nature, les décrire et les envoyer à leurs amis d'Europe. Il suffit de nommer Gomara, Oviedo et Hernandez[1]. »

Un mot sur ces pionniers des connaissances naturelles du Nouveau-Monde.

François *Lopez de Gomara* (né aux îles Canaries vers 1500, mort en 1560) passa quatre ans, comme missionnaire, en Amérique, et publia, après son retour en Europe, son *Historia general de las Indias, con la conquista;* Médine, 1553, in-fol. L'auteur fait connaître les productions du Mexique les plus remarquables : le cactus qui nourrit la cochenille, si précieuse comme matière tinctoriale rouge (*cactus coccinellifer*) ; le baumier de Tolu (*toluifera balsamum*) ; l'arbre dont le fruit sert à faire le chocolat (*theobroma cacao*) ; l'agavé (*agave americana*), qui présente l'aspect de l'aloës, et qui abondait autour des théocallis ou anciens temples des Mexicains. Apportée en Europe vers le milieu du seizième siècle, cette plante, dont la longue hampe fleurie attire les regards, croît aujourd'hui naturellement en Portugal, en Espagne, sur les côtes septentrionales de l'Afrique, en Italie et dans le midi de la France.

Fernandez *de Oviedo* (né à Madrid en 1478, mort à Valladolid en 1557) passa dix ans comme alcaïde dans l'île d'Hispaniola (Saint-Domingue), et fit, en 1535, paraître à Séville la première partie de son importante *Historia general et natural de las Indias occidentales.* Dans cet ouvrage, dont une partie reste encore en manuscrit, il est parlé du manioc (*jatropha manioc*), racine féculente qui à l'état frais renferme un suc vénéneux, susceptible d'être enlevé par le lavage et la dessiccation.

Voici d'autres plantes qu'Oviedo avait observées dans les Antilles : le goyavier (*psidium pyriferum*, L.), dont le fruit ressemble à une poire de moyenne grosseur ; le bois de gayac (*guayacum officinale*), préconisé pendant

1. A. de Humboldt, *Cosmos*, t. II, p. 332 (de notre traduction).

longtemps comme un spécifique contre la syphilis; le chou palmiste (*areca oleracea*, L.); l'avocatier (*laurus persea*, L.), qu'il nomme *perales*; le calebassier (*crescentia cujete*), dont le péricarpe (enveloppe du fruit) sert à faire des vases; la batate, racine tuberculeuse d'un liseron (*convolvulus batatas*), qui a beaucoup d'analogie avec la pomme de terre. Celle-ci (*solanum tuberosum*, L.), qui portait d'abord le nom de *papas*, fut trouvée dans les hautes régions du Pérou, et pour la première fois décrite par Zarate dans son *Historia del descubrimiento y conquista del Perù*; Anvers, 1555, in-8°. On la cultiva d'abord comme plante d'ornement.

François *Hernandez*, natif de Tolède, était médecin de Philippe II, roi d'Espagne. Celui-ci l'envoya en Amérique pour lui faire étudier les productions naturelles du Nouveau Continent. Chargé de reproduire par de bons dessins toutes les curiosités végétales et animales du Mexique, il put enrichir ses collections en prenant copie de plusieurs peintures d'histoire naturelle, qui avaient été exécutées avec beaucoup de soin par les ordres de Nezahoualcoyotl, roi de Tezcouco, un demi-siècle avant l'arrivée des Espagnols. D'après les témoignages de Fernand Cortez dans ses rapports à Charles-Quint, il n'y avait, à l'époque où fut conquis l'empire de Montézuma, dans aucune partie de l'Europe, des jardins botaniques et des ménageries comparables à ceux de Houantepec, de Chapoltepec, de Iztapalapan et de Tezcouco[1]. Hernandez trouva encore vivantes beaucoup de plantes médicinales dans les anciens jardins des souverains aztèques, particulièrement dans celui de Houantepec. Les terribles guerriers espagnols n'avaient pas ravagé ces jardins, par respect pour un hôpital qu'ils avaient établi dans le voisinage. Une partie du recueil des travaux de Hernandez ne fut publiée que longtemps après sa mort par Fr. Ximé-

1. Prescott, *Conquest of Mexico*, t. I, p. 178; t. II, p. 66 et 117-121.

nès, sous le titre : *De la naturaleça y virtudes de las arboles, plantas y animales de la Nueva España, en especial de la provincia de Mexico, de que se aprovecha la medecina;* Mexico, 1615, in-4°.

Les plantes du *Paraguay* eurent pour premier descripteur européen le poëte-missionnaire Martin *del Barco*. Natif de l'Estrémadure, il passa, en 1573, au Paraguay, et écrivit, sous le titre de *Argentina*, l'histoire en vers de la rivière de la Plata, imprimée à Lisbonne, en 1602, et réimprimée dans le t. III du recueil de Barca, Madrid, 1749. On y trouve la description de trois plantes bien caractéristiques : 1° la plante dont la racine passait pour un spécifique contre la piqûre des serpents venimeux, plante qui reçut depuis le nom de *dorstenia contrayerva*, L., et devint le type d'un genre remarquable par son inflorescence, formée d'un réceptacle étalé, légèrement concave, portant des fleurs mâles et des fleurs femelles : en rapprochant les bords de ce réceptacle, on voit naître une figue, et si on pouvait l'élever de manière à lui faire prendre en longueur ce qu'il a perdu en largeur, on aurait la mûre. — 2° La sensitive (*mimosa pudica*), qui se trouve aussi dans l'Ancien Monde, et dont Théophraste connaissait déjà les phénomènes d'irritabilité. — 3° La grenadille ou fleur de la Passion (*passiflora cærulea*, L.), plante essentiellement américaine, et qui a été, depuis le milieu du seizième siècle, introduite en Europe, où elle s'est acclimatée. Elle est chère aux poëtes religieux, qui la supposent figurer les instruments de la Passion : le beau cercle de filaments pourpres et violets représente la couronne d'épines, les trois styles sont les clous, la feuille, terminée en pointe, figure la lance, et la vrille le fouet.

Aux Espagnols qui exploraient, dans la première moitié du seizième siècle, le Nouveau-Monde, il faut ajouter l'italien Jérôme *Benzoni*. Ce voyageur s'embarqua en 1541 pour l'Amérique, où il séjourna jusqu'en 1556. Il publia les résultats de ses observations sous le titre de

Histoire du Nouveau-Monde, contenant la description des îles, des mers nouvellement découvertes, et des nouvelles cités parcourues et visitées pendant l'espace de dix-huit ans; Venise, 1556 in-4°, souvent réimprimé. Parmi les plantes que l'auteur décrit, on remarque le *petun*, qui est le tabac (*nicotiana tabacum*, L.). Peu de temps après le retour de Benzoni en Europe, cette solanée était cultivée dans les jardins de Lisbonne comme un spécifique contre les ulcérations malignes. L'ambassadeur français Jean Nicot, ayant entendu parler des propriétés merveilleuses de cette plante, en rapporta des échantillons à la cour de France. Benzoni mentionne aussi le *coca*, feuilles de l'*erythroxylum coca*, que les Péruviens mâchent comme les Indiens le bétel. Cette habitude, qui dégénère facilement en passion, entraîne des dangers aussi grands que l'abus de l'opium.

Le *Brésil* fut pour la première fois exploré, sous le rapport de l'histoire naturelle, par un voyageur français, André *Thevet* (né à Angoulême en 1502, mort à Paris en 1590). Dans ses *Singularitez de la France antarctique, autrement nommée Amérique* (Paris, 1558, petit in-4°), A. Thevet décrit : le *copahou* ou baumier de copahu (*copaifera officinalis*); le marobi ou pistachier de terre (*arachis hypogæa*), qui appartient à la zone tropicale du Nouveau et de l'Ancien Continent; l'ayri (*zamia furfuracea*, Ait.), palmier qui renferme, comme presque toutes les espèces de *zamias* propres à l'Afrique australe plutôt qu'au Brésil, une moelle amylacée, ayant toutes les propriétés du sagou.

La connaissance plus exacte de la flore du Brésil date seulement de la première moitié du dix-septième siècle. En 1637, le comte Maurice de Nassau, nommé gouverneur de la partie alors hollandaise du Brésil, emmena avec lui son médecin, Guillaume *Pison*, qui s'adjoignit comme aide un naturaliste allemand, Marggraff de Liebstaedt. Avec les moyens que leur avait fournis le gouverneur, Pison et Marggraff visitèrent les contrées voisines de la mer, depuis le Rio-Grande jusqu'au sud de Fernambouc. Leurs papiers et leurs notes furent remis au célèbre géographe Jean de Laet, qui les publia à Amsterdam (L. Elzevir), en 1648, un vol. in-fol., divisé en deux parties. La première partie contient les travaux de Pison, sous le titre de *De medicina Brasiliensi*, en quatre livres, dont le quatrième seul traite des plantes (*De facultatibus simplicium*) : la deuxième partie, comprenant les recherches de Marggraff (mort en 1644, sur la côte de Guinée), est intitulée : *Historia rerum naturalium Brasiliæ*, en huit livres, dont les trois premiers traitent exclusivement des plantes du Brésil. L'intelligence du texte, très-bien imprimé, est facilitée par de belles gravures sur bois. Les principales plantes ou productions végétales qu'on trouve décrites et figurées dans cet ouvrage, sont : le balisier (*canna indica*), qui fait aujourd'hui l'ornement de nos jardins ; la noix d'acajou, fruit de l'*anacardium occidentale*, qu'il faut distinguer de la pomme d'acajou, qui n'est qu'un pédoncule extraordinairement développé et gorgé d'un suc fortement astringent ; l'anil ou indigotier ; l'igname de l'Amérique équinoxiale (*dioscorea alata*, L.), souvent confondu avec la batate ; la racine d'ipécacuanha ; le sassafras (*laurus sassafras*, L.), que Monardes avait déjà fait connaître vers 1549, et qui fut introduit en Europe par Munting, en 15?5 ; le manguier (*mangifera indica*), dont le fruit, gros comme une poire, est savoureux et d'une odeur agréable ; le manglier (*rhizophora mangle*), remarquable par ses longues racines, découvertes ; le cururu ou curare, avec lequel les indigènes empoisonnent leurs flèches. Ce poison qui, appliqué sur le tissu vivant, détermine la paralysie du mouvement musculaire volontaire, est tiré d'une plante grimpante, qui se rapproche, moins des *paullinia* que des *strychnos*[1].

1. *Voy.* Al. de Humboldt, *Tableaux de la nature*, t. I, p. 221 de notre traduction (Paris, 1850, in-8°).

Nous devons ici dire un mot des *cinchona*, de ces précieux arbres de quinquina, qui par leurs tiges élancées et la teinte rougâtre de leurs grandes feuilles, caractérisent la végétation intertropicale (environs de Loxa et hauts plateaux de Bogota et de Popayan) de l'Amérique du Sud. Ce ne fut que vers 1639 que l'écorce de quinquina fixa l'attention des Européens qui habitaient le Pérou. Ses propriétés fébrifuges paraissent avoir été depuis longtemps connues des indigènes. « Les chasseurs de quinquina, *cazadores de cascarilla*, c'est ainsi qu'on appelle à Loxa les Indiens qui ramassent tous les ans la plus efficace de toutes les écorces de quinquina, celle du *cinchona condaminea*, dans les montagnes solitaires de Caxanuma, d'Uritusinga et de Rumisitana, — les chasseurs de quinquina, dit Alex. de Humboldt, grimpent, non sans danger, jusqu'au sommet des plus hauts arbres, pour avoir de là une vue étendue, et distinguer au loin, par la teinte rougeâtre des grandes feuilles, les tiges élancées du cinchona [1]. » — La comtesse de Cinchone (d'où le nom de *cinchona*), épouse du vice-roi espagnol du Pérou, en 1638, ayant été guérie, par ce remède, d'une opiniâtre fièvre tierce, le fit connaître en Europe. Mais les médecins européens étaient près de quarante ans sans l'adopter. Ce fut, dit-on, un Anglais, nommé Talbot, qui le mit en vogue en 1676, et Louis XIV acheta de lui la manière de l'employer à doses convenables. A dater de cette époque jusqu'à nos jours, le quinquina a soutenu sa réputation comme spécifique des fièvres intermittentes.

Le quinquina et la pomme de terre sont au nombre des plus précieux bienfaits dont nous soyons redevables au Nouveau-Monde.

Jardins botaniques. — Après la découverte de l'Améri-

1. *Tableaux de la nature*, t. II, p. 109.

que, les *jardins botaniques*, créés dans différents pays de l'Europe, contribuèrent très-puissamment à la popularisation et au développement de la science. Ils n'étaient primitivement destinés qu'à la culture des plantes médicinales. Le plus ancien de ce genre fut établi, en 1533, par le Vénitien Gualterus, dans un emplacement accordé par la république de Venise[1]. Cette même république adjoignit, en 1545, à l'université de Padoue, un jardin spécialement consacré à l'instruction des élèves en médecine, et en confia la direction au professeur Fr. Buonafede. Il fut suivi de près par l'établissement du jardin de plantes médicinales de l'Université médicéenne de Pise, rivale de celle de Padoue. Ce jardin eut, en 1549, Anguillara pour premier directeur et démonstrateur (*ostensor simplicium*). L'université de Bologne eut le sien depuis 1568. Ulysse Aldrovandi en fut le premier directeur; il eut pour successeur André Césalpin.

L'exemple de l'Italie fut suivi par la Hollande. La création du jardin de la faculté de médecine de Leyde date de 1577. La France ne resta pas en arrière. Henri IV fit, en 1598, construire à Montpellier un jardin auquel la faculté de médecine de cette ville doit depuis lors en grande partie sa réputation; il en donna la direction à Richier, qui eut, en 1632, pour successeur son neveu de Belleval. Ce même roi avait déjà chargé, en 1597, Jean Robin de cultiver à Paris, dans un jardin particulier, les plantes que quelques voyageurs avaient apportées de l'Amérique[2]. Jean Robin avait pour aide son fils Vespasien (né à Paris en 1579, mort en 1662), à qui on doit l'introduction du robinier ou faux-acacia (*robinia pseudo-acacia*). Le père de tous les robiniers, aujourd'hui répandus dans

1. Rob. de Visiani, *Delle bene merenze de' Veneti nella botanica*, Venise, 1854, in-4°, p. 38

2. Antoine de Jussieu, *Discours sur le progrès de la botanique au Jardin Royal de Paris*, p. 7 (Paris, 1718, in-4°).

oute l'Europe, fut planté, en 1635, par Vespasien Robin, et se voit encore aujourd'hui, singulièrement endommagé par l'injure du temps, au Jardin des Plantes à Paris.

Exposons maintenant sommairement, par ordre chronologique, les travaux des principaux botanistes modernes.

Botanistes du seizième siècle.

BOTANISTES ITALIENS. — La rivalité qu'entretenaient, en Italie, les universités de Padoue, de Pise, de Bologne, etc., fut très-favorable au mouvement de la science. Nous signalerons ici les hommes qu'elle produisit en botanique.

Jean *Manardi* (né en 1462 à Ferrare, mort en 1536), médecin de Ladislas, roi de Hongrie, s'efforça de montrer dans ses *Epistolæ medicinales* (Bâle, 1540, in-fol.) que les Arabes n'étaient que d'ignorants compilateurs, ayant emprunté presque tout leur savoir aux Grecs. Il parle, l'un des premiers, des *anthères*, de ces petits globules ou sachets, généralement jaunes, qui couronnent les filaments de la fleur.

Un de ses élèves, Antoine *Brassavola* (né à Ferrare en 1500, mort en 1570), reçut du roi de France François Ier le surnom de *Musa*, à l'occasion d'une thèse qu'il avait soutenue à Paris *De omni re scibili*. Son *Examen omnium simplicium medicamentorum* (Rome, 1536, in-fol.) est un savant commentaire des anciens. Il écrivit, l'un des premiers, sur la racine de quinquina et le bois de gayac : *De radicis chinonæ usu, cum quæstionibus de ligno sancto*; Venise, 1566, in-fol.

André *Mathiole* ou *Mattioli* (né à Sienne en 1501, mort à Trente, en 1577) s'est fait une grande renommée par son commentaire sur Dioscoride, souvent réimprimé et traduit dans les principales langues de l'Europe. Les nombreuses gravures qui accompagnent le texte sont, en général, assez médiocres, et représentent des plantes quelquefois imaginaires. La partie la plus intéressante et vraiment originale de l'ouvrage de Mathiole comprend les renseignements qui lui avaient été transmis sur les plantes de l'Asie Mineure par le médecin Guillaume Quakelbeen, attaché à Busbecq, ambassadeur de l'empereur d'Allemagne à Constantinople. Tournefort a très-sévèrement jugé Mathiole d'« esprit léger, vaniteux et aimant la controverse. »

Lucas *Ghini* (né près d'Imola en 1500, mort en 1556) occupa, en 1534, la chaire de botanique à l'université de Padoue et fut plus tard appelé à diriger le jardin des plantes, nouvellement fondé à Pise. Il eut pour disciples Ulysse Aldrovande, Constantin de Rhodes, Anguillara, et fournit à Mathiole un grand nombre d'observations. Bien qu'il n'ait laissé aucun ouvrage sur la botanique, il passait auprès de ses contemporains pour avoir beaucoup contribué au progrès de cette science. Pour perpétuer son souvenir, Schreber et Willdenow ont donné le nom de *ghinia* à un genre de plantes de la famille des pyrénacées.

Aloysio *Anguillara* (natif d'Anguillara dans les États Romains, mort à Ferrare en 1570) visita, en naturaliste, l'Italie, l'Illyrie, la Turquie, les îles de Crète, de Chypre, de Corse, de Sardaigne, une partie de la Suisse et les environs de Marseille. Principalement occupé de la concordance des noms anciens avec les noms modernes, il exposa ses idées dans des lettres adressées à Marinello, un de ses correspondants. Marinello réunit quatorze de ces lettres, et les publia du consentement de leur auteur, sous le titre de *Semplici dell' eccellente M. Anguillara*, etc.; Venise.

561, in-4° et in-12. L'édition in-12 est préférée, parce qu'il y a des gravures de plantes (le *chamæleon* et le *sedum arborescens*) qui manquent dans l'édition in-4°. Anguillara montra que les noms vulgaires des plantes sont souvent ceux des anciens, légèrement modifiés. Ses descriptions, très-courtes, sont si exactes, qu'elles suffisent pour reconnaître toutes les espèces indiquées. Il y en a au moins une vingtaine qu'il a le premier fait connaître. Tournefort et Séguier (*Bibliothèque botanique*) ont indiqué une traduction latine, extrêmement rare, d'Anguillara, *de Simplicibus liber primus*, avec des notes de Gaspard Bauhin (Bâle, 1593 in-8°). Anguillara et Mathiole furent les adversaires irréconciliables.

Castor *Durante* (natif de Viterbe, mort en 1590), médecin du pape Sixte-Quint, publia en 1584, à Venise, un volume in-fol., intitulé *Herbario nuovo*, où se trouvent figurées les principales plantes, jusqu'alors connues de l'Europe, des Indes orientales et occidentales. Nous devons ajouter que les gravures sur bois, au nombre de 874, sont très-inexactes, mal exécutées et quelquefois imaginaires. Plumier a donné, en l'honneur de Castor Durante, le nom de *castorea* à un genre de plantes voisin des gattiliers, dont Linné a depuis changé le nom en celui de *duranta*.

Jean *Costeo* ou *Costæus* (natif de Lodi, mort en 1603) se fit connaître par son ouvrage *De universali stirpium natura libri duo*: Turin, 1578, in-4°. C'est une paraphrase de Théophraste et de Dioscoride. On y trouve très-peu d'observations originales.

André *Césalpin* (né à Arezzo, en 1519, mort en 1603) est le seul naturaliste de cette époque qui mérite qu'on s'y arrête un peu plus longuement. Il montra, dès son jeune âge, une grande indépendance d'esprit dans ses rapports avec ses maîtres et ses condisciples. Il étudia d'abord la médecine et fut bientôt reçu docteur. Rompant avec les doctrines traditionnelles de la scolastique, il ouvrit, l'un des premiers, largement, la voie expérimentale. C'est ainsi qu'il parvint à des découvertes inattendues, parmi lesquelles nous citerons celle de la circulation du sang, généralement attribuée à Harvey[1].

Voyant la botanique livrée à un fatras d'érudition et à une exagération de vertus médicinales souvent fictives, Césalpin introduisit dans la science les principes de la méthode et les lumières de l'observation. Son immortel ouvrage *De plantis libri XVI* (Florence, 1583, in-4°) est le premier essai d'une véritable systématisation de la botanique. L'auteur commence par examiner les différentes parties de la plante. Il en montre les vaisseaux remplis d'un suc nutritif ou lactescent, et les signale comme les analogues des vaisseaux sanguins de l'animal. Il attribue la circulation de la séve à la chaleur ambiante. « Les plantes, dit-il, manquent de sens pour attirer de la terre et de l'air les aliments nécessaires ; ceux-ci ne s'y introduisent pas non plus par un moyen mécanique, ni par l'horreur du vide, ni par la force magnétique : c'est la chaleur qui détermine cette action. » D'après la théorie de Césalpin les feuilles naissent de l'écorce ; leurs nervures ont pour origine le liber. La moelle n'a pas la même importance que l'écorce; on peut enlever la moelle sans que la plante périsse, tandis qu'en enlevant l'écorce tout autour de la tige, on la fait mourir. Passant ensuite à l'examen du bourgeon et de la graine, il affirme que celui-là diffère de celle-ci comme le fétus de l'œuf : la graine ne contient, comme l'œuf, que le principe du mouvement vital, tandis que le germe ou le fétus vit comme un parasite sur la mère qui le porte.

Dans l'anatomie de la fleur, Césalpin distingua parfaitement la partie accessoire de la partie principale. « La partie accessoire, se compose, dit-il, des folioles, les unes vertes, les autres colorées, qui ne sont que les enveloppes des

1. Voy. Césalpin, *Quæstiones peripateticæ*, V, 4.

fruits (*involucra fructuum*); la partie principale est située en dedans de ces enveloppes; elle se compose des *stamina* et des *flocci*. » Par *stamina*, il entendait, non pas comme nous aujourd'hui, les *étamines*, mais les *styles* qui surmontent les ovaires (*processus seminum*), tandis que ses flocons ou *flocci* étaient nos *étamines*, les stimulants de propagation des ovules (*seminum propagines*). Les deux sexes, mâle et femelle, peuvent ainsi être renfermés dans la même fleur, dont l'enveloppe externe (*exterius floris involucrum*) est appelée calice (*calyx*) par l'auteur. « Le calice, ajoute-t-il, est nourri par l'écorce; c'est pourquoi il ne tombe pas avec la fleur et entoure généralement le fruit. » Il reconnaît aussi que les deux sexes existent quelquefois sur des tiges différentes, comme dans le chanvre, la mercuriale, le genévrier, etc. Mais l'idée ne lui vint pas de fonder là-dessus toute une classification.

A l'exemple des anciens, Césalpin divisa les plantes en arbres et en herbes. Il fonde cette première division sur la durée vitale : « Les plantes à *tige ligneuse* vivent, dit-il, beaucoup plus longtemps que les plantes à *tige herbacée.* » Il classe ensuite les arbres suivant la direction de l'embryon contenu dans la graine, et ce fait a depuis lors attiré l'attention de tous les botanistes. Quant à la classification des herbes, bien plus nombreuses, il met d'abord à part celles qui ont des graines apparentes, puis celles qui n'en ont pas, comme les lichens, les mousses, etc. Il subdivise ensuite les plantes à graines apparentes, en celles qui n'ont qu'une graine, et en celles qui en ont un plus grand nombre. Les plantes à une graine sont à leur tour subdivisées, suivant que cette graine est nue dans le calice, ou qu'elle est contenue dans une capsule ou dans une baie. Puis, le fait de la graine nue ou enveloppée d'un péricarpe quelconque, il l'applique aux plantes qui ont ou deux, ou trois, ou quatre graines. Il fait en même temps intervenir la forme de la racine, fibreuse ou bulbeuse.

Enfin les plantes qui ont un grand nombre de graines, il les subdivise suivant la disposition et la forme de leurs fleurs. Il parvint ainsi à former quinze groupes, si bien caractérisés qu'en étudiant une plante il est facile de reconnaître auquel de ces groupes elle appartient.

« C'est là, remarque ici Thiébaud de Barnéaud, que Tournefort nous dit avoir puisé les éléments des genres établis par Césalpin ; c'est là que Robert Morison et Jean Rai sont allés prendre l'idée des rapports naturels des espèces dont ils s'attribuent tout l'honneur. C'est encore là que se trouvent les matériaux de la carpologie, que Gærtner, Correa de Serra, Richard et Mirbel ont poussée si loin. De l'observation régulière des parties de la fructification doit sortir le meilleur système de classification des plantes ; cette classification est exacte en plusieurs points, mais elle demande à être complétée. Elle ne le sera jamais qu'en présence de la nature vivante, lorsque l'on suivra le fruit dans tous ses développements et dans les modifications que lui fait subir la loi des avortements. Rien n'a encore été ajouté aux principes posés par Césalpin relativement aux principes à suivre pour l'établissement des familles et d'une méthode essentiellement naturelle[1]. »

Césalpin a laissé un herbier, qui se conserve religieusement au Cabinet d'histoire naturelle de Florence : il est composé de 768 espèces bien séchées, collées sur papier, et accompagnées des noms que l'auteur leur a donnés, ainsi que des noms vulgaires qu'elles portent dans plusieurs contrées de l'Italie. — Plumier a donné le nom de *cæsalpinia* à un genre de légumineuses d'Amérique, pour perpétuer la mémoire de l'illustre savant qui avait consacré toute sa vie au progrès de la science.

BOTANISTES FRANÇAIS. — La France ne devait pas rester

1. Voy. *Encyclopédie des gens du monde*, à l'article *Césalpin*.

étrangère au souffle de rénovation qui, dès la fin du quinzième siècle, pénétra toute l'Europe.

Jean *Ruel* (né à Soissons en 1479, mort à Paris en 1537) ouvre la série des botanistes d'alors. Doyen de la Faculté de médecine de Paris en 1508 et 1509, il devint médecin du roi François Ier. Mais pour mieux suivre son goût pour l'étude il se démit de sa charge, entra dans les ordres et fut pourvu d'un canonicat à Notre-Dame. Son traité *De natura stirpium libri tres*, magnifiquement imprimé, en 1536, à Paris (vol. in-fol.) par Simon Coliné, est une sorte de répertoire des connaissances botaniques acquises jusqu'à la fin du quinzième siècle. Au commencement du premier livre l'auteur traite des plantes en général, de leurs organes, de leur nutrition, des parties qui les composent, de la différence des feuilles, des fleurs, etc.; mais on n'y trouve aucune méthode de classification. Les autres pages du premier livre sont consacrées à l'histoire des arbres, rangés par ordre alphabétique; et les deux livres restants traitent des plantes herbacées. Les anciens, particulièrement Théophraste, Dioscoride et Pline, y sont très-habilement commentés. — Plumier a dédié à la mémoire de Ruel le genre *ruellia*, de la famille des acanthacées.

Jacques *Dalechamp* ou *Dalechamps* (né à Caen en 1513, mort en 1588 à Lyon) étudia la médecine à Montpellier, où il eut pour maître Rondelet, et vint, en 1552, s'établir à Lyon comme praticien. Versé dans la connaissance des anciens, il traduisit en latin Athénée, l'accompagna de savants commentaires, et donna une édition estimée de Pline. Mais son œuvre principale a pour titre : *Historia generalis plantarum, in libros XVIII per certas classes artificiose digesta*, etc.; Lyon (Guillaume Rouillé), 2 vol. in-fol., 1587; quelques exemplaires portent la date de 1586[1].

1. Desmoulins donna aussi de cet ouvrage une traduction française, fort estimée; elle a pour titre : *Histoire générale des plantes*, sortie

Cet ouvrage, qui fut achevé par Desmoulins (*Molinæus*) avec les matériaux fournis par Dalechamps, montre combien le besoin d'une classification méthodique des plantes se faisait dès lors généralement sentir. Ainsi, le premier livre traite des *arbres qui naissent spontanément dans les bois*; le deuxième livre, des *arbrisseaux qui forment les buissons* et des *arbustes qui naissent spontanément*; le troisième livre, des *arbres cultivés dans les parcs et les vergers*; le quatrième livre, des *céréales et plantes agricoles*; le cinquième livre, des *plantes potagères et herbes des jardins*; le sixième livre, des *ombellifères*; le septième livre, des *plantes d'ornement*; le huitième livre, des *plantes odoriférantes*; le neuvième livre, des *plantes palustres*; le dixième livre, des *plantes qui croissent dans les terrains pierreux, sablonneux, secs*; le onzième livre, des *plantes qui naissent dans un sol ombragé, humide et gras*; le douzième livre, des *plantes littorales et marines*; le treizième livre, des *plantes grimpantes*; le quatorzième livre, des *chardons et d'autres plantes épineuses*; le quinzième livre, des *plantes bulbeuses, à racines charnues et géniculées*; le seizième livre, des *plantes purgatives*; le dix-septième livre, des *plantes vénéneuses*; le dix-huitième livre, des *plantes exotiques*. Il y a là, comme on voit, un essai de classification, fondé tout à la fois sur l'usage, sur les propriétés, sur la forme extérieure et l'habitat des espèces végétales. Cet essai laissait sans doute beaucoup à désirer : les ombellifères se trouvent, par exemple, confondues avec des corymbifères, telle que l'achillée mille-feuilles. Mais cela montre combien il faut de temps pour que l'œil perfectionné arrive à rectifier les erreurs commises par l'œil commun. C'est une remarque que nous aurons souvent l'occasion de faire.

Dalechamps était secondé dans son œuvre par des cor-

latine de la bibliothèque de M. Jacques Dalechamps, puis faite françoise par M. Jean Desmoulins; Lyon, 1615, 2 vol. in-fol.

respondants nombreux, établis dans différents pays de l'Europe. Il avait composé lui-même une collection, considérable pour le temps, des plantes qui croissent dans le Lyonnais, province heureusement située entre les Alpes et la zone méridionale de la France. Son *Histoire générale des plantes* renferme 2751 gravures intercalées dans le texte, dont beaucoup de doubles et de triples, en général assez médiocres. Elle a été peut-être un peu trop sévèrement appréciée par M. Fée. « On ne doit pas, dit-il, chercher dans ce livre des idées nouvelles, même pour le temps, et nous ne croyons pas qu'il ait fait faire un seul pas à la science. C'est une simple paraphrase des ouvrages de Théophraste, de Dioscoride et de Pline, presque sans critique; mais l'érudition y est vaste, et ce n'est pas sans intérêt qu'on le parcourt[1]. »

Charles *de l'Écluse*, plus connu sous le nom latinisé de *Clusius* (né à Arras en 1525, mort à Leyde en 1609), eut une vie aussi laborieuse qu'accidentée, dont voici les principaux traits[2]. D'une famille protestante, il fit ses premières études à Gand et suivit, à Louvain, des cours de droit. De là il se rendit en 1548 à Marbourg, et passa l'année suivante à l'université de Wittemberg, attiré par la réputation de Mélanchthon. En 1550, on le trouve à Montpellier, suivant les leçons de Rondelet, dans la maison duquel il demeura trois ans. Ce fut là qu'il abandonna le droit pour se livrer entièrement à l'étude de la médecine et des sciences naturelles, particulièrement de la botanique. Après avoir visité le midi de la France, le Piémont et la Savoie, il passa par Genève, Bâle et Cologne pour se rendre à Anvers, où son père s'était réfugié pour échapper à la persécution des protestants. Il y séjourna pen-

1. M. Fée, article *Dalechamps*, dans la *Biographie générale*.
2. La vie de l'Écluse n'a été bien connue que depuis la publication de sa correspondance par L. Ch. Treviranus (*Caroli Clusii Atrebatis et Conr. Gesneri Tigurini Epistolæ ineditæ*; Leipzig, 1830, in-8°).

dant environ huit ans (de 1555 à 1563). Dans cet intervalle il fit un voyage à Paris, et traduisit du hollandais en français le *Cruydeboeck* (Herbier) de Dodoens. En 1564, on le trouve à Augsbourg, où il se lia d'amitié avec les frères Fugger, les Rothschild du seizième siècle, et les accompagna dans un voyage qu'ils firent en France, en Espagne et en Portugal. De l'Ecluse profita de ce voyage pour explorer la presqu'île Ibérique, depuis les Pyrénées jusqu'à Gibraltar, et depuis Valence jusqu'à Lisbonne. Il rapporta de cette longue herborisation des dessins très-bien faits, d'après nature, de près de deux cents espèces de plantes, jusqu'alors inconnues. Aux environs de Gibraltar il s'était cassé le bras en tombant de cheval. Retourné à Anvers, il y résida quelque temps, visita en 1571 Paris et Londres, et fut appelé, en 1573, à Vienne par Maximilien II pour diriger les jardins impériaux, nouvellement établis. Il y introduisit beaucoup de plantes exotiques, et profita de sa position pour étudier la flore de l'Autriche et de la Hongrie, et pour visiter une seconde fois l'Angleterre. Là il fit connaissance avec le célèbre circumnavigateur, François Drake, qui lui communiqua une foule de renseignements utiles. En 1581, il eut le malheur de se luxer le cou-de-pied et de se fracturer la malléole. Sa famille ayant eu beaucoup à souffrir de l'intolérance des catholiques, de l'Ecluse quitta Vienne après un séjour de quatorze ans, pour se retirer, en 1587, à Francfort, où il vécut dans la retraite. Son amour de la science le mit en rapport avec le savant landgrave de Hesse, Guillaume IV ; il le visita souvent à Cassel et reçut de lui une pension. A Francfort il eut encore le malheur de se casser la cuisse droite; mal guéri il ne put pendant longtemps marcher qu'avec des béquilles. Ses souffrances se compliquèrent d'une hernie qui l'empêchait de faire de longues excursions. Cependant ses sens et son intelligence se conservèrent intacts jusqu'à l'extrême vieillesse. En 1593, il fut appelé comme professeur de botanique à l'université de Leyde, et c'est là qu'il termina sa vie, en 1609, à l'âge de quatre-vingt-quatre ans.

Ses travaux, où une vaste érudition se trouve unie à un rare esprit d'observation, le mettent au premier rang des botanistes du seizième siècle. Ils ont pour titres : *Rariorum aliquot stirpium per Hispanias observatarum historia*, etc. ; Anvers, 1576, in-8° (233 gravures sur bois) ; — *Rariorum plantarum historia* : ibid., 1601, in-fol. ; — *Exoticorum libri decem, quibus animalium, plantarum, aromatum, aliorumque peregrinorum fructuum historiæ describuntur* : ibid, 1605, in-fol ; et comme appendice aux ouvrages précédents : *Curæ posteriores, seu plurimarum non ante cognitarum aut descriptarum stirpium*, etc. ; ibid. 1611, in-4°. De l'Ecluse avait aussi traduit en latin les principaux écrits de Garcias ab Orto, de Monardes, de Acosta et de Belon. C'est lui qui a introduit dans les Pays-Bas les *papas* ou *camotes*, plus tard connues sous le nom de *pommes de terre*. Des échantillons en avaient été apportés du Pérou en 1586 par François Drake, qui en donna à Sherard, de Londres. Celui-ci les cultiva dans son jardin et en partagea les produits avec de l'Ecluse.

Mathias *Lobel*, plus connu sous le nom latinisé de *Lobelius* (né à Lille en 1538, mort à Highgate en 1616), étudia la médecine à Montpellier, où il eut, comme de l'Ecluse, Rondelet pour maître. Il parcourut, en herborisant, le midi de la France, une partie de l'Italie, le Tyrol, la Suisse et l'Allemagne, et vint s'établir comme médecin, d'abord à Anvers, puis à Delft. Vers 1569 il se rendit en Angleterre, accompagna en 1592 lord Zouch dans son ambassade près de la cour de Danemark, obtint le titre de botanographe du roi Jacques Ier, et passa les dernières années de sa vie aux environs de Londres, auprès de sa fille, mariée à Jacques Coël. Plumier a donné, en l'honneur de Lobel, le nom de *lobelia*, au genre type de la famille des lobéliacées, voisine des campanules.

Le principal ouvrage de Lobel, fait en collaboration

avec Pierre Pena (pour les plantes du midi de la France), a pour titre : *Stirpium adversaria nova;* Londres, 1570 in-4°, souvent réimprimé (les éditions in-fol., de Londres 1605, de Leyde 1610, et de Francfort 1651, considérablement augmentées, portent le titre de *Dilucidæ simplicium medicamentorum explicationes et stirpium adversaria*). La disposition des matières renferme les éléments d'une classification par familles naturelles. Ainsi, l'auteur comprend les céréales et les roseaux dans sa description des graminées (*gramina*); de là il passe aux iris (*irides*), aux jones (*junci*), aux asphodèles (*asphodeli*), auxquels il réunit les jacinthes, les narcisses, les lis et même les orchis. Cet ensemble de plantes appartient précisément à la grande division de ce qu'on a depuis nommé les *monocotylédones*. Parmi les autres groupes, on remarque : les plantes à siliques (*siliquosæ*), auxquelles il réunit à tort le réséda et le seneçon; les chicoracées (*serides*); les plantes à fleurs labiées (*labiatæ*); les plantes à feuilles rudes (*asperifoliæ*), etc.

Un autre ouvrage de Lobel, intitulé : *Observationes sive stirpium historia* Anvers, 1570, in-fol., fut longtemps populaire, à cause d'un index en sept langues. Quelques matériaux d'un ouvrage projeté tombèrent entre les mains de Parkinson, qui les incorpora dans son *Theatrum*.

Au seizième siècle la botanique était à son apogée en *Portugal* et en *Espagne*, à en juger par les travaux des savants que nous allons sommairement passer en revue.

Juan Rodrigo de *Castel-Branco*, plus connu sous le nom d'*Amatus Lusitanus* (né en 1511, mort vers la fin du même siècle), d'origine juive, étudia la médecine à Salamanque, voyagea en France, en Italie, en Allemagne, en Hollande. Par suite de ses démêlés avec Mathiole, il fut dénoncé comme juif à l'Inquisition, et dut, pour sauver sa vie, se réfugier en Turquie, où il mourut. Ses commentaires sur Dioscoride (*in Dioscoridis de materia medica libros quinque enumerationes*, Venise, 1553, in-8°) témoignent de beaucoup d'érudition.

André *Laguna* (né à Ségovie en 1499, mort en 1560) étudia la médecine à Paris et à Tolède, fut attaché au service de Charles-Quint, et se fit, comme Amatus Lusitanus, connaître par des commentaires sur Dioscoride (Anvers, 1555, in-fol., souvent réimprimé). Suivant Morejon, il eut le premier l'idée de faire graver, non plus sur bois, mais sur cuivre, les dessins de plantes et d'animaux[1].

Nicolas *Monardès* (natif de Séville, mort en 1578), étudia la médecine à l'université d'Alcala de Henarès, et la pratiqua jusqu'à sa mort dans sa ville natale. Il se fit la réputation d'un botaniste distingué par plusieurs ouvrages, particulièrement par *De rosa et partibus ejus; De malis, citris, aurantiis et limoniis* (Anvers, 1565, in-8°), et *De las drogas de las Indias* (Séville, 1565 in-8°, traduit en latin par de l'Ecluse, et en français par Colin). Pour perpétuer la mémoire de Monardès, Linné a donné le nom de *monarda* à un genre de la famille des labiées.

Lorenzo *Perez*, pharmacien de Tolède, décrivit beaucoup de plantes médicinales nouvelles dans son *Historia theriacæ* (Tolède, 1575, in-4°), et surtout dans son *De medicamentorum simplicium et compositorum delectu hodierno apud nostros pharmacopolas extantium*, etc. (Ibid., 1590, in-4°), livres extrêmement rares.

Nous parlerons plus loin, à propos des voyageurs du seizième siècle, de Garcia ab Orto et d'Acosta.

Ce n'est guère qu'à dater de cette époque que l'on commença, en *Angleterre*, à s'intéresser à l'étude des plantes.

Antoine *Ascham*, médecin à Burnishton, dans le Yorkshire, allia dans son Petit Herbier (*A lyttel Herbal of the propreties of herbes*, etc., Lond., 1550, in-12), la botanique

1. *Historia biografica de la medicina española*, t. II, p. 227 et suiv.

avec l'astrologie, en essayant de montrer quelles plantes sont sujettes à l'influence des astres, et quels sont les jours les plus convenables pour en faire usage, suivant les constellations du zodiaque, où se trouve la lune.

William *Turner* (natif de Morpeth, dans le Northumberland, mort en 1568) étudia la médecine et la théologie à Cambridge, et embrassa la cause de la réforme, ce qui le fit mettre en prison par l'évêque Gardiner. Après avoir recouvré la liberté, il se réfugia sur le continent, résida longtemps à Cologne, à Bâle, à Ferrare, où il se fit recevoir docteur, et ne retourna dans sa patrie qu'en 1547, après la mort d'Henri VIII. La persécution des protestants ayant recommencé sous le règne de Marie Tudor, qui eut Gardiner pour premier ministre, Turner quitta de nouveau l'Angleterre, pour n'y revenir qu'à l'avénement de la reine Elisabeth, en 1558. Peu de mois avant sa mort, il publia la troisième partie de son Herbier (*A new Herbal wherein are contayned the names of herbes in greek, latin, english, dutch, french, and in the potecaries and herbaries latin, with their propreties*, etc., Lond., in-fol. 1568). La première partie avait paru en 1551 à Londres, avec une dédidace au duc de Sommerset, protecteur de Turner, et la deuxième partie, à Cologne, en 1562.

Dans cet ouvrage, très-important pour l'histoire de la botanique en Angleterre, les plantes sont rangées par ordre alphabétique de noms latins. L'auteur indique souvent les localités où elles croissent, et il s'étend sur les caractères qui les distinguent les unes des autres. L'*herba britannica* est, suivant lui, la bistorte (*polygonum bistorta*, L.). Il ajouta quatre-vingt-dix figures de plantes à celles qu'il avait (au nombre de plus de 400) empruntées pour son Herbier à la première édition (1545) de l'ouvrage de Léonard Fuchs. Turner est le premier qui ait donné la figure de la luzerne, qu'il nomme *horned clover*, à cause de la forme cornue du fruit; et suivant Pultney, il a introduit cette plante fourragère en Angleterre[1].

Bulleyn (mort en 1576), Maplet, auteur de *A green forest* (Cambridge, 1567), Penny, ami et collaborateur de l'Ecluse, Lyte, auteur d'un *New Herbal* (Lond., 1578), où se trouve pour la première fois figurée la bruyère, *erica tetralix*, suivirent les traces de Turner.

Jean *Gérard* ou *Sherard* (né à Nantwich, en 1545, mort en 1607) publia, en 1596, le catalogue des plantes (*Catalogus arborum, fruticum ac plantarum, tam indigenarum quam exoticarum*, etc.) de son propre jardin. La deuxième édition de ce catalogue est dédiée à sir Walter Raleigh, qui, presque en même temps que Fr. Drake, rapporta du Nouveau-Monde la pomme de terre dans la Grande-Bretagne. Le catalogue de Sherard contient 1033 espèces.

L'*Allemagne*, la *Hollande* et la *Suisse*, où les guerres de religion et la soif de la liberté avaient mis, au seizième siècle, tous les esprits en effervescence, produisirent en même temps des naturalistes de premier ordre : il suffit de nommer Brunfels, Tragus, Fuchs, Tabernæmontanus, Cordus, Conrad Gesner, Camerarius, Dodoens. Un mot sur tous ces hommes qui ont si puissamment contribué au progrès de la science.

Othon *Brunfels* (né aux environs de Mayence vers 1470, mort à Berne en 1534), fils d'un tonnelier, entra dans un couvent de chartreux pour satisfaire son goût pour l'étude des sciences. A l'époque où les doctrines de Luther commençaient à se répandre en Allemagne, il quitta son couvent et se fit prédicateur protestant. Il fut ensuite, pendant neuf ans, maître d'école à Strasbourg, étudia la médecine, obtint à Bâle le grade de docteur et remplit à Berne les fonctions de médecin inspecteur. Il s'occupa l'un des premiers de la flore indigène, comme le montre son principal ouvrage intitulé : *Herbarum*

1. Pulteney, *Esquisses historiques et biographiques des progrès de la botanique en Angleterre*, t. I, p. 74 (de la traduction française, Paris, 18 9).

vivæ icones ad naturæ imitationem summa cum diligentia et artificio effigiatæ, etc.; tome Ier. Strasbourg, 1530, in-fol.; t. I, ibid., 1531, in-fol.; t. III (posthume), ibid., 1536, in-fol., avec un appendice contenant divers documents relatifs à la botanique. Les figures (gravures sur bois) des t. I et III sont supérieures, pour le dessin, à celles des autres ouvrages publiés à cette même époque. Le t. II renferme le résumé des descriptions données par les anciens botanistes, et dans le t. III on trouve les opinions propres de l'auteur. De cet important ouvrage, véritable flore des environs de Strasbourg et de la rive gauche du Rhin, il existe plusieurs éditions allemandes dont les plus anciennes sont : *Contrafayt Kræuterbuch*, Strasb. 1532, in-fol.; ibid., 1534, in-4e. Aucune méthode n'a présidé à la distribution des espèces végétales qui y sont décrites.

Brunfels imprima à la science une direction féconde en donnant l'exemple des herborisations. Parmi les espèces qu'il a le premier décrites, on remarque : la véronique à feuilles de serpolet, qu'il nomme *exfragia nobilis*; l'herbe de la Trinité (*anemone hepatica*, L.); l'asclepias dompte-venin, qu'il appelle *hyrundinaria*; le *draba verna*; l'*euphorsia officinalis*; la linaire (*antirrhinum linaria*); la cardamine des prés; le seneçon, qu'il nomme *verbena femina*, etc. — Plumier lui a consacré, sous le nom de *brunfelsia*, un genre de solanées de l'Amérique.

Jérôme *Bock*, plus connu sous le nom de *Tragus* (traduction grecque de *Bock*, bouc), né à Heiderbach près de Deux-Ponts, en 1498, mort à Hornbach en 1554, suivit les traces de son ami Brunfels. Ayant partagé ses études entre la théologie et la médecine, il devint un partisan zélé de la réforme de Luther, fut appelé en 1533, comme pasteur, à Hornbach, et y cumula son ministère avec les fonctions de médecin et d'apothicaire. Les troubles religieux le forcèrent plus tard à chercher un asile à Saarbruck, où il fut hospitalièrement accueilli par le comte de Nassau.

Son Histoire des plantes indigènes, qui parut en 1539, à Strasbourg, sous le titre de *New Kræuterbuch*, eut un immense succès. On était, en effet, tellement habitué à ne voir, en fait de botanique, que des paraphrases ou des commentaires de Théophraste et de Dioscoride, que le livre de Bock fut un véritable événement. Il fut édité dix fois dans le même siècle et dans la même ville. La première édition est sans figures; la seconde, parue en 1546, sous le simple titre de *Kræuterbuch*, en caractères gothiques, contient 165 gravures sur bois, moins bien exécutées que dans la traduction latine de David Kyber (*Hieronymi Tragi De Stirpium, maxime earum quæ in Germania nostra nascuntur, usitatis nomenclaturis, propriisque differentiis*, etc.: 1552, in-fol.). En tête de cette édition latine se trouve une savante introduction de Conrad Gesner, ami de l'auteur. Elle est suivie d'une caractéristique des plantes (*stirpium differentiæ*) suivant leur port, les formes de leurs racines, de leurs feuilles, de leurs fleurs, de leurs fruits, etc., par Textor (*Tixier*, le Segusien.

A l'ordre alphabétique, jusqu'alors usité, Bock préféra la distribution des plantes en sauvages et en cultivées, en herbes, arbrisseaux et arbres. Il commença ses descriptions par celle de l'ortie commune, parce que sa famille portait, dit-on, dans ses armoiries une feuille d'ortie. Mais il est plus probable que c'était pour se moquer des botanistes qui commencent leurs descriptions par les plantes les plus rares, que personne souvent n'a l'occasion de voir. Il y avait dans cette idée toute une révolution.

Toutes les plantes que Bock décrit ont été observées par lui-même, et dessinées d'après nature. Il s'étend peu sur les fleurs et les fruits; mais l'aspect général des plantes et les localités où elles se trouvent sont très-bien indiquées. Leurs propriétés et leurs synonymies (*nomenclaturæ*) y sont longuement exposées. Ce qui frappe le lecteur dès le début du livre, c'est que l'ortie blanche, la marrube, la mélisse, la sauge, la menthe, le basilic, le calament, le serpolet, le thym, la sarriette, l'hysope, le romarin, la lavande, se trouvent réunis en un groupe naturel qui, à l'époque de Tragus, n'avait pas de nom particulier, et qui s'appelle aujourd'hui la famille naturelle des *labiées*. Le même phénomène de classification, pour ainsi dire inconscient, s'y présente pour les corymbifères (camomille, matricaire, tanaisie), les borraginées (cynoglosse, buglosse, bourrache, consoude), les euphorbiacées (*tithymalis, esula*), les solanées (morelle, douce-amère, alkékenge), les ombellifères (branc-ursine, persil, panais, carotte, fenouil, aneth, carum carvi), et pour d'autres plantes dont le groupement par familles s'impose en quelque sorte à tout esprit observateur.—Pour immortaliser le nom de Tragus (Bock), Plumier a donné le nom de *tragia* à un genre de la famille des euphorbiacées.

Léonard *Fuchs* (né en 1501 à Memblingen en Bavière, mort à Tubingue en 1566) fit ses études à Heilbronn et à Erfurt, les compléta à Ingolstadt, où il obtint, en 1524, le grade de docteur en médecine, s'établit comme praticien à Munich où il se maria, retourna, en 1526, comme professeur à l'université de Ingolstadt, se rendit deux ans après à Anspach, pour occuper le poste de premier médecin du margrave Georges de Brandebourg, s'acquit une grande renommée par le traitement de l'épidémie miliaire (suette), qui, en 1529, avait envahi l'Allemagne, et reprit, en 1533, sa chaire de professeur à Ingolstadt. Mais s'étant déclaré partisan des doctrines de Luther, les jésuites, qui dominaient dans cette ville, lui suscitèrent des désagréments, et il revint, dans l'automne de la même année, auprès du margrave, à Anspach, où il se distingua comme médecin pendant une nouvelle épidémie, qualifiée de peste. Il n'y resta que deux ans; car dès 1535 il accepta du duc Albert de Wurtemberg une chaire de professeur à l'université nouvellement fondée de Tubingue; et c'est là qu'il resta jusqu'à la fin de ses jours. En 1536, il perdit sa femme qui l'avait rendu père de dix enfants, et il épousa dans la même année la fille d'un pasteur. Il resta sourd à toutes les offres des souverains qui l'appelaient dans leurs pays. L'ouvrage qui le fit connaître comme l'un des principaux botanistes de son temps, a pour titre : *De historia stirpium commentarii insignes*, etc.; Bâle, 1542, in-fol., dont parut, en 1543, une édition allemande : *New Kræuterbuch*, etc. Cet ouvrage eut de nombreuses traductions, et fut souvent réimprimé tant in-fol. qu'in-8°. Haller donna la préférence aux éditions in-8°. Celle que j'ai sous les yeux a été imprimée à Lyon, en 1551, du vivant de l'auteur. En tête se trouve l'épître dédicatoire à l'électeur Joachim, margrave de Brandebourg. Les gravures sur bois, qui accompagnent le texte, approchent par l'exactitude de celles de Brunfels.

Fuchs s'était, comme Bock, principalement attaché à l'étude de la flore allemande. Ses descriptions des espèces indigènes sont au nombre d'environ quatre cents. On y remarque la véronique beccabunga, sous le nom de *sium*, la lysimachia nummulaire, sous le nom de *centummorbia*, la parisette, appelée *aconitum pardalianches*, l'œillet des chartreux, *betonica sylvatica;* le *geranium erodium*, le *g. molle*, le *g. robertianum*, le *g. dissectum*, le *g. pratense*, le *g. sanguineum*, sont désignés par *geranium* I, II, III, IV, V, VI. — Plumier a donné, en souvenir du célèbre botaniste allemand, le nom de *fuchsia* à un genre de plantes originaires du Chili.

Théodore *Tabernæmontanus*, ainsi nommé d'après son lieu natal, Bergzabern, dans la Bavière rhénane, suivit les traces de Jérôme Bock, visita la France, où il étudia la médecine, et devint, après son retour en Allemagne, médecin de l'électeur palatin. La botanique fut toujours son étude favorite, dans la conviction que Dieu a mis dans les plantes de chaque pays les vertus appropriées à la guérison de toutes les maladies endémiques. Il mourut à Heidelberg, en 1590, à un âge fort avancé. Pendant trente-six ans il réunit un herbier de plus de trois mille espèces, dont il publia en partie la description sous le titre de *Kræuterbuch*. Le premier volume, in-folio, parut en 1588 à Francfort. Après la mort de l'auteur, Nic. Braun publia le reste de cet important ouvrage. D'autres éditions parurent à Francfort, en 1614, 1625, et à Bâle, en 1664, 1687, 1731. C'est cette dernière (2 vol. gr. in-fol.) considérablement augmentée et améliorée par Gaspard et Jérôme Bauhin, que je possède. Le titre énonce qu'on y trouve « de belles figures d'arbres, d'arbrisseaux, d'herbes, croissant en Allemagne et en pays étrangers, tels que l'Espagne, les Indes, le Nouveau-Monde, avec leurs noms dans toutes les langues, etc. » Aucun ordre ne préside à la distribution des espèces décrites, au nombre d'environ 5800, dont 2480 assez exactement gravées sur bois, à l'exception d'un petit nombre d'imaginaires. Nous y voyons, entre autres, que le nom d'*alsine* y est appliqué à des plantes de genres différents. Ainsi, les *alsine major*, *a. minor*, *a. corniculata*, *a. petræa*, *a. rubra*, *a. recta*, *a. hederacea*, *a. foliis trissoginis*, *a. foliis veronicæ*, *a. palustris*, sont le mouron (*stellaria media*), l'arénaire (*arenaria serpillifolia*), le *draba verna*, le *cerastium dichotomum*, le *saxifraga tridactylites*, le *veronica triphyllos*, la véronique à feuilles de lierre, la véronique agreste, la véronique des champs (*v. arvensis*), le *cerastium aquaticum*. — En honneur de Tabernæmontanus, Linné a donné le nom de *tabernæmontana* à un genre d'apocynées.

Euricius *Cordus*[1] (né en 1486, à Siemershausen, près Frankenberg en Hesse, mort à Brême en 1538), fils d'un fermier, devenu professeur à l'université de Marbourg, nouvellement fondée, montra de bonne heure un vif penchant pour la poésie latine et la botanique, ainsi que l'attestent d'une part son épithalame pour les noces de son ami et condisciple Eobanus Hessus, ses épigrammes

1. Son véritable nom était *Eberwein*.

contre le papisme en faveur de Luther dont il avait, l'un des premiers, embrassé les doctrines ; d'autre part, sa traduction des poëmes de Nicandre, et surtout son *Botanologicon. seu colloquium de herbis* (Cologne, 1534, in-8°), fait en imitation des colloques d'Érasme, avec lequel il était lié d'amitié. Le *Botanologicon* est un colloque (en 183 pages), plein de verve, entre l'auteur, trois de ses amis qui sont venus le voir à Marbourg, et un disciple, Français de nation. L'entretien roule principalement sur la synonymie des plantes qu'on rencontre le plus communément dans les jardins et dans les champs. L'auteur fait aussi quelques digressions sur les plantes décrites par les anciens, et il prétend, entre autres, que l'*amomum* de Dioscoride est la fameuse rose de Jéricho, l'*anastatica hierochuntica*.

Son fils, *Valerius Cordus* (né en 1515, à Siemershausen, mort à Rome en 1544), fut un des meilleurs botanistes de son temps. Dirigé dans ses premières études par son père, il alla, pour se perfectionner en grec, suivre à Wittemberg les leçons de Mélanchthon sur les *Alexipharmaca* de Nicandre, et s'y lia d'amitié avec Crato de Krafftheim, l'ami de Conrad Gesner. Il fréquenta aussi l'université de Leipzig, et conçut l'idée de réformer la pharmaceutique par une étude plus exacte des minéraux et des plantes indigènes, comparativement aux notions transmises par les anciens. On voit par cet exemple que les esprits le plus pénétrés de la nécessité d'interroger la nature n'avaient pas encore renoncé au culte des anciens, qui étaient toujours considérés comme les plus grandes autorités scientifiques.

Pour atteindre son but, Cordus se mit à parcourir la Thuringe et la Saxe, explorant les mines de Freyberg et la flore de la Suisse saxonne. En 1540, il fit, à Wittemberg, foyer du protestantisme, des cours publics sur la matière médicale de Dioscoride, et reprit, en 1542, ses voyages. Il se dirigea cette fois vers le midi, en passant par Nurenberg; de là il se rendit, en compagnie de son ami Jérôme Schreiber, en Suisse, et vit à Zurich Conrad Gesner. De la Suisse il passa en Italie, ayant pour compagnons de route Nicolas Friedewald, étudiant prussien, et Sittard de Cologne, dont Mélanchthon regretta la mort prématurée. Le tracé de son itinéraire lui fit successivement visiter Venise, Padoue, Pise. Lucques, Livourne, Sienne. A Venise il étudia l'ichthyologie de la mer Adriatique, et décrivit, d'une manière exacte, soixante-six espèces de poissons; le manuscrit de ces descriptions tomba, plus de vingt ans après la mort de l'auteur, entre les mains de Conrad Gesner. A quelque distance de Rome, Cordus fut saisi d'une fièvre violente, causée, selon les uns, par l'ingestion d'une boisson froide, le corps étant en sueur, selon d'autres, par un coup de pied de cheval qui aurait déterminé une inflammation grave. Quoi qu'il en soit, il mourut loin de sa famille, à l'âge de vingt-neuf ans et demi, victime de son zèle pour la science. Suspect d'hérésie, il fut privé des derniers secours de la religion, et sans l'intervention d'un prêtre charitable, son corps aurait été jeté dans le Tibre. Deux bourgeois qui se trouvaient par hasard à Rome, firent ensevelir à leurs frais leur compatriote dans l'église allemande de Sainte-Marie *dell'Anima*.

La mort prématurée de Valerius Cordus produisit une vive sensation parmi les savants de l'Europe, et excita même la verve de plusieurs poètes d'alors. Cornélius Sittard recueillit les manuscrits et les herbiers de son infortuné compagnon de voyage et les transmit à la famille de Cordus. C. Gesner réunit les papiers de son ami, en un volume in-folio, et les fit imprimer en 1561 à Strasbourg, chez Josias Richel. Ce volume contient de Cordus : *Annotationes in Dioscoridis de materia medica libros V*; — *Historiæ stirpium libri IV*; — *Sylva, qua rerum fossilium in Germania plurimarum, metallorum, lapidum et stirpium aliquot rariorum notitiam brevissime persequitur*; — *De artificiosis extractionibus liber;* — *Compositiones medicinales aliquot non vulgares.* Le *Dispensatorium pharmacorum*, etc., avait paru, du vivant de l'auteur, à Nurenberg, 1535, in-8°; souvent réimprimé, et traduit en français sous le titre de *Guidon des apothicaires;* Lyon, 1572, in-12.

Au nombre des plantes que Valerius Cordus a le premier fait bien connaître, nous citerons : le *parnassia palustris*, sous le nom d'*hepatica alba*, le *phalangium ramosum* et *ph. liliago*, l'*adoxa moschatellina*, le *saxifraga aizoon*, les *ranunculus arvensis*, *r. bulbosus*, *r. flammula*; le *vaccinium oxycoccos;* le *drosera rotundifolia*, le *lactuca saligna* sous le nom d'*ixopus*, l'*epipactis latifolia*, sous celui d'*alisma*. Il a très-bien caractérisé la famille des légumineuses, et indiqué le premier la reproduction des fougères par les granules (spores) que l'on voit à la surface inférieure des feuilles. Plumier a donné, en l'honneur de Cordus, le nom de *cordia* au genre type de la famille des cordiacées.

Conrad *Gesner* (né à Zurich en 1516, mort en 1565), fils d'un tanneur, a puissamment contribué aux progrès de la botanique et de la zoologie. Sa famille ayant été impliquée dans les querelles sanglantes qui éclatèrent entre les réformés de Zurich et les cantons catholiques, il fut hospitalièrement accueilli à Strasbourg par le célèbre théologien Capiton, qui lui enseigna l'hébreu. Ayant obtenu de sa ville natale un petit secours en argent, il en profita pour voyager en France. Il séjourna quelque temps à Bourges, où il donna, pour vivre, des leçons de grec et de latin. En 1534, on le trouve à Paris. Au lieu d'y étudier la médecine, comme il en avait l'intention, il passa son temps dans les bibliothèques, en commerce avec les savants, et suivit la pente naturelle de son esprit encyclopédique. De retour à Zurich, il reçut un petit emploi dans l'enseignement, et se maria n'ayant pas encore ses vingt ans accomplis. En 1537, il commença ses études médicales à Bâle, mais il les interrompit bientôt pour accepter les fonctions de professeur des langues anciennes à Lausanne. Au bout de trois ans il quitta cette place pour aller continuer ses études médicales à Montpellier, et vint les achever à Bâle, où il obtint en 1541 le grade de docteur. Nommé médecin inspecteur de Zurich, il devint, quelques années après, professeur de philosophie et d'histoire naturelle à l'université de sa ville natale. Ses temps de vacances étaient remplis par des excursions dans les Alpes, par des voyages en Allemagne, en Autriche et en Italie. Il mourut dans sa quarante-neuvième année, victime de son zèle pour les malades qu'il soignait pendant l'épidémie qui ravageait Zurich en 1564 et 1565. Animé de l'amour pur de la science, désintéressé et sans ambition, Conrad Gesner était resté fidèle à cette belle devise qu'on voit inscrite au verso du titre de sa *Bibliotheca universalis* :

> Non mihi, sed studiis communibus ista paravi.
> Sic vos non vobis mellificatis, apes.

Conrad Gesner, surnommé le *Pline de l'Allemagne*, fait époque dans l'histoire de la botanique, parce qu'il a le premier insisté sur la nécessité d'une étude exacte de la *fleur* et du *fruit* pour une classification méthodique des plantes. Ce fut là une innovation d'autant plus grande que presque tous les botanistes anciens avaient singulièrement négligé cette étude. A toute occasion il y revient. Ainsi, on lit dans sa correspondance qu'il pria un de ses amis de lui dessiner le fruit d'une tulipe, de manière à rendre bien apparente la position des graines. « Car j'ai l'habitude, ajoute-t-il, d'ajouter à mes figures de plantes toujours celles du fruit et des graines, afin qu'on puisse mieux saisir l'ensemble des caractères distinctifs[1]. » Il fit ressortir en même temps, par ses descriptions aussi bien

1. Gesner, *Epist. medicinal.*, lib. III. (Zurich, 1577, in-4°.)

que par ses dessins, que toutes les plantes qui ont la même forme de fleurs et de fruits sont également semblables dans leurs autres parties, qu'elles se ressemblent souvent par leurs propriétés, et qu'en les rapprochant, on obtient des groupes naturels. C'est ainsi qu'il fut conduit à introduire, l'un des premiers, dans la science l'établissement des *genres* et des *espèces*. « Il faut, dit-il, admettre, qu'il n'y a pas de plantes qu'on ne puisse rattacher à un genre et celui-ci diviser en deux ou plusieurs espèces (*quæ non genus aliquod constituant in duas aut plures species dividendum*). Les anciens n'ont décrit qu'une seule gentiane; moi, j'en connais plus de dix espèces. » Il établit aussi le premier, avec une rare sagacité, la différence qui existe entre la *variété* et l'*espèce*. Ayant un jour reçu une branche de houx (*ilex aquifolium*) dont les feuilles ne portaient chacune qu'un seul aiguillon à l'extrémité, il recommanda à celui qui la lui avait envoyée de s'assurer si ce caractère est *constant* ou *passager*. Il fit la même recommandation au sujet d'une chicorée dont la tige présentait quelque chose d'anormal. « Dispose bien, dit-il, tes observations pour l'été prochain; car si la graine de cette chicorée produit une tige pareille, ce sera une espèce figurée suivant les procédés de la nature (*rem secundum naturam esse conjicies*); sinon, ce sera une simple variété, formée en dehors des procédés de la nature (*præter naturam*). » Voilà comment cet esprit observateur a pu s'élever à la conception d'un plan général de la nature et préparer la voie à une classification naturelle.

C. Gesner avait projeté une *Histoire générale des plantes* pour faire pendant à son *Histoire des animaux*. Il avait déjà réuni beaucoup de matériaux, parmi lesquels se trouvaient 1500 figures de plantes, la plupart admirablement bien dessinées par lui-même, lorsque la mort vint le surprendre. Il légua son trésor à son ami Gaspard Wolf, à la condition de le publier. Celui-ci, n'ayant pu s'entendre avec un éditeur, le céda à Joachim Camerarius, sous la même condition. Mais ce dernier se contenta d'en tirer ce qui pouvait lui convenir. Ce ne fut que près de cent cinquante ans après la mort de J. Camerarius, que les papiers de Gesner tombèrent entre les mains de Trew, qui s'adjoignit C. Schmiedel et le célèbre graveur sur cuivre Seligmann de Nuremberg, pour les mettre enfin au jour sous le titre de *Conradi Gesneri opera botanica*, 2 vol. in-fol.; Nuremberg, 1751-1771.

Comme descripteur, C. Gesner eut le mérite de faire le premier connaître un grand nombre de plantes alpestres, parmi lesquelles nous citerons : *eryngium alpinum*, *swertia perennis*, *rhododendron ferrugineum*, *dryas octopetala*, *gentiana punctata*, *g. purpurea*, *artemisia vallesiaca*, etc.

Son histoire naturelle du mont Pilate (*Descriptio montis fracti*; Zurich, 1555, in-4°), à laquelle se trouve joint l'opuscule *De raris et admirandis herbis*[1], est le premier essai d'une monographie d'une flore spéciale des Alpes. Quant à l'*Historia plantarum C. Gesneri* (Paris, 1541, in-18), c'est une œuvre de jeunesse, qui ne renferme rien de nouveau.

Le genre *gesneria*, type de la famille des gesnériacées, a été établi par Linné en l'honneur de C. Gesner, qui le premier avait proposé de donner les noms d'hommes célèbres à des plantes inconnues aux anciens. On en a depuis singulièrement abusé.

Benoît *Aretius* (né à Berne vers 1505, mort en 1578), professeur à l'université de Marbourg, où il enseignait la théologie selon les doctrines de Calvin, entretenait un commerce littéraire avec C. Gesner, et passait ses moments de loisir à herboriser dans les montagnes de la Suisse. Il publia le premier, sous forme de lettres à Peperinus, la flore du Niesen et du Stockhorn, deux montagnes de l'Oberland bernois (*Descriptio Stockhorni et Nessi, mon-*

1. Réimpr. dans Scheuchzer, *Hist. nat. Helvet.*

tium in Bernartium Helveticorum ditione, et nascentium in eis stirpium), imprimée dans Valerius Cordus et C. Gesner, *Hortus Germaniæ*, et *Annotationes in Dioscoridem* (Zurich, 1561, in-fol.). Aretius y fait connaître, avec leurs synonymes suisses, une quarantaine d'espèces qui n'avaient pas encore été décrites, et parmi lesquelles on remarque la violette jaune des Alpes (*viola biflora*), le *fluëblume* ou oreille d'ours (*primula auricula*), l'*edeldistel* ou chardon noble (*eryngium alpinum*), le *balmenstritten* ou saule réticulé (*salix reticulata*), le *bründlin* (*orchis odoratissima*). Conrad Gesner a donné, en mémoire de son ami, le nom d'*aretia* à une très-petite plante de la famille des primevères, qu'Aretius avait décrite le premier. Haller et Linné ont conservé ce nom, et l'ont donné au genre auquel appartient cette plante lilliputienne (*aretia helvetica*).

Parmi les herborisateurs alpestres de la même époque, nous citerons encore Calceolarius, Pona, Fabricius.

François *Calceolari* ou *Calceolarius*, élève de L. Ghini, était pharmacien à Vérone. En 1554, il fit, en compagnie d'Ulysse Aldrovande, un voyage au mont Baldo, situé au bord oriental du lac de Guarda, et très-fertile en plantes. Il répéta plusieurs fois ce voyage avec Anguillara, Jean et Gaspard Bauhin, et communiqua les résultats de ses observations à Jean-Baptiste Oliva, qui les publia d'abord en italien (Venise, 1556, in-4°; édit. rarissime), puis en latin sous le titre d'*Iter Baldi Montis* (Venise, 1571, 1584, in-4°). Cet opuscule a été reproduit par Seguier dans ses *Plantæ Veronenses*, et à la suite de l'*Epitome Mathioli* de Camerarius (Francf., 1586, in-4°). On y trouve pour la première fois décrits : *anemone baldensis*, *arnica scorpioides*, le *tordylium officinale* sous le nom de *seseli creticum*, etc. — En mémoire de Calceolari, le P. Feuillée a donné le nom de *calceolaria* à un genre de scrofularinées, originaires du Pérou.

Le même mont Baldo fut exploré par Jean Pona, de Vérone, confrère de Calceolari. Il communiqua les résultats de ses observations d'abord à de l'Ecluse, puis il les publia à part sous le titre de *Plantæ, sive simplicia quæ in monte Baldo reperiuntur* (Bâle, 1608, in-4°).

Jean *Fabricius*, curé de Coire, explora vers 1555 la flore du mont Galand dans le pays des Grisons, et fit le premier connaître la renoncule des glaciers, le doronic plantain, le *veratrum album*, etc.[1].

Joachim *Camerarius*, nom latinisé de *Kammer-meister*, né à Nuremberg en 1534, mort en 1598, fils de Joach. Camerarius, ami de Luther et de Mélanchthon, eut pour maîtres les meilleurs professeurs de l'Allemagne et de l'Italie, et pour condisciples ou amis les premiers savants de son époque. Reçu docteur en médecine à Bologne en 1562, il exerça sa profession dans sa ville natale et préconisa beaucoup l'usage des végétaux. Vainement plusieurs princes cherchèrent-ils à se l'attacher : il refusa les offres les plus brillantes, fidèle à cette belle devise « qu'il ne faut pas se mettre au service d'autrui, quand on peut être son propre maître ; *alterius non sit, qui suus esse potest.* » Il fonda une académie de médecine à Nuremberg, et créa un jardin de botanique, où il introduisit des plantes jusqu'alors inconnues. Il en publia le catalogue sous le titre de *Hortus medicus et philosophicus* (Francf., 1588, in-4°). Son *Epitome utilissima P. A. Mathioli*, etc. (Francf., 1586, in-4°), abrégé des commentaires de Mathiole sur Dioscoride, contient plus de mille gravures sur bois, tirées de la collection que C. Gesner avait laissée en mourant. On en trouve aussi dans son *Plantarum tam indigenarum quam exoticarum icones* (Anvers, 1597, in-4°). Camerarius était aidé dans ses travaux par son neveu, Joachim Jungermann, de Leipzig, qui mourut en 1591, à Corinthe, pendant un voyage en Orient. Parmi les gravures les mieux réussies, Sprengel (*Historia rei Herbariæ*, t. I, p. 431), signale : *Echium italicum*, *agave americana*, *ballota alba*, *cardamine*

1. Voy. Valerius Cordus, *Annotationes in Dioscorid.*

hirsuta, *sherardia arvensis*, *hibiscus syriacus*, etc. Plumier a dédié à la mémoire de ce savant un genre d'apocynées, sous le nom de *cameraria*.

Rambert *Dodoens*, plus connu sous le nom de *Dodonæus* ou *Dodonée*, qu'on pourrait surnommer le *Théophraste néerlandais*, naquit à Malines en 1518, et étudia la médecine à Louvain, où il obtint, en 1535, le grade de licencié. Esprit encyclopédique, il s'occupa en même temps de littérature ancienne, de mathématiques et d'astronomie. Mais la botanique demeura sa science favorite. Après avoir voyagé en Allemagne et en Italie, il devint, en 1572, médecin de l'empereur Maximilien, et conserva le même poste sous le successeur de ce prince, Rodolphe II. Une discussion violente qu'il eut avec son confrère, Craton de Kraftheim, le dégoûtèrent de la cour, et il retourna dans son pays natal pour veiller à l'administration de ses biens. En 582, il accep a une chaire de médecine à l'université de Leyde et consacra les deux dernières années de sa vie à l'enseignement. Il mourut à Leyde, à l'âge de soixante-huit ans.

Dodoens était intimement lié avec de l'Écluse et Lobel. Leur liaison tourna au profit de la science. Ces trois amis se communiquaient réciproquement leurs travaux. Dodoens mit dans ses ouvrages des gravures faites pour les ouvrages de Lobel et de l'Ecluse, et ceux-ci en firent autant pour les gravures de leur ami, en sorte qu'il est souvent difficile de distinguer ce qui appartient à chacun en propre. Le principal ouvrage de Dodoens a pour titre : *Stirpium historiæ Pemptades sex, sive libri triginta;* Anvers, 1583, in-fol., avec 1303 figures sur bois. Dans cet ouvrage se trouvent fondus tous les écrits antérieurs de l'auteur, parmi lesquels on remarque : *De frugum historia*, etc., Anvers, 1552, in-12 ; *Cruydeboeck*, etc., 1554, in-fol. (en caractères gothiques); *Historia frumentorum, leguminum*, etc.; ibid. 1565, in-12 ; *Florum et coronariarum odoratarumque nonnullarum herbarum*, etc., *historia;*

ibid., 1558, in-8°; *Purgantium aliorumque ea facientium*, etc., *historiæ libri IV*; ibid., 1574, in-12; *Historia vitis vinique et stirpium nonnullarum aliarum*; Cologne, 1580, in-12. Dodoens prépara une nouvelle édition de son grand ouvrage; mais elle ne parut qu'après la mort de l'auteur, avec les additions et les corrections qu'il avait laissées; Anvers 1618, in-fol.; la même réimprimée à Anvers, 1618, et 1644, in-fol. Cette édition, que nous avons sous les yeux, et qui passe pour la meilleure, est enrichie de quelques planches nouvelles, et de la description de plusieurs plantes étrangères, empruntées à Charles de l'Écluse. Bien que Dodoens fût vivement préoccupé de la nécessité d'une classification méthodique, — *stirpium historiam meditanti de ordine non exigua accessit sollicitudo*, dit-il dans la préface de la première Pemptade, — il n'eut pas de principes arrêtés, et se laissa, dans la distribution des plantes, presque exclusivement guider par leur utilité économique et médicale. C'est ainsi que les céréales se trouvent réunies aux légumineuses, et le sarrasin vient à la suite du froment. L'immense majorité des plantes contenues dans l'ouvrage du grand botaniste néerlandais appartient à la flore allemande, considérée comme type de la flore de l'Europe centrale. Parmi les espèces qui s'y voient pour la première fois décrites et dessinées, on remarque : le miroir de Vénus (*campanula speculum*), le *phelandrium aquaticum*, la couronne impériale (*fritillaria imperialis*), introduite dans le jardin de Maximilien II en 1576, la tulipe sauvage, la bruyère cendrée, la fleur de Chalcédoine (*lychnis chalcedonica*), le cerastium commun, sous le nom d'*alsine spuria*, la ficaire sous le nom de *chelidonium minus*, la jacinthe des bois (*hyacinthus non scriptus*), la brunelle, l'alchemille, le *vaccinium vitis idæa*, le genêt épineux (*ulex europæus*), la jacée (*centaurea nigra*), le seneçon visqueux, sous le nom d'*erigeron majus*, etc. — Linné a donné, en mémoire de Dodoens, le nom de *dodonæa* à un genre de sapindacées.

Théodoric *Dorsten* et Adam *Lonicer*, tous deux professeurs à l'université de Marbourg vers le milieu du seizième siècle, se firent connaître, le premier par son *Botanicon* (Francf., 1540, in-fol.), enrichi de gravures par Egenolph, et le second par son *Historia naturalis*, ouvrage paru en 1551, publié plus tard en allemand sous le titre de *Kræuterbuch* (Herbier), contenant plus de sept cents gravures. Plumier établit, en honneur de Dorsten, le genre *dorstenia*, voisin des mûriers, et Linné donna, en mémoire de Lonicer, le nom de *lonicera* à un genre de caprifoliacées.

Botanistes voyageurs.

Les hommes qui, dans l'intérêt de la science, ne craignaient pas de s'aventurer au loin, avaient alors beaucoup de mérite ; car à la fin du quinzième siècle et au seizième, les voyages lointains étaient encore périlleux et semés de beaucoup plus d'obstacles qu'aujourd'hui.

Au nombre de ces intrépides pionniers de la science nous devons mentionner, en première ligne, Cadamosto, Garcia da Orta (*ab Horto*), Acosta, Belon, Guilandini, Rauwolf, Prosper Alpin et Linschoten.

Encouragé par l'infant don Henri de Portugal, le Vénitien *Cadamosto* visita, près de quarante ans avant la découverte de l'Amérique, les îles de Canaries et de Madère, décrivit le premier le dragonier (*dracæna draco*), donna des renseignements exacts sur la canne à sucre et sur le lichen qui fournit l'orseille. En explorant la côte occidentale de l'Afrique jusqu'au Sénégal, il vit le fameux baobab (*adansonia baobab*), ce géant du règne végétal. On en trouve la description, ainsi que celle du dragonier, dans Ramusio, *la Prima navigazione per l'Oceano*, etc. (Vicence, 1507, in-4°).

Le Portugais *Garcia da Orta*, plus connu sous le nom latinisé de *Garcia ab Horto*, s'embarqua en 1534, pour les Indes orientales, avec le titre de médecin en chef du roi, et s'y lia d'amitié avec Camoens qui lui a consacré quelques beaux vers. Il résida longtemps à Bombay et à Goa, décrivit le premier le choléra asiatique, et publia le résultat de ses observations, en portugais, sous le titre de *Coloquios dos simples e droguas*, etc.; Goa, avril 1563, in-4°. La forme de dialogues, empruntée à Platon qui, dans les écoles, commençait à détrôner Aristote, était alors souvent employée par les savants. De l'Ecluse traduisit en latin ce livre rarissime, dont quelques exemplaires seulement étaient parvenus en Europe (*Clusius, Aromatum et simplicium apud Indos nascentium*, etc., autore Garcia ab Horto; Anvers 1567); mais il lui enleva sa forme primitive, qui en faisait le principal charme. Il fut traduit en italien par Ziletti (Venise, 1582, in-8°) et en français par Ant. Colin (Garcie du Jardin, *Histoire des drogues*, etc. Lyon, 1619, pet. in-8°). On y trouve pour la première fois décrits, entre autres, le palmier *areca* et l'arbrisseau qui produit la noix vomique (*strychnos nux vomica*), que l'auteur appelle *bois de couleuvre*.

Le médecin Christophe *Acosta*, natif de la Mozambique, colonie portugaise, se rendit, vers 1550, aux Indes orientales pour y chercher des drogues. Après y avoir fait un assez long séjour, il vint se fixer à Burgos, en Espagne, où il fit paraître, deux ans avant sa mort, en espagnol, les résultats de ses recherches sous le titre de *Tratado de las drogas y medicinas de las Indias orientales, con sus plantas*, etc.; 1578, in-4°. Cet ouvrage, où l'auteur a souvent copié Garcia ab Horto, fut traduit en italien par Guilandini (Venise, 1585, in-4°), en latin par de l'Écluse (dans ses *Exotica*; Anvers, 1585, in-8°, à la suite du livre de Garcia ab Horto) et en français par Antoine Colin, apothicaire à Lyon (*Traicté de Christophle de la Coste, medecin et chirurgien, Des drogues et médicaments qui naissent aux Indes*; Lyon, 1602, pet. in-8°). On y trouve pour la première fois décrits et figurés la *sensitive* (figure inexacte), et le moringa (*hyperanthera moringa*, L.), arbre de l'Asie tropicale, dont la racine et l'écorce ont l'odeur et la saveur du raifort, et dont la graine glandiforme connue des anciens sous les noms de βάλανος μυρεψική, *glans unguentaria, nux behen, balanus myristica*) donne une huile grasse, qui rancit difficilement et que les Orientaux emploient pour leurs pommades ou onguents.

Le Français Pierre *Belon*, natif du hameau de la Soultetière (Sarthe), suivit les cours de Valerius Cordus à l'université de Wittemberg, d'où Luther venait de lancer ses fameuses thèses, et fut, lors de son retour en France, arrêté et emprisonné, comme suspect d'hérésie, à Thionville, alors occupé par les Espagnols. Remis en liberté, il vint à Paris où il obtint le grade de docteur en médecine, et entreprit, peu de temps après, un grand voyage en Orient, pour voir de près les plantes et les médicaments dont il avait lu l'histoire dans les livres. Son protecteur, le cardinal de Tournon, lui en fournit les moyens. Belon partit de France en 1546, et y fut de retour en 1549. Dans cet intervalle, il visita successivement la Grèce, l'île de Crète, Constantinople, l'île de Lemnos, l'île de Thasos, le mont Athos, la Thrace, la Macédoine, l'Asie Mineure, les îles de Chio, de Mételin, de Samos et de Rhodes. Là il s'embarqua pour Alexandrie, vit le Caire, et parcourut la Basse-Egypte; de là il entra en Palestine, passant par l'isthme de Suez, et franchit le mont Sinaï. Il visita Jerusalem, le mont Liban, Alep, Damas, Antioche, Tarsus, et revint à Constantinople par l'Anatolie. A Rome il rencontra deux zoologistes célèbres, Rondelet et Salviani. Il y rencontra aussi son protecteur, le cardinal de Tournon, qui siégeait alors au conclave, convoqué depuis la mort du pape Paul III. L'intrépide voyageur fit plus qu'il n'avait promis : non-seulement il enrichit l'histoire naturelle d'un grand nombre d'observations entièrement neuves, mais il fit aussi connaître les ruines, les antiquités, l'état religieux et moral des pays qu'il avait parcourus. Il consigna les résultats de son expédition scientifique dans un ouvrage remarquable, intitulé : les *Observations de plusieurs singularitez et choses mémorables, trouvées en Grèce, Asie, Judée, Egypte, Arabie et aultres pays estranges, rédigées en trois livres*; Paris (G. Cavellat), 1553, in 4°, et Anvers (Plantin) 1555, petit in-8°, avec quelques bonnes gravures sur bois, intercalées dans le texte. L'Ecluse l'a traduit en latin (Anvers; 1589, in-12). On y trouve pour la première fois bien décrits et dessinés : le platane (*platanus orientalis*), l'apios (*euphorbia apios*), ombilic de Vénus (*cotyledon umbilicus*, L.), le séné d'Alexandrie (*cassia lanceolata*), l'acacia (*acacia vera*), etc.

On doit aussi à Belon une histoire assez exacte des conifères (pin, sapin, mélèze, cyprès, cèdre, etc.) qui forment les forêts d'essences résineuses; elle a pour titre : *De arboribus coniferis*, *resiniferis*, etc., Paris (G. Cavellat), 1553, in-4°, avec figures. Cet éminent naturaliste eut une fin malheureuse. Il fut assassiné par une main inconnue en traversant, un soir du mois d'avril 1564, le bois de Boulogne. Il avait à peine quarante-sept ans.

Melchior *Guilandinus*, nom latinisé de l'allemand *Wieland*, natif de Kœnigsberg, s'était de bonne heure passionné pour l'histoire naturelle. Dans le but d'achever ses études, il partit pour l'Italie, résida quelque temps à Venise et trouva un protecteur dans Marie Cabello, l'un des directeurs de l'Université à Padoue. Celui-ci lui procura les moyens de visiter, en 1559 et 1560, l'Egypte et la Syrie. Wieland en revenait chargé des productions les plus curieuses, lorsqu'il tomba entre les mains des pirates près de Cagliari. Emmené comme esclave dans les Etats barbaresques, il ne recouvra sa liberté que par une forte rançon, payée par le célèbre anatomiste Fallope, qui s'intéressait vivement aux progrès de la botanique. A son retour en Italie, il obtint, en 1561, la direction du jardin médicinal de Padoue, place à laquelle il joignit bientôt la chaire de botanique. Depuis lors Wieland italianisa son nom allemand en le changeant en celui de *Guilandini*, et mourut en 1589 à un âge fort avancé. Il fut un des plus violents adversaires de Mathiole, à juger par son livre intitulé *Theon* (Padoue, 1558, in-4°). Son ouvrage le plus intéressant est celui qui traite du papyrus, qu'il avait observé en Egypte (*Papyrus, hoc est commentarius in tria Plinii Majoris de papyro capita*; Venise, 1572, in-4°). La synonymie des anciens, comparée avec celle des modernes, était le principal objet de son *De stirpium aliquot nominibus vetustis ac novis*, etc.; (Bâle, 1557, in-4°), et de ses *Conjectanea synonymica plantarum cum horti Patavini catalogo*, etc., publiés par J. G. Schenetz, après la mort de l'auteur (Francfort, 1600, in-8°). Linné a établi le genre *guilandina*, pour rappeler le nom du célèbre botaniste voyageur.

Léonard *Rauwolf*, que ses savants contemporains nommaient *Dasylycus* (traduction grecque de *Rauwolf*, qui signifie *rude loup*), était fils d'un riche négociant d'Augsbourg. Après avoir fréquenté les principales universités de l'Allemagne, il étudia la médecine à Montpellier, et obtint, en 1562, le grade de docteur à l'Université de Valence. Passionné pour la botanique, il alla herboriser en Suisse et en Italie, et visita toutes les localités où l'on cultivait des plantes rares. Voulant voir au naturel les plantes dont parlent Théophraste, Dioscoride, Pline, Galien et les médecins arabes, il résolut de faire un voyage en Orient. Parti d'Augsbourg le 15 mai 1573, il passa par Lindau, Coire, Côme, notant les plantes qu'il rencontra en route, traversa la Lombardie et le Piémont, et vint, le 2 septembre suivant, s'embarquer à Marseille avec Ulrich Kraft, fils du bourgmestre d'Ulm, sur un navire italien, la *Santa-Croce*, appartenant à son beau-frère, riche marchand de drogues. Le 30 septembre, il débarque à Tripoli de Syrie, et fait connaître la flore des environs de cette ville de commerce, alors très-florissante. Il visite ensuite Damas et Alep, dont il décrit les productions naturelles. Aux environs d'Alep il recueillit plusieurs échantillons de plantes qu'il colla sur des feuillets de papier pour les faire, après son retour, graver sur bois. Dans cette ville il se prépara pour un long voyage qu'il devait pousser jusqu'aux frontières de la Perse, à travers le désert qui sépare la Syrie de l'Euphrate. Déguisé en marchand turc et muni d'un sauf-conduit du pacha d'Alep, il se mit en route, le 13 août 1574, avec une caravane, en compagnie d'un Hollandais qui avait longtemps résidé dans le pays et en connaissait la langue. Il atteignit ainsi Bir, s'embarqua sur l'Euphrate, s'arrêta à Raka, où il fut rançonné par la douane; toucha, en descendant le fleuve, à Ana, à Hadid, et visita, à la hauteur d'Elugo, l'emplacement de Babylone, où il signale les débris d'une antique tour, qu'il prend pour celle dont parle la Genèse, et que d'innombrables lézards et serpents l'empêchaient d'explorer. Il traversa ensuite la Mésopotamie, et vint à Bagdad sur le Tigre. Il compare la cité des khalifes à la situation de Bâle aux bords du Rhin, et en donne une description détaillée, en y joignant la flore du pays. Le 10 février il effectua son retour par l'ancienne Médie et le pays des Kourdes, s'arrêta quelque temps à Mossoul, « qui s'appelait, dit-il, jadis Ninive, » et revint par Orpha, Bir, Nizib, à Alep, après avoir traversé la Palmyrène, le royaume d'Odonat. Dans cette longue traversée, la qualité de médecin lui avait été très-utile, ainsi qu'à tous ses compagnons de voyage. Il employa plusieurs mois à explorer la Phénicie et la Palestine; il vit Tyr, Sidon, Jaffa (Joppé), le mont Carmel, les cèdres du mont Liban (il en compta encore vingt-quatre), Jérusalem et les principaux lieux illustrés par les récits de la Bible. Enfin le savant et intrépide voyageur se rembarqua à Tripoli pour Venise, et fut de retour à Augsbourg le 12 février 1576, après une absence de près de trois ans. Nommé médecin en chef de l'hôpital de sa ville natale, il perdit cette place pour n'avoir pas voulu abjurer le protestantisme qu'il avait sincèrement embrassé. Quittant alors Augsbourg, il se retira à Linz, et servit comme médecin militaire dans les campagnes de Hongrie, où il mourut de la dyssenterie, pendant le siége de la forteresse de Hatvan, en septembre 1596. Pour perpétuer la mémoire de Rauwolf, Plumier a donné le nom de *rauwolfia* à un genre de plantes, adopté par Linné.

Le voyage de Rauwolf a paru sous le titre de *Aigentliche Beschreibung der Raiss, so er vor diser zeit gegen Auffgang inn die Morgenlænder, fürnemlich Syriam, Iudæam, Arabiam*, etc., *nicht ohne geringe Mühe und grosse Gefahr selbst volbracht*, etc. (Relation exacte du voyage de Rauwolf dans les contrées de l'Orient, la Syrie, la Judée, l'Arabie, etc., voyage achevé non sans de grands périls, etc.). Cet intéressant ouvrage, que j'ai sous les yeux, est écrit en dialecte souabe, et divisé en trois parties, petit in-4°, qui furent imprimées en 1582, à Lauingen par Léonard Reinmichel. Il y a été joint une quatrième partie, imprimée en 1532, qui ne se trouve pas dans les différentes réimpressions et traductions qui ont été faites du livre de Rauwolf[1]. Cette quatrième partie contient quarante-deux gravures d'espèces végétales, extraites de l'herbier que l'auteur avait rapporté de son voyage. Cet herbier (composé de cinq gros volumes in-folio), sur les feuilles duquel étaient collés les échantillons, fut pris et transporté à Stockholm, pendant la guerre de Trente ans. La reine Christine, de Suède, en fit cadeau à Isaac Vossius, qui l'emporta avec lui d'abord à La Haye, puis à Londres. Enfin, après la mort de Vossius, il fut rapporté en Hollande et déposé à la Bibliothèque de Leyde, où il doit se trouver encore. F. Gronovius

1. Voy. l'article *Rauwolf*, dans la *Biographie générale*.

l'utilisa pour sa *Flora Orientalis*, où il donne (au tome IV) la liste de 338 espèces provenant de l'herbier de Rauwolf. Au nombre de ces espèces se trouvent *anabasys aphylla*, *scorzonera tuberosa*, *erigeron tuberosum*, *leontice chrysogonum*, *hibiscus trionum*, *astragalus coluteoïdes*, *gnaphalium sanguineum*, *statice sinuata*, *artemisia judaica*, etc.

Prosper *Alpin*, natif de Marostica près de Vicenze, suivit d'abord la carrière militaire; mais il la quitta bientôt pour étudier la médecine à Padoue, où il devint docteur en 1578. Entraîné par un goût irrésistible pour la botanique, surtout pour la connaissance des plantes médicinales, il résolut, à l'exemple de Galien, de voyager à la recherche du végétal qui produit le baume, et il accepta avec empressement la place de médecin de George Emo, qui venait d'être nommé consul de la République de Venise au Caire. Parti de Venise le 12 septembre 1580, il n'arriva en Egypte qu'au commencement du mois de juillet de l'année suivante, après une longue et périlleuse navigation. Il habita pendant trois ans le Caire, visita la vallée du Nil, Alexandrie, parcourut les îles de la Grèce, surtout Candie, interrogeant la nature plus encore que les hommes pour s'instruire; car, dans plus d'un endroit de ses ouvrages, esquissés en Egypte, il se plaint de ce qu'il avait rarement rencontré des gens capables de le renseigner. Après un séjour d'environ six ans en Orient, il revint, en 1586 dans sa patrie et résida quelque temps à Gênes, où il fut attaché comme médecin au célèbre amiral André Doria. Le sénat de Venise lui confia, en 1593, la chaire de botanique et la direction du jardin de l'Université de Padoue. Accablé d'infirmités, dont il avait contracté les germes dans ses voyages, devenu presque sourd à la fin de sa vie, il mourut, en 1607, à Padoue, dans sa soixante-quatrième année. En honneur d'Alpinus, Linné a donné le nom d'*alpinia* à un genre de zingibéracées.

Le premier ouvrage, publié par Alpinus après son retour de l'Egypte, a pour titre : *De Balsamo Dialogus*, *in quo verissima Balsami plantæ, Opobalsami, Carpobalsami et Xylobalsami cognitio, plerisque antiquorum atque juniorum medicorum occulta, nunc elucescit;* Venise, 1590, in-4°; réimprimé à Padoue, 1639, à la suite de l'édition donnée par Vesling d'un autre ouvrage d'Alpin (*De plantis Ægypti*). Les noms de *balsamum, opobalsamum*, etc., s'appliquaient alors à tous les sucs végétaux gommo-résineux, dont on faisait un grand usage en médecine. Le baume dont il est ici question, provenait, selon Sprengel, d'une espèce d'*amyris* (figurée à la p. 48 de l'édit. de Padoue, 1639), que Bartholin dit avoir vue dans le jardin d'Alpinus à Padoue.

Le second ouvrage, beaucoup plus important que le premier, est intitulé : *De plantis Ægypti Liber, in quo non pauci, qui circa herbarum materiam irrepserunt, errores deprehenduntur*, etc.; Venise, 1592, in-4°; *cum observationibus et notis* Joan. Veslingii : *accessit Liber de Balsamo;* 1640, in-4°. C'est cette édition qui sert à mon analyse. On y trouve la description d'environ cinquante plantes d'Égypte, avec leurs gravures intercalées dans le texte ; parmi ces plantes, une vingtaine n'avaient pas encore été décrites, ou l'avaient été incomplétement. Nous citerons, entre autres : le nabec ou *zizyphus spina Christi*, l'uzeg ou *lycium europæum*, depuis lors très-répandu en Europe, l'acacia du Sénégal, le melochia ou *corchorus olitorius*, l'origan d'Égypte, la casse *absus*, le cotonnier arborescent, l'*abrus præcatorius*, la coronille Sesban, etc. Cet ouvrage fut refondu et réuni à un travail d'Alpinus sur l'Histoire naturelle de l'Égypte, qui resta longtemps en manuscrit, et ne parut qu'en 1735, sous le titre : *Historiæ naturalis Ægypti Libri quatuor, opus posthumum*, etc., Leyde, 2 vol. in-4°, avec de nombreuses gravures et les commentaires de Vesling, qui avait visité le Caire, et succédé à P. Alpin dans la chaire de botanique, à Padoue. On y trouve une description détaillée du *laserpitium* et du *lotus* du Nil. A cette histoire naturelle de l'Égypte, dont les matériaux avaient été recueillis par l'auteur pendant son séjour en Orient, il faut ajouter *De medicina Ægyptiorum libri IV*, traité auquel se trouve joint, dans l'édition de 1645, (Paris, in-4°), l'opuscule de Bontius, *De Medicina Indorum*. Le chap. III du livre IV contient la première description qui ait été faite du café sous le nom de *chaoua*, ainsi que du caféier qu'Alpin avait vu dans le verger d'un bey turc, au Caire.

Prosper Alpin avait aussi laissé les matériaux d'un ouvrage d'ensemble sur les plantes exotiques. Ils furent réunis par son fils *Alpino Alpini* (mort en 1637, professeur de botanique à Padoue), et publiés sous le titre : *De plantis exoticis libri duo*; Venise, 1627, réédités en 1656, in-4°, avec planches gravées sur cuivre. On y trouve la description d'un assez grand nombre d'espèces nouvelles (*teucrium creticum, cistus creticus, pyrus cretica, saponaria cretica, campanula Alpini, alyssum creticum, catananche lutea, achillea cretica*, etc.), que l'auteur cultivait dans le jardin de Padoue, et qui lui avaient été envoyées par Capello, gouverneur vénitien de l'île de Crète, et par Palmerius d'Ancône, résidant au Caire.

Jean-Hugues *Linschooten* (né à Harlem en 1563, mort en 1611) s'embarqua, en 1579, au Texel, s'attacha, à Lisbonne, au service de Vicente Fonseca, archevêque de Goa, et suivit ce prélat aux Indes Orientales. Il y recueillit des documents curieux sur les îles et les côtes de l'océan Indien, comprises entre la Chine et le cap de Bonne-Espérance. Après la mort de Fonseca, en 1589, Linschooten revint en Hollande, et y publia la relation de son voyage en hollandais (La Haye, 1591, in-fol.). Cette relation parut en latin sous le titre de *Navigatio ac Itinerarium Joh. Hug. Linscotani in Orientalem sive Lusitanorum Indiam*, etc. (La Haye, 1599, in-fol.). On y trouve (p. 58-83) des détails intéressants sur les principales productions naturelles de l'Inde, de l'île de Ceylan et des îles de la Sonde. Nous signalerons particulièrement la description de l'*ca-*

genia jambos, (dont le fruit, semblable à une petite pomme, imprègne la bouche d'une odeur de rose), du palmier arec, du manglier (*rhizophorus mangle*), et de la tubéreuse (*polyanthes tuberosa*), dont la première mention a été faite, en 1594, par Paludanus (dans l'édit. de Linschooten de 1599).

Botanistes du dix-septième siècle.

Deux frères, Jean et Gaspard Bauhin occupent, par leurs travaux, le premier rang parmi les botanistes de la fin du seizième siècle et du commencement du dix-septième. Leur père, natif d'Amiens, persécuté en France pour avoir embrassé le protestantisme, était venu se fixer à Bâle, où il fut agrégé au collége des médecins.

Jean *Bauhin* (né à Bâle en 1541, mort en 1616) étudia la botanique, sous L. Fuchs, à Tubingue, et se lia, à Zurich, d'amitié avec Conrad Gesner, qu'il accompagna dans ses excursions scientifiques en Suisse. Après avoir ainsi visité une partie des Alpes, notamment le pays des Grisons, il se mit, pour enrichir ses herbiers, à parcourir l'Alsace, la Forêt Noire, la Haute-Bourgogne et la Lombardie; il séjourna quelque temps à Padoue, et suivit à Bologne les cours d'Aldrovande. Il passa ensuite en France, entendit à Montpellier le célèbre Rondelet, explora le Languedoc, particulièrement les environs de Narbonne et le Dauphiné, si riches en plantes intéressantes. A Lyon il fit connaissance avec Dalechamps; mais, pour se soustraire à des persécutions auxquelles il était en butte comme protestant, il se hâta de quitter la France. Après avoir résidé quelque temps à Genève, il revint exercer la médecine dans sa ville natale. En 1570, le duc Ulric, de

Wirtemberg-Montbéliard, l'appela auprès de lui et se l'attacha comme premier médecin. Ces fonctions, que Jean Bauhin remplit pendant quarante-trois ans, lui permirent de poursuivre fructueusement son étude favorite : le duc Ulric aimait la botanique et faisait cultiver, dans son jardin de Montbéliard, un grand nombre de plantes nouvellement introduites en Europe.

Ainsi favorisé par les circonstances, Jean Bauhin put réunir les matériaux de deux ouvrages considérables, qui ne parurent, avec des additions nombreuses, qu'après sa mort. L'un a pour titre : *Historiæ plantarum generalis novæ et absolutæ Prodromus;* Yverdun, 1619, in-4°; il fut publié par les soins de J. H. Cherler, médecin de Bâle, qui avait épousé la fille unique de Jean Bauhin. L'autre ouvrage, beaucoup plus important, est intitulé : *Historia universalis plantarum nova et absolutissima cum consensu et dissensu circa eas;* Yverdun, 1660-1661, 3 vol. in-fol., publiés par Fr. L. de Grafenried, patrice de Berne, et Chabrée, médecin d'Yverdun, qui y ont ajouté leurs propres observations. Cet ouvrage, vaste compilation des travaux de Dalechamps, Fuchs, Dodonée, Lobel, de l'Ecluse, etc., contient à peu près tout ce qui avait été écrit sur les plantes depuis l'antiquité jusqu'au dix-septième siècle. Il est divisé en quarante livres qui représentent en quelque sorte les classes, comme les chapitres représentent les familles du règne végétal. On y trouve la description d'environ cinq mille plantes, avec trois mille cinq cent soixante-dix-sept figures, dont la plupart sont empruntées à Fuchs. Les frais de publication, qui s'élevaient à quatre-vingt-dix mille francs environ de notre monnaie, furent avancés par de Grafenried. Les deux premiers volumes sont dédiés aux avoyers de Berne, et le troisième l'a été à Henri, duc d'Orléans-Longueville, prince de Neuchâtel. Chabrée en publia un abrégé sous le titre de *Sciagraphia* (Genève, 1666, 1676 et 1677, in-fol.). Toutes les figures de l'*Historia universalis plantarum* s'y trouvent reproduites; c'est l'énumération à peu près complète des plantes jusqu'alors connues. Au nombre des espèces pour la première fois indiquées, on remarque : la nummulaire rouge (*anagallis tenella*), la herniaire velue (*herniaria hirsuta*), le jonc aigu, l'*arenaria trinervia*, le *sedum saxatile*, le *ranunculus glacialis*, le *trifolium tomentosum*, la jacobée aquatique (*achillea nana*), *epipactis ovata*, *salix reticulata*, *pteris crispa*, etc.

Jean Bauhin avait publié, de son vivant, sa correspondance avec C. Gesner (*Epistolæ ad Gesnerum*; Bâle, 1594, in-8°), fort intéressante pour l'histoire de la botanique, et un petit traité sur les eaux minérales de Boll (*Historia novi et admirabilis fontis balneique Bollensis, in ducatu Wirtembergico*, etc.; Montbéliard, 1598, in-4°). On y trouve une courte description des plantes qui croissent dans les environs, particulièrement de l'aune blanche (*alnus incana*) et du *peplis portula*, nommé par l'auteur *alsine minima*.

Son frère puîné, Gaspard *Bauhin* (né à Bâle en 1560, mort en 1624), se livra avec le même zèle à l'étude de la médecine et de la botanique. Après avoir visité l'Italie, la France et l'Allemagne, ce qui le mit en relation avec les principaux savants d'alors, il devint, en 1596, médecin du duc Frédéric de Wirtemberg, et occupa depuis 1614 jusqu'à sa mort la chaire de médecine et de botanique à Bâle. Le premier, il essaya de porter l'ordre dans le chaos de la synonymie et de la nomenclature, alors usitées en botanique. Il désigna les plantes par quelques phrases courtes, significatives, et créa la plupart des noms génériques qui furent plus tard universellement adoptés. C'est ainsi qu'en anatomie il avait désigné les muscles d'après leur forme, leurs attaches et leurs usages. Gaspard Bauhin ne fut donc pas, comme on voit, un simple compilateur : le mode caractéristique de son laconisme descriptif, suivi par Tournefort, Linné et L. de Jussieu, l'a posé comme un esprit vraiment original et organisateur. Son Φυτόπιναξ, *seu Enumeratio plantarum ab herboriis nostro sæculo descriptarum cum eorum differentiis* (Bâle, 1596, in-4°), ouvrage remarquable, orné, sur le verso du titre, du portrait de l'auteur à l'âge de vingt-neuf ans, contient la description succincte de deux mille sept cents espèces, avec leurs variétés; il commence par les graminées et finit par les papilionacées. On y trouve, entre autres, la première mention exacte, détaillée, de la pomme de terre, que l'auteur rangea, avec une sagacité rare, dans la famille des solanées, en lui donnant le nom de *solanum tuberosum*, qu'elle a conservé. Il nous apprend en même temps que la pomme de terre était alors cultivée comme une curiosité dans les jardins d'un petit nombre d'amateurs qu'il désigne nominativement[1]. Le *Phytopinax* ne devait être que la première partie d'un grand travail, dont la suite n'a point paru.

L'ouvrage, auquel Gaspard Bauhin dut sa plus grande réputation, a pour titre : Πίναξ *theatri botanici, sive Index Theophrasti, Dioscoridis, Plinii et botanorum qui a sæculo scripserunt opera, plantarum circiter sex millium ab ipsis exhibitarum nomina*, etc., Bâle, 1594, in-4° (souvent réimprimé). Cet ouvrage classique, fruit de quarante années de travaux, a été, jusqu'à Tournefort et Linné, pour ainsi dire l'évangile des botanistes : on y trouve des indices irrécusables de la classification naturelle, inaugurée un siècle et demi plus tard. Mentionnons encore de lui une flore des environs de Bâle (*Catalogus plantarum circa Basileam nascentium*, etc., Bâle, 1622, in-8°), qui a servi en quelque sorte de modèle aux nombreux travaux de ce genre; une édition estimée des ouvrages de Mathiole; une critique, un peu acerbe, de l'ouvrage de Dalechamps

1. A la suite du Φυτόπιναξ (Bâle, 1596) que je possède, se trouvent: le traité de Pona et de Bello sur la flore du mont Baldo et de Vérone; le commentaire de Maronea sur l'*amomum* de Dioscoride; diverses thèses médicinales, théologiques et philosophiques (*De monstris*, *De anima*, *De angelis*, *De anima rationali*, *De mente humana*, etc.).

(*Animadversiones in Historiam generalem plantarum Lugduni editam*, etc.; Francfort, 1602, in-4°); Πρόδρομος *theatri botanici, in quo plantæ supra sexcentæ, ab ipso primum descriptæ, cum plurimis figuris proponuntur;* Francfort, 1620, in-4°; le nombre des plantes nouvelles, décrites ici pour la première fois, se réduit, selon Sprengel, à environ deux cent cinquante. Quant au *Theatrum botanicum, sive Historia plantarum ex veterum et recentiorum placitis*, etc. Bâle, 1658, in-fol.), ouvrage conçu sur un vaste plan, il ne parut que trente ans après la mort de l'auteur, par les soins de son fils Jean-Gaspard.

Parmi les plantes pour la première fois décrites par Gaspard Bauhin, on remarque : le lilas de Perse (*syringa persica*), la véronique scutellée, la phléole (*phleum pratense*), la canche (*aira caryophyllæa*), la queue de renard (*alopecurus agrestis*), la houque (*holcus lanatus*), la cretelle (*cynosurus cristatus*), plusieurs espèces de paturins (*poa compressa, p. bulbosa*), *triticum pinnatum, ribes alpinum, astrantia minor, monotropa hypopitys, stachys arvensis, aster alpinus, salix herbacea*, etc. — Plumier a donné, en honneur de Gaspard Bauhin, le nom de *bauhinia*, à un genre de plantes exotiques, de la famille des légumineuses.

ANGLETERRE. — En Angleterre, la culture de la botanique, longtemps négligée, prit tout à coup un essor rapide sous la direction de Parkinson, de Morison et surtout de Ray.

John *Parkinson* (né à Londres en 1567, mort vers 1645), apothicaire de Jacques Ier et de Charles Ier, exerça pendant de longues années la pharmacie à Londres. Pour satisfaire son goût pour la botanique, il entretenait un jardin rempli à la fois de fleurs rares et de plantes utiles; il en donna la description dans un livre intitulé : *Paradisi in sole Paradisus terrestris, or a choice garden of all sorts of rarest flowers* (Londres, 1629, in-fol., avec cent neuf figures sur bois). En adoptant le singulier titre de *Paradisus in sole*, l'auteur a joué sur son nom de *Park in sun* (parc dans le soleil). Ce livre a de l'intérêt en ce qu'il permet d'apprécier l'état de l'horticulture d'alors, en montrant qu'on cultivait plus de cent vingt variétés de tulipes, soixante d'anémones, cinquante d'hyacinthes, plus de quatre-vingt-dix de narcisses, soixante-dix d'œillets, plus de soixante variétés de prunes, autant de poires et de pommes, trente de cerises et vingt de pêches. En 1640, Parkinson publia une sorte d'herbier, sous le titre de *Theatrum botanicum* (Londres, 1640, in-fol., avec de nombreuses gravures). Plus complet que l'édition de l'*Herbal* de Sherard, publié en 1633 par Thomas Johnson (auteur de l'*Iter Cantianum*, 1632, in-8°, et du *Mercurius botanicus*, 1634), le *Theatrum botanicum* contient une classification en dix-sept tribus, fondées sur les vertus connues ou présumées des plantes (plantes odorantes, cathartiques, purgatives, vénéneuses, vulnéraires, etc.) — Plumier a donné, en honneur de Parkinson, le nom de *parkinsonia* à un genre de légumineuses.

Robert *Morison* (né en 1620 à Aberdeen, mort en 1683 à Londres), ruiné et proscrit après la mort de Charles Ier, vint chercher un asile en France. Il étudia la médecine à Angers, où il fut reçu docteur en 1648, et obtint, dix ans après, la direction du jardin que Gaston, duc d'Orléans, possédait dans ses domaines de Blois. Après l'avénement de Charles II, il retourna en Angleterre, et fut, en 1669, chargé de faire à Oxford un cours de botanique en qualité de garde du jardin médicinal. Son principal ouvrage a pour titre : *Plantarum Historia universalis Oxoniensis* (Oxford, 1680, in-fol.); cette histoire, terminée par Dodart en 1699, est accompagnée de cent vingt-quatre planches, comprenant environ douze cents figures, dont la plupart sont originales. La méthode suivie par l'auteur est celle de Césalpin : elle est fondée plutôt sur l'organisation de la fleur et du fruit que sur les propriétés des plantes.

On doit encore à Morison la première monographie des ombellifères (*Plantarum embelliferarum distributio nova*: Oxfort, 1672, in-fol.), et une édition du Jardin royal de Blois, ouvrage d'Abel Brunyer (*Hortus regius Blesiensis, cum notulis*, etc. (Lond. 1669, in-8°). Morison y a joint, entre autres, un tableau des erreurs de Bauhin, que Haller, dans sa *Bibliotheca Botanica*, qualifie d'*invidiosum opus*.

John *Ray*, connu aussi sous le nom latinisé de *Raius* (né en 1628, à Black-Notley, dans l'Essex, mort en 1704), fit ses études au collége de la Trinité à Cambridge, où il occupa successivement, de 1651 à 1655, les chaires de grec et de mathématiques. Mais la botanique étant devenue bientôt son occupation favorite, il alla souvent herboriser aux environs de Cambridge, et consigna ses premières observations dans son *Catalogus plantarum circa Cantabrigiam nascentium*, in-12, petit manuel de la flore des environs de Cambridge, qui contient quelques détails intéressants sur la structure des fleurs. Pour bien s'initier à la connaissance des plantes de sa patrie, Ray fit, du 9 août au 18 septembre 1658, une excursion dans le pays de Galles; en 1661 (du 26 juillet au 30 août) il alla, en compagnie de quelques amis, herboriser en Écosse; et l'année suivante il fit un troisième voyage, plus long que les deux premiers: il visita d'abord le Cheshire, traversa les comtés du centre de l'Angleterre, explora le nord du pays de Galles, le Somerset et le Devonshire. Cette herborisation dura près de deux mois et demi (du 8 mai au 18 juillet). Les espèces qu'il avait recueillies devaient entrer dans le catalogue général des plantes d'Angleterre, dont il s'occupait alors et qui parut en 1670, à Londres (*Catalogus plantarum Angliæ et insularum adjacentium*, etc.). Les cryptogames y occupent pour la première fois une certaine place. Le 18 avril 1663,

Ray partit pour le continent, et y séjourna jusqu'en 1666. Dans cet intervalle il parcourut, en herborisant, la Hollande, la France, l'Allemagne, la Suisse et l'Italie, et poussa ses explorations jusqu'en Sicile et à Malte. Dans l'été de 1667, il fit, avec son ami Willughby, sa quatrième excursion dans l'intérieur de l'Angleterre, devint, peu de temps après, membre de la Société Royale de Londres, et fit, en l'automne de la même année, son cinquième voyage, dans le Yorkshire et le Westmoreland. Au printemps de 1669, Ray et Willughby entreprirent, sur les traces de Tonge et de Beal, une suite d'expériences sur le mouvement de la sève dans les arbres. Ils choisirent, comme les plus propres à cet effet, le bouleau et l'érable, et constatèrent deux courants, l'un ascendant, l'autre descendant, sans établir cependant aucune doctrine sur la circulation réelle du liquide nourricier [1]. En 1671, quoique souffrant d'une maladie de foie, il fit, en compagnie de Thomas Willisel, un sixième voyage d'herborisation : après avoir exploré le Derbyshire, l'Yorkshire, tous les comtés du nord jusqu'à Berwick, il revint par l'évêché de Durham. Dans la même année, il perdit son généreux ami Willughby, qui l'avait aidé dans presque tous ses travaux. Cette perte lui fut très-sensible. En 1673, il se maria, à l'âge de quarante-quatre ans, et publia, peu de temps après, le résumé de ses voyages dans une partie des Pays-Bas, de l'Allemagne, de la France et de l'Italie, sous le titre d'*Observations topographical*, etc., Londres, 1673, in-8°. L'auteur décrit non-seulement les productions naturelles de ces différents pays, mais les antiquités et curiosités historiques qu'il y rencontra. Un séjour de six mois en Suisse lui avait donné une connaissance spéciale des plantes du Mont Salève, près de Genève, et du Jura. Après son mariage, Ray vint résider à Middleton-Hall, où il remplissait les dernières volontés de Willughby, d'être

1. *Voy.* t. IV, année 1670, des *Philosoph. Transactions.*

le tuteur de ses fils et l'éditeur des Oiseaux et Poissons dont celui-ci en mourant lui avait laissé les manuscrits.

Retiré depuis 1679 à Falkborne-Hall, près de son lieu natal, Ray s'occupa d'écrire son grand ouvrage sur l'Histoire générale des plantes. Il y préluda, en 1682, par son *Methodus plantarum*, augmenté des tableaux synoptiques qu'il avait publiés, en 1668, dans le *Real character* de Wilkins[1]. Les plantes y sont classées d'après leurs fruits et leur aspect général : les arbres et arbrisseaux sont divisés en neuf classes, les arbustes ou sous-arbrisseaux en six, et les herbes en quarante-sept. Plus tard l'auteur modifia, dans sa *Dissertatio de variis plantarum methodis*, Lond. 1696, sa classification fondée sur le fruit et en reconnut franchement les imperfections ; mais il pense qu'on peut faire les mêmes objections contre les classifications fondées sur la fleur. Les deux premiers volumes du grand ouvrage de Ray, que Haller et Linné appelaient *opus immensi laboris*, parurent à Londres, le premier en 1686, et le deuxième en 1688, sous le titre de *Historia plantarum generalis, species hactenus editas aliasque insuper multas noviter inventas et descriptas complectens*, etc., in-fol. L'auteur le dédia à Hotton, et l'enrichit non-seulement de ses propres observations, mais de celles de Bauhin, de Morison, de Breynius, de Mentzel, pour les plantes indigènes, ainsi que de celles de Hernandez, de Pison, de Margraff, de Bontius, etc., pour les plantes exotiques. Le troisième volume de l'*Historia plantarum*, auquel avaient directement contribué Sloane, Petiver, Sherard, parut en 1704. On y trouve l'indication de plus de onze mille sept cents plantes. L'appendice contient plusieurs catalogues de plantes, fort intéressantes au point

1. Dans la nouvelle édition de 1703 du *Methodus plantarum*, l'auteur rejette l'ancienne dénomination de *plantes moins parfaites*, appliquée aux mousses et aux champignons. Ses caractères génériques, empruntés à la forme de la feuille, à la couleur, à l'odorat, etc., de la fleur, laissent beaucoup à désirer.

de vue historique. Ce volume est le dernier que Ray fit paraître de son vivant. Les infirmités (ulcères variqueux aux jambes) dont il était atteint ne l'empêchèrent pas de travailler jusqu'à trois mois avant sa mort, arrivée à l'âge de soixante-seize ans. Son corps fut inhumé dans la petite église de Black-Notley, où ses amis lui élevèrent un monument, décoré d'une inscription latine, finissant par ces mots :

Sic bene latuit, bene vixit vir beatus
Quem præsens ætas colit, postera mirabitur.

Ray eut de vives discussions avec Rivin et Tournefort, au sujet de l'importance de la fleur et du fruit dans les méthodes de classification. Il défendit contre ses adversaires l'ancienne division du règne végétal en *arbres* et en *herbes*, parfaitement fondée, selon lui, sur ce que les arbres ont des bourgeons, tandis que les herbes en sont dépourvues. Quant aux espèces végétales que Ray a le premier caractérisées, nous citerons plusieurs graminées, telles que *aira præcox*, *festuca duriuscula*, *f. uniglumis*, *avena pubescens*, *a. pratensis*, *galium anglicum*, *sedum anglicum*, *trifolium filiforme*, *orchis pyramidalis*, *ranunculus parviflorus*, *sagina erecta*, *equisetum palustre*, *splachnum ovatum*, *conferva gelatinosa*, etc.

Faisons maintenant connaissance avec les botanistes contemporains de Ray, que l'on pourrait surnommer à juste titre le *Pline anglais*. — William *How* (né à Londres en 1619, mort en 1656) publia le premier une flore des plantes indigènes d'Angleterre sous le titre de *Phytologia Britannica, locos natales exhibens indigenarum stirpium sponte emergentium*; Lond., 1650, in-12. C'est un catalogue de 2220 plantes, y compris les mousses et les champignons. Le mot de *flora*, appliqué à ce genre de recueil, se trouve dans la préface. Il n'a été pour la première fois employé dans ce sens sur le titre d'un ouvrage que par Simon *Paulli* (né à Rostock en 1603, mort à Copenhague en 1680) pour sa *Flora Danica*; Copenhague, 1648, in-4°.

Cowley, dans un poëme sur les plantes (publié en 1662), montre les charmes de la déesse Flore dans le narcisse, l'anémone, la violette, la tulipe, etc.

Jean *Tradescant*, originaire de Hollande, jardinier du roi Charles Ier, donna, dans son *Museum Tradescantianum* (Lond., 1656, in-12), la liste des plantes par lui cultivées. Son fils (mort en 1662), qui hérita d'une précieuse collection de curiosités naturelles, plus tard réunie au musée Ashmoléen, fit un voyage en Virginie, d'où il introduisit en Angleterre plusieurs plantes d'Amérique; telle est, entre autres, l'éphémère, à trois pétales d'un beau bleu, qui reçut de Linné le nom de *tradescantia virginiaca*.

La *Panbotanologie sive Enchiridion botanicum* (Oxf., 1659) de Lovel, le *Compleat Herbal* de Pechey, *The English Herbal* de Salmon, sont de simples listes nomenclaturales, qui ont été utilisées par Ray pour la composition de son grand ouvrage. Cette remarque s'applique aussi aux travaux de l'apothicaire *Doody* (mort à Londres en 1706), d'Edouard Lhwyd (mort en 1709), de Thomas Lawson, du docteur Robinson, qui tous entretenaient une correspondance active avec le Pline anglais.

Parmi les contemporains de F. Ray, Plukenet et Petiver méritent une mention plus détaillée.

Léonard *Plukenet* (né en 1642, mort en 1710), dont l'origine et la vie sont peu connues, obtint de la reine Anne la surintendance du jardin d'Hamptoncourt et le titre de professeur royal de botanique, grâce aux ouvrages qui lui avaient fait une juste renommée, et qui sont intitulés : *Phytographia* (Lond., 1691-1696, 4 part. in-4°); *Almagestum botanicum* (*ibid.*, 1696, in-4°); *Almagesti botanici Mantissa* (*ibid.*, 1700, in-4°); et *Amaltheum botanicum* (*ibid.*, 1705, in-4°). Après la mort de l'auteur, aussi modeste que savant, ces quatre ouvrages ont été réunis en 1720 et 1769, et augmentés, en 1779, d'un *Index* par Giseke. Ils contiennent plus de 2740 petites figures de plantes, dessinées par différents artistes et rangées par ordre alphabétique.

Parmi les plantes nouvelles ou qu'il a le premier fait bien connaître, nous citerons : *veronica tenella*, *utricularia minor*, *cyperus arenarius*, *periploca esculenta*, *monotropa uniflora*, *silene virginiaca*, *nepeta virginiaca*, *tussilago japonica*, *arnica crocea*, etc. Plumier a donné, en honneur de Plukenet, le nom de *plukenetia* à un genre de la famille des euphorbiacées.

James *Petiver* (mort à Londres en 1718), pharmacien, fut un des collaborateurs les plus actifs de J. Ray. Sa collection de curiosités naturelles (*Museum Petiverianum*), contenant des fossiles et des plantes rares, fait aujourd'hui partie du *British Museum*. Dans son *Gazophylacium naturæ et artis* (Lond., 1702-1711), il a donné la description de plusieurs plantes nouvelles, et sa *Pterigraphia americana, continens icones plus quam cccc filicum variarum specierum* (Lond., 1712, in-fol.), est précieuse pour l'histoire des fougères. Plumier lui a dédié le genre *petiveria*, de la famille des chénopodiacées.

Petiver et Plukenet sont, suivant Pulteney[1], les premiers botanistes anglais qui aient donné des noms de personnes à des genres de plantes. Mais cette coutume est fort ancienne, comme l'avait déjà montré Jean Bauhin dans un opuscule, devenu fort rare, intitulé : *De plantis a Divis Sanctisve nomen habentibus* (1591).

Allemagne. — L'Allemagne prit une part presque aussi active que l'Angleterre au mouvement de la botanique descriptive et classificative, témoin Jung, Jungermann, Amman, Rivin, Breynius, P. Hermann, Ch. Knaut.

Joachim *Jung* (né à Lübeck en 1587, mort à Hambourg en 1657), fut pendant cinq ans professeur de mathématiques à Giessen, reçut, en 1618, à Padoue, le grad de docteur, et obtint en 1624 une place de professeur à

1. *Esquisses historiques et biographiques des progrès de la botanique en Angleterre*, t. II, p. 43.

l'université de Rostock. Mais il dut bientôt quitter cette place par suite des intrigues de ses ennemis qui le dénoncèrent aux autorités comme étant un des chefs de la secte des Rose-Croix. Il passa les dernières années de sa vie à Hambourg, comme directeur du gymnase. Ses opuscules, étant devenus rares, ont été réunis, quatre-vingt-dix ans après sa mort, par Seb. Albrecht, et publiées sous le titre de *Joach. Jungii Lubecensis opuscula botanico-physica*, etc. Coburg, 1747, in-4°.

J. Jung occupe une place importante dans l'histoire de la science, parce qu'il insista plus particulièrement sur la nécessité de distinguer, pour les besoins d'une classification méthodique, les caractères constants des caractères variables. C'est ce qu'il a très-bien exposé dans son *Isagoge phytoscopica*, que j'ai sous les yeux. L'auteur divise chaque plante en deux parties essentielles, l'une inférieure, comprenant la racine (axe descendant), l'autre supérieure (axe ascendant), comprenant la tige avec ses branches et ses organes appendiculaires (feuille, fleur, fruit). Le plan de séparation, *limes communis*, de ces deux parties fondamentales, douées de mouvements contraires, se nomme le *fond*, πυθμήν en grec; c'est ce qu'on nomme depuis le *nœud vital*. Les feuilles, où l'auteur a soin de distinguer la surface supérieure de la surface inférieure, se trouvent pour la première fois divisées en *simples* et en *composées*. « Il ne faut pas, dit-il, comme le font les ignorants ou les observateurs inattentifs, confondre la feuille composée (*folium compositum*) avec un ramuscule ou scion: car elle a, comme la feuille simple, une face supérieure et une face inférieure, et elle tombe de même en automne. »

Jung paraît avoir le premier employé le mot *pétiole* ou *pédicule* pour désigner « la partie étendue en longueur qui maintient la feuille et la fixe à la tige » : *Petiolus, sive pediculus folii, est pars in longitudinem extensa, quæ folium sustinet et cauli connectit.* On voit par ce passage que Jung appliquait le mot *folium*, à proprement parler, au *limbe* de la feuille ; et il n'ignorait pas que les nervures (*nervi*) de celle-ci ne sont que les ramifications du pétiole. Il fut aussi le premier à diviser les feuilles composées en digitées (*digitata*) et en pennées (*pennata*), indiquant par ce nom que les folioles sont disposées, sur deux points opposés du pétiole ou nervure principale, comme les barbes d'une plume (*penna*). Il ne lui avait pas non plus échappé que les folioles ainsi disposées peuvent être en nombre pair ou en nombre impair. De là sa division, depuis universellement adoptée, des feuilles pennées en pari-pennées, *pariter pennata*, comme dans la fève, le pois, la vesce, et en impari-pennées, *impariter pennata*, comme dans le rosier, le frêne, le sorbier, la potentille. « La feuille, ou plutôt la foliature (*foliatura*), est, dit-il, impari-pennée quand l'extrémité de la nervure principale se termine par une feuille unique, ce qui rend le nombre des folioles impair. » L'emploi des noms d'*opposées*, d'*alternes* et de *conjuguées* (bi-juguées, tri-juguées, etc.) remonte au même phytographe. Pour ce qui concerne la structure de la fleur, nous voyons le mot périanthe, *perianthium* (qui signifie littéralement *ce qui est autour de la fleur*, περὶ ἄνθος), également pour la première fois employé par Jung. Mais il ne l'applique qu'au calice, et il ne donne le nom de fleur, *flos*, qu'à la corolle, ce qui explique le choix du mot *perianthium*. « Le perianthium, dit-il, est ce qui enveloppe cette partie délicate, colorée, qu'on nomme la fleur. » Les plantes n'ayant qu'une seule enveloppe florale, comme la jacinthe, la tulipe, rentraient, pour lui, dans la division des plantes à fleurs nues (*flores nudi*).

Jung distingua également la fleur simple de la fleur composée (*flos compositus*), qui forme le caractère de toute une famille (famille des composées). Il emploie le mot de capitule (*capitulum*) pour désigner la sommité fleurie de la tige, et le mot de fleurons (*flosculi*) pour désigner les parties de la fleur composée. Il appelle disque radié (*discus radiatus*) le capitule dont les fleurons occupent le centre, et les demi-fleurons le bord. Il se sert aussi des mots de *stamina* et de *stylus*, pour désigner les étamines et le style couronné du stigmate; mais il ignorait le rôle que ces organes jouent dans la fécondation. Le sexe féminin était, selon lui, représenté par l'individu (tige) qui donne les grains, et le sexe masculin par la tige qui ne produit que des fleurs stériles. C'est assez dire qu'il n'admettait pas l'existence de fleurs réunissant les deux sexes (fleurs hermaphrodites), et qu'il ne connaissait, comme les anciens, que les fleurs dioïques (palmier, mercuriale, etc.). Jung distingua aussi le fruit de la graine, et dans celle-ci il signala l'existence de l'embryon, qu'il nomme le cœur de la semence (*cor seminis*). Enfin il fut le premier à fixer l'attention sur la situation variable de l'embryon; c'est ainsi qu'il nomme l'embryon *infère* ou *supère*, suivant que cet important organe occupe la base ou le sommet de la graine.

Toutes ces connaissances organographiques, Jung les présentait comme nécessaires à l'établissement des classes, des genres et des espèces, à ce qu'il appelait la *doxoscopie* des plantes ou la *phytoscopie*. Son *De plantis doxoscopia* est le premier essai qui ait été fait d'un véritable *Genera plantarum*.

Louis *Jungermann* (né à Leipzig en 1572, mort à Altdorf en 1653), professeur de botanique à l'université d'Altdorf depuis 1625, neveu de Joachim Jungermann, qui mourut, pendant un voyage en Orient, à Corinthe en 1591, imprima à la science une direction particulière par l'étude des flores locales, comme l'attestent ses catalogues des plantes des environs d'Altdorf, de Giessen, etc. (*Catalogus plantarum quæ circa Altdorfium Noricum, nascuntur;* Alt., 1516, in-4°; *Cornu copia floræ Giessensis, proventu spontanearum stirpium cum flora Altdorfiensi amice et amœne conspirantis*, etc., ibid., 1629, in-4°). Il avait fondé le jardin botanique de Giessen et rédigé le texte de l'ouvrage de Besler (mort pharmacien à Nuremberg en 1629), intitulé : *Hortus Eystettensis*; Nuremberg, 1613, 4 vol. in-fol., contenant 356 planches, gravées sur cuivre. La gravure sur cuivre commençait alors à remplacer la gravure sur bois dans les ouvrages d'histoire naturelle.

Pour honorer la mémoire de Jungermann, Linné a donné le nom de *Jungermannia*, à un genre de mousses.

Volckamer, médecin de Nuremberg (né en 1616, mort en 1693), suivit les traces de Jungermann. Sa *Flora Norimbergensis* ne parut qu'après sa mort (1700, in-4°). D'autres l'imitèrent; tels sont : *Rolfinck* (né en 1599, mort en 1673), qui avait fondé, en 162(?), le jardin botanique de Iéna et publié un traité *De vegetabilibus* (1672, in-4°); *Oléarius*, pasteur à Halle (né en 1655, mort en 1711), auteur du *Specimen floræ Hallensis* (1668, in-12); *Rudbeck* (né en 1630, mort en 1702), dont on a un catalogue des plantes du jardin botanique d'Upsal (1658), *Deliciæ vallis Jacobæ* (Upsal 1666, in-12), et *Campi elysii lib. II* (Upsal, 170., in-fol.).

Paul *Ammann* (né à Breslau en 1634, mort à Leipzig en 1691), qui créa le jardin botanique de Leipzig, où il fut professeur, adopta les principes de Jung pour la caractéristique des genres, particulièrement fondée sur les organes de la fructification. Son *Character plantarum naturalis* (Leipzig, 1685, in-12) contient la description succincte de 1476 espèces et genres.

Paul *Hermann* (né à Halle en 1646, mort à Leyde en 1695), qui résida huit ans à Batavia comme médecin de la compagnie hollandaise des Indes, suivit la méthode de Morison dans son Catalogue du jardin botanique de Leyde, où il occupa depuis 1679 une chaire de professeur. Son principal ouvrage a pour titre : *Paradisus Batavus, continens plus centum plantas ære incisas et descriptionibus illustratas*, Leyde, 1698, in-4°. On y trouve pour la premère fois décrites : le tulipier (*liriodendron tulipifera*), le myrte de Ceylan (*myrtus ceylanica*), *zamia furfuracea*, *psoralea pinnata*, *vicia bengalensis*, *sophora tomentosa*, etc.

Auguste *Rivin* (né à Leipzig en 1652, mort en 1723), qui occupa depuis 1691 la chaire de botanique à l'université de sa ville natale, rejeta l'ancienne division des plantes en arbres, et établit le premier un système de classification sur la forme de la corolle, et en développa les principes dans son *Introductio generalis in rem herbariam* (Leipzig, 1690, in-fol.). Il fit, bien avant Linné, particulièrement ressortir l'importance de distinguer chaque plante par deux noms significatifs, le premier indiquant le genre, le second l'espèce. Son *Ordo plantarum quæ sunt flore irregulari, tetrapetalo* (Leipzig, 1691, in-fol.) comprend toute la famille des légumineuses, de même que son *Ordo plantarum quæ sunt flore irregulari, pentapetalo* (Leipzig, 1699, in-fol.), comprend les ombellifères, les genres *delphinium*, *viola* et *geranium*. D'une humeur querelleuse, Rivin eut des discussions très-vives, au sujet de sa méthode, avec Ray, avec Dillenius et avec Schelhammer, professeur de Iéna, qui avait écrit *De nova plantarum in classes digerendi ratione* (Hamb., 1695, in-4°).

Christian *Knauth* (né en 1654, mort à Halle en 1716), qu'il ne faut pas confondre avec Christophe *Knaut* (auteur d'une Flore des environs de Halle), modifia le système de Rivin dans son *Methodus plantarum genuina* (Halle, 1705, in-4°), en accordant une égale importance à la fleur et au fruit.

Jacques *Breyn* (né en 1637, mort en 1697), riche marchand de Dantzig, s'était passionné pour la culture des plantes rares, dont il donna la description dans *Plantarum exoticarum aliarumque minus cognitarum centuria prima* (Gedani, 1678, in-fol.). Ce volume, que nous avons sous les yeux, est suivi d'un appendice sur le camphrier et l'arbuste à thé, et de 101 magnifiques planches sur cuivre. Pour la beauté de l'impression et du papier, c'est un des chefs-d'œuvre typographiques du seizième siècle. L'auteur y a plus tard ajouté le *Prodomus primus* (Dantzig, 1680, in-4°) et le *Prodomus secundus* (1689 in-4°). Ces deux opuscules, augmentés de notes et de 30 planches, furent réimprimés en 1739 par son fils Philippe Breyn, auteur d'un traité *De fungis officinalibus* (Leyde, 1702, in-4°).

Pays-Bas. — Les Pays-Bas, enrichis par leur commerce et leur industrie, que les guerres d'indépendance semblaient avoir développés plutôt qu'affaiblis, avaient vers cette époque les plus beaux jardins du monde. La culture des tulipes y avait été poussée, entre autres, à un degré extraordinaire ; les oignons de variétés rares se vendaient à des prix fabuleux et étaient cotés à la Bourse d'Amsterdam. Le jardin de l'université de Leyde eut successivement pour directeur Ch. de L'Ecluse, Bontius, Paaw, Vorstius, Schuyl, P. Hermann, Hotton, Boerhaave. Ces noms montrent combien l'horticulture était dès lors en honneur.

Le jardin botanique d'Amsterdam, où van der Steel avait introduit des plantes du cap de Bonne-Espérance dont il était gouverneur, fut confié à Frédéric Ruysch pour la démonstration des plantes indigènes, et à Jean *Commelyn* (né à Amsterdam en 1629, mort en 1692), pour la culture des plantes exotiques. C'est ce dernier qui nous a fait connaître, dans *Horti medici Amstelodamensis plantæ rariores exoticæ* (Amsterdam, 1697, in-fol.), les plantes des Indes orientales et occidentales cultivées dans le jardin médicinal d'Amsterdam. Ce beau volume, que nous avons sous les yeux, contient cent douze grandes planches sur cuivre, très-bien exécutées. Parmi les espèces qui s'y trouvent pour la première fois décrites et dessinées, nous remarquons : *Blattaria ceylanica*, le ricin d'Amérique (*Jatropha urens*, L.), *alcea bengalensis*, *oxalis spinosa*, *cassia occidentalis*, *c. chamaecrista*, *phalangium æthiopicum* (*anthericum revolutum*, W.), *lilium zeylanicum*, *calla* (*arum*) *æthiopica*, *arum trilobatum*, *vitis idæa æthiopica* (*royena glabra*, L.), le cerisier de la Jamaïque (*malpighia glabra*, L.), *erythroxylum japonicum*, *cassia javanica*, etc. Les descriptions sont en hollandais et en latin, avec des notes de Frédéric Ruysch et de Frédéric Kiggelar.

Gaspard *Commelyn* (né à Amsterdam en 1667, mort en 1731), neveu de Jean Commelyn, publia en 1706 une suite deuxième partie, à ce premier volume. On lui doit, en partie, la publication de l'*Hortus Malabaricus*, et une flore de Malabar (Leyde, 1696, in-fol.). Linné a donné, en mémoire de Commelyn, le nom de *commelyna* au genre type des *commelynacées*.

Parmi les horticulteurs les plus estimés des Pays-Bas, nous signalerons *Sweerts* (Emmanuel), qui fut jardinier de l'empereur Rodolphe II, et qui décrivit et dessina dans son *Florilegium* (Francf., 1612, in-fol.) plusieurs liliacées et iridées nouvelles (*iris Swertii*, *gladiolus iridifolius*, *amaryllis orientalis*); et Henri *Munting* (né en 1605, mort à Groningue), qui fonda le jardin botanique de Groningue, et donna la description des espèces rares qu'il y cultivait (*Hortus botanicus Groningæ*, etc., Gron., 1646, in-8°). Il eut pour successeur dans la chaire de botanique son fils, Abraham *Munting* (né en 1626, mort en 1683), qui a publié, entre autres, un Traité de la culture des plantes en hollandais ; Amsterd., 1672, in-4°.

ITALIE. — L'Italie compta en tête de ses botanistes Fabio *Colonna*, plus connu sous le nom latin de *Fabius Columna* (né à Naples en 1567, mort en 1650). Atteint depuis son enfance du mal caduc, il se mit à étudier les anciens pour y découvrir quelque remède propre à guérir sa maladie. Il tomba sur le *Phu* de Dioscoride, le prit pour la valériane officinale, et finit, en l'employant, par se débarrasser des accès d'épilepsie. La maladie avait fait de lui un botaniste, et la botanique en devait faire un peintre et un graveur. En effet, il dessina lui-même ses plantes, et en fit la description dans un ouvrage qu'il publia, à vingt-cinq ans, sous le titre de **Φυτοβάσανος**, *sive plantarum aliquot antiquorum delineationibus magis respondentium Historia;* Naples, 1692, avec trente-six planches, qui passent à tort pour les premières qui aient été gravées sur cuivre ; une nouvelle édition parut à Milan en 1744, in-4°, avec des annotations de Plancus, professeur de Sienne. Cet ouvrage du jeune auteur, qui était membre de l'Académie des *Lyncei*, est un des meilleurs commentaires de Théophraste, de Dioscoride et de Pline.

On a aussi de F. Colonna un traité de quelques plantes moins connues, sous le titre de : Ἔκφρασις *prima et secunda minus cognitarum rariorumque nostro cœlo orientium stirpium* (Rome, 1606 et 1616, in-4°, avec fig.). Parmi les plantes qui se trouvent pour la première fois décrites dans cet ouvrage, on remarque : la croisette (*valantia cruciata*), très-commune aux environs de Paris, la cynoglosse des Apennins, la gentiane ciliée, une espèce de scutellaire (*scutellaria Columnæ*, L.), une nouvelle espèce de cynoglosse (*cynoglossum Columnæ*, Sprengel), *sempervivum arachnoideum*, *euphorbia sylvatica* (commune dans nos environs), *hypericum hirsutum*, *thrincia hirta*, *hieracium aurantiacum*, etc.

Fabio Colonna a fourni des *Annotations* et *Additions* à l'abrégé de l'histoire naturelle de Hernandez, fait par Recchi sur l'ordre de Philippe II, et publié, après la mort de ce médecin du monarque espagnol, par le prince Cesi et les membres de l'académie des *Lyncei*, sous le titre de *Rerum medicarum Novæ Hispaniæ thesaurus*, Rome, 1651, in-fol., avec de nombreuses gravures sur bois. C'est dans ces Annotations, contenant des détails morphologiques curieux, que Colonna proposa le premier de donner aux folioles de la corolle le nom de *pétales*, pour les distinguer des feuilles proprement dites : *Nos floris foliola, ad dif-*

frentiam foliorum, πέταλα *dici magis proprie censuimus* (p. 853). A la fin de ce même ouvrage se trouvent les *Tables phytosophiques* du prince de Cesi, fondateur de l'académie des *Lyncei*.

Quant à l'ouvrage posthume de Recchi, que nous analysons, il contient, entre autres, une histoire détaillée de l'*helianthus annuus* (le tournesol ou fleur du soleil, originaire du Pérou), et la description du maïs, céréale caractéristique du Nouveau-Monde[1]. Avant son impression à Rome, une copie du manuscrit de Recchi était parvenue à Mexico et il avait été traduit en espagnol par le P. Francisco Ximenez, sous le titre : *De la naturalezza y virtudes de los arboles, plantas y animales de la Nueva España*, etc. Mexico, 1615, in-4°).

Paul *Boccone* (né à Palerme en 1633, mort en 1704) se passionna de bonne heure pour l'étude de l'histoire naturelle, particulièrement de la botanique. Cette étude était alimentée par le jardin médicinal que Pietro Castelli, élève de Césalpin, avait fondé en 1639 à Palerme. Il parcourut, en herborisant, l'Italie, la France, l'Allemagne, l'Angleterre, fut associé, en 1696, à l'académie des Curieux de la Nature, alors la plus célèbre société savante de l'Allemagne, enseigna la botanique à Ferdinand II, duc de Toscane, et devint professeur à Padoue ; vers la fin de sa vie il entra dans l'ordre de Cîteaux, et alla, sous le nom de frère *Silvio*, mourir dans un couvent des environs de sa ville natale. De ses nombreux travaux nous ne citerons ici que *Icones et Descriptiones variarum plantarum Siciliæ, Galliæ et Italiæ*, etc., Lyon, 1674, in-4°. Cet ouvrage, accompagné de 52 planches, où chaque plante est caractérisée par quelques mots significatifs, fut mis au jour sur les instances de Morison, qui en surveilla l'impression et y joignit une préface ; — *Museo di piante rare della Sicilia, Malta, Corsica, Piemonte, Germania;* Venise, 1697,

1. Recchi, *Rer. med. Nov. Hisp.*, p. 228 ; maïs, p. 242.

in-4°, avec 133 planches, contenant 319 figures. L'auteur publia cet ouvrage à la prière de Sherard, qu'il avait connu à Venise. Plusieurs de ces plantes avaient été empruntées au P. Barrelier, comme Boccone l'avoue lui-même dans plusieurs endroits de son livre : l'accusation de plagiat, lancée contre Boccone par Antoine de Jussieu, est donc mal fondée. Parmi les plantes que Boccone a le premier décrites et dessinées, on remarque : une espèce de *galium* (*galium Bocconi*, L.), *tillæa muscosa*, *epilobium alpestre*, *polygonum alpinum*, *silene vallesia*, *alyssum saxotile*, une espèce de *pyrethrum* (*pyrethrum Bocconi*, L.), *centaurea melitensis*, *arum arisarum*, *boletus tuberaster*, etc.

Le jardin botanique de Bologne, dirigé longtemps par Aldrovrande, le Gesner de l'Italie, acquit un haut degré de splendeur sous la direction des frères *Ambrosini* (Barthélemy et Hyacinthe), et de Zanoni, leur successeur. Jacques *Zanoni* (né en 1615, mort en 1682) y introduisit, avec le concours du P. Mathieu, missionnaire des Indes orientales, beaucoup de plantes exotiques. Son *Istoria botanica* (Bologne, 1675, in-fol.) est une simple description de quelques plantes rares, rangées par ordre alphabétique, et comparées avec la synonymie des anciens; une 2e édition parut à Bologne en 1742, par les soins de Gaët. Monti, qui y ajouta des notes et des planches. Parmi les plantes qui s'y trouvent pour la première fois décrites, on remarque : *Isnardia palustris*, *artocarpus integrifolia*, *mimosa rubricaulis*, *caryota urens*, *bignonia capreolata*, etc. Zanoni eut pour successeur *Triomfetti*, qui admettait la génération spontanée; il publia *Observationes de ortu et vegetatione plantarum* (Rome, 1685, in-4°). Cet ouvrage fut augmenté d'une histoire de quelques plantes nouvelles, quand Triomfetti passa à la direction du jardin du collége de la Sapience à Rome.

Tobie *Aldini*, de Cesena, dirigeait alors le jardin du cardinal Odoard Farnèse, dont il était médecin. Il décrivit le premier l'*acacia farnesiana* dans son *Exactissima De-*

scriptio rariorum quarumdam plantarum, quæ continentur Romæ in horto farnesino (Rome, 1625, in-fol. avec des planches sur cuivre et des gravures sur bois intercalées dans le texte. L'acacia de Farnèse y porte le nom de *acacia indica farnesiana* (p. 2 et 7, planches I et II).

Jean-Baptiste *Ferrari*, de Sienne (né en 1584, mort en 1655), s'associa aux plus célèbres artistes d'alors, tels que Guido Reni et Pierre Berettini pour dessiner et décrire les plus belles fleurs des jardins de Rome dans son livre *De florum natura*, Rome, 1633, in-4°. On y trouve, entre autres, la première description du jasmin, de l'*hæmanthus coccineus*, de l'*hibiscus mutabilis*, etc.

Le jardin de Messine, fondé en 1639, fut décrit par Pierre *Castelli* (*Hortus Messanensis*; Messine, 1640, in-4°). Le P. Fr. *Cupani* y introduisit beaucoup d'espèces nouvelles qu'il avait recueillies dans ses excursions, et les décrivit dans son *Hortus Catholicus*; Naples, 1696, in-4°. Jos. *Bonsiglioli*, d'Ancône, donna la flore du mont Etna, que Carrera a insérée dans *Il Mongibello descritto* (Catane, 1636, in-4°). Ph. *Cavallini* fit connaître, dans son *Pugillum Meliteum*, 1689, les plantes de l'île de Malte.

Portugal et Espagne.— Le Portugal et l'Espagne ne produisirent pas beaucoup de botanistes au dix-septième siècle. La science commençait à y décliner, par suite de la guerre que l'inquisition ne cessait de faire à la liberté de la pensée. Nous n'avons à citer ici que Gabriel *Grisleus*, qui publia une petite flore du Portugal sous le titre de *Viridarium lusitanicum*; Lisbonne, 1661, in-8°.

France. — En France, la botanique était dans sa période croissante. Après la mort de Richier de Belleval, dont les travaux ne furent réunis et publiés que par Broussonnet (*Opuscules de Richier de Belleval*; Paris, 1785, in-8°), Pierre *Magnol* (né à Montpellier en 1638, mort en 1715) obtint, en 1694, la chaire de botanique et la direction du jardin médicinal, après avoir abjuré le protestantisme. Il fit paraître : *Prodromus historiæ generalis plantarum, in qua familiæ per tabulas disponuntur* (Montpel., 1689, in-8°), rédigé d'après les idées de Rai et de Morison ; *Botanicon Monspeliense* (Lyon, 1676, in-8°) ; *Hortus regius Monspeliensis* (Montp., 1697, in-8°). Parmi les espèces nouvelles qui s'y trouvent décrites, on remarque : *Lonicera pyrenaica, arenaria laricifolia, saxifraga hirsuta, xanthium spinosum, teucrium lucidum, lepidium nudicaule,* etc. P. Magnol paraît avoir l'un des premiers introduit dans la science le nom de *famille*, pour désigner des groupes naturels de plantes.

Son ouvrage le plus important, intitulé *Novus Character plantarum*, ne fut publié qu'après sa mort par son fils, Antoine Magnol. Critiquant le système de Tournefort, l'auteur propose une classification nouvelle, fondée sur le calice pour les principales divisions, et sur la corolle pour les subdivisions. Il établit en fait que toute plante a un calice soit libre, soit adhérent au fruit ou confondu avec le péricarpe. Quand il n'y a qu'une seule enveloppe florale, il lui conserve le nom de *calice*, à l'exclusion de celui de corolle. Linné a établi, en souvenir du botaniste français, le genre *magnolia*, types des magnoliacés.

Le jardin royal du Louvre, jardin botanique de Paris, fondé vers 1590 par Henri IV, trouva un habile et actif directeur dans Jean *Robin*, qui en avait publié le premier catalogue (*Catalogus stirpium tam indigenarum quam exoticarum quæ Lutetiæ coluntur;* Paris, 1601, in-12), et fourni le texte pour le *Jardin du roy Henri IV*, par P. Vallet, brodeur ordinaire du roy (Paris, 1608, in-fol.).

La fondation de ce jardin fut suivie de celui du *Jardin des Plantes* proprement dit, sur le plan soumis à Louis XIII par Gui *de la Brosse* (mort en 1641), grand-oncle du célèbre Fagon, premier médecin de Louis XIV. Mais ce plan ne fut réalisé qu'en 1626, après de vives instances auprès du cardinal de Richelieu. De la Brosse, premier médecin de Louis XIII, fut aussi le premier intendant de cet établissement, qui s'appelait d'abord *Jardin royal des plantes médicinales*. Son ouvrage, intitulé *De la nature, vertu et utilité des plantes, et dessin du Jardin royal de médecine* (Paris, 1626, in-8°; 2e édit. augmentée, 1640, in-fol., avec 50 planches sur cuivre), est utile à consulter pour l'histoire de la science. Son *Recueil des plantes du Jardin du Roy*, gr. in-fol., qu'il ne put achever, ne l'est pas moins. Voici ce qu'en dit Antoine de Jussieu : « Gui de la Brosse, dans le dessein de faire connaître la supériorité du Jardin du Roi, se servit de la main d'Abraham Brosse pour représenter en un volume in-folio les plantes singulières qu'il y élevait, et qui manquaient aux autres jardins. C'était un ouvrage d'une grande entreprise, de l'échantillon duquel nous avons cinquante planches; dans ce nombre, il y a certaines espèces qu'aucun botaniste depuis lui ne peut se vanter d'avoir possédées. Ces cinquante planches, que feu M. Fagon, son neveu maternel, sauva longtemps après des mains d'un chaudronnier auquel les héritiers de la Brosse, qui connaissaient peu leur mérite, les avaient livrées, étaient les restes de près de quatre cents autres déjà gravées[1]. » — Antoine de Jussieu et Vaillant sauvèrent ces débris, et en firent tirer seulement une soixantaine d'exemplaires, qu'ils distribuèrent à leurs amis ou collègues.

C'est pendant qu'il exerçait, en 1635, après la mort de Gui de la Brosse, les fonctions de « démonstrateur des plantes médicinales du Jardin du roi, » que Vespasien y planta le premier acacia (robinier), introduit en Europe. Gaspard Bauhin se félicitait d'avoir reçu de lui quatre plantes originaires du Canada (*rudbeckia laciniata, rhus triphyllum, solidago mexicana* et *spiræa hypericifolia*).

L'introduction des plantes de l'Amérique septentrionale, mieux appropriées à notre climat que les plantes de l'A-

1 *Mém. de l'Acad. des sciences*, année 1727.

mérique méridionale, occupait alors beaucoup de médecins botanistes, comme le montre l'ouvrage de Jacques-Philippe *Cornut* (né à Paris en 1606, mort en 1651), intitulé : *Canadensium Plantarum aliarumque nondum editarum Historia*. Paris, 1635, in-4°. A cette époque la France possédait le Canada. Samuel de Champlain y avait fondé, en 1608, la ville de Quebec, d'où le commerce tirait de grands avantages. Pierre Morin, Jean et Vespasien Robin cultivaient dans leurs jardins un certain nombre de plantes qu'ils avaient fait venir du Canada et d'autres pays lointains. C'est de ces plantes que Cornut donne la description ; car il ne paraît pas avoir lui-même visité le Canada. Cette description commence par les fougères et finit par une espèce de légumineuse (*lupinus indicus*). Le texte est accompagné de soixante planches intercalées et gravées soigneusement à l'eau-forte par Vallot.

Parmi les plantes que Cornut fit connaître et dont quarante étaient entièrement nouvelles, on remarque 1° le *gladiolus æthiopicus, flore coccineo;* c'est une espèce de glaïeul, aujourd'hui parfaitement acclimatée et cultivée dans tous les jardins sous le nom de *fleur du cardinal:* elle venait de fleurir pour la première fois à Paris, et peut-être en Europe, en octobre 1633, lorsque Cornut la fit dessiner pour son ouvrage. 2° L'*acacia americana Robini;* c'est le robinier ou faux acacia (*robinia pseudoacacia*, L.). Cornut le confond avec l'acacia d'Egypte, décrit par Dioscoride et Prosper Alpin, et qui était un véritable acacia, bien différent, par ses fleurs en glomérules jaunes, du faux acacia, dont les fleurs blanches, papilionacées, en grappes, ressemble à celles du pois, ou, comme dit Cornut : *flos albus, piso similis, in uvam compositus.* Seulement il se trompe quand il ajoute que la grappe n'est pas pendante, comme dans le cytise, mais dressée. C'est Cornut qui a le premier observé ce mouvement particulier que les feuilles du robinier éprouvent sous l'influence de la lumière solaire, phénomène que Linné généralisa sous le nom de *sommeil des plantes*. 3° Le *vitis laciniatis foliis*; c'est la vigne vierge (*vitis quinquefolia*, L.), devenue depuis lors si commune pour former des haies et des berceaux. 4° L'*apios americana*; c'est l'*apios tuberosa* de Linné, la même plante, à racine tuberculeuse, dont on a récemment essayé la culture pour la substituer à celle de la pomme de terre. L'apios d'Amérique était cultivée avec soin (comme le montre la planche, p. 201) à Paris dans le jardin de Robin, vers 1630, alors que la pomme de terre était encore complétement inconnue en France. L'auteur remarque que les tubercules de l'apios peuvent rester en terre tout l'hiver, et qu'ils ne germent qu'au printemps; il en constate aussi la saveur agréable et les propriétés nutritives.

Toutes les plantes dont Cornut donne la description dans son *Histoire des plantes du Canada*, ne sont pas originaires de l'Amérique; il y en a aussi qui appartiennent à l'Ancien Monde, telles que *cyclamen orientale*, *apocynum syriacum*, *althæa rosea*, etc. L'ouvrage se termine par l'*Enchiridion botanicum parisiense*. C'est un simple catalogue de plantes, le premier essai qui ait été fait d'une flore des environs de Paris. Il est divisé par journées d'herborisation, commençant par le village de Chaillot, et finissant par Montmartre, après avoir passé par le bois de Boulogne, Neuilly, le Mont-Valérien, Saint Cloud, la butte de Sèvres, Meudon, Gentilly, Ivry, Palaiseau, La Roquette, Charenton, Montfaucon, Aubervilliers, La Barre, Montmorency, Saint-Prix, Sainte-Reine. La nomenclature est celle de Lobel, et comprend environ 450 espèces de phanérogames ou le tiers de la flore des environs de Paris.

La flore de l'Europe méridionale fut particulièrement étudiée par Jacques *Barrelier* (né à Paris en 1606, mort en 1673). Renonçant à la profession médicale qu'il avait d'abord embrassée, Barrelier entra, en 1635, dans l'ordre de Saint-Dominique, et consacra tous ses moments de loisir à sa science favorite. Assistant, en 1646, le P. Thomas Tarco, général de l'ordre, dans une tournée d'inspection, il explora la Provence, le Languedoc et l'Espagne, d'où il rapporta de nombreux échantillons de plantes. De retour de son voyage, il se mit à parcourir les Apennins, une grande partie de l'Italie, et résida vingt-trois ans à Rome, où il fonda le Jardin des plantes du couvent de Saint-Xyste. Il revint en 1672 dans sa ville natale, et s'établit au couvent de la rue Saint-Honoré. Ce fut là qu'il entreprit de publier un grand ouvrage qui devait avoir pour titre : *Hortus mundi* ou *Orbis botanicus*, pour la rédaction duquel il entretenait une correspondance active avec les principaux botanistes de l'Europe ; il avait déjà fait graver à Rome une partie des plantes dont il devait donner la description. Cette entreprise était encouragée par Gaston, duc d'Orléans, pour lequel il avait formé un herbier, particulièrement composé des plantes du Dauphiné. Barrelier était tout occupé de son travail, lorsqu'il succomba à un accès d'asthme, dont il avait contracté le germe en Italie. Les manuscrits qu'il avait légués à la bibliothèque des Jacobins Saint-Honoré, furent dispersés après sa mort ; ses papiers botaniques devinrent la proie d'un incendie, et on ne sauva que les planches en cuivre de l'*Hortus mundi*. Antoine de Jussieu les recueillit, et en fit le sujet d'un beau volume qui a pour titre : *Plantæ per Galliam, Hispaniam et Italiam observatæ, iconibus æneis exhibitæ a R. P. Jacobo Barreliero, Parisino ; opus posthumum*, etc. ; Paris, 1714, in-fol. Ce volume, que nous possédons, contient 1327 figures, réparties sur 324 planches, sans compter 3 planches de coquillages. La plupart de ces figures sont d'un dessin fort net, mais elles laissent beaucoup à désirer pour l'exactitude des organes de la reproduction. Le texte succinct qui les accompagne ne repose sur aucun principe de classification. Parmi les plantes pour la première fois décrites et dessinées, on remarque : une espèce de sauge (*salvia Barrelieri*), une espèce de phléole (*phleum Boehmeri*), une espèce d'oxalis (*oxalis Barrelieri*), une espèce de sisymbrium (*sisymbrium Barrelieri*), *artemisia arragonensis*, une espèce de seneçon (*senecio Barrelieri*), quelques espèces de champignons (*phallus Hadriani*, *clathrus flavescens*, *boletus polycephalus*), etc. — En mémoire de Barrelier, Plumier a établi le genre *barreliera*, de la famille des acanthacées.

Joseph *Pitton de Tournefort* couronne l'œuvre des botanistes descripteurs et classificateurs du dix-septième siècle. Né à Aix le 5 juin 1656, il fut, contrairement à ses goûts, destiné par ses parents à l'état ecclésiastique. Aussi désertait-il souvent le séminaire, où il était entré, pour herboriser à la campagne. « Il pénétrait, raconte Fontenelle, par adresse ou par présents dans tous les lieux fermés où il pouvait croire qu'il y avait des plantes qui n'étaient pas ailleurs; si ces sortes de moyens ne réussissaient pas, il se résolvait plutôt à y entrer furtivement, et un jour il pensa être accablé de pierres par des paysans qui le prenaient pour un voleur. » Après la mort de son père, arrivée en 1677, Tournefort put se livrer sans contrainte à sa passion pour la botanique, encouragé d'ailleurs par son oncle maternel, médecin habile et estimé. Il profita de sa liberté pour explorer, en 1678, les montagnes de la Savoie et du Dauphiné, en rapporta quantité de plantes sèches, et commença cet herbier qui, considérablement accru, est devenu une des principales richesses du Muséum d'histoire naturelle de Paris. Quittant la théologie, il se rendit, l'année suivante (1679) à Montpellier pour suivre des cours d'anatomie et de médecine, sans négliger la flore de cette région, que Linné qualifiait de paradis des botanistes. En avril 1681, il partit pour Barcelone et alla explorer les montagnes de la Catalogne, en compagnie de nombreux condisciples. Les Pyrénées étaient trop proches pour ne pas tenter un herborisateur aussi infatigable. Son courage et sa frugalité y furent mis à de rudes épreuves. Il fut, un jour, raconte son biographe, enseveli sous les ruines d'une cabane où il avait passé la nuit, et ne réussit à s'en tirer qu'au risque de sa vie. Les miquelets espagnols le dépouillèrent plusieurs fois, et il ne dut son salut qu'à la pauvreté de son accoutrement; le peu d'argent qu'il portait avec lui était caché dans l'intérieur d'un morceau de pain noir qui ne tentait la cupidité d'aucun bandit.

Le nom de Tournefort parvint à Fagon, alors médecin de la reine, et, grâce à cette protection, l'intrépide herborisateur obtint, en 1683, la place de démonstrateur de botanique au Jardin Royal des plantes. Cet emploi n'amortit pas son ardeur de touriste. Il retourna en Espagne, voulut vérifier, en Andalousie, la fécondation des palmiers, dont avaient parlé les anciens, et poussa son excursion jusqu'en Portugal. Il visita aussi l'Angleterre et la Hollande. A Leyde, il vit P. Hermann, qui voulut l'avoir pour successeur à la chaire de botanique. Nommé en 1692 membre de l'Académie des sciences sur la recommandation de l'abbé Bignon (né en 1662, mort en 1743[1]), il ne fit paraître qu'en 1694 son premier ouvrage intitulé : *Les éléments de botanique*, ou *Méthode pour connaître les plantes*; Paris, 3 vol. in-8°. Il en donna, en 1700, une édition latine, considérablement augmentée, sous le titre d'*Institutiones rei herbariæ*, 3 vol. in-4°, dont un de texte avec 476 planches; il s'y trouve joint un *Corollarium*; 1703, in-4°, avec 13 planches. Cet ouvrage capital, sur lequel nous allons revenir, fut réimprimé avec des additions d'Antoine de Jussieu; Lyon, 1719, in-4° (trad. en français par Jolyclerc; Lyon, 1797, 6 vol. in-8°).

En 1698, Tournefort fut reçu, avec un grand appareil,

1. L'abbé Bignon, membre de l'Académie des inscriptions et belles-lettres, fut un des plus zélés protecteurs de Tournefort, qui lui marqua sa reconnaissance en donnant le nom de *bignonia* à un genre de plantes d'Amérique.

docteur en médecine de la faculté de Paris, sous la présidence de Fagon, à qui il avait dédié sa thèse. Dans la même année il publia son *Histoire des plantes qui naissent aux environs de Paris, avec leurs usages dans la médecine* (Paris, 1698, in-12; nouvelle édit., 1725, 2 vol. in-12, revue et augmentée par Bernard de Jussieu). Cet ouvrage, où ont puisé d'utiles renseignements tous les auteurs de flores parisiennes, est divisé en six herborisations, déterminant les stations d'un grand nombre de plantes.

Sur la proposition du comte de Pontchartrain, Tournefort reçut de Louis XIV l'ordre d'aller en Orient pour y faire des observations sur toute l'histoire naturelle, ainsi que sur les mœurs, la religion et le commerce des peuples de ces régions. Après avoir été présenté au roi, il partit de Paris le 9 mars 1700, accompagné de l'habile dessinateur Aubriet et de Gundelsheimer, jeune médecin allemand. Il visita la Crète, les îles de l'Archipel, Constantinople, les côtes méridionales de la mer Noire, l'Arménie, la Géorgie, le mont Ararat, et revint par l'Asie Mineure en passant à Smyrne. La peste qui sévissait à Alexandrie, l'empêcha d'explorer l'Egypte et la Syrie. Il était de retour à Marseille le 3 juin 1702. Il fut facile de voir [illegible] quelle intelligence il avait rempli sa mission. Treize [illegible] quante-six plantes, la plupart nouvelles et fort [illegible] vinrent prendre place dans le catalogue des [illegible] végétales alors connues. Peu après son retour, il [illegible] comme professeur de médecine au Collége de France. [illegible] dans toute la force de l'âge lorsqu'il vint à mou[illegible] cinquante deux ans, par suite d'un accident malheu[illegible]. En passant par la rue de Copeau, près du J[illegible] des Plantes, il avait été atteint en pleine poitrine par le [illegible] d'un charrette. Il languit pendant un mois, et pro[illegible] de ce court répit pour mettre en ordre ses papiers, [illegible] ceux qui devaient terminer la Relation de son [illegible]age. Cet ouvrage parut neuf ans après la mort de l'au[illegible] *Relation d'un voyage du Levant*, etc.; Paris, Imp.

roy., 1717, 2 vol. in-4°; Lyon, 1717, 3 vol. in-8°; Amsterd., 1718, 2 vol. in-4°). Parmi les plantes qui s'y trouvent pour la première fois décrites, on remarque : une espèce de celtis (*celtis Tournefortii*), une espèce d'origan (*origanum Tournefortii*), la bourrache orientale, l'echium oriental, la férule orientale, le daphné du Pont, le verbascum pinnatifide, la saxifrage cymbalaire, *hypericum orientale*, *papaver orientale*, etc.

Dans les mémoires qu'il avait communiqués à l'Académie des sciences de 1692 à 1707, Tournefort a déterminé les caractères de plusieurs genres de plantes, tels que *hydrocharis*, *menispermum*, *polygala*, *mesembryanthemum*, *camphorosma*, *myrica*, *orobanche*, *clitoria*, *valantia*, *lavatera*: il a décrit plusieurs espèces de champignons, indiqué leur culture et traité de la fonction des vaisseaux dans certaines plantes.

Robert Brown a consacré à la mémoire de Tournefort le genre *tournefortia*, de la famille des borraginées.

Système de Tournefort.

La classification qui porte le nom de Tournefort a régné dans la science pendant près d'un siècle. A l'exemple des anciens, l'auteur commence par distribuer tout le règne végétal en *herbes* et en *arbres*. Considérant ensuite la fleur, il en isole la corolle, pour diviser toutes les plantes herbes et arbres en celles qui ont des pétales (*pétalées*) et celles qui n'en ont point (*apétales*). Les pétalées, simples ou composées, sont subdivisées en *monopétales*, de forme régulière ou de forme irrégulière, et en *polypétales*, également de forme régulière ou irrégulière.

Il est ainsi parvenu à créer vingt-deux classes, dont voici le tableau :

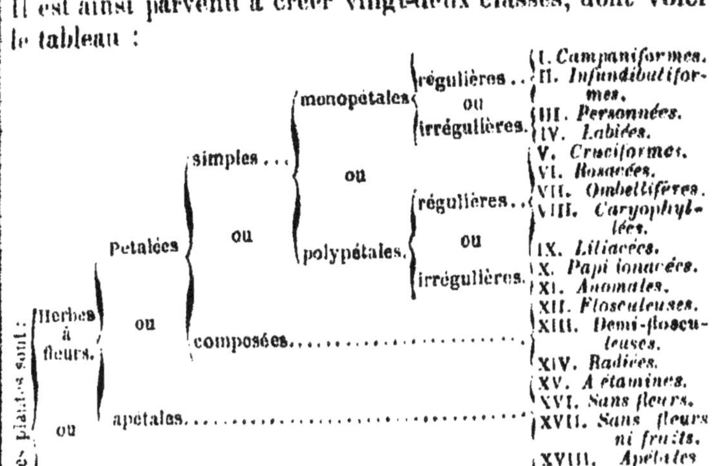

C'est avec raison qu'on a reproché à l'auteur de ce système d'avoir exagéré la valeur taxonomique de la corolle[1]. Considérée dans ses modifications principales, la corolle ne peut, en effet, fournir qu'un petit nombre de classes, tandis qu'elle peut en donner un nombre indéfini, si on la considère dans ses modifications accessoires. C'est ce que Tournefort a senti lui-même, en créant sa onzième classe, les *anomales*, pour y faire entrer les corolles qui s'éloignaient des formes les plus tranchées. Les affinités naturelles devaient également souffrir de la séparation des plantes herbacées d'avec les plantes ligneuses. Malgré ces défauts, il faut reconnaître l'excellence de l'établisse-

1. Ce reproche lui avait été déjà directement adressé par Ray, comme le montre la lettre de Tournefort à Sherard (*De optima methodo instituenda in re herbaria*; Paris, 1697, in-8°).

ment primordial des Labiées, des Crucifères, des Liliacées, des Ombellifères, des Papilionacées, conservé jusqu'à nos jours sous le nom de *familles naturelles*.

Les classes sont subdivisées en espèces et en genres, la plupart très-bien caractérisés. Plus de 130 genres, établis par Tournefort, ont été conservés par les botanistes, si avides de changement. Dans ses descriptions il distingue nettement les espèces des variétés, en montrant l'inconstance de certains caractères. En voyant avec quelle exactitude les planches gravées sur les dessins d'Aubriet, qui accompagnent ses *Éléments de botanique*, où se trouve exposée sa méthode de classification, reproduisent les parties les plus mystérieuses de la fleur et du fruit, on s'étonne que Tournefort ne soit pas parvenu à saisir le phénomène de la fécondation.

Botanistes anatomistes et physiologistes.

L'invention du microscope poussa les esprits vers l'étude des organes et des mouvements de la vie, tant animale que végétale, pendant que la fondation des sociétés savantes, telles que l'Académie des Lyncei en Italie, la Société des Curieux de la Nature en Allemagne, l'Académie des sciences à Paris, la Société royale de Londres, faisait de plus en plus généraliser la méthode expérimentale. Mais, déjà avant l'emploi du microscope on rencontre les indices d'une importante éclosion d'idées et de faits nouveaux.

Ainsi, un médecin de Venise, Joseph **Aromatari** (né vers 1586, mort en 1660), dans une lettre *De generatione plantarum ex seminibus*, adressée à Barthélemy **Nanti**, signala l'embryon de la graine comme le végétal en miniature, et regarda la matière (amidon, huile, etc.) qui entoure l'embryon comme l'analogue de l'albumine de l'œuf[1]. Les principes établis dans cette lettre, qui annonce en même temps un ouvrage, resté inachevé, sur la génération, furent adoptés par Harvey, qui les développa.

Thomas *Brown*, dans ses *Enquiries into the vulgar errors* (Lond., 1650, in-fol.), fit le premier ressortir la fréquence du nombre cinq dans les graines et les divisions des enveloppes florales. Le chevalier *Digby*, *Mayor*, R. *Boyle* signalèrent l'intervention de l'air nitro-aérien oxygène dans les phénomènes de la germination, de la végétation et de la respiration. Christophe *Merret* publia dans le premier volume des Mémoires de la Société royale de Londres, dont il fut un des premiers membres, diverses expériences sur l'absorption de l'humidité de l'air par les végétaux.

A l'aide du microscope, Nath. *Henshaw* découvrit, suivant Birch (*Hist. soc. angl.*, I, 37), les vaisseaux respiratoires trachées dans le noyer ; R. *Hooke* examina la couche subéreuse de l'écorce, les sporules des mousses, et les vaisseaux laticifères, qu'il croyait faussement, comme les veines des animaux, garnis de valvules à l'intérieur. Le roi Charles II ayant chargé la Société royale de Londres de lui expliquer les mouvements de la sensitive, l'opinion fut partagée : les uns en trouvaient la cause dans un effluve subtil, les autres, et de ce nombre étaient Hooke et Verduc, dans la structure fibrillaire de la plante.

Adrien *Spiegel* (né en 1578 à Bruxelles, mort en 1625, professeur à Padoue) traita dans son *Isagoges in rem herbariam libri II* (Padoue, 1606, in-4°, Leyde (Elzevir),

1. Cette lettre, très-rare, parut pour la première fois dans une dissertation d'Aromatari sur la rage (*Diss. de rabie*; Venise, 1625, in-4°). Elle a été réimprimée à la suite des Opuscules botanico-physiques de Jung (Cobourg, 1747, in-4°).

1633, in-32) des différentes parties des plantes, sans entrer dans l'examen de leur structure intime.

Cet aperçu organographique est suivi de la description d'un certain nombre d'espèces végétales à la distribution desquelles n'a présidé aucun principe général de classification. Ainsi l'auteur commence par l'orchis (*satyrium*); de là il passe au trèfle (*trifolium*), genre dans lequel il range le citise, le mélilot, beaucoup d'autres plantes dont les feuilles se composent de trois folioles. Il réunit dans un même groupe la chicorée, la laitue, la chondrille et l'épervière (*hieracium*). Il place les choux (*brassica*) à côté des joncs et des prêles (*equisetum*). Sous le nom de *linum*, il comprend à la fois le lin, la linaire et l'euphorbe; sous celui d'ortie (*urtica*), il comprend des espèces très-différentes, telles que les orties proprement dites, plusieurs labiées (les *lamium* et le calamenti et le galeopsis. Après les *verbascum* (mollène, bouillon blanc) viennent les graminées: les unes (les graminées fourragères), sous le nom général de *gramen;* les autres, telles que les céréales, sous celui de *frumentum*, *milium*, *panicum*. Les euphorbes sont comprises sous la dénomination générale de *tithymalus*. Par le nom de *viola* sont désignées non-seulement les violettes, mais plusieurs liliacées et diverses campanules. En parlant des œillets, l'auteur explique l'origine de leur nom de *caryophyllum*, appliqué depuis à toute une famille de plantes (caryophyllées). « Ce nom vient, dit-il, de ce que l'œillet ressemble, par son calice couronné, par sa corolle épanouie, à l'épice qui, sous le nom de clou de girofle (*caryophylli fructus*), nous vient de l'Inde. Le chapitre qui traite du narcisse est une histoire complète du *narcissus* des anciens. Il en est de même du chapitre de l'anémone, de la jacinthe, du pavot, du concombre (*cucumis*). Cette intéressante description de nos plantes communes se termine par le chapitre qui traite du pois, de la fève, du lupin, de l'orobe, de la lentille, et d'autres plantes désignées sous la dénomination générale de *legumina*, d'où le nom de *Légumineuses* appliqué à toute la famille.

Dans ce même livre, qui est une véritable introduction à la botanique, Spiegel a donné, l'un des premiers, des indications pratiques à l'usage des herborisants. Pour faciliter la connaissance des plantes, il insiste avec raison sur la nécessité de choisir dans chaque genre une espèce type, qu'il nomme *species media*, comme expression d'une moyenne. Il fournit aussi des préceptes utiles sur la manière de dessécher les plantes et de préparer des herbiers, qu'il appelle *horti hyemales*, jardins d'hiver, comme étant propres à remplacer, pour l'étude, les plantes qui fleurissent pendant la belle saison. Il décrit aussi un procédé très-commode pour les personnes qui ne savent pas dessiner. Ce procédé consiste à enduire d'encre d'imprimerie une planchette lisse, d'y appliquer la plante, verte ou desséchée, et à porter la plante, ainsi imbibée d'encre, sur le papier qui doit en recevoir l'image. La pression exercée avec la main ou avec une étoffe achève le calque. — L'auteur recommande aussi de faire des expériences répétées sur l'action des végétaux, employés soit comme aliments, soit comme médicaments. Il raconte, à ce sujet, l'histoire d'un cultivateur qui s'était empoisonné en mêlant à une salade de laitue des fleurs d'une espèce de thlaspi, et il montre comment les mêmes plantes n'agissent pas de la même façon sur des personnes différentes. — L'ouvrage se termine par le catalogue des plantes qui étaient, en 1633, cultivées dans le jardin académique de Leyde. Parmi ces plantes, au nombre d'environ onze cents, il y a plusieurs espèces d'Amérique, particulièrement du Pérou, du Mexique, de la Virginie, alors récemment introduites en Europe.

Grew et Malpighi sont les véritables fondateurs de l'anatomie et de la physiologie des plantes. Un mot sur la vie et les travaux de ces deux grands observateurs.

Néhémie *Grew* (né vers 1628 à Coventry, mort à Londres en 1711), élevé dans le presbytérianisme, poursuivit, depuis la restauration de Charles II, ses études à l'étranger. Reçu docteur en médecine, il vint s'établir dans sa ville natale. C'est là qu'il commença, vers 1664, ses recherches sur l'anatomie et la physiologie des plantes. Il y avait été encouragé par le docteur Sampson, lui montrant un passage du traité de Glisson, *De Hepate*, où l'auteur indique la phytotomie (anatomie végétale) comme un sujet encore inexploré et propre à éclaircir le traitement des maladies. En 1662, Grew vint se fixer à Londres, et devint, peu de temps après, membre de la Société royale, à laquelle il avait communiqué, dès 1670, son premier essai sur l'anatomie des plantes, sous le titre de *Idea on philosophical History of Plants* (imprimé en 1673, in-12, aux frais de la Société royale de Londres). D'autres essais, publiés depuis, furent par la suite réunis en un volume in-folio; ils forment le célèbre ouvrage de Grew, *The Anatomy of Plants*; Londres, 1682, avec 83 planches. La traduction française en fut faite sous les yeux de l'auteur, qui en fit lui-même les corrections et les additions; elle parut par les soins de Le Vasseur, Paris, 1679, in-12.

Suivant l'ordre d'évolution du végétal, Grew commence par l'étude de l'embryon et finit par celle du fruit. Pour ne pas se perdre dans des généralités abstraites, il prend, pour la désigner, une graine à la portée de tous, la grosse fève des marais. Dans la pellicule extérieure, facile à séparer quand la fève n'est pas desséchée, il signale d'abord une ouverture située à l'une des extrémités de la graine et correspondant à ce que Grew appelle la *radicule* (mot depuis universellement adopté) de l'embryon : c'est l'indice de la base de la graine. Cette ouverture (qui a été plus tard appelée *micropyle* par Turpin) varie beaucoup de grandeur.

« Il y a des graines où, fait observer Grew, elle est si petite qu'il est très-difficile de l'apercevoir sans l'aide du microscope, et dans quelques-unes il faut, pour la découvrir, couper une partie de la graine même, qui autrement en empêcherait la vue. » Le choix que l'auteur avait fait de la fève des marais, était très-heureux. Non-seulement toutes les parties intérieures qu'il voulait étudier, s'y trouvent grossies, mais il lui était facile de montrer que la peau ou pellicule, appelée plus tard *episperme*, qui recouvre la graine se compose manifestement de deux membranes : l'une extérieure, dure, qui reçut de Gaertner le nom de *testa*; l'autre intérieure, plus mince, qu'on appelle aujourd'hui *tegmen* ou *endoplèvre*.

Grew ne donna pas de nom particulier à ce qu'on appelle le *hile* ou ombilic (*h* de la fig. 1), « endroit où se rompt le pédicule auquel la graine est attachée.» Mais il eut soin de faire remarquer que l'ouverture signalée, le *micropyle* (*m* de la fig. 1) peut se trouver dans des points différents, plus ou moins éloignés du hile, mais toujours correspondant à la radicule. Il distingua nettement l'embryon proprement dit du corps de la graine, corps amylacé, huileux, qu'on est depuis convenu d'appeler l'*amande*. Il indiqua, outre la radicule, ce qu'il nomme la *plume* (plumule), partie qui fait suite à la radicule et forme, par son développement, la tige de la plante; « elle se divise, dit-il, au sommet en plusieurs branches, de sorte qu'elle ressemble à un petit bouquet de plumes, et c'est pour cela que je lui donne, dit l'auteur, le nom de *plume*. » On voit que Grew réunissait sous un même nom la *tigelle* et la *gemmule*, parties qui furent distinguées par la suite.

Le même auteur a fait aussi le premier connaître la véritable nature des fleurs composées, dont les centres jaunes ou *cœurs-fleuris*, comme on les appelait alors, étaient pris pour des étamines. « Les cœurs-fleuris, comme ceux des soucis, des fleurs de tanaisie, sont ordinairement, dit-il, appelés *étamines*, parce qu'on les voit composés de filets simples, *quasi stamina;* mais les observations que j'ai faites m'ont persuadé qu'ils ne sont pas bien nommés, car quelque différentes que soient les véritables étamines de diverses fleurs, les prétendues étamines des cœurs-fleuris (capitules) qui ne paraissent être que de simples filets, sont chacune composées de deux ou de plusieurs parties différentes et qui ont toutes des figures de petites fleurs : c'est pour cela que je les appelle *fleurons*.

Il fallut attendre jusqu'au dix-septième siècle de notre ère pour apprendre à distinguer ce qui aurait dû sauter aux yeux de tous les passants depuis l'apparition de l'homme sur le globe terrestre. Preuve nouvelle que l'œil du corps est fort peu de chose sans le concours de l'œil, si lentement développé, de l'esprit.

Marcel *Malpighi* avait pris l'anatomie microscopique pour objet de presque tous ses travaux. Né en 1628 à Crevalcuore dans le Bolonais, il perdit de bonne heure ses parents et fut longtemps indécis sur le choix d'une carrière. D'après le conseil de son professeur de philosophie, Fr. Natalis, il se mit à étudier la médecine à Bologne. Ce fut là que se développa son goût pour l'anatomie, sous la direction des professeurs Massari et Mariano. Reçu docteur en 1653, il passa, comme professeur, de l'université de Bologne à celle de Pise, où il se lia d'amitié avec Borelli : mais l'air vif de Pise ayant été contraire à sa santé, il revint bientôt à Bologne reprendre son ancien poste. C'est là qu'il publia son premier ouvrage sur la structure des poumons (*De pulmonibus observationes anatomicæ;* Bologne, 1661, in-fol.). En 1662, il accepta une place de professeur à Messine, et en 1691 on le voit à Rome occuper le poste de premier médecin d'Innocent XII. Il y mourut trois ans après, à l'âge de soixante-sept ans. Pour honorer la mémoire de Malpighi, Linné a établi le genre *malpighia* comme type de la famille des malpighiacées.

En 1675, Malpighi avait dédié à la Société royale de Londres, dont il était membre depuis 1669, un travai mportant sur l'anatomie microscopique des plantes : *natome plantarum*, Londres, 1675, in-fol., ouvrage conenant 54 planches sur cuivre, et suivi, en guise d'appendice, de l'anatomie du poussin (*De ovo incubato*), le out magnifiquement imprimé aux frais et par ordre de a Société royale. L'auteur commence ses recherches par e *tissu cellulaire* qui entre dans la constitution de tous es végétaux, et en forme quelquefois des parties entières. En l'examinant au microscope, il montre ce tissu composé de vésicules de forme variable, auxquels il donna e premier le nom d'utricules (*utriculi*). C'est pourquoi n appelle aussi le tissu cellulaire *tissu utriculaire*. Comme démonstration, il choisit d'abord épiderme du maïs, et en fit le dessin ue voici (fig. 2).

Puis, il observa le même tissu sur l'épiderme du poirier, de la chicorée, de ache, du chanvre, du saule, du peulier, etc. Il fit voir que les utricules que e tissu présente sont soudées entre elles ar une substance intercellulaire, qui a epuis reçu le nom de *cystoblastème*. Cette structure, signalée pour la première ois par Malpighi, a été parfaitement mise en lumière par des observateurs lus récents, notamment par Sprengel, inck, Dutrochet, etc. Pour séparer la matière soudante des utricules soudées, il suffit de faire ouillir le tissu cellulaire pendant quelques minutes dans e l'eau. La moelle des plantes n'est formée que de tissu triculaire.

2

Malpighi comprenait sous le nom de réseau fibreux, *rete fibrosum*, tout à la fois le tissu utriculaire et le tissu fibreux roprement dit, qui n'est en effet qu'une modification du premier. Cependant dans ses dessins, particulièrement dans celui qui représente (tab. IV, fig. 19 de l'*Anatome plantarum*) une portion de la surface d'une tige de ronce décortiquée, il indique (voyez fig. 3) les cellules allongées et obliques à leurs extrémités, qu'on donne comme caractéristiques pour distinguer le tissu utriculaire du tissu fibreux.

Il fut aussi le premier à signaler l'analogie de structure et de fonction de certains vaisseaux de plantes avec les vésicules pulmonaires (*vesiculi pulmonares*) des insectes, et il leur donna le nom de *trachées*; mais il les représenta assez mal, comme le montre la figure ci-dessous (fig. 4), empruntée à son ouvrage.

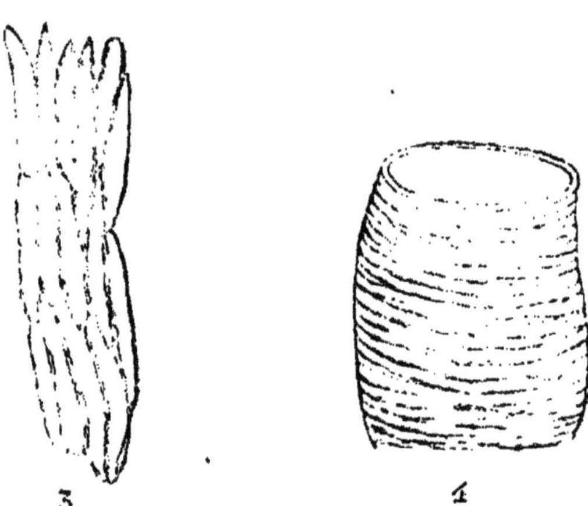

3 4

Malpighi admettait l'élasticité des lames spirales qui composent les trachées, et même la possibilité de se dilater et de se contracter alternativement pendant la respiration. Il en montra la présence dans l'écorce aussi bien que dans les fleurs. Quant aux différentes espèces de vaisseaux que le microscope a fait découvrir dans les plantes, il règne encore beaucoup d'obscurité dans les descriptions et dessins du célèbre phytotomiste.

Les recherches de Malpighi sur la germination sont classiques. Les termes qu'il emploie, presque tous adoptés depuis, montrent l'analogie qui existe entre l'embryon qui se développe dans la graine, et l'embryon qui se développe dans la matrice. Les mots d'*ombilic*, de *cordon ombilical*, de *secondine*, de *péricarpe*, etc., sont de sa création. La fleur, par laquelle il entendait le *calice* et la *corolle*, ne fait que protéger, suivant lui, l'embryon naissant. L'*étamine*, qu'il représente comme étant composée du filet (*petiolus*) terminé par l'anthère, sorte de capsule (*capsula*), ne devait servir qu'à l'élaboration et à la dépuration des humeurs du végétal. Les dessins qu'il donne des grains du pollen, contenus dans les loges (*loculi*) de l'anthère, ne sont pas d'une parfaite exactitude microscopique. Le style, à sommet plus ou moins élargi, n'était également pour lui qu'un organe accessoire de l'ovaire.

Grew et Malpighi, bien que personne n'ait poussé aussi loin qu'eux l'anatomie et la physiologie végétale, n'avaient pas encore des idées bien nettes sur le sexe des plantes. Cependant on ne manquait pas d'indices sur l'existence de ces organes. Ainsi, en 1604, Adam Zaluzanius traita du sexe des plantes dans *Methodus herbaria* (Francf., in-4°). Il affirme que la plupart des plantes sont hermaphrodites ou androgynes (les deux sexes réunis dans une même fleur), et que quelques-unes seulement ont les deux sexes séparés.

Jacques Robert, directeur du jardin d'Oxford, avait fait, en 1681, d'accord avec Grew, des expériences sur le compagnon blanc (*Lychnis dioica*, L.), plante très-commune dans nos climats. Il en était résulté ce fait, que les ovules des fleurs de la tige fructifère avortent ou demeurent stériles, s'ils ne se trouvent pas en contact avec les anthères ou sachets polliniques des fleurs de la tige staminifère. Sherard, Blair, Ray eurent connaissance de ce fait important; et dès 1686 on voit Ray s'étendre sur la fonction fécondante des anthères[1].

Rodolphe-Jacques *Camerarius* (né à Tubingue en 1665, mort en 1721), de la même famille que Joachim Camerarius, dont nous avons parlé plus haut, alla plus loin dans cette voie. Dans une lettre adressée en 1694 à Valentin[2], il fit voir que les graines sont impropres à la reproduction lorsqu'elles viennent de fleurs qui ont été dépouillées de leurs étamines. Il avait fait des expériences sur le chanvre, dont les graines ne germaient point quand il n'y avait pas de tiges à fleurs staminifères.

Après Grew et Malpighi, *Leeuwenhoek* (né en 1632, mort en 1723) examina soigneusement au microscope le tissu cellulaire et les différentes transformations de ce tissu. Il nia les différences sexuelles des plantes, aperçut les conduits intercellulaires, trouva des trachées dans le tronc même des arbres et signala le premier les vaisseaux ponctués, rayés, etc., que les phytotomistes de notre époque ont fait particulièrement connaître.

La physiologie végétale eut pour promoteurs Claude Perrault, Dodart, Mariotte, etc.

Claude *Perrault* (né en 1613, mort en 1688), aussi bon anatomiste qu'architecte, comprit, l'un des premiers, la nécessité d'admettre une circulation de la sève dans les plantes. La racine remplissait, suivant lui, les fonctions du cœur, aspirant les sucs de la terre (*sève ascendante*) pour les faire en partie évaporer par les feuilles qu'il supposait aider la maturation des fruits. Mais la plus grande partie des sucs absorbés par les racines devait redescendre (*sève descendante*) en passant entre l'écorce et le bois. Pour le démontrer, il fit, expérience souvent répétée depuis, une forte ligature autour d'un arbre, et constata,

1. *Hist. plant.*, t. I, p. 17.

2. *De sexu plantarum Epistola*; Tubing., 1694, in-4°, inséré dans les *Miscellan. nat. Cur.*, *decad.* III; réimprimé en 1749.

au bout de quelque temps, une intumescence marquée de l'écorce au-dessus de l'étranglement artificiel[1].

Denis *Dodart* (né en 1634, mort en 1707), auteur d'un grand nombre de notices scientifiques, notamment de la *Préface des mémoires pour servir à l'histoire des plantes*, publiés en 1660 par l'Académie des sciences, essaya de résoudre des questions d'un vif intérêt.

Pourquoi la tige, demandait-il, tend-elle toujours à s'élever? Pour répondre à cette question, il fit intervenir l'action des rayons solaires, agissant sur les fibres et les sucs de la tige autrement que sur ceux de la racine[2]. Le premier il considéra le végétal comme un être collectif, composé d'une multitude de germes ou de bourgeons, dont chacun est capable de produire un individu. Il calcula ainsi qu'un ormeau de taille moyenne peut produire au moins 1584 millions de germes.

Edme *Mariotte* (mort en 1684) publia, en 1679, sous forme d'une lettre adressée à Lantin, conseiller au parlement de Bourgogne, un *Essay de la végétation des plantes*. Il y traite particulièrement de la composition des plantes d'après les idées chimiques d'alors. Mais on y rencontre aussi quelques considérations de physiologie végétale fort intéressantes. Ainsi, par exemple, il explique l'ascension de la sève par la loi de la capillarité; « car partout, dit-il, où il y a des tuyaux très-étroits qui touchent l'eau, celle-ci y entre et même elle y monte contre sa pente naturelle. » Il observa aussi le premier que le suc coloré des plantes circule dans des vaisseaux différents de ceux qui contiennent la sève ou suc incolore. Les poils dont certaines plantes sont couvertes, il les considérait comme destinés à sucer la rosée et la pluie, parce que les herbes aquatiques en sont dépourvues. Pour savoir comment se fait la maturation des fruits et des graines, Mariotte n'hésite

1. *Essais de physique*, 4 vol. in-12 (Paris, 1680-1688).
2. *Mém. de l'Acad. des sciences*, année 1700, p. 78.

pas à reconnaître « qu'il faut remarquer et considérer beaucoup de choses. » Aussi sa théorie laisse-t-elle beaucoup à désirer.

Paul *Reneaulme*, médecin de Blois, émit, au commencement du dix-septième siècle, l'idée que la fonction des feuilles consiste à absorber l'humidité et l'air pour élaborer la sève[1].

Daniel *Coxe* communiqua à la Société royale de Londres des observations sur l'ascension de la sève entre l'écorce et le bois.

Dedu, médecin de Montpellier, traita, dans son livre *De l'âme des plantes* (Leyde, 1685, in-12), une question déjà soulevée par les anciens et reprise de nos jours. Il croyait à la génération spontanée, comme Boccone et Triumfetti, auteur des *Observationes de ortu et vegetatione plantarum*; Rome, 1685, in-4°.

Botanistes voyageurs.

Le Mexique, le Pérou, le Brésil sont les premières régions qui, peu de temps après la découverte du Nouveau-Monde, aient été explorées par des naturalistes, témoins Hernandez, Pison, Margraff, etc., dont nous avons parlé plus haut. Ce fut bientôt le tour de l'Amérique septentrionale, où quelques Anglais, sous la conduite de William Penn, fondèrent, en 1682, sur les bords de la Delaware, la ville de Philadelphie.

1. Ce même médecin avait imaginé de donner des noms grecs aux plantes décrites dans son *Specimen historiæ plantarum*; Paris, 1611, in-4°. Aussi, il appelle [illegible] la gentiane asclepias, [illegible] (plante à couronne velue).

Jean *Banister* (mort vers 1689) s'était fixé au sud de la Delaware, dans une contrée d'un climat doux, où avaient été créés les premiers établissements européens, en 1584, sous le règne d'Élisabeth, contrée littorale qui reçut, en l'honneur de cette reine célibataire, le nom de *Virginie*. Il y passa son temps à collectionner les plantes et les insectes les plus curieux, à les décrire et à en dessiner une grande partie. Il envoya, en 1680, un catalogue des plantes de la Virginie à J. Ray, qui le publia dans le t. II, p. 1928, de son ouvrage. Un jour, gravissant un rocher escarpé pour y aller chercher une plante, le pied lui glissa, et il tomba dans un précipice où il se fracassa la tête. L'herbier de Banister tomba dans les mains de Sloane. Pour honorer la mémoire de ce martyr de la science, Houston établit le genre *banistera*.

Hans *Sloane* (né en 1660 en Irlande, mort en 1753 à Chelsea) accompagna en 1687, comme médecin, le duc d'Albemarle, qui venait d'être nommé gouverneur de la Jamaïque. Il profita du séjour d'un an dans cette île pour en étudier la flore, et en rapporter en Angleterre quatre-vingts espèces. Il publia le résultat de son travail sous le titre de : *Catalogus plantarum quæ in insula Jamaica sponte proveniunt vel vulgo coluntur*; Lond., 1696, in-8°. Il avait aussi exploré l'île de Madère, les Barbades, etc., comme le montre son ouvrage, devenu très-rare, intitulé : *Voyage to the islands Madera, Barbadoes, Christopher*, etc., Lond., 1707-1725, 2 vol. in-fol., avec 274 planches. Parmi les plantes pour la première fois décrites par Sloane, et qui, en 1688, passaient encore pour nouvelles, on remarque : *Justicia nitida* et *j. comata*, *ipomœa violacea* et *i. parviflora*, *jacquinia armillaris*, *sophora occidentalis*, *melastoma argenteum*, *clethra tinifolia*, *rubus jamaicensis*, *erigeron jamaicense*, *aristolochia odoratissima*, *begonia acutifolia*, *juniperus virginiana*, *pteris heterophylla*, etc. — Sloane fit un des premiers connaître les fougères arborescentes des régions tropicales. Collaborateur de J.

Ray, il fut nommé, après la mort de Newton, en 1727, président de la Société royale de Londres. A l'âge de quatre-vingts ans, il se démit de toutes ses places pour se retirer à Chelsea, où il mourut à quatre-vingt-treize ans.

Charles *Plumier* (né à Marseille en 1648, mort en 1704 au port de Sainte-Marie, près Cadix). Entré de bonne heure dans l'ordre des Minimes, instruit dans la botanique par Boccone et Tournefort, il accompagna, en 1689, Surian dans les Antilles françaises, pour étudier les productions naturelles de ces îles. Une pension et le titre de botaniste du roi furent la récompense de son zèle. Par ordre de Louis XIV, il visita encore deux fois l'Amérique, en 1693 et 1695, et fit des courses multipliées dans l'île de Saint-Domingue et sur la côte méridionale du Mexique. Chargé de l'étude des meilleures espèces de quinquina, il allait s'embarquer de nouveau, lorsqu'il mourut d'une fluxion de poitrine, à l'âge de cinquante-six ans.

On se fait difficilement une idée de l'activité prodigieuse déployée par Plumier pendant une vie relativement bien courte. Outre ses ouvrages imprimés (*Descriptions des plantes de l'Amérique*, Paris, 1693, in-fol., avec 108 planches; *Nova plantarum americanarum genera*, Paris, 1703, in-4°, avec 40 pl., supplément aux *Institutions* de Tournefort; *Traité des fougères de l'Amérique*, 1705, in-fol., avec 172 pl.; *Plantarum americanarum fascic. X*, ouvrage posthume, édité par Burmann, à Amsterdam, 1755-1760, in-fol., avec 262 planches), il a laissé de nombreux manuscrits, dont une partie (22 vol. in-fol.) se conserve à la Bibliothèque nationale et au Muséum d'histoire naturelle de Paris; d'autres ont été dispersés en Hollande et en Allemagne; plusieurs ont été perdus. Dessinateur aussi habile que fécond, il fit, au simple trait, un grand nombre de figures de plantes et d'animaux. Le nombre de ces figures, d'une rare exactitude, s'élève à près de 6000 dans le catalogue du P. Feuillet. La plupart des genres, établis par Plumier et presque tous dédiés à des botanistes ou voyageurs de mérite, ont été conservés par Linné et ses successeurs. Parmi ces genres nous citerons : *Maranta*, *cordia*, *lonicera*, *fuchsia*, *dorstenia*, *cæsalpinia*, etc. Quant aux espèces qu'il a le premier décrites, elles sont trop nombreuses pour être énumérées ici.

Louis *Feuillet* (né en 1660, mort à Marseille en 1732), de l'ordre des Minimes, joignit la connaissance de l'astronomie à celle de la botanique. Il visita dans un premier voyage (de 1703 à 1706) les Antilles et la côte de Caracas; dans un second voyage il parcourut le Chili et le Pérou (de 1709 à 1711). Il en rapporta les matériaux de son *Histoire des plantes médicinales qui sont les plus d'usage aux royaumes du Pérou et du Chili*, etc.; Paris, 1714, 3 vol. in-4°, avec planches. On y trouve la description de plusieurs espèces nouvelles.

William *Dampier* (né à East-Coker en 1652, mort en 1710), qui visita comme corsaire les côtes de l'Amérique, les îles de l'océan Pacifique, la Nouvelle-Hollande et les Indes orientales, a décrit, dans sa Relation, un certain nombre de plantes jusqu'alors inconnues, particulièrement celles de la Nouvelle-Hollande[1]. Parmi ces dernières nous mentionnerons : *metrosideros hispidus*, *solanum ferox*, *glycine coccinea*, *casuarina equisetifolia*, *banksia oleæfolia*, *lobelia oleæfolia*. Dampier est le premier navigateur qui nous ait donné quelques renseignements sur la flore si singulière de la Nouvelle-Hollande, découverte en 1642 par le Hollandais Tasman.

Pendant que le Nouveau-Monde était ainsi ouvert aux investigations de la science, les *Indes orientales* furent explorées par Bontius, Grimm, Rheede, Rumphius; la *Chine* et le *Japon*, par Boym, Cloyer, Neuhoff, Kæmpfer; l'*île de Khusan* et les *îles Philippines*, par Cuningham et Kamel. L'*île de Madagascar* eut Flacourt pour explorateur :

1. *New Voyage round the world*, etc. Lond., 1699, in-8° ; traduit en français, Rouen, 1715, 5 vol. in-12, avec cartes et figures.

l'*Égypte* et l'*Afrique boréale* furent visitées par Vesling et Cluyt. L'*Asie Mineure* fut parcourue par Sherard et Wheler. Les régions même de l'extrême nord, l'*Islande* et le *Groënland*, furent abordées par suite de cette ardeur d'exploration, qui devait bientôt embrasser tout le globe terrestre. Un mot sur la vie et les travaux de ces voyageurs.

Jacques *Bontius*, natif de Leyde, résida, vers le commencement du dix-septième siècle, dans les possessions hollandaises des Indes orientales. Il en fit connaître les principales productions employées en médecine, et rectifia beaucoup de passages de Garcias ab Horto, d'Acosta et de Nicolas Monardes, dans son traité *De medicina Indorum libri IV* (Leyde, 1642, in-12), réimprimé à la fin de l'ouvrage de Prosper Alpin, *De medicina Ægyptiorum* (Paris, 1645, in 4°). Parmi les nouvelles espèces décrites par Bontius, nous citerons : le thé (*thea viridi*), *saverrhoa carumbola*, la rose de Chine (*hibiscus rosa sinensis*), *morinda citrifolia*, *piper siriboa*, etc.

Nicolas *Grimm* (né en 1641, mort en 1711), médecin de Stockholm, visita, vers la fin du dix-septième siècle, l'Hindoustan, d'où il envoya à l'Académie des Curieux de la Nature les dessins et les descriptions du *nepenthes distillatoria*, d'un liseron à racine de salsepareille, et de l'igname (*dioscorea sativa*)[1].

Adrien *van Rheede tot Draakenstein* (mort en 1699 profita de sa haute position de gouverneur général des établissements hollandais de l'Inde pour satisfaire son goût pour la botanique et commencer la publication d'un ouvrage monumental, intitulé *Hortus malabaricus*. Pour la mise au jour de cet ouvrage, qui ne fut terminé qu'après la mort du gouverneur (Amsterdam, 1670-1703, 12 vol. in-fol., accompagnés de nombreuses et magnifiques planches), Rheede avait été secondé par Arnold Syen, G. ten Rhyne,

1. *Ephemerid. Nat. cur.*, *decad.* II, *an.* 1 et 3.

J. Commelyn, mais surtout par le P. Mathieu de Saint-Joseph, carme napolitain. Missionnaire dans l'Inde depuis plus de trente ans, le P. Mathieu avait recueilli, aidé de ses néophytes, toutes les plantes qui lui paraissaient dignes d'être peintes et décrites. Comme les dessins et les descriptions du carme missionnaire n'étaient pas tous exempts d'erreur, Rheede chargea Jean Cascarius, missionnaire évangélique en Cochinchine, d'en faire le triage pour choisir ce qu'il y avait de plus exact. Parmi les nombreuses espèces végétales qui se trouvent pour la première fois décrites et dessinées dans le *Hortus malabaricus*, nous citerons : *costus speciosus*, *nerium odorum*, *tradescantia malabarica*, *celtis orientalis*, *daphne polystachya*, *eugenia malaccensis*, plusieurs espèces de *bignonia* (*b. spathica*, *chelonoïdes*, *indica*, *longifolia*), *avicennia tomentosa*, *bombax neptophyllum*, etc.

G. Everhard *Rumpf* (né à Hanau en 1637, mort en 1707), livré au commerce, se rendit dans les Indes orientales et y devint gouverneur des îles Moluques. Au milieu des splendeurs de la flore tropicale, il se mit à dessiner les plantes qu'il avait sous ses yeux, et bientôt aidé d'un certain nombre de jeunes botanistes, graveurs et descripteurs, il commença, en 1690, un ouvrage magnifique, qui, après la mort de Rumpf, fut continué et mis au jour par les soins de J. Burmann, sous le titre de *Herbarium amboinense*, Amsterd., 1741-1751, 7 vol. in-fol. Au nombre des espèces nouvelles qui s'y trouvent décrites et figurées, on remarque : *amomum echinatum* et *a. villosum*, *eugenia javanica*, *begonia tuberosa*, *urtica nivea*, *areca spicata*, etc.

Le *Hortus malabaricus* et le *Herbarium amboinense* forment la flore la plus splendide et jusqu'alors la plus complète de l'Indoustan et des îles de la Sonde.

Michel *Boym* (mort en 1659), missionnaire polonais de l'ordre des Jésuites, esquissa le premier une flore de la Chine, *Flora sinensis*, opuscule imprimé à Vienne en 1656 (traduit en français dans Thevenot). Il fut suivi dans cette voie par André *Cleyer*, natif de Cassel, médecin de la Compagnie hollandaise de Batavia. Ses lettres sur la flore de la Chine et du Japon se trouvent dans B. Valentin, *Historia simplicium*, p. 377 et suiv. Il a publié sous son nom une traduction des quatre livres de Wang-cho-Ho, sur les médicaments simples des Chinois (*Specimen medicinæ sinensis*; Francf., 1682). On a aussi de Cleyer des observations sur différentes plantes du Japon, avec des dessins, insérés dans les Éphémérides des Curieux de la Nature. On y remarque, comme espèces nouvelles : *ligustrum japonicum*, *evonymus japonicus*, *vitis japonica*, *lilium japonicum*, *eurya japonica*, *broussonetia papyrifera*, etc.

Jean *Neuhof*, dans sa Relation de l'ambassade de la compagnie hollandaise des Indes auprès du premier empereur mandchou-tatare de la Chine[1], donne (p. 319-345) la description et les dessins des principales productions du Céleste-Empire, parmi lesquelles nous signalerons particulièrement le thé ou *Tcha*, et le *smilax china*. Les détails dans lesquels il entre relativement à la culture du thé, dont l'usage commençait seulement à s'introduire en Europe, sont très-curieux.

Engelbert *Kæmpfer* (né à Lemgo en 1651, mort en 1716) fut le premier à ouvrir sérieusement le Japon aux investigations des naturalistes européens. D'un irrésistible penchant pour les voyages, il avait déjà parcouru les principales contrées de l'Europe et visité une partie de l'Asie, lorsqu'il s'embarqua, le 7 mai 1690, comme médecin, à bord du navire de commerce envoyé tous les ans par la Compagnie des Indes néerlandaises aux îles du Japon. Il revint en Europe en 1693, et mourut dans sa ville natale, à l'âge de soixante-cinq ans, après avoir fait paraître les

1. *Die Gesandschafft der Ost-Indischen Gesellschaft an den Tartarischen Cham, und nunmehr auch Sinischen Keyser*, etc. Amsterd., 1669, in-fol., avec de nombreuses figures intercalées dans le texte.

principaux résultats de ses observations sous le titre d'*Amœnitatum exoticarum physico-politico-medicarum fasciculi V*, Lemgo, 1712, in-4°, avec gravures. Le cinquième fascicule contient la description des plantes japonaises collectionnées par l'auteur et par ses disciples originaires du Nippon. Les manuscrits laissés par Kæmpfer restèrent inédits jusqu'à ce que Hans Sloane les eût acquis des héritiers de l'illustre voyageur et en eût ordonné, en partie, la traduction et la publication sous le titre de *History of Japon and Siam, written in high deutsch by Engl. Kæmpfer, and english'd by J. G. Scheuchzer*; Lond., 1727, 2 vol. in-fol. Cet ouvrage ne tarda pas à être traduit en français par Des Maiseaux, sous le titre d'*Histoire naturelle, civile et ecclésiastique de l'empire du Japon*, la Haye, 1729, 2 vol. in-fol.; ibid., 1731, 3 vol. in-12, avec planches et cartes. En appendice se trouvent plusieurs extraits des *Amœnitates exoticæ*. Ce n'est qu'en 1773 qu'il parut en allemand, langue dans laquelle l'auteur avait primitivement rédigé son travail. Cette version originale (Lemgo, 2 vol. in-4°) est préférable aux traductions qui l'avaient précédée.

L'herbier de Kæmpfer est conservé au *British Museum*. Les noms japonais et les noms latins, inscrits à côté des échantillons de cet herbier, facilitent l'établissement de la synonymie botanique. D'après cet herbier et les papiers de Kæmpfer, Banks publia, *Icones selectæ plantarum quas in Japonia collegit et delineavit Eng. Kæmpfer, ex archetypis in museo Britannico asservatis*; Lond., 1791, in-fol. (89 planches). Parmi les plantes que Kæmpfer a fait le premier connaître, nous citerons : le vernis du Japon (*rhus vernix*), *aralia japonica*, *hemerocallis japonica*, *phytolacca octandra*, le néflier du Japon, *bignonia catalpa*, *aucuba japonica*, *cupressus japonica*, *daphne odora*, etc.

Jacques *Cunningham*, chirurgien de la compagnie anglaise des Indes orientales, résida successivement à Emouï, sur la côte de la Chine, dans l'île de Khusan, à Pulo-Condor, collectionna de nombreuses plantes dans ces différentes localités, et les envoya à Ray, à Plukenet et à Petiver, qui les ont décrites et figurées dans leurs ouvrages. Il a le premier fait connaître la flore de l'île de l'Ascension, dans les *Transactions philosophiques* de Londres, année 1699, p. 298 et suiv. Cette flore, si pauvre, se compose de quelques espèces d'euphorbe (*euphorbia origanoides*, *e. chamæsyce*), d'une espèce de liseron (*convolvulus pes capræ*), et d'une espèce de *sida* (*s. fœtida*). R. Brown a dédié à la mémoire de Cunningham le genre *cunninghamia*, de la famille des Rubiacées.

G. Joseph *Kamel*, natif de Brünn en Moravie, résida longtemps aux îles Philippines, comme pharmacien de la société des missionnaires jésuites de Manille. Ce fut de Luçon, principale des îles Philippines, qu'il envoya, à partir de 1693, un grand nombre de plantes à Petiver et à Ray. Ces plantes se trouvent décrites dans l'appendice au t. III de l'Histoire des plantes de Ray (*Herbarum aliarumque stirpium in insula Luzone, Philippinarum prima, nascentium, a R. P. Georgio Josepho Camelio, observatarum et descriptarum Syllabus*). A côté d'espèces connues s'en trouvent d'autres, jusqu'alors tout à fait inconnues, telles que *bradleya philippica*, *illicium anisatum* (anis étoilé), etc. Kamel fit le premier connaître la fève de Saint-Ignace, d'où l'on tire la strychnine, et il publia un petit traité des plantes grimpantes de Manille dans les *Philosoph. Transact.* vol. XXI, p. 88, et vol. XXIV, p. 1709. Linné lui a consacré le genre *camelia*, composé de beaux arbustes, originaires du Japon.

L'île de Madagascar est une des terres les plus riches en plantes. Les Français y fondèrent en 1652 les premiers établissements de commerce. Etienne *de Flacourt*, (né à Orléans en 1607, mort en 1660), nommé directeur général de la compagnie de l'Orient, profita de sa position pour faire explorer l'île de Madagascar, et donna des renseignements qui jusqu'alors avaient complétement manqué. Sa *Relation de la grande isle de Madagascar* (Paris, 1658, in-4 ; 2e édit. ibid., 1661, in-4°) contient un chapitre intéressant sur la végétation de cette île. Les figure qui représentent les plantes, sommairement décrites, son de très-petite dimension et d'un dessin tout à fait primitif. Parmi ces plantes on remarque comme nouvelles : *strychnos spinosa*, *agathophyllum aromaticum*, *lirianthum trinervium*, *humbertia madagascariensis*, etc. Flacourt a le premier décrit avec détail, sous le nom indigène d'*onramitaco*, le *nepenthes madagascariensis*, plante extrêmement remarquable par la pointe de sa feuille terminée en un petit cruchon muni de son couvercle, le tout ayant l'apparence d'une fleur ou d'un fruit. « C'est, dit-il, une plante qui vient haute de deux coudées, qui porte au bout de ses feuilles, longues d'une paulme, une fleur ou fruit creux, semblable à un petit vase qui a son couvercle : cela est très-admirable à voir; il y en a de rouges et de jaunes, les jaunes sont les plus grandes. Les habitants de ce pays ont un scrupule de cueillir les fleurs (les petits vases munis de leurs couvercles), disant que quiconque les cueille en passant il ne manque pas la même journée de pleuvoir, ce que j'ai fait, et il n'a pas plu pour cela. »

L'Heritier a donné le nom de *flacourtia ramontchi* à un arbrisseau épineux, que Flacourt a le premier fait connaître sous le nom indigène d'*alamoton*.

Auger *Cluyt*, fils de *Clutius* (nom latinisé de *Cluyt*), premier directeur du jardin botanique de Leyde, fondé en 1577, visita trois fois la côte septentrionale de l'Afrique, et eut le malheur d'être pris et dépouillé par les Bédouins, des mains desquels il parvint cependant à s'échapper ; car en 1631 il fit paraître à Amsterdam son *Art d'emballer et d'envoyer au loin les arbres, les plantes, les fruits et les grains*, et, trois ans après, il publia un traité *Sur la noix de coco* des îles Maldives.

Jean *Vesling*, natif de Minden en Westphalie, professeur à Padoue (né en 1598, mort en 1649), visita l'Égypte sur les traces de Prosper Alpin. Son ouvrage *De plantis Ægypti observationes* (Padoue, 1638, in-4°) contient, parmi les espèces pour la première fois décrites et dessinées, le liseron du Caire (*convolvulus cairicus*), la jusquiame dorée, *momordica luffa*, *acacia vera*, etc.

L'Asie Mineure fut pour la première fois botaniquement explorée par William *Sherard*. Né en 1659 à Bushby dans le comté de Leicester, W. Sherard se passionna de bonne heure pour les excursions botaniques. En 1690, il visita l'île de Gersey, et envoya à J. Ray la liste des plantes qui y croissent. Trois ans après, on le trouve à la recherche des plantes dans les montagnes du Jura et notamment sur le mont Salève près de Genève. Il en envoya également le catalogue à J. Ray, qui le publia comme supplément à sa *Sylloge stirpium europæarum*. Nommé en 1602 consul de Smyrne, il profita de son séjour dans le Levant pour rassembler des échantillons de toutes les plantes de l'Asie Mineure et de l'Archipel, et commencer ce fameux herbier qui passait pour avoir contenu douze mille espèces. Il le légua à l'université d'Oxford, en même temps qu'une somme de 3000 livres sterling pour la création d'une chaire de botanique, avec la clause expresse que son ami Dillenius l'occuperait le premier. Sherard décrivit dans les *Transact. Philos.* (t. XXXII, p. 147) le sumac vénéneux (*rhus toxicodendron*), sous le nom de *poison-wood-tree*, indiqué par Plukenet sous le nom d'*arbor americana alatis foliis*. Il fut aussi l'éditeur du *Paradisus batavus* de P. Hermann, et probablement l'auteur du petit catalogue du Jardin des plantes à Paris, intitulé *Schola botanica, sive catalogus plantarum quas ab aliquot annis in Horto Regio Parisiensi studiosis indigitavit vir clarissimus Joseph Pitton Tournefort*, etc. *Edente in lucem* S. W. A. (Sherard William Anglus), suivi du *Prodromus Paradisi Batavi* de P. Hermann, Amsterd., 1699, in-18. — Dillenius, dans sa *Flora Gissensis* a donné le nom de Sherard à une rubiacée (*sherardia arvensis*), assez commune dans nos environs, comme dans toute l'Europe centrale.

Le Spitzberg et le Groenland furent visités en 1671 par Frédéric *Martens*, chirurgien de marine, natif de Hambourg. Il publia sa relation sous le titre de *Spitzbergsche und Grœnländische Reisebeschreibung* (Relation d'un voyage au Spitzberg et au Groenland); Hamb., 1675, in-4°, avec planches, ouvrage traduit en italien, en hollandais, en anglais et en français. On y trouve les premières observations qui aient été faites sur la végétation si pauvre des régions circompolaires de notre hémisphère. Au milieu de quelques descriptions très-imparfaites, on reconnaît les espèces suivantes, caractéristiques de la zone glaciale : *saxifraga nivalis*, *ranunculus glacialis*, *r. hyperboræus*, *cerastium alpinum*, *salix herbacea*, *cochlearia groenlandica*, etc.

LIVRE QUATRIÈME

PROGRÈS DE LA BOTANIQUE DEPUIS LE DIX-HUITIÈME SIÈCLE JUSQU'A NOS JOURS.

Dans les siècles précédents, les hommes s'étaient en quelque sorte emparés de la science pour l'accommoder à leurs usages ou se faire valoir par leurs conceptions systématiques. De là la nécessité de l'historien de mettre en relief certaines personnalités pour y rattacher le mouvement scientifique. A partir du dix-septième, les observations continuant à s'accumuler, c'est la science qui va s'emparer des hommes, pour les traîner en quelque sorte à sa suite. Là, les personnes doivent s'effacer devant les résultats de l'observation, qui marquent le besoin de s'identifier de plus en plus avec les mystères de la nature.

Ces résultats peuvent se ramener à trois divisions; nous les nommerons : 1° la *Phytonomie*, comprenant les systèmes de classification ou les groupements des plantes, suivant certaines lois ou méthodes, par familles, tribus, genres et espèces ; 2° la *Phytologie*[1], traitant de l'anatomie, de la physiologie, de la morphologie végétales; 3° la

1. Le mot *logos*, qui forme la terminaison de beaucoup de noms grécisés, ne signifie pas seulement *discours*, mais aussi *raison*. Le nom de *phytologie* est donc bien choisi par nous pour désigner les recherches qui portent sur la structure et les fonctions des plantes, sur la *raison* des choses.

Phytographie, ayant pour objet la description des espèces végétales de différents pays du globe, leur culture ou leur acclimatation, et leur distribution géographique.

I. Phytonomie.

Le système de Tournefort, que nous avons exposé plus haut, mit la discorde parmi les botanistes au commencement du dix-huitième siècle ; les uns l'admettaient en cherchant à le perfectionner ; les autres le rejetaient en essayant de le remplacer. Parmi les premiers se fit remarquer Sébastien Vaillant, et parmi les derniers, Dillenius.

La valeur des organes sexuels comme moyen de classification avait déjà commencé à poindre dans les travaux des prédécesseurs de Linné. Partisan des idées de Jung, de Ray et de Rivin, le médecin H. *Burkhard* (né en 1676, à Wolfenbüttel, mort en 1738) montra, dans une lettre adressée à Leibniz[1], qu'il faut chercher le caractère naturel, distinctif, invariable, des plantes, non pas dans la forme des fleurs, comme le voulait Tournefort, ni dans les racines, comme venait de le proposer Chr. Gakenholz, mais dans les organes de la fécondation et de la fructification. « Ces organes (étamines et pistils) sont, disait-il, bien plus importants que le calice et la corolle. C'est de là que doit partir toute vraie classification. » Il s'étendit ensuite sur le pollen contenu dans les anthères, décrivit la nature glandulaire du stigmate, propre à recevoir la poussière pollinique, et il fit le premier voir que les grains de pollen, reçus sur le stigmate, passent de là par le style dans l'ovaire. Il observa l'inégalité de longueur des

1. *De caractere plantarum naturali*, 1702; réimp. à Helmstædt, 1750, in-12, avec une préface de Heister.

étamines dans les crucifères et les labiées (deux étamines plus courtes sur les six étamines des crucifères et sur les quatre étamines des labiées), il signala la soudure des étamines par leurs filaments dans les malvacées et par leurs anthères dans les composées, enfin il fit ressortir l'importance de ces caractères pour classer les plantes par groupes naturels.

Admettant avec Tournefort les deux grandes divisions des végétaux en monocotylédones et en dicotylédones, Hermann *Boerhaave* (né près de Leyde en 1668, mort en 1738), aussi bon médecin que chimiste et botaniste, les subdivisa, à l'exemple de P. Hermann, en *gymnospermes* (plantes à graines nues) et en *angiospermes* (plantes à graines entourées d'enveloppes constituant le fruit). Séb. Vaillant insista, dans son opuscule *Sur la structure des fleurs* (Leyde, 1718, in-4°), sur la nécessité de tenir compte des caractères qui affectent les organes sexuels. Il pense que ce n'est pas le pollen lui-même, mais seulement un effluve (*spiritus*) de la poussière fécondante, qui pénètre jusqu'aux ovules contenus dans l'ovaire. Il rejette la division des plantes en arbres et en herbes, parce que les fleurs et particulièrement les organes sexuels sont souvent les mêmes dans les arbres que dans les herbes.

La découverte des animalcules spermatiques par Leuwenhoek porta quelques botanistes à les assimiler aux granules qui se meuvent (mouvement brownien) dans l'intérieur des grains de pollen : ces granules mobiles seraient les embryons tout formés, qui n'auraient ensuite besoin que de se développer dans l'ovaire végétal. C'est ce que *S. Morland* essaya de démontrer sur plusieurs liliacées, dont le style creux laisse facilement pénétrer le pollen jusqu'aux ovules de l'ovaire[1]. Supposant aux ovules un petit orifice par où devait s'introduire le pollen, il crut

1. *Act. Erudit.*, an. 1705, p. 275.

reconnaître le vestige de cet orifice même sur la graine mûre, tout près du hile, orifice déjà signalé par Malpighi (*micropyle* de Turpin)[1].

Les observations de Morland furent reprises par Claude-Joseph *Geoffroy* (né à Paris en 1685, mort en 1752). Celui-ci établit en fait que les anthères, qui ne manquent dans aucune plante, sont toujours disposées de manière à faciliter la fécondation des ovules par le pollen, et il montra, par des expériences faites sur le maïs, que les ovules ne deviennent de véritables graines qu'après avoir subi le contact du pollen[2]. Il étendit le système sexuel jusqu'aux champignons, et fut suivi dans cette voie par Ant. Réaumur.

Richard *Bradley* (mort en 1732, professeur de botanique à l'université de Cambridge), auteur de l'*Historia plantarum succulentarum* (Lond., 1716-1727, in-4°), qui contient la première description des différentes espèces de *mesembrianthemum*, s'occupa beaucoup du sexe des plantes. La fécondation se fait, suivant lui, parce que le pollen, de nature cireuse, est magnétiquement attiré par le stigmate. Il montra, par l'examen microscopique, que les grains polliniques de même forme caractérisent des groupes naturels de plantes. Ses connaissances horticoles lui permirent de faire de nombreuses expériences sur la production des variétés par des fécondations de fleurs d'espèces différentes[3].

L'étude des végétaux qui n'ont pas, en apparence, de système sexuel, fut pour la première fois sérieusement abordée par *Dillenius*[4]. Son ouvrage fondamental, *Historia muscorum* (Oxf., 1741, in-4°, avec de nombreuses planches,

1. *Annales du Museum*, t. XXXIX, p. 200.
2. *Sur la structure et l'usage des principales parties des fleurs*; dans les Mém. de l'Acad., année 1711.
3. *A new improvement of planting and gardening*; Lond., 1717, in-8.
4. Jean-Jacques *Dillenius*, né à Darmstadt en 1687, étudia la médecine à Giessen, et fit, en 1721, connaître la flore des environs de

dessinées et gravées par l'auteur), contient plus de cent genres nouveaux, encore aujourd'hui conservés. Il importe de noter que Dillenius prend le nom de *muscus*, mousse, dans le sens le plus étendu ; il décrit sous ce nom non-seulement les mousses proprement dites, mais des plantes qui en ont plus ou moins l'apparence, telles que les conferves, les lichens, les champignons filamenteux, les rhizospermes, les lycopodes et les hépatiques.

Ces végétaux, qui reçurent de Linné le nom de *cryptogames*, Dillenius les distribue en deux classes : en *musci* dépourvus de capitules fleuris (*capitulis floridis destituti*), et en *musci* pourvus de capitules fleuris. La première classe comprend les conferves (*musci* non peltés, ni tuberculés), et les lichens (*musci* peltés ou tuberculés). La seconde classe se subdivise 1° en *musci* à capitules durs, *polycoques*, ou *monocoques*, comme dans les *jungermannia*[3]; 2° en *musci* à capitules mous, comme dans les *marchantia*, dans les *bryum*, *hypnum*, *polytrichum*, etc. Dillenius fut plus de vingt ans à correspondre et à voyager pour réunir les matériaux de son *Histoire des mousses*. Linné, qui n'eut pas à s'en louer comme homme, lui a dédié le genre type de la famille des dilléniacées.

Ce que Dillenius avait fait pour les conferves, les lichens et les mousses, *Scheuchzer*, professeur à Zurich (né en 1684, mort en 1737), le tenta pour les graminées, les juncées et les cypéracées. Il insista sur la disposition des épillets, formant des épis ou des panicules, suivant qu'ils sont placés sur des axes ramifiés ou sur des axes non ramifiés. Cette distinction lui permit de séparer des genres qui avaient été jusqu'alors confondus. Il fit aussi

cette ville. Ayant montré des préférences pour J. Ray, aux dépens de Tournefort et de Rivin, il fut particulièrement apprécié en Angleterre. Devenu professeur de botanique à Oxford, sur la recommandation de W. Sherard, il y mourut en 1747.

3. Le nom de coque (*coccus*) est donné ici à la capsule fermée.

ressortir comme caractère générique l'insertion de l'arête sur le calice commun (glumelle) de l'épillet. Parmi les espèces qui ont été pour la première fois décrites par Scheuchzer dans son *Agrostographia* (Zurich, 1719, in-4°, réédité par Haller, en 1775, in-4°) on remarque : *holcus mollis, aira canescens, a. cæspitosa, poa alpina, p. nemoralis, festuca pratensis, bromus arvensis, b. giganteus, elymus europæus*, etc. Parmi les cypéracées, qui se distinguent des graminées par leur gaîne non fendue, on remarque : *carex brachystachys, c. limosa, c. lobata, c. fœtida*, etc., et, parmi les juncées, qui se distinguent des graminées et des cypéracées par leurs fruits capsulaires à trois valves, les *scirpus campestris, juncus spadiceus*, etc.

Scheuchzer eut pour émule Joseph *Monti* (né à Bologne en 1682, mort en 1760). Dans son *Catalogi stirpium agri Bononiensis Prodomus, gramina ac hujus modi affinia complectens* (Bolog., 1719, in-4° avec fig.), Monti, professeur de Bologne, a divisé les graminées en deux classes, en *herbes graminifoliées* et en graminées (*gramina*) proprement dites. Dans la première classe il range les genres *triticum, secale, hordeum, oryza, milium*, etc.; la seconde classe, il la subdivise en loliacées, phalaroïdées, avénacées, arundinacées, etc. Monti a le premier décrit les *carex glomeratus* et *c. serotinus*. Micheli a donné le nom de *montia* à un genre de portulacées.

Rejetant la doctrine sexuelle, Jules *Pontedera* (né à Vicence en 1688, mort en 1757), professeur à l'Université de Padoue depuis 1719, essaya, dans son *Anthologia sive De floris natura libri III* (Pad., 1720, in-4° avec pl.), de concilier le système de Tournefort avec celui de Rivin, en prenant pour base de ses divisions les fruits, le nombre des pétales et la forme des fleurs.

Pontedera soutenait que le pollen ne passe pas par le stigmate, mais que l'humidité des anthères descend, par les filaments, jusqu'à l'ovaire. C'est pourquoi, ajoutait-il, les étamines adhèrent souvent aux pétales et au tube de la corolle. Le suc mielleux, sécrété par le disque, devait servir à faire mûrir les graines. Il n'admettait pas que la poussière pollinique pût, dans les plantes dioïques, être transportée sur les ailes du vent, et il expliquait la fécondation des palmiers par des insectes qui, s'échappant des fleurs mâles, hâtent, comme dans les figuiers (caprification), la maturation des fruits.

Pontedera a mieux mérité de la science par son *Compendium tabularum botanicarum* (Padoue, 1718, in-4°), sorte de flore de l'Italie cisalpine, qui contient plusieurs espèces nouvelles. Linné lui a dédié le genre *pontederia*, type de la petite famille des pontédériacées, voisines des iridées.

Le système sexuel, attaqué par Pontedera, trouva un défenseur zélé dans le médecin écossais Patrice *Blair*, mort à Boston vers 1728. Dans ses *Botanical Essays* (Lond., 1720, in-8°, Blair recommandait de ne pas rejeter légèrement les faits acquis, en cas de doute de les mieux approfondir pour les rectifier, et de s'appliquer à bien caractériser les anciens genres. Il reprochait à Tournefort de ne pas avoir nettement distingué les ordres des genres, et, tout en reconnaissant que le pollen est nécessaire pour la fécondation, il ne croyait pas que cette poussière fécondante donnât aux ovules leurs embryons. J. *Logan* fit vers la même époque des expériences sur la fécondation des graines de maïs[1].

Le système de Rivin fut renouvelé avec quelques modifications par J. Ernest *Hebenstreit* (né en 1703 à Neustadt sur l'Orla, mort à Leipzig en 1757), dans *De continuanda Rivinorum industria* Leipzig, 1726, in-4°). Ce même naturaliste avait été envoyé par Frédéric-Auguste II, roi de Saxe et de Pologne, pour explorer les États Barbaresques. Il y passa près de deux ans; mais il ne publia pas les résultats de son voyage.

1. *Philos. Transact.* an. 1736, p. 192.

Le Hongrois G. Henri *Kramer* entreprit de concilier Rivin et Tournefort dans son *Tentamen novum, sive methodus Rivino-Tournefortiana* (Dresde, 1728, in-8°), où les plantes se trouvent classées par mois. Il créa, entre autres, la famille des personnées, d'après la forme de la corolle, et divisa les composées en celles dont les fleurs restent épanouies toute la journée et en celles qui se ferment vers midi. Quant à la doctrine de la fécondation par des organes sexuels, il la traitait d'inepte, d'impudique, d'ordurière, etc.

Enfin, parmi les botanistes dont les travaux préparèrent l'avénement de Linné, P. Antoine *Micheli* occupe le premier rang. Né en 1679, à Florence, il devint, en 1706, professeur à Pise, et il s'identifia si bien avec sa science favorite, que Sherard le mettait au-dessus de tous les botanistes contemporains. Il composa le premier un *Genera plantarum*, suivant la méthode de Tournefort (*Nova plantarum genera juxta methodum Tournefortii disposita;* Florence, 1729, in-fol. avec 108 pl.). Il s'occupa avec soin de la reproduction des lichens, des champignons et des mousses et créa les genres *marsilea, jungermannia, linckia, vallisneria, zannichellia*, etc. Dans les graminées, il décrivit le premier la glumellule comme une petite corolle interne dipétale, et il rangea cette famille entre la quatorzième et la quinzième classe de Tournefort. Il indiqua les vrais caractères des genres *scirpus, cyperus, schœnus, eriophorum*, fit une étude approfondie des *carex*, et décrivit le premier les *carex mucronata, c. panicea, c. pulicaris, c. divulsa, c. muricata* , etc. Il fit connaître presque toutes les espèces de *jungermannia*, et décrivit, comme espèces nouvelles, parmi les lichens : *parmelia plumbea, cetraria islandica*; parmi les champignons et byssus : *amanita incarnata, helvella infula, morchella gigas, botrytis simplex* et *ramosa, monilia glauca, racodium cellare*, etc.

Les esprits étaient ainsi partagés, lorsque le grand naturaliste suédois vint fixer l'état de la science. Né le 12 mai 1707 à Rashult dans le Smoland, Charles *Linné* reçut l'instruction élémentaire à l'école de son village, et, ayant montré un goût décidé pour l'histoire naturelle, il fut admis, en 1727, sur la recommandation du docteur Rothmann, à compléter ses études d'abord à l'université de Lund, puis à celle d'Upsal, où il eut pour maîtres et amis O. Rudbeck, fils de l'auteur des *Deliciæ Vallis Jacobææ*, et O. Celsius, auteur de l'*Hierobotanicon*. Ce fut après la lecture de la lettre de Burckhardt à Leibniz, et du discours de Vaillant sur la structure des fleurs, que Linné conçut, à l'âge de vingt-quatre ans, le plan de sa classification célèbre, fondée sur les considérations tirées des organes sexuels des plantes. Il l'exposa, en 1731, dans l'*Hortus Uplandicus*. Ici se présente un événement décisif pour les travaux du jeune naturaliste.

Stimulé par l'exemple des rois de Danemark, puissants promoteurs de la flore scandinave, Charles XI, roi de Suède, ordonna, en 1695, à O. Rudbeck de faire connaître la végétation de la Laponie. Le savant professeur visita cette région inhospitalière et en rapporta un grand nombre de plantes, la plupart inconnues jusqu'alors. Le premier volume venait de paraître, lorsque tout le tirage du volume et les matériaux de tout le reste de l'ouvrage, qui devait avoir sept volumes, furent détruits dans le fameux incendie d'Upsal, en 1702. Cependant le projet d'une exploration scientifique de la Laponie n'avait pas été abandonné. La Société royale des sciences de Suède chargea Linné de le réaliser. Le 13 mai 1732, Linné partit d'Upsal, ne portant avec lui que deux chemises, un portefeuille contenant du papier et des plumes, et un bâton sur lequel étaient marquées des mesures. Il se dirigea vers l'Angermannland, et faillit être tué par un quartier de roche qu'un guide fit maladroitement rouler sur lui pendant qu'il escaladait le mont Skula. A Uméa, on lui présenta le voyage de Laponie comme plein de périls à cette époque de l'année. Mais rien ne put le décourager. Il atteignit bientôt Lyksela, traversa à la nage le fleuve Jukta, franchit la Pithoa et la Luloa, passa les Alpes laponnes, parcourut la Finmark, visita Torneo, Abo, les îles d'Aaland et fut de retour à Upsal en novembre de la même année. Ce voyage, exécuté avec des moyens presque nuls, et si important par ses résultats scientifiques, nous montre Linné bravant les dangers, toujours préoccupé d'observer la nature et faisant éclater une joie d'enfant à chaque découverte d'une plante inconnue. Aussitôt après son retour, il publia, dans les *Actes de la Société royale de Suède*, le Prodrome de la flore laponne, et fit, plus tard, paraître l'ensemble de son travail sous le titre de *Flora lapponica, exhibens plantas per Lapponiam crescentes*, etc., Amsterd., 1737, in-8°. Parmi les espèces nouvelles qui y sont décrites et figurées, on remarque : *pinguicola alpina, p. villosa, azalea lapponica, andromeda hypnoides, erica cerulea, lychnis apetala, ranunculus lapponicus, pedicularis lapponica, p. flammea, p. hirsuta, cardamine bellidifolia, salix glauca, s. hastata, s. lapponum, cetraria nivalis*, etc.

C'est dans la *Flora lapponica* que Linné a fait le premier l'application du système de classification dont nous allons dire un mot.

« Il sera pour moi le grand Apollon, *erit mihi magnus Apollo*, » disait Linné de celui qui parviendrait à fonder la méthode naturelle sur des bases inébranlables. C'est le système de Linné qui forme la principale assise de cette méthode. Il repose sur les organes de la reproduction, comprenant les étamines (mâles) et les pistils (femelles). Ces organes sont ou visibles ou cachés ; de là la division générale des plantes en *phanérogames* (à organes sexuels visibles) et en *cryptogames* (à organes sexuels cachés). Les phanérogames peuvent avoir les deux sexes (étamines et pistils) réunis dans la même fleur, c'est-à-dire entourés du même périanthe, ou les avoir chacun dans une fleur différente. De là la division particulière des phanérogames en *hermaphrodites* ou *monoclines* (à un seul lit), et en *unisexuelles* ou *diclines* (à deux lits). Parmi les plantes hermaphrodites, qui forment l'immense majorité des espèces végétales, les unes ont les étamines libres, en nombre plus ou moins grand, à filets plus ou moins longs, les autres les ont soudées soit par les filets, soit par les anthères, mais distinctes du pistil; d'autres enfin les ont soudées avec le pistil. Ces distinctions (ordres et sections) ont permis d'établir vingt-trois classes. Les plantes cryptogames forment à elles seules la vingt-quatrième et dernière classe. Voici le tableau de la classification linnéenne :

I. PLANTES PHANÉROGAMES.

A. MONOCLINES OU HERMAPHRODITES.

a. Étamines libres.

Nombre d'Étamines :		*Classes.*
Une	1	*Monandrie*
Deux	2	*Diandrie*
Trois	3	*Triandrie*
Quatre	4	*Tétrandrie*
Cinq	5	*Pentandrie*
Six	6	*Hexandrie*
Sept	7	*Heptandrie*
Huit	8	*Octandrie*
Neuf	9	*Ennéandrie*
Dix	10	*Décandrie*
Onze	11	*Dodécandrie*
Plus de douze, souvent vingt	12	*Icosandrie*
Un grand nombre, jusqu'à cent et plus...	13	*Polyandrie*
Quatre étamines, dont deux à filets plus longs.	14	*Didynamie*
Six étamines, dont quatre à filets plus longs	15	*Tétradynamie*

b. Étamines soudées.

α. Par les filets, unis en un corps	16	*Monadelphie*
β. Id. en deux corps	17	*Diadelphie*
γ. Id. en plusieurs corps...	18	*Polyadelphie*
δ. Par les anthères (pistil distinct)	19	*Syngénésie*
ε. Par les anthères, attachées au pistil....	20	*Gynandrie*

B. DICLINES OU UNISEXUELLES.

Chaque sexe (étamines ou pistil) dans une fleur différente.

α. Sur le même pied........................	21	*Monœcie*
β. Sur deux pieds différents...............	22	*Diœcie*
γ. Sur des pieds différents ou sur le même pied avec des fleurs hermaphrodites...	23	*Polygamie*

II. PLANTES CRYPTOGAMES.

Champignons, lichens, mousses, fougères.

En jetant un coup d'œil sur ce tableau, on est d'abord émerveillé de la simplicité de cette classification. Il suffit, en effet, de compter et de désigner en grec les étamines ou mâles (ἄνδρες), pour connaître immédiatement toutes les classes jusqu'à la dixième inclusivement. Mais déjà une première difficulté se présente à la onzième classe : celle-ci devrait s'appeler *hendécandrie*. Or il n'y a pas de fleurs à *onze* étamines. La nature a sauté par-dessus ce nombre pour arriver sans transition au nombre douze (*dodécandrie*). Au delà, le nombre des étamines varie de quatorze à vingt (il n'y a pas de fleurs à treize étamines) pour l'*icosandrie*. Au delà de vingt, on ne compte plus les étamines (*polyandrie*). Là cesse le premier élément classificateur. Pour établir les classes suivantes, depuis la quatorzième, Linné s'est adressé, non plus au nombre, mais au rapport des étamines entre elles et avec le pistil ; les étamines plus longues sont appelées des *puissances* (δύναμεις), et les groupes de filets soudés ont reçu le nom de *frères* (ἀδελφοί). Là où chaque sexe fait *ménage à part* (κλίνη), les fleurs unisexuées n'ont qu'une ou deux *maisons* (οἶκοι), suivant qu'elles se trouvent sur la même tige ou sur deux tiges différentes. Le mélange des deux, c'est la polygamie.

Ce langage poétique, d'ailleurs naturel à Linné, était

alors à la mode, témoin le *Carmen elegiacum de amoribus et connubiis plantarum* (Leyde, 1732, in-4°) d'Adrien van Royen, professeur de botanique à l'université de Leyde.

La Hollande était depuis plus d'un siècle le lieu de refuge de tous les hommes d'élite persécutés dans leur patrie. En butte à la jalousie de quelques médiocrités, Linné quitta la Suède, se fit recevoir en 1735 docteur en médecine à Harderwyk, vit Boerhaave à Leyde et fut très-bien accueilli à Amsterdam par J. Burmann et G. Clifford. Riche amateur de la botanique, Clifford charge a le savant suédois de la direction de son jardin à Hartecamp, près d'Amsterdam, et lui fournit les moyens de visiter l'Angleterre et de s'y lier avec Dillenius. Linné passa deux ans dans la retraite de Hartecamp, et c'est là qu'il composa les ouvrages qui ont assuré sa gloire : *Systema naturæ*, Leyde, 1735, in-fol. ; *Fundamenta botanica* (Amsterd., 1736, in-12), qui eurent plus tard pour commentaires la *Philosophia botanica* (Stockh., 1751, souvent rééditée)[1] ; *Bibliotheca botanica*, ibid. ; *Genera plantarum* (Leyde, 1737, in-8°), contenant les caractères de 955 genres, nombre considérable, augmenté dans les éditions subséquentes. Cet ouvrage fut suivi, en 1753, du *Species plantarum* (la 1re édition de 1764 est qualifiée de légale, parce que les botanistes s'y sont conformés, comme les théologiens à la Vulgate) : *Viridarium Cliffortianum*, 1738, in-8° ; *Hortus Cliffortianus*, Amsterd., 1737 ; *Musa Cliffortiana*, Leyde, 1736 ; *Critica botanica*, Leyde, 1738, in-8° ; *Classes plantarum*, ibid., 1738, in-8°.

Toujours aidé par Clifford, Linné prit, en 1738, congé de ses amis de Hollande, traversa la Belgique, passa par Cambrai dont il visita les environs, et arriva à Paris, où il s'empressa de voir Bernard de Jussieu, pour lequel il avait une lettre de Van Royen. Malheureusement il igno-

1. C'est dans la *Philosophie botanique* que se trouve l'énoncé de ce principe, si souvent cité : *Natura non facit saltus*.

rait la langue française et ne rencontra à Paris qu'un seul homme parlant le suédois, le célèbre géomètre Clairaut. Ayant peu d'aptitude pour les langues modernes, Linné s'entretenait toujours en latin avec les étrangers. Avant de quitter Paris, il alla récolter sur les coteaux de Meudon et dans la forêt de Fontainebleau, beaucoup de plantes que la nature refuse à la Suède. Puis il gagna Rouen et s'y embarqua pour Stockholm, où il s'établit comme médecin, après avoir épousé la fille du docteur Moræus, à laquelle il était fiancé depuis plusieurs années. Il ne tarda pas à être au comble de ses vœux en succédant à Rosen, son jaloux adversaire, dans la chaire de botanique à l'université d'Upsal. Là, au milieu des événements qui agitèrent alors l'Europe, Linné fut le centre auquel venaient aboutir presque tous les travaux importants d'histoire naturelle. Ses *Amœnitates exoticæ* (1749-1777), recueil de dissertations et de thèses inaugurales, témoignent à la fois d'une activité scientifique rare, de l'influence de son enseignement et de l'attachement de ses nombreux disciples. Ayant embrassé tous les règnes de la nature, il fit paraître, en 1775, sa dernière publication : *Plantæ Surinamenses*. Il avait commencé par la flore polaire, pour finir par la flore tropicale.

Dans la vaste correspondance de Linné on remarque des lettres confidentielles que Haller eut le tort de publier sans y être autorisé. Haller, qui aspirait à la domination universelle dans la république des sciences et des lettres, se conduisit à l'égard de l'illustre Suédois, non plus en ami, mais en rival. Dans ce conflit de deux hommes d'une valeur à peu près égale, Linné fit preuve d'une grande modération. Comblé des témoignages de la plus haute considération, il mourut le 10 janvier 1778, à l'âge de soixante-dix ans huit mois, la même année que Haller, J. J. Rousseau, Pitt, Lekain et Voltaire.

Voici le jugement émis par M. A. Fée sur le mérite de Linné. « On a donné, dit ce savant botaniste, à Linné le surnom de « Pline du Nord », et il a été comparé à Dioscoride. Ces rapprochements sont dérisoires, même en faisant la part des temps. Linné ne peut être comparé à personne ; il a son génie propre. C'est le réformateur le plus heureux qui ait jamais paru ; il a beaucoup découvert, et toutes ses innovations ont été acceptées.... Il serait plus juste peut-être de le mettre en parallèle avec Aristote, qui sans doute a beaucoup fait par lui-même, mais qui n'a pas fait avancer la science par ses disciples. Le naturaliste suédois ne doit pas non plus être comparé à Buffon, peintre éloquent de la nature. L'écrivain français peignit la nature à grands traits, et sema d'aperçus ingénieux un style séduisant, toujours facile et pur. Linné, au contraire, a tout sacrifié à la concision, et elle est si étonnante que souvent un seul paragraphe des écrits de ce naturaliste a donné lieu à des ouvrages importants et volumineux. On compte chez Linné le nombre des faits par le nombre des mots ; et si l'on dit du génie de Buffon qu'il était comparable à la majesté de la nature, on peut dire de celui de Linné qu'il était aussi vaste et aussi varié qu'elle. L'un semblait né pour la peindre, l'autre pour la décrire. Si Buffon n'eût pas vécu, sans doute la perte eût été grande, surtout pour la France ; mais si Linné ne fût pas venu porter la lumière dans les sciences naturelles, s'il n'eût pas créé cette nomenclature si ingénieuse, celle du genre et de l'espèce, nomenclature qui porte son nom et qui s'est étendue à toutes les branches des connaissances humaines, les sciences naturelles n'eussent pas reçu cette impulsion puissante vers le progrès, qui se continue de nos jours[1]. »

Le système de Linné eut, dès son apparition, autant de partisans que de détracteurs. Th. *Ludwig* (né en 1709, mort en 1773, professeur à Leipzig, qui avait vu, en Orient, pratiquer la fécondation des dattiers, admettait les

1. Article *Linné*, dans la *Biographie générale*, t. XXXI, col. 295.

organes sexuels comme base d'une classification, mais il niait la constance des fleurs hermaphrodites, monoïques ou dioïques, dans un même genre. Il fit aussi remarquer que dans plusieurs genres, indiqués par Linné comme monadelphes, il y a des fleurs polyadelphes [1].

Conr. *Fabricius* (né en 1714, mort en 1774) signala aussi diverses corrections à faire au système de Linné [2], tandis que Jean *Gesner*, professeur à Zurich (né en 1709, mort en 1790), Ernest *Stieff*, Aug. *de Bergen*, Mar. *Schiera*, de Milan, l'adoptèrent pleinement.

Haller fit des réserves qui devaient aboutir au rejet du système linnéen : *Hamberger* lui répliqua. Il s'ensuivit une polémique violente, où le beau côté n'était pas du côté de Haller. Laurent *Heister* publia plusieurs libelles contre Linné et sa méthode.

Jacques *Wachendorf* (né en 1702, mort en 1758) imagina une méthode mixte. Divisant les plantes en *phanéranthes* et *cryptanthes*, il porta son attention sur le nombre des étamines, comparé à celui des pétales : il appelait *pollaplostémopétales* les plantes où le nombre des étamines dépassait de beaucoup celui des pétales ; puis, *diplostemones*, *triplostemones*, *pentaplostemones*, celles où le nombre des étamines était le double, le triple, le quadruple, le quintuple, de celui des étamines [3]. Ce système ne fut pas adopté.

Les cryptogames, dont la connaissance laissait le plus à désirer, furent soumises à de nouvelles études par Christophe *Schmiedel* et surtout par Théophile *Gleditsch* (né à Leipzig en 1714, mort en 1786.) Ce dernier examina avec soin les corpuscules transparents que Micheli avait aperçus dans les lamelles des agarics. Son système, où les cryptogames formaient la cinquième et dernière classe,

1. Ludwig, *Observat. in methodum Linnæi;* Francf., 1739.
2. *Primitiæ floræ Butisbacensis;* Wetzlar, 1773, in-8°.
3. *Horti Ultrajectini Index*, 1747, in-8°.

repose sur l'insertion des étamines, soit sur le réceptacle ou nectaire, soit sur les pétales, soit sur le calice, soit sur le pistil. De là quatre classes de phanérogames : les *thalamostemones*, les *pétalostemones*, les *calycostemones*, les *stylostemones*[1]. Les caractères des ordres ou familles dont chacune de ces classes se composait, étaient empruntés à l'inflorescence, à la situation du fruit, etc. Laurent de Jussieu profita du travail de Gleditsch.

Donati, Ginnani, Peyssonel, Hill, Ellis, Baster, Targioni Tozetti, Th. Gmelin, Maratti, s'occupèrent particulièrement de la caractéristique des *algues* et des *fougères*. Mais leurs observations contiennent beaucoup d'erreurs relativement aux organes de fructification et au mode de propagation de ces plantes[2].

Boissier *de Sauvages* (né en 1706, mort en 1767), professeur de médecine à Montpellier, crut faciliter l'étude de la botanique en proposant de classer les plantes d'après la forme des feuilles[3]. La tentative échoua, à cause de l'instabilité des caractères tirés des feuilles ; mais elle ne fut pas sans utilité, parce qu'elle appelait l'attention sur la disposition de ces organes (feuilles *alternes*, *opposées*, *éparses*), sur la variabilité de la forme des feuilles à différents points de leur axe (feuilles *radicales*, *caulinaires*), sur leur forme générale (feuilles *ovalaires*, *elliptiques*, *lancéolées*, etc.), sur leur division (feuilles *composées*, *pennées*, *palmées*, etc.)

A l'encontre de Charles *Alston* qui, dans son *Tirocinium botanicum Edimburgense* (Edimb., 1753, in-8°), essaya de renverser le système de Linné, le professeur *Scopoli* (né en 1723, mort en 1788) entreprit de le perfectionner. Critiquant les caractères génériques de Linné, il distingua

1. Gleditsch, *Systema plantarum a staminum situ;* Berl., 1764, in-8°.
2. Voy. Sprengel, *Hist. rei herb.*, t. II, p. 354-362.
3. Sauvages, *Methodus foliorum;* La Haye, 1751, in-8°.

le premier le ***digitaria*** du ***panicum***, le ***sesleria*** du ***cynosurus***, l'*apargia* du *leontodon*, le *cirsium* du *carduus*, le *neottia* de l'*ophrys*, etc. Il réunit par groupes les *stellaria*, *arenaria* et *cerarastium*; les *potentilla*, *tormentilla* et *fragaria*; les *gnaphalium* et *filago*; les *mespilus* et *cratægus*. Presque toutes les corrections de Scopoli faites à la nomenclature linnéenne ont été adoptées. Les changements que voulaient y apporter Duhamel du Monceau et E. Guettard, ne furent pas admis par les botanistes. Aussi ne nous y arrêterons-nous pas.

A l'époque qui nous occupe, tous les naturalistes parlèrent de la *méthode naturelle*, par opposition au système de Linné. Mais ces mots étaient très-vagues dans l'esprit de beaucoup d'entre eux. *Adanson* en fixa le premier le sens[1]. « La méthode naturelle, dit-il (dans la préface de ses *Familles naturelles des plantes*), doit être unique, universelle ou générale, c'est-à-dire ne souffrir aucune exception et être indépendante de notre volonté, mais se régler sur la nature des êtres, qui consiste dans l'ensemble de

1. Michel Adanson, né à Aix en 1727, partit à vingt et un ans pour le Sénégal, et revint en 1754 dans sa patrie, après cinq ans de séjour dans un climat brûlant et malsain. Les résultats de son voyage parurent, en 1757, sous le titre d'*Histoire naturelle du Sénégal*. En présence des difficultés qu'il avait éprouvées à classer les richesses de la zone tropicale suivant les systèmes de Tournefort et de Linné, il entreprit un projet de réforme qui devait s'étendre jusqu'à l'orthographe française, et dont l'ouvrage sur les *Familles naturelles des Plantes* (Paris, 1763, 2 vol. in-8°) ne devait être que le commencement. Mais ce projet, dont il donna un exposé complet dans le *Journal de Physique* (mars 1775), ayant été jugé trop vaste, pour être réalisable, par ses collègues mêmes de l'Académie des Sciences, il en conçut un vif chagrin, devint quelque peu misanthrope, et ne vécut plus que dans une profonde retraite, sans cesser cependant de travailler au progrès de la science. On raconte que quand, après la réorganisation de l'Institut, on lui écrivit de venir prendre place parmi ses collègues, il répondit qu'il ne pouvait pas se rendre à cette invitation, parce qu'il n'avait pas de souliers. Il mourut, en 1806, à l'âge de soixante-dix-neuf ans.

leurs parties et de leurs qualités; il n'est pas douteux qu'il ne peut y avoir de *méthode naturelle en botanique que celle qui considère l'ensemble de toutes les parties des plantes.* » C'est parce que Linné ne s'était attaché qu'à une seule partie, aux organes sexuels, que son système était qualifié d'*artificiel.*

Cependant il est bon de rappeler que Linné s'était préoccupé, avant Adanson, d'une classification par familles naturelles. « Je vous sais occupé, écrivait-il à Haller (le 13 avril 1737), à établir des familles naturelles; plaise à Dieu que vous finissiez ce travail et que vous le rendiez public. Je me suis moi-même exercé longtemps sur ce sujet, quoiqu'il fût peut-être au-dessus de mes forces; je pense avoir réuni plus de matériaux que beaucoup d'autres, et néanmoins j'ai laissé beaucoup de lacunes. »

Les lacunes que Linné, Haller et Adanson avaient laissées, Chr. Oeder (*Elementa botanica*, Copenh., 1764, in-8°), N. Crantz (*Institutiones rei herbariæ*, Vienne, 1766, in-8°), D. Giseke (*Systemata plantarum recentiora*, Goett., in-4°), J. Wernischek (*Genera plantarum*, Vienne, 1764, in-8°), J. Hill (*The vegetable system*, Lond., 1759-1775), D. Meese (*Plantarum rudimenta*, Leeuward., 1763, in-4°), J. Jacquin, Schreber, Murray, etc., essayèrent de les combler. Mais ils ne réussirent que très-incomplètement dans cette entreprise.

Les de *Jussieu* méritent ici seuls une mention spéciale. *Bernard* de Jussieu[1] était en correspondance avec Linné,

1. Bernard de Jussieu (né à Lyon en 1699, mort à Paris en 1777, était frère cadet d'*Antoine* de Jussieu (né à Lyon en 1686, mort à Paris en 1758), qui édita l'ouvrage de Barrelier, analysé plus haut, signala les empreintes de végétaux dans les houillères de Saint-Étienne, décrivit le premier la fleur et le fruit du caféier, envoyé à Louis XIV et qui, confié à Desclieux par Chirac, devait, dès 1719, servir de souche à tous les caféiers des Antilles. Il laissa en manuscrit le *Traité des vertus des Plantes*. Bernard de Jussieu, auteur de la nouvelle édition des *Plantes des environs de Paris*, de Tournefort, fut, de 1722 jusqu'à sa mort, sous-démonstrateur de botanique au Jardin du roi, et

Voici ce qu'il lui écrivait le 15 février 1752 : « J'apprends avec plaisir que vous êtes nommé professeur de botanique à Upsal. Vous pourrez maintenant vous livrer entièrement au culte de Flore, et pénétrer plus loin que vous n'avez pu le faire encore dans le sentier que vous avez découvert, et donner enfin une méthode naturelle de classification, que les vrais amis de la science désirent si vivement. » Tout en faisant cette recommandation à Linné, Bernard de Jussieu travaillait de son côté dans la même voie. Mais comme il n'a rien publié à ce sujet, on ne peut le juger que d'après de simples catalogues manuscrits. Dans un de ces catalogues, on trouve une classification appliquée, en 1759, à la plantation du jardin botanique de Trianon ; un autre de ces catalogues a été publié par Laurent de Jussieu, en tête de son *Genera plantarum*. On voit d'après ces documents que Bernard de Jussieu connaissait la valeur des caractères, tirés du développement de l'embryon et de l'insertion des étamines relativement à l'ovaire. C'est à lui, en effet, qu'on doit 1° le groupement général des végétaux en *acotylédones* (végétaux dépourvus de feuilles embryonnaires nommés *cotylédones*), en *monocotylédones* (végétaux à une feuille embryonnaire) et en *dicotylédones* (végétaux à deux feuilles embryonnaires) ; 2° le groupement particulier des monocotylédones en *épigynes* (étamines insérées sur l'ovaire), en *périgynes* (étamines insérées sur le calice ou autour de l'ovaire) et en *hypogynes* (étamines insérées au-dessous de l'ovaire) ; puis celui des dicotylédones en *épigynes*, *hypogynes*, *périgynes* et *diclines* (unisexuées).

Ces éléments furent développés par *Laurent* de Jussieu,

contribua à la publication de beaucoup de travaux de botanique. C'est lui qui planta, en 1736, au Jardin des Plantes, le cèdre du Liban que lui avait envoyé W. Sherard. Il l'y transporta, dit-on, dans son chapeau de la maison n° 13 de la rue des Bernardins, où il habitait. Bernard et Antoine étaient fils de *Christophe* de Jussieu, pharmacien de Lyon, auteur du *Nouveau Traité de la Thériaque* (Trévoux, 1708).

neveu d'Antoine et de Bernard de Jussieu[1]. Dans la classification de Laurent de Jussieu, aujourd'hui généralement adoptée, les *acotylédones*, les *monocotylédones* et les *dicotylédones* forment les trois embranchements du règne végétal. Ces embranchements sont divisés en classes, au nombre de quinze, fondées sur l'insertion des étamines par rapport à l'ovaire (*épigynie* ou *épistaminie*). Dans les dicotylédones, l'auteur a fait aussi intervenir la corolle, organe très-secondaire en lui-même, mais qui devient essentiel par son union avec l'ovaire; de là la division de la fleur en *apétale* (lorsque la corolle manque), en *monopétale* et en *polypétale*. La *monoclinie* et la *diclinie* ont été empruntées à Linné. Enfin les quinze classes de Laurent de Jussieu comprennent cent familles. En voici le tableau :

I. ACOTYLÉDONES.

1re *Classe.*

1. Champignons.	4. Mousses.
2. Algues.	5. Fougères.
3. Hépatiques.	6. Nayades.

II. MONOCOTYLÉDONES.

2e *Classe. Monohypogynie*

7. Aroïdées.	9. Cypéroïdées.
8. Typhéacées.	10. Graminées.

1. Antoine-Laurent de Jussieu (né à Lyon en 1748, mort en 18[illegible]) était fils de *Joseph* de Jussieu (né à Lyon en 1704, mort en 1779), qui fut le compagnon de voyage de La Condamine, et parcourut pendant trente-cinq ans l'Amérique méridionale. Joseph de Jussieu était fils d'Antoine et de Bernard de Jussieu. Laurent, leur neveu, s'immortalise par son *Genera plantarum*, dont la dernière feuille venait d'être imprimée lorsque éclata la Révolution, le 14 juillet 1789, par la prise de la Bastille.

L'année suivante, il contribua à la réorganisation du Muséum d'histoire naturelle, dont il refusa la direction qui lui était offerte, en 18[illegible], par le ministre de l'intérieur, Lucien Bonaparte.

3e *Classe. Monopérigynie.*

11. Palmiers.
12. Asparaginées.
13. Juncées.
14. Liliacées.
15. Broméliacées.
16. Asphodélées.
17. Narcissées.
18. Iridées.

4e *Classe. Monoépigynie.*

19. Musacées.
20. Cannées.
21. Orchidées.
22. Hydrocharidées.

III. DICOTYLÉDONES.

A. MONOCLINES. *a. Apétales.*

5e *Classe. Epistaminie.*

23. Aristolochiées.

6e *Classe. Péristaminie.*

24. Eléagnées.
25. Thyméléacées.
26. Protéacées.
27. Laurinées.
28. Polygonées.
29. Atriplicées

7e *Classe. Hypostaminie.*

30. Amaranthacées.
31. Plantaginées.
32. Nyctaginées.
33. Plumbaginées.

b. MONOPÉTALES.

8e *Classe. Hypocorollie.*

34. Lysimachiées.
35. Pédiculariées.
36. Acanthacées.
37. Jasminées.
38. Viticées.
39. Labiées.
40. Scrofulariées.
41. Solanées.
42. Borraginées.
43. Convolvulacées.
44. Polémoniées.
45. Bignoniacées.
46. Gentianées.
47. Apocynées.
48. Sapotées.

9e Classe. Péricorollie.

49. Guayacées.
50. Rhododendrées.
51. Ericacées.
52. Campanulacées.

10e Classe. Epicorollie. α. Synanthérées.

53. Cichoracées.
54. Cynocéphalées.
55. Corymbifères.

11e Classe. Epicorollie. β. Chorisanthérées.

56. Dipsacées.
57. Rubiacées.
58. Caprifoliées.

12e Classe. Epipétalie. γ. Polypétales.

59. Araliacées.
60. Ombellifères.

13e Classe. Hypopétalie.

61. Renonculacées.
62. Papavéracées.
63. Crucifères.
64. Capparidées.
65. Sapindacées.
66. Acérinées.
67. Malpighiacées.
68. Hypéricinées.
69. Guttifères.
70. Aurantiacées.
71. Méliacées.
72. Vitifères.
73. Géraniées.
74. Malvacées.
75. Magnoliacées.
76. Anonées.
77. Ménispermées.
78. Berbéridées.
79. Tiliacées.
80. Cissées.
81. Rutacées.
82. Caryophyllées

14e Classe. Péripétalie.

83. Sempervivées.
84. Cactées.
85. Portulacées.
86. Ficoïdées.
87. Onagraires.
88. Myrtées.
89. Mélastomées.
90. Saxifragées.
91. Salicaricées.
92. Rosacées.
93. Légumineuses.
94. Térébinthacées.
95. Rhamnées.

B. DICLINES.

15ᵉ *Classe. Diclinie.*

96. Euphorbiacées.
97. Cucurbitacées.
98. Urticées.
99. Amentacées.
100. Conifères.

Ce fut en 1773 que Laurent de Jussieu exposa les principes de cette classification dans un mémoire *Sur les Renoncules*, présenté à l'Académie des sciences, qui l'admit dans son sein. L'année suivante, il développa ces principes en les appliquant à l'ensemble des familles naturelles [1]. Il s'agissait de replanter l'école de botanique du Jardin du Roi d'après une méthode nouvelle, celle de Tournefort étant devenue insuffisante. On ne pouvait guère songer à introduire le système linnéen, alors universellement adopté, dans un établissement qui avait pour administrateur Buffon, intolérant rival de Linné. C'est dans ces circonstances que Laurent de Jussieu se chargea de l'ordre qui devait présider à la replantation, commencée en automne 1773 et terminée au printemps de 1774. Il avait pour cela largement profité des conseils de son oncle Bernard, qui ne cessait de lui répéter « qu'il y a dans les végétaux des caractères qui sont incompatibles les uns avec les autres, et qui s'excluent. » Son attention avait été de bonne heure dirigée sur la *subordination* des caractères qui, suivant son expression, doivent « se peser et non compter ». Là est le secret de la méthode naturelle, dont les principes se trouvent développés dans une introduction, remarquable de pensée et de style, placée en tête de l'ouvrage fondamental de Laurent de Jussieu: *Genera plantarum, secundum ordines naturales disposita, juxta methodum in Horto Regio Parisiensi exa-*

1. *Exposition d'un nouvel ordre de Plantes, adopté dans les démonstrations du Jardin Royal* (dans les *Mémoires* de l'Académie des Sciences, année 1774).

ratum, *anno* 1774 ; Paris, 1789, in-8° De 1789 à 1824, l'auteur ne cessa de travailler au perfectionnement des familles qu'il avait établies, et de préparer les matériaux d'une seconde édition de son *Genera*, qui ne devait jamais voir le jour. A raison de l'affaiblissement de sa vue (il devint presque aveugle vers la fin de sa longue carrière), il se contenta de remanier les groupes dans une série de notes ou de mémoires publiés dans les *Annales du Muséum*[1].

La classification de L. de Jussieu fut une innovation qui, chose remarquable, apparut juste au moment où venait d'éclater la révolution de 1789. Cette coïncidence, jointe à des imperfections inévitables, suffisait aux yeux de quelques-uns pour la rejeter ou la remplacer par d'autres méthodes. De ce nombre étaient Conrad *Mœnch*, professeur de botanique à Strasbourg (né en 1744, mort en 1805), et Balth. *Borkhausen* (né à Giessen en 1760, mort à Darmstadt en 1806). Le premier divisa, comme Gleditsch, les phanérogames en *parapétalostémones*, en *allagostémones*, en *stigmatostémones*, suivant que les étamines sont insérées, soit sur le disque nectarifère, soit alternativement sur le calice et la corolle, ou au sommet de l'ovaire [2]. Le second divisa les cryptogames, dont il s'était plus particulièrement occupé, en plantes séminifères, à organes de fructification indéterminés (*fougères chizospermes*, *mousses*, *fucus*), et en plantes dépourvues de vraies semences et d'organes sexuels (*algues, champignons*)[3]. Mais aucun de ces systèmes ne fut adopté. Nous en dirons autant des tentatives faites par F. Fischer, de P. Cassel, de Kurt Sprengel, de L. de Vest, d'Aug.-Fr.

1. Voy. l'excellent article de L. de *Jussieu*, par M. Decaisne, dans la *Biographie générale* (t. XXVII, col. 279).

2. Mœnch, *Methodus plantas horti botanici et agri Marburgensis a staminum situ describendi*; Strasb., 1794, in-8°.

3. Borkhausen, *Tentamen dispositionis plantarum Germaniæ secundum novam methodum*, etc.; Darmstadt, 1809, in-8° (ouvrage posthume).

Schweigger, de Schultz-Schultzenstein, de Martius et d'autres botanistes allemands.

En France même, la classification de L. de Jussieu fut loin de recevoir l'unanimité des suffrages. Pour faciliter aux commençants l'étude de la botanique, Lamarck [1] imagina une méthode, que l'on a depuis désignée sous le nom de *méthode analytique* ou *dichotomique*. Elle consiste à poser à l'élève une première question, qui partage les végétaux en deux classes, entre lesquelles il doit choisir d'après un caractère de la plante, qui la place nécessairement dans l'une des deux à l'exclusion de l'autre ; puis une seconde question, qui partage la classe désignée en deux ordres à l'un desquels la plante se rapportera ; puis une troisième, une quatrième, etc., de manière qu'à chaque question le cercle se resserre, jusqu'à ce que la dernière conduise, par une série d'exclusions successives, à l'espèce cherchée. C'est une simple méthode de recherches. Lamarck en fit l'application dans sa *Flore française*.

E. P. Ventenat (né en 1757, mort en 1808) et Jeaume Saint-Hilaire popularisèrent la méthode naturelle. Correa da Serra (mort en 1823), Louis-Claude Richard, A. Salisbury et surtout Robert Brown contribuèrent puissamment à la modifier.

Mais la découverte de nouvelles plantes, non classifiables d'après les systèmes jusqu'alors inventés, puis les progrès de l'anatomie et de la physiologie végétales, nécessitèrent bientôt une réforme plus sérieuse. Augustin Pyrame *de Candolle* entreprit cette réforme [2]. Les groupes généraux du règne végétal sont, suivant lui, formés par les

1. *Jean-Baptiste* Monet de *Lamarck* (né en 1744, mort à Paris en 1829) quitta le service militaire pour se consacrer à l'histoire naturelle, et contribua, en 1793, à la réorganisation du Jardin des Plantes. Sa vie fut tout entière dans ses travaux.

2 Augustin *Pyrame de Candolle* (né à Genève, en 1778, mort en 1841), élève de Desfontaines, fut depuis 1817 professeur de botanique de sa ville natale. Il publia, entre autres, le *Prodromus sys-*

végétaux *cellulaires* ou *inembryonés* (acotylédones), et par les végétaux *vasculaires* ou *embryonés*, divisés en *endogènes* ou monocotylédones, et en *exogènes* ou dicotylédones. L. de Jussieu avait commencé la série des familles naturelles par les familles de plantes dont l'organisation est la plus simple (les champignons), afin de s'élever graduellement vers celles dont l'organisation est la plus complexe. De Candolle suivit une marche inverse en prenant pour point de départ les familles des plantes qui ont le plus grand nombre d'organes, et ces organes biens distincts les uns des autres. Il commença donc par les exogènes, pour finir par les végétaux cellulaires.

Les EXOGÈNES ou dicotylédones sont partagés en deux groupes, suivant que leur périanthe est double ou simple. De là les divisions suivantes :

A. Exogènes *dichlamydés* (à périanthe double), qui se subdivisent en :

1° *Thalamiflores*, ayant les pétales distincts, insérés sur le réceptacle;

2° *Caliciflores*, ayant les pétales libres, ou plus ou moins soudés, périgyniques (insérés sur le calice);

3° *Corolliflores*, ayant les pétales soudés en une corolle gamopétale hypogyne ou non attachée au calice;

B. Exogènes à périanthe simple, composant le seul groupe des *monochlamydés*.

Les ENDOGÈNES ou monocotylédones sont divisés en :

1° Endogènes *phanérogames*, dont la fructification est visible et régulière,

2° Endogènes *cryptogames*, dont la fructification est cachée, inconnue ou irrégulière.

Enfin les végétaux cellulaires ou acotylédones, c'est-à-

tematis regni vegetabilis, Paris, 1824 et années suivantes : immense répertoire, continué, après la mort de l'auteur, par son fils, avec le concours des botanistes les plus distingués de notre époque.

dire ceux qui n'ont que des tissus cellulaires, sans vaisseaux, se divisent en :

1° *Foliacés*, ayant des expansions foliacées et des sexes apparents ;

2° *Aphylles*, n'ayant pas d'expansions foliacées, ni de sexes apparents.

Telle est l'esquisse des groupes fondamentaux, établis par P. de Candolle. L'auteur y a fait entrer toutes les familles de plantes connues, en commençant par les renonculacées et finissant par les algues.

Mais cette classification elle-même était loin de répondre à toutes les indications de la science. C'est pourquoi d'autres tentatives furent faites par Lindley, A. Richard, Bartling, Oken, Endlicher, Reichenbach, Willkomm, etc. Voici, en somme, en quoi elles consistent.

John *Lindley* (né en 1799 à Cetton près Nordwich), voyant que beaucoup de genres avaient été rejetés par de Jussieu et de Candolle dans les catégories des plantes *incertæ sedis*, sans qu'il fût possible d'en marquer les affinités avec les familles anciennes, imagina de créer des ordres (*cohortes*) et sous-ordres (*nixus*), qui devaient mieux ménager les transitions entre les divisions établies [1].

Vers la même époque, Achille *Richard* (né à Paris, en 1794, mort en 1852), professeur d'histoire naturelle à la Faculté de médecine de Paris, introduisit dans le règne végétal deux sortes de groupes, les *tribus* et *sous-familles*, pour faire disparaître les genres *incertæ sedis*.

F.-Th. *Bartling*, entreprit de concilier le système de L. de Jussieu avec celui de De Candolle, en créant soixante ordres pour lier les classes aux familles, et en ajoutant neuf familles nouvelles aux 246 familles déjà établies. Il divisa, en outre, les monocotylédones en *chlamydoblastes*

1. *An Introduction of the natural system of botany*, etc. ; Londres, 1830, in-8°.

(à embryon couvert) et en *gymnoblastes* (à embryon nu); de même qu'il partagea les acotylédones en *homonémés* (à germes en filaments égaux) et en *hétéronémés* (à germes en filaments inégaux)[1].

L. *Oken* (né en 1779, mort en 1851), professeur d'histoire naturelle à Zurich, divisa le règne végétal en sept classes, suivant la prédominance de la racine, de la tige, du feuillage, de la fleur, du fruit. Chaque classe est subdivisée en 4 ordres, chaque ordre en 4 tribus, et chaque tribu en 4 familles. Plus tard l'auteur modifia son système, mais toujours de manière à y faire revenir sans cesse le nombre quatre, le fameux quaternaire des Pythagoriciens[2]. L. *Rudolphi* suivit la même voie, sans plus de succès.

Endlicher[3], professeur de botanique à Vienne, créa, d'accord avec le professeur Unger, un système, d'après lequel il divisait tout le règne végétal en *thallophytes* (plantes qui n'ont ni axe, ni expansion foliacée, et où l'accroissement s'effectue sur tous les points de la surface), et en *cormophytes* (plantes pourvues d'axes et de feuilles, et où l'accroissement s'effectue dans une direction déterminée). Les thallophytes sont divisés en *protophytes* (algues et fougères) et en *hystérophytes* (champignons). Les cormophytes se partagent en *acrobryés*, en *amphibryés* et *acramphibryés*, suivant que l'accroissement se fait en longueur (par le sommet de l'axe), en épaisseur (par les divisions latérales de l'axe), ou à la fois en longueur et en épaisseur. Les acrobryés sont subdivisés en 3 cohortes : les *anophytes* (mousses), *protophytes* (cryptogames vasculaires)

1. *Ordines plantarum* : Goettingue, 1830, in-8°.
2. Oken, *Systema orbis vegetabilium* : Greifswald, 1830, in-8°.
3. Etienne-Ladislas *Endlicher*, né en 1804 à Presbourg, était professeur de botanique à Vienne, lorsqu'il se tua d'un coup de pistolet en 1849. Son collaborateur, Unger, a été frappé de mort subite (en avril 1870). Une grande obscurité règne sur son genre de mort. On pense qu'Unger a été étranglé dans son lit.

et *hystérophytes* (rhizanthées). Les amphibryés comprennent une seule cohorte, et les acramhryés quatre : les *gymnospermés* (conifères), les apétales (*monochlamydés* de De Cand.), les *gamopétales* (*corolliflores* et *caliciflores* gamopétales de De Cand.) et les *diapétales* (*pléiopétales caliciflores* et *thalamiflores* de De and.). Enfin les thallophytes comprennent 3 et les Cormophytes 58 classes, et ces 61 classes réunies sont à leur tour distribuées en 278 ordres ou familles [1]. Ce système n'a été adopté que par un petit nombre de botanistes.

Henri Gottlieb *Reichenbach* (né à Leipzig en 1793), professeur d'histoire naturelle à l'académie médico-chirurgicale de Dresde, partit de l'idée que les points successifs du développement organique d'une plante isolée complète, doivent se retrouver dans la totalité du règne végétal. En conséquence, il divisa ce règne en trois degrés (*gradus*), comprenant les *inophytes* (plantes fibreuses), les *stélechophytes* (plantes à tiges) et les *anthocarpophytes* (plantes à fleurs et à fruits). Ces deux embranchements sont partagés en huit classes (*champignons*, *lichens*, *chlorophytes*, *coléophytes*, *synchlamydées*, *synpétalées*, *calycanthées*, *thalamanthées*) ; chaque classe est divisée en trois ordres, et chaque ordre est subdivisé en familles, au nombre de 132 [2]. Ce système a pour point de départ une hypothèse qui ne se réalise que là où l'auteur s'accorde avec de Jussieu et de Candolle ; il ne fait alors que de donner d'autres noms à des choses qui sont au fond les mêmes.

L'un des systèmes les plus récents est celui de Maurice *Willkomm*, professeur à l'université de Leipzig. Il

1. Endlicher, *Enchiridion botanicum, exhibens classes et ordines plantarum*; Leipzig, 1841, in-8°.
2. Reichenbach, *Uebersicht des Gewæchsreichs in seinen natürlichen Entwickelungsstufen*; Leipz., 1828, in-8°.

partage le règne végétal en deux grands embranchements, dont le premier comprend les *plantes à spores* (cryptogames), et le second, les *plantes à graines* (phanérogames). *Les sporophytes* (plantes à spores) sont divisés en *angiospores* ou plantes dont les spores restent jusqu'à leur séparation entourés des cellules où ils se sont développés (champignons, lichens, algues), et en *gymnospores*, ou plantes dont les spores deviennent de bonne heure libres par la resorption de leurs cellules (mousses, fougères, équisétacées, etc.). *Les spermatophytes* (plantes à graines) contiennent les *gymnospermes* et les *angiospermes*. Ces divisions se décomposent en classes, ordres et familles [1]. Ce système, fort simple, mérite d'être pris en considération.

Les essais de classification, que nous venons de passer en revue, montrent que le nombre des familles du règne végétal ne peut point être rigoureusement fixé, et que les lois qui servent à les établir sont loin d'être constantes : elles tiennent de la mobilité de tous les phénomènes de la vie.

II. Phytologie.

Les découvertes microscopiques de Malpighi, de Grew et de Leeuwenhoek devinrent un objet de violentes critiques ; elles furent rejetées comme entachées d'erreur par tous ceux qui, — et ils étaient nombreux, — prenaient le microscope pour un instrument trompeur. J. B. *Triumfetti* (mort en 1707), directeur du jardin botanique du collége de la Sapience à Rome, et J. Jérôme *Sbaraglia* (né en 1641, mort en 1710), professeur à Bologne, se firent particulièrement remarquer par la violence de leurs attaques : le premier dans ses *Vindiciæ veritatis* (Rome, 1703, in-4), le se-

1. Willkomm, *Anleitung zum Studium der wissenschaftlichen Botanik, etc.* Leipz., 1854, in-8°.

cond dans ses *Oculorum et mentis vigiliæ* (Bologne, 1704, in-4). Fontenelle, secrétaire perpétuel de l'Académie des sciences, fut lui-même au nombre de ceux qui s'élevaient contre l'emploi du microscope, « parce que cet instrument, disait-il, ne montre que ce que l'on veut voir[1]. »

Winckler, dans son Histoire de la botanique, rappelle ici avec beaucoup d'à-propos le mot de Boerne : « Lorsque Pythagore découvrit son fameux théorème, il offrit aux dieux une hécatombe : depuis lors toutes les bêtes tremblent à chaque annonce d'une vérité nouvelle. » Ajoutons cependant que ceux qui s'insurgent contre les vérités nouvelles ne sont pas tous des bêtes, témoin Fontenelle ; mais qu'ils subissent le joug de l'autorité traditionnelle : ce sont des aveugles.

Les premiers travaux micrographiques trouvèrent, chose digne de remarque, un défenseur convaincu dans le célèbre philosophe Christian *Wolf* (né en 1679, mort en 1754 à Halle). Ce métaphysicien géomètre répéta les expériences de Nieuwentyt en montrant, à l'aide de la machine pneumatique, que les trachées contiennent de l'air et que ce sont de véritables organes respiratoires. Partisan de la doctrine des causes finales, il admettait que les fibres sont diversement entrelacées pour mieux résister à l'action fléchissante des vents ; que les vaisseaux sont creux, afin de contenir des sucs de diverse nature ; que les vaisseaux rayonnés vont de l'écorce à la moelle pour bien distribuer les aliments, etc.[2]. — L. Ph. *Thümmig* suivit la même voie que Ch. Wolf[3].

Le mouvement du suc nourricier, ascendant dans la tige et descendant dans la racine, devint, pour beaucoup d'observateurs, un intéressant objet de recherches. *La Hire*, d'ac-

1. *Hist. de l'Académie des Sciences*, 1711, p. 43.
2. Ch. Wolf, *Vernünftige Gedanken von den Wirkungen der Natur*; Halle, 1723, in-8°.
3. Thümmig, *Essai d'une explication rationnelle des principaux phénomènes de la nature* (en allem.); Halle, 1722, in-8°.

cord avec Knight, l'attribuait à la différence de densité des sucs[1]. G. *Starken* essaya d'expliquer, par la disposition inclinée des feuilles séminales de l'embryon, pourquoi certaines plantes grimpantes, tels que le houblon, le chèvre-feuille, les ménispermés, etc., s'enroulent de gauche à droite, tandis que d'autres, comme le haricot, le liseron, etc., s'enroulent de droite à gauche, affirmant que les plantes qui s'élèvent droites ont la radicule opposée à la gemmule. Mais cette manière de voir ne s'accorde pas toujours avec la réalité; car les ménispermés volubiles ont la radicule droite, au milieu des cotylédons, tandis que d'autres plantes, non volubiles, telles que les *justicia*, les *corrigiola*, etc., l'ont oblique[2].

Étienne *Hales* (né en 1677, mort en 1771), membre de la Société royale de Londres, après avoir essayé d'apprécier la force avec laquelle le cœur pousse le sang dans les artères, fit des expériences analogues sur les végétaux. Il constata que la force de transpiration des plantes est infiniment plus grande que celle des animaux. Il démontra aussi la force d'absorption de l'humidité par les feuilles. Ses expériences, très-bien faites, sont décisives[3].

Elles furent, en partie, reprises par J. E. *Guettard* (né à Étampes en 1715, mort en 1786). Ce naturaliste parvint à un résultat longtemps contesté, et qui n'a été mis hors de doute que par les travaux récents de M. Duchartre, à savoir que l'eau qui pénètre dans les organes des plantes, n'y arrive que par les racines, et que les feuilles ne concourent point à son absorption[4].

Guettard soumit le premier les poils, les aiguillons et

1. *Mém. de l'Acad. des Scienc.*, année 1711, p. 65.
2. Starken, *Gyros convolvulorum evolvere tentabit*; Helmst., 1705, in-4° (Thèse inaugurale).
3. Hales, *Vegetable staticks*, Lond., 1757, in-8° (trad. en français par Buffon).
4. *Mém. de l'Acad.*, année 1748, p. 833 et suiv.; et année 1749, p. 382 et suiv.

les glandes des végétaux à un examen attentif. Th. *Eller* de Berlin (né en 1689, mort en 1760) fit, comme Hales et Guettard, des recherches sur la transpiration des plantes[1].

Une fille de Linné, Élisabeth-Christine, observa la première que les vapeurs exhalées par les fleurs sont souvent inflammables[2].

Le P. *Sarrabat*, dit *de Labaisse*, fit, l'un des premiers, des expériences, au moyen d'un liquide coloré, pour montrer que l'ascension de la séve ne s'effectue ni par l'écorce, ni par la moelle, comme on l'avait pensé, mais par les fibres ligneuses, et qu'elle passe de là dans les nervures des feuilles et dans les fibrilles des fleurs. Il montra aussi que si, dans ces expériences (faites avec le *phytolacca octandra*), l'écorce se trouve teinte, c'est que la séve y a été portée par les vaisseaux rayonnés qui vont de la moelle à l'écorce en traversant le bois[3].

La question de l'âme des plantes fut reprise par Gasp. *Bose*, professeur de Leipzig[4], à propos des mouvements de la rose de Jéricho et de la sensitive, que *Dufay* (Mém. de l'Académie des sciences) attribuait à une structure fibrillaire spéciale. — La doctrine de la génération spontanée des champignons, et surtout de la truffe par la putréfaction de détritus organiques, trouva des partisans dans le comte *Marsigli* de Bologne (né en 1658, mort en 1730), et dans le célèbre médecin *Lancisi* (né en 1654, mort en 1720).

Gilles Aug. *Bazin*, médecin de Strasbourg (mort en 1754), essaya d'expliquer l'ascension de la séve et l'accroissement vertical par la succion de vésicules aériennes, succion qui se manifeste dans les vaisseaux spiraux, assimilés aux trachées des insectes. Les racines, dépourvues

1. *Mémoires de l'Académie de Berlin*, année 1748, p. 10 et suiv.

2. *Mémoires de l'Académie des Sciences de Suède*, année 1762, p. 291.

3. Sarrabat, *Dissertation sur la circulation de la séve des plantes*; Bordeaux, 1738, in-8°.

4. Bose, *De motu plantarum sensus æmulo*; Leipz., 1728, in-8°.

de trachées, peuvent se diriger en tous sens à la recherche de leur nourriture et de l'humidité[1]. Ludwig révoqua en doute le mouvement aspiratoire que Bazin attribuait aux trachées des plantes.

Les trachées, ou vaisseaux spiraux, sur lesquelles Fr. Walker et Jamperl avaient émis les idées les plus erronées, furent soumis à un examen plus attentif par Seligmann, J. Trew et surtout par Reichel (*Diss. de vasis plantarum spiralibus*, Leipzig, 1758, in-4°).

Les grains de pollen devinrent un objet d'études spéciales pour *Needham*, qui a tant fait pour la micrographie. Il admettait que les grains polliniques contiennent les germes, que les ovaires ne faisaient que développer[2]. Cette manière de voir paraissait contredite par les observations de Fr. *Moeller*, de Berlin, qui, répétant les expériences de Spallanzani sur les plantes dioïques, trouva que l'ablation des fleurs mâles dans un champ d'épinards et de chanvre n'empêchait pas les fleurs femelles de produire des graines fertiles. Mais le professeur Kaestner, de Goettingue, fit voir que ces expériences ne prouvent rien, parce que l'épinard et le chanvre, classés parmi les plantes dioïques, renferment quelquefois des fleurs hermaphrodites, et qu'on en trouve même sur les saules, décrits comme essentiellement dioïques[3]. Moeller est plus dans le vrai lorsqu'il compare les bulbes aux bourgeons, et qu'il fait dépendre des bourgeons ou gemmes l'accroissement des végétaux[4].

Le tissu cellulaire fut présenté par G. R. *Boehmer* (né en 1723, mort en 1803) comme la trame fondamentale de

1. *Observations sur les plantes et leur analogie avec les insectes*; Strasb., 1741, in-8°.

2. Needham, *Nouvelles découvertes faites avec le microscope*; Leyde, 1747, in-8°.

3. *Hamburg. Magaz.*, II, 454; III, 410.

4. Moeller, *Oekon. physikal. Abhandl.*, t. I et V.

la plante, et il en déduisit tout le système vasculaire[1].

L'idée des transformations commençait alors à poindre dans beaucoup d'esprits. J. *Hill* (né en 1716, mort en 1775) fit venir les pétales, par voie de métamorphose, des couches externes de l'écorce, et le réceptacle de la fleur des couches internes de l'écorce[2]. Il décrivit le premier les spongioles ou extrémités fibrillaires des racines, et consacra un travail spécial au sommeil des plantes : *The sleep of plants*; 1757, in-8. Enfin il étudia la structure des vaisseaux en se servant de liquides colorés.

Les fonctions des feuilles ont été l'objet d'un travail classique de Charles *Bonnet* (né à Genève en 1720, mort en 1793). Ce travail (*Recherches sur l'usage des feuilles*, 1754, in-8°) se compose de cinq mémoires : le premier contient un grand nombre d'expériences pour démontrer que les feuilles sont des espèces de « racines aériennes qui pompent l'humidité et les exhalaisons répandues dans l'air, et que la surface inférieure des feuilles est le principal siége de la succion et de la transpiration. » Le second mémoire traite de la direction naturelle des feuilles. Cette direction est telle, que la surface inférieure regarde toujours le sol d'où elle pompe la vapeur nourricière, et que si elle vient à être changée, « les feuilles savent la reprendre d'elles-mêmes par un mouvement qui leur est propre, et qui paraît presque aussi spontané que ceux que se donnent divers animaux pour des fins analogues. » Le troisième mémoire a pour objet la distribution symétrique des feuilles. Le quatrième donne des expériences sur des feuilles qui, détachées de leur sujet, ont poussé un grand nombre de racines et sont devenues elles-mêmes des plantes en quelque sorte complètes. L'auteur y décrit aussi

1. Boehmer, *De celluloso vegetabilium contextu*; Wittemb., 1753, in-4.

2. Hill, *Outlines of a system of vegetable generation*; Londres, 1758, in-8°.

diverses monstruosités dont il indique l'origine ; c'est le premier essai qui ait été fait d'une *tératologie végétale*. Le cinquième mémoire traite de la question, souvent agitée, de l'ascension de la séve ; des injections colorées ont permis à l'auteur de suivre de l'œil la marche du liquide dans une grande partie de son parcours. Mais si la séve ascendante est réelle, l'existence de la séve descendante n'est point par là démontrée : en un mot la *circulation de la séve* paraissait à Ch. Bonnet au moins très-douteuse. Dans le même mémoire il réfute par l'expérience l'opinion d'après laquelle le blé pourrait se convertir en ivraie ; et il démontre que le défaut de lumière est la cause de l'altération des plantes qu'on élève dans des lieux obscurs, et que les jardiniers ont nommée *étiolement*.

Les stomates (*oscula*), dont est parsemée la face inférieure des feuilles, furent examinées avec soin par H. B. de *Saussure*, le célèbre voyageur des Alpes (né en 1740, mort en 1799). Il montra que ces ouvertures sont entourées d'un rebord glandulaire, adhérent aux parois du tissu cellulaire, qu'elles manquent dans les pétales, et que c'est par là que les feuilles absorbent des fluides[1].

La circulation de la séve, dont la réalité avait été révoquée en doute par Ch. Bonnet, fut démontrée par L. *Duhamel* de Monceau. Cet ingénieux expérimentateur montra d'abord, dans sa *Physique des arbres* (Paris, 1758, in-4), que la séve descendante diffère de la séve ascendante, ainsi que des sucs propres, qu'elle entretient continuellement le *cambium*, entre l'écorce et le bois, et qu'elle concourt essentiellement à la nutrition du végétal. Ces données importantes furent confirmées par d'autres observateurs. C'est ainsi que Treviranus montra qu'en effet les sucs propres des euphorbes, des pavots, de la chélidoine, etc., loin d'être de même nature que la séve descendante, ne

1. B. de Saussure, *Observations sur l'écorce des feuilles et pétales*; Genève, 1762, in-4°.

sont que des fluides excrémentitiels, analogues, non point au sang, mais à la bile, à la salive, etc., qui ne concourent qu'indirectement à la nutrition.

Duhamel fit encore de nombreuses expériences sur l'accroissement des arbres (dicotylédonés) en diamètre ; l'une des plus concluantes consistait à faire passer l'anse d'un fil d'argent dans le liber ou partie interne de l'écorce. Au bout de deux ou trois ans, le fil se trouvait engagé au milieu des couches ligneuses. L'observateur en conclut que le liber, au milieu duquel le fil d'argent se voyait engagé, s'était transformé en bois ; conséquemment que la couche fibreuse interne de l'écorce forme petit à petit la nouvelle couche ligneuse, qui chaque année s'ajoute aux couches de bois successivement produites. Rien n'est plus fondé, en apparence, que cette théorie de l'accroissement externe. On ne tarda pas cependant à constater que ce n'est pas, comme le croyait Duhamel, le liber qui se transforme en bois, mais que l'accroissement du tronc s'effectue dans la couche utriculaire, sous-jacente au liber, dans la couche du cambium. De là naquit une nouvelle théorie, qui va conduire la science jusqu'à nos jours. En voici la filiation.

Jean-Nicolas *Lahire* (né à Paris en 1685, mort en 1727), fils du célèbre géomètre de ce nom, avait émis, en 1719, dans les *Mémoires de l'Académie des sciences*, l'opinion que les bourgeons sont les agents essentiels de l'accroissement des tiges en diamètre, et que c'est de leur base que partent et descendent les fibres, qui forment chaque année les nouvelles couches ligneuses, qui viennent augmenter la grosseur de la tige. Cette théorie était entièrement oubliée, quand elle fut reprise, en 1809, par *Du Petit-Thouars*. De ses observations ce botaniste conclut que les bourgeons sont en quelque sorte des « embryons germants », pour lesquels la couche de cambium, située entre l'écorce et le bois, remplit le même usage que le sol pour les graines qui germent. Pendant que le bourgeon va former une jeune branche, sa base donne naissance à des fibres, qui remplissent l'office des radicules de l'embryon. Ces fibres descendent à travers la couche humide de cambium, où elles rencontrent celles qui proviennent des autres bourgeons : toutes s'anastomosent, prennent de la consistance et forment ainsi chaque année une nouvelle couche de bois[1]. Cette théorie, que la greffe en écusson paraissait confirmer, allait succomber sous des attaques réitérées, quand elle fut reprise, avec certaines modifications, par Gaudichaud (né en 1780, mort en 1854).

D'après ce botaniste, l'organisation de la tige et des parties appendiculaires, telles que les feuilles, les calices, les corolles, les étamines, les pistils, n'est que le résultat du développement d'un seul organe primitif, dont l'embryon monocotylédoné est le type. En effet, de même que l'on observe dans l'embryon monocotylédoné, lorsqu'il a pris tout son expansion normale, un mamelon radiculaire qui constitue son système descendant, puis une tigelle, un cotylédon et son support, lesquels forment son système ascendant, de même aussi on voit, dans le végétal plus avancé, la racine qui représente la radicule, c'est-à-dire le système descendant, et le mérithalle avec la feuille et son pétiole, qui représentent la tigelle, le cotylédon, ainsi que son support, c'est-à-dire le système ascendant. Le type simple que présente l'embryon monocotylédoné se double, se triple, se quadruple, se quintuple, etc., dans l'embryon dicotylédoné, et il en est de même de l'appareil vasculaire qu'il renferme.

Tout cela se démontre rigoureusement par l'anatomie de la jeune plante. L'appareil vasculaire se compose de deux ordres de vaisseaux : l'un se porte du collet de la racine au bourgeon, l'autre du bourgeon à l'extrémité de la racine. Le premier élève jusqu'au bourgeon la séve brute

1. Du Petit-Thouars, *Essais sur la végétation, considérée dans le développement des bourgeons*; Paris, 1809, in-8°.

qui s'y élabore; le second conduit jusqu'à la racine une partie de la séve élaborée. Celui-ci, dans les dycotylédonés, se prolongeant entre l'écorce et le bois, forme les nouvelles couches ligneuses par son union avec les utricules nées de la tige, et contribue, de cette façon, à l'accroissement en diamètre, tandis que l'autre, s'allongeant au centre et aboutissant au bourgeon qui transforme en matière organisée une partie de la séve venue de la racine, travaille à l'accroissement en longueur. Il suit de là que le bourgeon ne reçoit d'en bas rien de solide, rien d'organisé, qu'il crée de toute pièce les vaisseaux qui entrent dans sa composition et que ce sont les mêmes vaisseaux, développés intérieurement, qui se représentent dans les couches ligneuses de la tige et de la racine, dont ils constituent la portion la plus importante. Quant aux utricules des couches, soit qu'elles s'allongent de bas en haut, ou du centre à la circonférence, elles s'organisent sur place, entre l'écorce et le bois, et n'ont rien de commun avec le bourgeon [1].

Telle est, en substance, la théorie de Gaudichaud. Peu favorisée en France, elle fut soutenue en Angleterre par des observateurs d'un grand mérite, entre autres par Knight et Lindley.

Respiration des plantes. — Les travaux de Bonnet et de Duhamel du Monceau avaient préparé la découverte de la *fonction respiratoire des feuilles*. En cherchant le moyen de rendre le gaz acide carbonique propre à la respiration et à la combustion, Priestley trouva, en 1771, que les végétaux peuvent, non-seulement vivre dans ce gaz où les oiseaux périssent, mais qu'ils le rendent respirable, d'irrespirable qu'il était; il constata même

1. La théorie de Gaudichaud se trouve exposée dans l'*Introduction* (1re partie) au *Voyage autour du monde sur la corvette la Bonite* (Paris, 1851); elle est accompagnée d'un bel atlas, composé de planches coloriées.

que ce changement ne se produit que sous l'influence de la lumière du jour, et qu'il cesse la nuit. Malheureusement l'observation de Priestley ne fut bien comprise qu'après la découverte de l'oxygène et celle de la composition du gaz acide carbonique.

C'est par une sorte d'engrenage inéluctable qu'une science fait, en marchant, avancer une autre science : le progrès de la physiologie dépendait de l'avancement de la chimie.

Depuis la découverte des gaz dont l'air atmosphérique n'est qu'un mélange, les observateurs fixèrent plus particulièrement leur attention sur les phénomènes qui se passent dans ce milieu matériel où s'opère la vie des plantes et animaux. Il fut d'abord reconnu que tous les gaz qui constituent l'air ne sont pas également respirables, et qu'il n'y en a qu'un seul, l'oxygène, l'air vital par excellence, qui soit absolument nécessaire à l'entretien de la respiration. Instruit par les expériences de Priestley que le règne végétal et la règne animal se prêtent un mutuel concours, J. *Ingenhousz* (né à Bréda en 1730, mort en Angleterre en 1799) essaya de pénétrer plus avant dans ce mystère[1] ; il fut bientôt suivi dans la même voie par J. *Senebier*, de Genève (né en 1742, mort en 1809)[2]. Ces deux observateurs établirent, par leurs expériences, que les plantes, sous l'influence de la lumière, décomposent l'acide carbonique en fixant le carbone et mettant l'oxygène en liberté, tandis que dans l'obscurité elles respirent comme les animaux, en absorbant l'oxygène de l'air et en dégageant de l'acide carbonique.

La découverte de la fonction respiratoire des plantes provoqua une étude plus attentive des organes par lesquels cette fonction devait s'exercer. La membrane transpa-

1. Ingenhousz, *Expériences sur les végétaux*; Paris, 1780, in-8°.

2. Senebier, *Recherches sur l'influence de la lumière solaire pour métamorphoser l'air fixe en air pur par la végétation*; Genève, 1783, in-8°.

rente, incolore qui, sous le nom d'*épiderme*, recouvre toutes les parties du végétal aussi bien que de l'animal, avait été soumise à l'examen microscopique déjà par Malpighi et Grew. Malpighi soutenait que l'épiderme est formé par les utricules externes du tissu cellulaire, épaissies et endurcies par l'action atmosphérique. Cette opinion eut pour défenseurs H. D. Moldenhawer[1], Antoine Krocker[2], J. J. Bernhardi[3], Ch. A. Rudolphi[4], Fr. Linck[5], Brisseau-Mirbel[6], etc. Grew, au contraire, présentait l'épiderme comme une membrane tout à fait distincte du tissu sur lequel elle se trouvait appliquée. Cette seconde opinion fut appuyée par B. H. de Saussure, J. Hedwig, Treviranus, Amici, Ad. Brongniart, Hugo Mohl et par d'autres. Les travaux de ces observateurs ont mis l'existence de l'épiderme, comme membrane distincte, hors de doute. Bien plus, d'après les recherches de Henslow, d'Adolphe Brongniart et de H. Mohl, cette membrane elle-même se compose de deux pellicules, l'une extérieure (*cuticule*), d'apparence granuleuse, percée d'ouvertures en forme de boutonnières, l'autre, sous-jacente, formée d'une ou de plusieurs couches d'utricules soudées entre elles et souvent incrustées de silice, comme dans l'épiderme des prêles d'eau et des graminées.

Les ouvertures en forme de boutonnières, appelées *stomates*, *pores corticaux*, *glandes corticales*, dont l'épiderme est percé, avaient été également observées déjà par Malpighi et Grew. Mais ce n'est que plus tard qu'il fut reconnu, particulièrement par Amici, que ces petites bouches sont bordées d'une sorte de bourrelet, formé par un nombre variable de cellules épidermiques, et que ces bourre-

1. *Diss. de vasis plantarum;* Utrecht, 1779, in-8°.
2. *De plantarum epidermide;* Halle, 1800, in-8°.
3. *Beobachtungen über Pflanzengefässe;* Erf., 1805, in-8°.
4. *Anatomie und Physiol. der Pflanzen;* Goett., 1807.
5. *Anat. der Pflanzen;* Berl., 1807.
6. *Traité d'anatomie et physiol. vég.;* Paris, an X, in-8°.

lets, espèces de sphincters, sont susceptibles, sous diverses influences atmosphériques, de se dilater ou de se resserrer. Communs sur l'épiderme des feuilles et des jeunes tiges, les stomates, variables de grandeur suivant les espèces végétales, manquent sur l'épiderme des racines, des pétioles, des pétales, des vieilles tiges, des graines et des fruits charnus. Comment ces pores se terminent-ils? Les opinions sont encore partagées. Suivant Link, Nees d'Esenbeck et Robert Brown, ce sont de petites poches glandulaires, fermées. Mais Hugo Mohl, et d'autres phytonomistes plus récents, croient, d'après leurs observations, que les stomates sont perforés, que la formation de leur fente est due au dédoublement d'une cloison, existant dans l'intérieur de l'utricule, qui se partagerait ainsi en deux lèvres. Brisseau-Mirbel a donné des détails intéressants sur le développement des stomates dans les cryptogames[1]. Quant à l'usage des stomates, il est encore obscur. Ils ne sont pas destinés, comme le croyait Amici, à l'absorption de l'humidité, puisque l'eau les fait fermer et qu'ils correspondent à des vides intérieurs, privés de sucs. L'observation a montré qu'ils ne servent pas davantage à l'évaporation, et qu'on ne peut pas non plus, avec Link, les mettre au nombre des organes excrétoires, puisqu'ils correspondent à des espaces vides. Suivant l'opinion d'Achille Richard, généralement admise aujourd'hui, les stomates jouent un rôle important dans la respiration et sont spécialement destinés à l'exhalation de l'oxygène, provenant de la décomposition de l'acide carbonique absorbé ou inspiré. Fermés pendant la nuit, ils ne s'ouvrent, en effet, que le jour, sous l'influence de la lumière; et les arbres qui, d'après les observations de De Candolle, n'ont pas de stomates, manquent aussi de la faculté de dégager de l'oxygène.

1. *Recherches sur le marchantia polymorpha*; Mém. de l'Acad. des Sciences, année 1832.

A. Brongniart, Th. de Saussure, Dutrochet, Delile et d'autres, ont montré par leurs recherches que la structure des feuilles est merveilleusement en rapport avec les fonctions respiratoires et nutritives. Leur parenchyme est disposé, surtout à la face inférieure, de manière à former de petites poches, les *poches pneumatiques*, communiquant toutes entre elles, et où s'introduisent, par les pores de l'épiderme, tous les éléments de l'air (oxygène, azote, hydrogène et carbone, — ces deux derniers provenant de la décomposition de l'eau et de l'acide carbonique), qui entrent dans la composition chimique du végétal. Arrivée aux extrémités de son parcours, la sève ascendante subit le contact de l'air dans les poches pneumatiques, et s'y modifie exactement comme le sang veineux se modifie dans les poumons par l'action de l'air. C'est ainsi qu'on reconnut que les feuilles sont les analogues des poumons.

Quel office remplissent alors les trachées? Depuis Malpighi et Grew, tous les phytotomistes se sont accordés sur ce point que la trachée est une lame étroite, mince, transparente *spiricule*, qui, roulée en hélice ou spirale, forme par ses tours rapprochés un tube cylindrique plus ou moins allongé. Mais ils ont commencé à se diviser sur la question de savoir si les tours de la spiricule sont simplement soudés par une membrane très-déchirable, placée entre eux, ou si la spiricule est roulée sur la surface externe d'un véritable tube. Cette dernière opinion, qui était celle de Hedwig, a été abandonnée. La première, établie par les recherches de Kieser et de Dutrochet, a prévalu. On s'est divisé davantage sur la nature de la spiricule. Se rapprochant de l'idée de Hedwig, Mustel, Link, Viviani, Mirbel, ont présenté la trachée comme formée de deux tubes, l'un interne, cylindrique, charriant de l'air, — *tube pneumatophore*, — l'autre, externe, excessivement délié, roulé en spirale autour du tube pneumatophore, et qui a reçu le nom de *vaisseau adducteur* ou *chylifère*. Cette façon de voir n'a pas été adoptée par les observateurs plus récents, qui tous admettent que le corps roulé en spirale est un corps plein, cylindrique ou comprimé. Longtemps incertain sur la manière dont se terminent les trachées à leurs extrémités, on s'accorde, depuis les travaux de Nees d'Esenbeck et de Dutrochet, à donner à leurs terminaisons une forme conique.

Les trachées ou vaisseaux spiraux contiennent-ils de la séve ou de l'air? Une singulière confusion a régné ici parmi les observateurs : les uns n'y ont vu que de la séve, les autres y ont trouvé de l'air. Ils avaient tous raison; leurs observations étaient exactes : la confusion venait de ce qu'ils avaient observé ces vaisseaux à des périodes différentes de la végétation. Il a été, en effet, reconnu que les trachées, qui ont pour siége d'élection les parois du canal médullaire, le pétiole et les nervures des feuilles, les calices, les pétales, les filets des étamines et les parois de l'ovaire, contiennent de la séve seulement dans la première période de la végétation, quand ce liquide s'élève en abondance par le milieu de la tige, et que les feuilles et les fleurs commencent à se développer; mais que l'air s'y substitue insensiblement à la séve à mesure que les différentes parties de la plante prennent de l'accroissement. C'est dans cette seconde période que les trachées deviennent des organes respiratoires. L'air va par là, pour ainsi dire, à la recherche du suc nutritif dans toutes les parties où celui-ci se rencontre, — comme dans la respiration des insectes, — pendant que le suc nutritif vient se faire élaborer dans les appendices foliacés, comme chez les animaux à respiration pulmonaire.

Les vaisseaux observés par H. Mohl, Schleiden, Moldenhawer, Link, Slack, etc., sous le nom de vaisseaux *annulaires*, *rayés*, *scalariformes*, *ponctués*, *réticulés*, ne sont, d'après l'opinion généralement adoptée, que des modifications de la trachée. Aussi les a-t-on compris sous la dénomination générale de *fausses trachées*. De ces vaisseaux diffèrent ceux que Schulz a le premier fait connaître sous le nom de vaisseaux *laticifères*. Ce sont des tubes à parois membraneuses, transparentes, n'offrant ni lignes, ni stries, ni lames, ni ponctuations. Chez les plantes dicotylédones, ils sont surtout nombreux dans la moelle et dans le tissu utriculaire de l'écorce, comme l'ont montré Meyen et d'autres. Charriant la sève élaborée ou descendante (*latex*), les vaisseaux laticifères sont les organes de la circulation du suc vital, circulation que Schulze a nommée la *cyclose*[1], et où l'*endosmose* et l'*exosmose* de Dutrochet, deux modes d'absorption des liquides dépendant de la différence de leur densité, paraissent jouer un rôle important.

Notons, en passant, que sous le nom de *vaisseaux propres*, qui tend à disparaître de la science, différents observateurs avaient confondu les cavités ou vacuoles où s'accumulent des sucs résineux, avec les méats intercellulaires et les vaisseaux laticifères.

Quelle est l'origine de tous les vaisseaux ou du tissu vasculaire ? Frappé du fait qu'une toute jeune plante ne se compose que de tissu cellulaire et qu'elle ne renferme des vaisseaux qu'à une période plus avancée de son développement, Treviranus entreprit une série d'observations qui lui permirent d'établir que les vaisseaux proviennent de cellules (utricules) placées bout à bout, dont les cloisons horizontales (diaphragmes) ont été complétement ou en partie résorbées. Les fibres, qui constituent le bois et les nervures des feuilles, ont la même origine, puisqu'elles résultent de la réunion de cellules très-allongées ou de tubes très-courts, terminés en pointes à leurs deux extrémités. Tout se trouve ainsi ramené à l'élément constitutif du tissu cellulaire, à l'utricule, sur

1. Schulze, *Sur la circulation et sur les vaisseaux lactifères* (laticifères) *dans les plantes*; Berlin et Paris, 1839.

le développement duquel les observateurs ont été loin de s'accorder. Suivant Treviranus et Turpin, ce développement s'effectue par les granules de chlorophylle (matière colorante verte), condensées dans les utricules du tissu cellulaire. Suivant Schleiden, il s'opère par des *nuclei* ou des *cytoblastes* (vésicules-germes) qui paraissent autour de quelques granules comme une coagulation granuleuse. D'après H. Mohl, l'utricule se forme par une membrane intérieure qu'il nomme *utricule primordiale*[1]. Un fait certain, c'est que le tissu cellulaire ou parenchyme s'accroît par la multiplication et l'expansion des utricules qui le composent. Il y a des végétaux qui sont entièrement formés de tissu cellulaire (utriculaire), tels que les champignons, les algues, les lichens, tandis qu'il y en a beaucoup d'autres qui se composent à la fois de tissu cellulaire et de vaisseaux. C'est ce qui a fait, comme nous avons vu, distribuer à de Candolle tout le règne végétal en plantes *cellulaires* et en plantes *vasculaires*.

Un phénomène curieux, se rattachant à la circulation du latex (cyclose), c'est le mouvement giratoire du fluide nutritif (*protoplasme*), contenu dans les utricules du tissu cellulaire. Ce phénomène fut pour la première fois observé, en 1772, par Bonaventura *Corti* dans certaines plantes aquatiques (*chara hispida* et *caulinia fragilis*). De ses observations, publiées en 1775[2], le savant italien conclut que le liquide de chaque cellule présente un mouvement particulier, indépendant de celui des autres cellules, et que ce mouvement rotatoire s'exécute invariablement dans le même sens le long de la face interne des parois cellulaires. Treviranus arriva, en 1807, à des résultats identiques sans avoir connu le travail de Corti. Il

1. Morel, *Hall. bot. Zeitung*, année 1844.
2. B. Corti, *Lettera sulla circulazione del fluido, scoperta in varie piante*; Modena, 1775.

crut d'abord que cette giration du liquide nutritif ne s'observait que dans les plantes aquatiques dont les cellules allongées tiennent en quelque sorte lieu de vaisseaux. Mais depuis les recherches de Schleiden, de Mohl, de Meyen, de Schultz, d'Amici, de Raspail, de Slack, de Gœppert, de Donné, etc., il a été reconnu que ce phénomène est à peu près général, et que si on ne l'a pas aperçu dans beaucoup d'autres végétaux, c'est que le fluide circulant dans les utricules était tout à fait incolore et dénué des granules qui permettent d'en suivre le mouvement. Ces granules, et le mouvement giratoire qu'elles impriment, s'aperçoivent le mieux dans les utricules du calice de l'éphémère (*tradescantia virginiaca*), dans les poils de la corolle du liseron, des campanules, des labiées, et surtout dans les poils qui garnissent les racines flottantes du petit nénuphar (*hydrocharis morsus ranæ*).

Les fibres si enchevêtrées du dattier, que Desfontaines avait soumises à une étude particulière, devinrent pour Mirbel le point de départ d'une série d'observations intéressantes sur l'accroissement des végétaux *monocotylédonés*, comparé à celui des *dicotylédonés*[1]. Ces observations montrèrent qu'il existe une similitude complète entre le bulbe et le stipe (tige des palmiers); que le bulbe de l'oignon, de l'ail, du lis, etc., n'est pas seulement un bourgeon surmontant une racine, mais un assemblage des trois organes essentiels de la nutrition (racine, tige et feuilles); que les caïeux, qui se forment à l'aisselle d'une écaille (feuille) de bulbe, remplacent les bourgeons qui se développent à l'aisselle des feuilles dans les végétaux dicotylédonés; que dans les monotylédonés ces bourgeons axillaires avortent presque constamment, ou restent à l'état rudimentaire, comme cela se voit dans la plupart des graminées et dans les palmiers, à l'exception du pal-

1. *Comptes rendus* de l'Académie des Sciences, 13 janvier 1843, et 7 octobre 1844.

mier doume, du dragonnier, de certaines espèces d'yucca, etc.

La structure et le développement des feuilles furent particulièrement étudiés par Suringar[1], Hœven[2], Berta[3], Drejer[4], Payen[5], Grüjer[6], etc. Quant à la disposition de ces organes appendiculaires sur leur axe, les botanistes y restèrent longtemps inattentifs. Ce n'est guère que depuis une quarantaine d'années qu'on a commencé à s'en occuper d'une manière spéciale. L'arrangement des feuilles par deux (feuilles opposées), par trois ou un plus grand nombre à la même hauteur de la tige, de manière à former des *verticilles*, avait été remarqué depuis longtemps. Mais ce n'est qu'en 1831 que F. Schimper et Al. Braun ont les premiers abordé géométriquement la disposition des feuilles alternes ou éparses, et ont créé une nouvelle branche de la science, nommée la *phyllotaxie*[7]. En examinant, par exemple, une branche gourmande de pêcher, on constate que les feuilles n'y sont pas arrangées au hasard et qu'elles forment autour de la branche une spirale parfaitement régulière. Ainsi, en partant d'une feuille quelconque de cette branche on remarque que la sixième feuille recouvre la première, et que c'est toujours après deux tours de spire qu'on arrive à la feuille qui a servi de point de départ; c'est la disposition quinconciale. L'arrangement le plus simple est celui des feuilles alternes placées sur deux rangs (distiques): en partant d'une première feuille, on voit qu'après un tour de spire, la troisième recouvre la première, etc. En désignant par le numérateur d'une

1. *De foliorum ortu, situ, fabrica*, etc.; Leyde, 1820, in-4°.
2. *De fol. ortu*, etc.; ibid., 1826, in-4°.
3 *Mem. sull' anatomia delle foglie, etc.*: Parme, 1828, in-4°.
4. *Elementa phytologia*; Copenh., 1840, in-8°.
5. *Essai sur la aerration des plantes*; Paris, 1840, in-4°.
6. *Bot. Zeit.*, année 1851.
7. *Flora*, 1835, n° 10, 11 et 12; *Nova Act. Nat. Cur.*; Bonn, t. XV, p. 195 et suiv.; *Annales des sciences naturelles*, année 1836, 317

fraction le nombre des tours de spire et par le dénominateur le nombre de feuilles nécessaires pour qu'elles se recouvrent, on a trouvé dans le règne végétal la série des *cycles* que voici :

$$\frac{1}{2}, \frac{1}{3}, \frac{2}{5}, \frac{3}{8}, \frac{5}{13}, \frac{8}{21}, \text{ etc.}$$

Pendant que Schimper et Braun poursuivaient leurs recherches en Allemagne, L. et A. Bravais arrivèrent, en France, à peu près aux mêmes résultats [1]. La même question a été étudiée depuis par Kunth [2], Hochstetter [3], Neumann [4], et d'autres.

Les différentes parties de la fleur, ainsi que la disposition des fleurs sur leur axe (*inflorescence*), ont été dans ces derniers temps l'objet de nombreux travaux. Parmi les auteurs de ces travaux, nous citerons particulièrement Rœper [5], Boreau [6], Purkinje [7], H. Mohl [8], Guillard [9], Kirschleger [10], Auguste Saint-Hilaire [11], Duchartre [12], Schleiden, Schacht, etc.

La doctrine sur la fécondation, généralement adoptée depuis Linné, fut vivement attaquée par J. B. Willbrand,

1. L. et A. Bravais, *Essai sur la disposition générale des feuilles rectisériées*, dans les *Annal. des Scienc. nat.*, VII, p. 42 et suiv.
2. Kunth, *Ueber Blattstellung der Dikotyledonen*; Berlin, 1843, in-8°.
3. *Flora*, n° 12, ann. 1850.
4. *Ueber den Quincunx*, etc.; Dresde et Leip., 1854, in-8°.
5. *Observat. sur la nature de fleurs et les inflorescences*; dans Seringe, *Mélanges bot.*, vol. II; juin 1826.
6. *Observat. sur les enveloppes florales*, etc.; Paris, 1827.
7. *De cellulis antherarum fibrosis, necnon de granorum pollinis formis*; Breslau, 1830-40.
8. *Ueber die männlichen Blüthen der Coniferen*; Tub., 1837.
9. *Sur la formation et le développement des organes floraux*; Paris, 1835.
10. *Essai sur les folioles carpiques ou carpidies*; Strasb., 1846.
11. *Morphologie végétale*; Paris, 1847, in-8.
12. *Annales des sciences nat.*; mai 1848.

dans une notice (*Existe-t-il dans les plantes une différence sexuelle?*) publiée, en 1830, dans *Bot. Zeitung* (t. II, p. 585 et suiv.). Schleiden à Berlin, et Endlicher à Vienne, émirent en 1837, une théorie qui tendait à renverser l'idée qu'on s'était faite jusqu'alors des fonctions des étamines et du pistil. D'après cette théorie, le pollen contiendrait les rudiments de l'embryon : conséquemment l'étamine serait l'organe sexuel femelle, tandis que le pistil serait l'organe sexuel mâle, parce que les ovules seraient uniquement destinés à fournir aux rudiments de l'embryon les matériaux nécessaires à leur développement. Unger, Wydler, Géléznoff et d'autres botanistes adoptèrent cette théorie, renouvelée en 1850 par Schacht. Elle fut vivement combattue d'abord par Hartig, Meyen, Amici, et plus tard par H. Mohl, Hofmeister et Tulasne. La question paraît devoir être résolue dans le sens des derniers observateurs.

Les phénomènes de l'irritabilité et du sommeil des plantes ont été l'objet des travaux de Labat, de F. Johnston, de Nasse, de Morren, de Dutrochet, de Meyen, de Brücke, de Fée, de Meyer, de Dassen, de Fritsch, etc., que nous ne pouvons ici que mentionner.

Pour satisfaire ce besoin de l'esprit qui cherche partout l'unité dans la variété, les botanistes imaginèrent diverses doctrines sur la *métamorphose des plantes*. Regardant la moelle comme la partie la plus essentielle du végétal, Linné en faisait venir, par voie de transformation, le pistil, considéré comme l'organe le plus important de la fleur; il plaçait les vaisseaux de la nutrition dans l'écorce, dont la partie interne (*liber*) devait former les couches annuelles du bois; enfin de la partie externe de l'écorce provenait, selon lui, le calice, de la partie interne la corolle, du bois l'appareil sexuel mâle (étamines). Ayant pris l'arbre pour type de la végétation, Linné pensait qu'à toutes les plantes il faut au moins deux ans pour produire une fleur complète, et que dans les plantes annuelles l'appareil de la fleur est une floraison anticipée, une *prolepsis*, pour nous servir de son expression[1].

Cette théorie n'était pas soutenable. Mieux inspiré que Linné, Gaspard Frédéric Wolff prit, pour le rappeler, la feuille comme principe de la métamorphose végétale. C'est ainsi que le calice, la corolle, les étamines, l'ovaire, ne seraient que des feuilles transformées[2]. Cette idée fut reprise et développée par Gœthe, voulant « unir ce que Linné avait séparé. » Seulement, au lieu d'expliquer, comme Wolff, les métamorphoses de la feuille par un affaiblissement successif de la force végétative, le grand poëte allemand posait en principe une sorte d'hiérarchie de la végétation, dont le point culminant était représenté par la fleur[3]. Cette théorie, adoptée par Fr. S. Voigt, Kieser, Oken, Nees d'Esenbeck, etc., devint bientôt générale et se fondit avec la doctrine de la *symétrie des organes*, doctrine de de Candolle, développée par Aug. Saint Hilaire. Cette doctrine explique les écarts de la symétrie des organes par des dégénérescences, par des avortements et des adhérences.

III. Phytographie.

La connaissance des plantes, primitivement limitée à la région méditerranéenne, va finir par embrasser la presque totalité de la surface du globe terrestre. Comme les hommes qui y ont le plus contribué appartiennent à l'Europe, on comprendra aisément la division du tableau descriptif des espèces végétales en *flore européenne* ou

1. *Amœnitates acad.*, vol. IV, p. 368 (ann. 1755), et vol. VI, p. 324 (ann. 1760).

2. *Nov. Comment. acad. Petrop.*, t. XII, p. 473, et t. XIII, p. 478 et suiv.

3. Gœthe, *Versuch die Metamorph. der Pflanzen zu erklären*; Gotha 1790.

indigène, et en *flore exotique*, comprenant les plantes de l'Asie, de l'Afrique, de l'Amérique, de l'Australie et des îles annexes de ces continents.

FLORE INDIGÈNE SPÉCIALE ET GÉNÉRALE.

Dans toute l'Europe il n'y a pas de flore plus intéressante que celle de la Suisse. J. J. *Scheuchzer* (mort en 1733), professeur de Zurich, ne la fit connaître que très-imparfaitement dans son Οὐρεσιφοίτης *helveticus*, *sive Itinera per Helvetiæ regiones* (Leyde, 1723, 4 vol. in-4°). On lui doit la description de deux nouvelles espèces de *phyteuma* (*ph. Scheuchzeri* et *ph. ovatum*). — *Haller*, que nous avons déjà eu l'occasion de citer, aussi distingué comme physiologiste et poëte que comme botaniste, auteur de la *Bibliotheca botanica* (Zurich, 1771, 2 vol. in-4°), réunit le premier les matériaux d'une histoire complète des plantes de la Suisse dans son *Historia stirpium Helvetiæ indigenarum* (Berne, 3 vol. in-fol., avec de beaux et nombreux dessins). On y trouve la description de 2486 espèces de plantes, parmi lesquelles nous citerons comme ayant été pour la première fois figurées, *aretia helvetica* et *a. alpina*, *laserpitium hirsutum*, *saxifraga muscoides* et *s. mutata*, *arenaria multicaulis*, *pedicularis verticillata*, *oxytropis campestris*, *cnicus spinosissimus*, etc. Haller eut pour principal aide Werner de la Chenal, professeur de botanique à Bâle. Louis *Reynier* donna des suppléments à l'ouvrage de Haller. — Parmi les botanographes plus récents de la Suisse, nous citerons : B. Suter (*Flora Helvetica*, 2 vol. in-12, Zurich ; de Clairville (*Manuel d'herborisation en Suisse*; Winterthur, 1811, in-8°) ; Wahlenberg (*De vegetatione et climate in Helvetia septentrionali*, etc.; Zurich, 1813, in-8°); Ch. Seringe (*Musée helvétique*, etc.; Berne, 1818; *Herbier portatif des Alpes*, in-4°); Ph. Gaudin (*Flora Helvetica*; Zurich, 7 vol. in-8°, 1828-1833, ouvrage important, continué après la mort de l'auteur par Monnard, 1836); J. Hegetschweiler (*Flora der Schweiz*, publié après la mort de l'auteur par O. Heer; Zurich, 1840, in-12). Les cantons de Bâle, de Berne, de Lucerne, de Genève, de Vaud, de Zurich, de Saint-Gall, des Grisons, eurent leurs flores particulières, rédigées par Hagenbach, J. Brown, G. Krauer, Fr. Reuter, D. Rapin, A. Kœlliker, J. Wartmann et A. Moritzi.

La France fut explorée par des botanistes distingués. Tournefort ne dédaigna pas d'écrire une *Flore des environs de Paris*. Il fut suivi dans cette voie par son disciple, Sébastien *Vaillant* (né à Magny en 1669, mort à Paris en 1722). Démonstrateur au Jardin du Roi, S. Vaillant amassa, pendant près de trente ans, les matériaux d'un magnifique ouvrage, le *Botanicon Parisiense* (Leyde et Amsterdam, 1727, in-fol., avec une carte des environs de Paris et trois cents figures de plantes dessinées par C. Aubriet), qui ne parut qu'après la mort de l'auteur, par les soins de Boerhaave. On y trouve la description et les dessins d'un grand nombre d'espèces nouvelles de mousses, de lichens et de champignons. Parmi les phanérogames, pour la première fois exactement présentées, on remarque : *poa compressa*, *exacum filiforme*, *silene gallica*, *geranium columbinum*, *aira aquatica*, *agrestis interrupta*, etc. N'oublions pas que l'on doit à S. Vaillant l'introduction (en 1714) des serres chaudes en France. — Parmi les floriographes des environs de Paris, nous nommerons encore, avec la date de leurs publications : Fabregou, (1740), Dalibard (1749), L. Thuillier (1790), J. Buchoz (1797), Pierre Buillard (1776-1780), B. Francœur (1801), A. et F. Plée (1811), D. Dupont (1813), V. Mérat (1812), A. Vigneux (1812), Poiteau et Turpin (1813), Chevalier (1826-1827), Cosson et Germain (1845.)

La flore spéciale des provinces de la France fut l'objet des travaux de J. Garidel (*Provence et surtout les environs d'Aix*, 1715), D. Villers (*Dauphiné*, 1779), R. Durand (*Bourgogne*, 1782), Willemot, Lamoureux et Godron (*Lorraine*, 1780, 1803 et 1848), Ch. Stolz (*Alsace*, 1802), Tristan et Dubois (*Orléanais*, 1803 et 1810), A. Delarbre (*Auvergne*, 1795). Gateran (*Languedoc*, 1789), Picot-Lapeyrouse, Ramond, Bergeret et Noublet (*Pyrénées*, 1789, 1795, 1803 et 1837), Roussel, Renault et Brébisson (*Normandie*, 1796, 1804 et 1829 et suiv.). Bastard (*Anjou*, 1809). Balbis (*Lyonnais*, 1828), Boreau (*Centre de la France*, 1840). Parmi les florigraphes des départements, nous signalerons : Viviani (*Corse*, 1824), Desmoulins (*Dordogne*, 1840), F. Dujardin (*Indre-et-Loire*, 1833), Lorey et Duret (*Côte-d'Or*, 1831), Arnauld (*Haute-Loire*, 1830), Hollandre (*Moselle*, 1842), etc.

Monet de Lamarck conçut le premier l'idée d'une *Flore générale de la France* (1792), qui fut en partie exécutée par De Candolle, Jaume Saint-Hilaire, Loiseleur-Deslongchamps et Duby (1834-1838).

La première *Flore générale de l'Allemagne* à peu près complète fut publiée par Guill. Roth, médecin de Vegesack (*Tentamen floræ germanicæ*; Leip., 1787-1800, 3 vol. in-8°). Mais son travail devait être bientôt dépassé par les ouvrages de Schrader (mort en 1836), professeur à Goettingue[1], de J. Sturm[2], de G. L. Reichenbach (*Flora germanica*, etc., 1832 et années suiv.), de Jos. Koch (mort en 1849), professeur à Erlangen[3], de G. Meigen, etc[4].

Les ouvrages de Jacquin (né à Leyde en 1727, mort à Vienne en 1817), de Grantz, de Horst et de L. Trattinick sur la *Flore de l'Autriche* sont fort estimés[5]. Ku...

1. *Flora germanica* : Gœtting., 1806, in-8 ; il n'en parut que le 1er vol.
2. *Deutschlands Flora*, etc. 1798-1848 149 cahiers.
3. *Deutsch. Flora*, 1823-1839, 5 vol. in-8.
4. *Deutsch. Flora*, 1836-1842.
5. Jacquin, *Enumeratio stirpium*, etc. Vienne, 1762 ; — Crantz, *Stirpes austriacæ*, Vienne et Leipz. 1762-1769 ; — Horst, *Flora au-*

Sprengel (mort en 1833, professeur à Halle), l'auteur de l'*Historia rei herbariæ*, s'était aussi beaucoup occupé de la flore allemande.

Parmi les florigraphes des différentes parties de l'Allemagne, on remarque, pour la *Prusse* : G. L. Willdenow (né en 1765, mort professeur à Berlin, en 1812), auteur d'une édition estimée du *Species plantarum* de Linné (10 vol., 1797-1810)[1], Kunth (1813), Loreck (*Flora porussica*, 1826-1830), R. Schmidt (1843).

Pour la *Bavière* : Schrank[2], J. A. Schultes, professeur à l'université de Gracovie, auteur d'une histoire de la botanique (Vienne, 1817, in-8°)[3]. Pour le *Wurtemberg* : Schübler et Martens (*Flora v. Würtemb.* Tub., 1834, in-8°). Pour le pays de *Bade* : Ch. Gmelin (*Flora badensis*, 1805-26), L. Succow, H. Dierbach.

Pour la *Saxe* : H. Ficinus (*Flore de Dresde*, 1808), G. Baumgarten (*Flore de Leipzig*, 1790), L. Reichenbach (*Flore de la Saxe*, 1841), Holl et Heynhold (1842). Pour la *Thuringe* : Schenck, Schlechtendal et Langethal (*Flora v. Thuringen*, Iena, 1835-48).

Pour les différentes parties de l'empire d'Autriche, nous citerons Kosteletzki (*Flore de la Bohême*, 1824), Roschmann (*Flore du Tyrol*, 1738), Scopoli (*Flore de la Carniole*, 1760), Zawadsky (*Flore de la Galicie*, 1835), Maly (*Flore de la Styrie*, 1837), Lang (*Flore de la Hongrie*), Visiani (*Flore de la Dalmatie*, 1840-51).

L'étude des plantes indigènes a été, dans la *Grande-Bretagne*, l'objet de travaux aussi importants que variés. Nous ne mentionnerons que la *Flora anglica* (Lond.,

...ora, 1827 1831, 2 vol. in-8 ; — Trattinick, *Flora des Œst. Kaiserth.*, 1821, 2 vol. in-4.

1. Willdenow, *Flora Berolin.*, 1757-58 ; *Floræ Berol. Prodromus*, 1787.

2. *Baierische Reise*, 1786.

3. *Baiern's Flora*, 1811.

1762, in-8°) de W. Hudson, mort en 1793, pharmacien à Londres; la *Flora britannica* (Lond., 1760) de J. Hill; le *British herbal* (1770, in-fol.) de J. Edwards; le *Catalogue of british plants* et *Flora londinensis* (1787-88, continué par Hooker) de W. Curtis, pharmacien de Londres, mort en 1770); la *Flora britannica* (1800-1804, 3 vol. in-8°) d'Ed. Smith, né en 1759, mort en 1828 à Londres; le *British flora* (1812, 5 vol. in-8°) de J. Thornton; la *Flora rustica*, etc., (1794) de Th. Martyn, professeur à Cambridge, mort en 1825; *The british flora* (1833-36, 2 vol. in-8°) de W. J. Hooker (né à Norwich en 1785), directeur du Jardin royal de Kew; *A synopsis of british flora* (1829 et suiv.) de J. Lindley (né en 1799 à Catton, près de Norwich), professeur de botanique à l'université de Londres, auteur du *Vegetable Kingdom* (Lond., 1846), etc. Nous ne devons pas oublier, dans cette énumération, le *Hortus Kewensis*, ouvrage d'une grande autorité, qui fut commencé en 1789 par W. Aiton, directeur du Jardin royal de Kew, continué par Townsend Aiton, fils de W. Aiton, puis complété pour la partie scientifique par Robert Brown, et enrichi de figures par Fr. Bauer.

Pour la connaissance de la flore de la *Belgique* et des *Pays Bas*, nous mentionnerons : *Deliciæ gallo-belgicæ* (Strasb., 1799, 2 vol. in-8°) de J. Necker, la *Botanographie* (Lille, 1799 et suiv.) de J. B. Lestiboudois, mort en 1805, de Fr. Jos. Lestiboudois, mort en 1815, et de Thémistocle Lestiboudois, fils du précédent, et surtout l'importante *Flora Batava* (1800-1847, 9 vol. in-4°) de J. Kops et C. Sepp.

Le royaume de *Danemark*, y compris la *Norvége*, l'*Islande*, les *îles Faroë* et le *Groenland*, eut pour florigraphes : Oeder (né en 1728, mort en 1791), professeur de botanique à l'université de Copenhague, auteur des trois premiers volumes de la *Flora danica* (1761-70), ouvrage monumental, continué par F. Müller, Vahl et Hornemann (3-9 vol. in-fol., 1770-94), E. Gunner, *Flora norwegica* (1766-72), Fr. Rottböll (mort en 1797, professeur à Copenhague), *De plantis Islandiæ et Groenlandiæ*.

La flore de la *Suède* et celle de la *Laponie* eurent pour principal auteur Linné ; sa *Flora suecica* parut en 1745, huit ans après sa flore de la Laponie. Ces travaux furent plus tard complétés par G. Wahlenberg (*Flora lapponica*, Stockh., 1812, in-8°) et *Flora suecica*, Leipz., 1824-33, 2 vol. in-8°). Acharius, Agardh et Fries y ajoutèrent une étude approfondie des cryptogames.

Parmi les florigraphes de l'*Italie* se sont distingués : Ch. Allioni, mort en 1802, professeur à Turin (*Flora Pedemontana*, 1785, 3 vol. in-fol.), J. H. Moris (*Flora Sardoa*, Turin, 1835-1843), J. Passerini (*Flora Italiæ superioris*, Milan, 1844), F. Maratti (*Flora romana*, Rome, 1822), Mich. Tenore (*Flora napolitana*, Naples, 1811-1830, 5 vol. in-fol., l'une des flores spéciales les plus complètes), G. Gussone (*Flora sicula*, Naples, 1829 et suiv.).

L'Espagne, le Portugal, la Grèce, la Turquie et la Russie, n'ont guère été étudiées, sous le rapport de l'histoire naturelle, que par des savants étrangers à ces pays, ou par des indigènes ayant longtemps séjourné à l'étranger. Nous citerons pour l'*Espagne* : le Suédois P. Loeffling (né en 1729, mort en 1756), dans son *Iter hispanicum* (Stockh., 1752) ; J. Cavanilles (né à Valence en 1745, mort à Madrid en 1804), qui avait étudié la botanique à Paris pendant un séjour de douze ans dans cette ville[1] ; le Français Boissier[2] ; les Allemands Reuter (*Chloris austro-hispanica*, Ratisb., 1846) et Willkomm (*Icones et descriptiones plantarum*, etc., Leip., 1852 et suiv.).

Pour le *Portugal*, l'Italien D. Vandelli (*Floræ lusitanicæ*

1. *Icones et descriptiones plantarum quæ aut sponte in Hispania crescunt, aut in hortis hospitantur* : Mad., 1791-97, 2 vol. in-folio, avec un supplem. d'Ignacio Franco; Mad., 1798.

2. *Voyage botanique dans le midi de l'Espagne*, Paris, 1839-45, 2 vol. in-4°.

specimen, Coimbre, 1788). Correa da Serra (né en 1750, mort en 1823), membre de la Société royale de Londres où il avait résidé[1]. A. F. Linck, de Berlin, qui avait accompagné, en 1798 et 1799, le comte de Hoffmansegg, dans un voyage en Espagne et Portugal, commença, en 1809, la publication d'une *Flore portugaise*, dont le vingt-troisième fascicule parut en 1840, et qui est restée inachevée.

John Sibthorp (mort en 1796), professeur à Oxford), qui avait visité une partie de la Grèce et de l'Asie Mineure, entreprit un vaste ouvrage sur la Flore de ces contrées, qui ne parut qu'après sa mort, par les soins d'E. Smith (*Flora græca*, etc. Lond., 1806-1840, 10 vol. in-fol.). Dumont d'Urville donna une liste des plantes qu'il avait cueillies, en 1822, dans les îles de l'Archipel grec et sur le littoral du Pont-Euxin[2].

Hincke et Manolesko explorèrent en 1833-1836 la Turquie d'Europe. Les résultats de leur exploration furent publiés par Frivaldsky (*Succinctæ diagnoses specierum plantarum in Turcia europæa collect.*, 1837). Jaubert, Sieber, Greville, Della Porta, Margot et Reuter firent spécialement connaître la Flore du Péloponèse, des Cyclades, de la Crète, des îles Ioniennes, notamment des îles Corfou et de Zante.

La connaissance des plantes de la *Russie d'Europe* est principalement due aux travaux de Pallas (*Flora Rossica*, St-Pétersb., 1784-88, 2 vol.), de Ledebours (*Flora Rossica*, Stuttg., 1842-53, 3 vol. in-8°), et de Trautvetter (*Grundriss einer Geschichte der Botanik in Bezug auf Russland*; St-Pétersb., 1837).

Le projet d'une Flore générale de l'Europe n'a été jusqu'ici qu'incomplétement réalisé par Laicharding, mort en 1797, professeur à Inspruck (*Vegetabilia europæa*, 1770-

1. Notices sur les fleurs portugaises, dans *Philos. Transact.* 1796, *Transact. of the linn. Soc.*, t. V et VI; *Annales du muséum*, t. VI, VIII, IX, X et XIV.

2. *Enumeratio plantarum*, etc., Paris, 1822, in-8°.

71, 2 vol. in-8°), par Boissieu (*Flore d'Europe*, Lyon, 1805-7, 3 vol. in-8°), et par J. J. Roemer (*Flora europæa inchoata*, Nuremb., 1797-1811, in-8°).

FLORE EXOTIQUE.

Les naturalistes voyageurs, qui ont agrandi le domaine de la science, souvent aux dépens de leur santé ou de leur vie, méritent que nous nous y arrêtions un peu plus longtemps. Pour donner un rapide aperçu de leurs travaux, nous procéderons par ordre de pays.

ASIE. — Linné avait souvent exprimé ses regrets de ce qu'on eût entièrement négligé l'histoire naturelle de la Palestine, qui pouvait être d'un si grand secours pour l'intelligence de la Bible. Un de ses disciples, Frédéric *Hasselquist* (né en 1722 à Toernevalla), résolut dès lors de combler la lacune signalée. Après s'être préparé pendant deux ans pour son voyage, il s'embarqua pour Smyrne, où il arriva le 26 novembre 1749. Il y passa l'hiver et l'été suivants en faisant des excursions dans les environs. A Smyrne, il s'embarqua pour Alexandrie, et visita l'Egypte. Après avoir, en mars 1751, quitté le Caire, il parcourut la Palestine, la Phénicie, l'île de Chypre et vint, l'année suivante, mourir d'épuisement à Smyrne, à l'âge de trente ans. Ses créanciers firent saisir ses collections et ne consentirent à les laisser déposer dans le musée de Stockholm que lorsque la reine Louise Ulrique les eut désintéressés. Les papiers de Hasselquist furent publiés en suédois par Linné, sous le titre de *Resa till heliga Landet* (voyage en Terre-Sainte); Stockh., 1757, 2 vol. in-8°, trad. franç., Paris, 1762). Parmi les curiosités végétales sur lesquelles l'auteur s'étend, nous citerons la pomme de Sodome et l'épine du Christ (une espèce de *palinurus*). Il donna aussi la description et le dessin des *lawsonia spinosa*, *acacia lebbeck*, *cornucopia cucullata*, etc.

Jean *Mariti* (né à Florence en 1736, mort en 1800), qui avait résidé longtemps dans diverses contrées de l'Orient (Syrie, Palestine, Chypre), publia vers la même époque ses *Viaggi per l'isola Cipro e per la Siria e Palestina*, *fatti dell'anno* 1760-1768, Lucques, 1769-1776, 9 vol. in-8°, avec fig. (trad. franç., Paris, 1791, 2 vol. in-8°). On y trouve des notions intéressantes sur la rose de Jéricho (*anastatica hierochuntica*), sur le palmier nain (*chamærops humilis*), le baumier (*amyris gileadensis*), etc.

Sur les instances de Michaelis, célèbre orientaliste et archéologue biblique, Frédéric V, roi de Danemark, envoya, sous la conduite de Niebuhr, une expédition scientifique en Orient. Linné obtint que Forskal en ferait partie comme naturaliste. « Forskal, écrivait Linné (le 9 nov. 1759 dans une lettre à Ellis), est l'un de mes meilleurs disciples.... Si Dieu le conserve, nous devrons en attendre une foule de découvertes intéressantes. » Parti au commencement de janvier 1761, Forskal vit une partie des localités visitées par Tournefort, parcourut des contrées de l'Arabie jusqu'alors inabordées, et il allait explorer le mont Sadder, lorsqu'il fut atteint de la peste et mourut à Djérim, dix-huit mois environ après avoir quitté sa patrie. Ce peu de temps lui avait suffi pour faire d'amples collections d'animaux et de plantes. Niebuhr mit en ordre les collections et papiers de son compagnon, et fit paraître, en 1775, *Flora Ægyptiaco-Arabica*, etc., Copenhague, in-4°. Les plantes recueillies par Forskal sont au nombre de plus de 2000, dont la moitié entièrement nouvelles. La terminologie scientifique y est accompagnée des noms vulgaires, grecs, turcs et arabes. Linné a consacré à la mémoire de son courageux disciple le genre *forskalia*, de la famille des urticacées.

La Palestine et la Syrie furent particulièrement explorées par Labillardière (né à Alençon en 1755, mort en 1834). Docteur en médecine, il partit de Marseille en 1786, séjourna quelque temps dans l'île de Chypre, et se rendit de là en Syrie. Dans le mont Liban, il trouva la fameuse forêt de cèdres, dont parle la Bible, réduite à une centaine d'arbres. La superposition des climats qu'il y observa lui fit répéter, d'après les poëtes arabes, que « le Liban porte l'hiver sur sa tête, le printemps sur ses épaules, et l'automne dans son sein, pendant que l'été dort à ses pieds. » Il publia les résultats de ses observations dans un ouvrage qui, commencé en 1795, ne fut terminé qu'en 1812, sous le titre de : *Icones plantarum Syriæ rariorum descriptionibus*, etc., *illustratæ*; in-4°, avec des figures de Redouté. Ce qui avait retardé la publication de ce bel ouvrage, c'était le décret de l'Assemblée constituante (9 février 1791), portant qu'une expédition serait faite pour la recherche de La Pérouse. Labillardière fit partie de cette expédition sous les ordres d'Entrecasteaux. Embarqué sur *la Recherche*, il eut l'occasion de visiter les environs du Cap, le pays de Diémen, la Nouvelle-Calédonie, les nombreux archipels de la mer du Sud. Après une navigation périlleuse le long des côtes de la Nouvelle-Hollande, les navires de l'expédition furent capturés (en octobre 1793) par les Hollandais; l'équipage, déclaré prisonnier de guerre, fut emmené à Batavia, et ne recouvra sa liberté qu'à la fin de mars 1795. Labillardière gagna l'Ile de France; mais ses collections avaient été transportées en Angleterre. Le célèbre Joseph Banks les fit restituer intactes. « J'aurais craint, disait-il, d'enlever à un homme une des idées botaniques qu'il était allé conquérir au péril de sa vie. » Le *Novæ Hollandiæ plantarum specimen* (Paris, 1804–1806 2 vol., in-4°) et le *Sertum Austro-Caledonicum* de Labillardière contiennent les dessins et la description d'un grand nombre de plantes inconnues jusqu'alors. Smith a donné le nom de *labillardiera* à un genre australien de la famille des apocynées.

Le comte Jaubert (né en 1798), que les préoccupations de la politique n'ont point empêché de se livrer avec succès à l'étude de la botanique (il fut, en 1840, ministre des travaux publics), rapporta d'un voyage qu'il fit, en 1839, en Orient (Asie Mineure et Syrie), de riches matériaux, et il publia, en collaboration avec M. Ed. Spach : *Illustrationes plantarum orientalium, ou Choix des plantes nouvelles ou peu connues de l'Asie occidentale;* Paris, 1842-1846, 2 vol. in-4°, avec figures.

Le célèbre entomologiste Olivier (né en 1756, aux Arcs, près Toulon, mort à Lyon en 1814) profita d'une mission que lui avait confiée le ministre Roland auprès du shah de Perse, pour étudier la flore de la Mésopotamie. Parti de Paris en octobre 1792, après s'être adjoint Bruguière, qu'il eut la douleur de perdre à Ancône, il parcourut pendant six ans une partie de l'Asie, et consigna dans son *Voyage dans l'empire Ottoman* (Paris, 1801-1807, 6 vol. in-8° avec atlas) beaucoup de détails curieux concernant l'histoire naturelle.

Léon de Laborde rapporta de l'Arabie Pétrée les éléments d'une petite flore, qui furent mis en ordre par Delile[1].

Disciple de Linné, Jean-Gérard Koenig (né en 1728, mort en 1785) visita, en 1785, aux frais du gouvernement danois, les *Indes orientales;* il se préparait à explorer le Thibet, lorsque la mort le surprit à Tranquebar. Ses papiers, publiés par Rotterbœll (*Descript. et icon.*; Copenhague, 1773, in-8°), complètent, sous beaucoup de rapports, la *Flora indica* (Leyde, 1768, in-8°) et le *Thesaurus zeylanicus* (Amsterd., 1737, in-4°) de Jean Burmann, mort en 1780, professeur de botanique à Amsterdam. Linné a dédié à la mémoire de Koenig le genre *koenigia*, de la famille des polygonées.

1. *Fragments d'une flore de l'Arabie Pétrée*, etc. Paris, 1830, in-4°.

Pierre Osbeck (*Voyage aux Indes orientales*, Rostock, 1765); P. Sonnerat (*Voyage aux Indes orientales*, etc., Paris, 1782, 2 vol. in-4°) : Roxburgh (*Plants of the coast of Coromandel*, Lond. 1795-1819, 3 vol. in-fol.); Wallich (*Descriptions of some rare Indian plants*, Calcutta, 1818); Th. Colebrooke (*Asiatic Researches*, vol. IX et XII ; Rich. et Rob. Wight (*Illustrations of Indian botany*, 1831), médecin en chef de la compagnie des Indes ; Schmid (*Plantæ indicæ*, 1835), n'ont épargné aucune peine pour enrichir la flore de l'Indoustan.

L'île de *Java*, d'une végétation aussi luxuriante que variée, et où se trouve le siége (Batavia) de la compagnie hollandaise, a été depuis un siècle souvent explorée scientifiquement. Qu'il nous suffise de citer le catalogue des plantes de cette île (*Namlyst der planten*, etc., Batavia, 1780-82, in-4°) de Rademacher, mort en 1783, membre du conseil de la compagnie hollandaise des Indes Orientales, et surtout les travaux de Ch.-L. Blume, professeur de botanique à Leyde. Pendant un séjour de neuf ans qu'il fit à Java, il recueillit, aidé de Nagel, Kent et Zippelius, un grand nombre d'espèces végétales. De retour dans sa patrie, en 1826, il réunit ces matériaux aux herbiers que Reinwardt, Kuhl et Hasselt avaient rapportés de l'archipel indien, et mit successivement au jour sa *Flore de Java* (Brux., 1828 et suiv., in-fol.), sous le titre de *Enumeratio plantar. Javæ et insularum adjacentium*, etc., *ex herbariis* Reinwardtii, etc., La Haye, 1830, in-8°, et *Rumphia*, etc., Leyde, 1835-37, in-fol. Plus récemment l'île de Java a été explorée par Fr. Junghuhn (*Topographische und naturwissenschaftliche Reisen durch Java*; Magd., 1845), et H. de Vriese (*Plantæ novæ*, etc., Amsterd., 1845, in-4°). — Marsden, dans son *History of Sumatra* (Lond., 1784, in-4°), et W. Jack, dans sa *Description of Malayan plants* (Hooker, *Bot. Miscell.*, vol. Ier, p. 290 et vol. II, p. 60, années 1828-31) ont donné un aperçu de la flore de l'île de *Sumatra*. Enfin M. Decaisne a décrit un certain nombre de plantes de l'île de *Timor*, qu'y avaient recueillies plusieurs voyageurs naturalistes [1].

La *Cochinchine* a été l'objet d'un travail important du P. Loureiro, jésuite portugais (mort en 1796). Sa *Flora Cochinchinensis* (Lisbonne, 1790, 2 vol. in-4°, réimprimée à Berlin en 1793, avec des notes de Willdenow) est encore aujourd'hui consultée avec fruit. J. Barrow, dans son voyage en Cochinchine (années 1792 et 179.), a donn. sur la végétation de l'Indo-Chine quelques renseignemens intéressants. On doit aussi quelques données précieuses sur la flore du Thibet et du Boutan à Sam. Turner, dans la Relation de son ambassade à la cour du Grand Lama.

La flore de la *Chine* est encore aujourd'hui très-imparfaitement connue. Aux notions que Sonnerat et Macartney avaient fournies dans leurs voyages, il faut ajouter l'énumération des plantes de la Chine septentrionale, donnée par Bunge (*Enumeratio plantarum quas in China boreali colleg.*; St.-Pétersb., 1831, in-4°), par Kirilow (1837) et par Turczaninow (*Bulletin de la Soc. des naturalistes de Moscou*, t. V). Les plantes recueillies par Buchanam dans le *Nepal* furent décrites par David Don (*Prodromus floræ Nepalensis*; Lond., 1825, in-8°).

La flore du *Japon* est beaucoup mieux connue que celle de la Chine, grâce aux travaux de Thunberg et de Siebold. Suédois d'origine, Thunberg (né en 1743, mort en 1828, à Upsal), disciple de Linné, s'embarqua, en 17.. comme médecin à bord d'un vaisseau de la compagnie hollandaise des Indes Orientales; après trois ans de séjour au Cap, où il fit, en compagnie de son ami Sparrman, de nombreuses observations d'histoire naturelle, il se rendit à Java, puis au Japon. Il passa cinq ans dans ce dernier pays ou plutôt dans l'îlot de Decima, qui avait été assigné comme comptoir aux Hollandais. Il dut à sa qualité de médecin la faveur de franchir quelquefois ces limites

1. *Nouvelles Annales du Muséum*, t. III, p. 333-501.

et d'herboriser dans les montagnes du voisinage. Il y recueillit un grand nombre de plantes jusqu'alors inconnues, et publia plus tard les résultats de ses herborisations sous le titre de *Flora japonica* (Leipz., 1784, in-8°), et *Icones plantarum japonicarum* (Upsal, 1794-1805, in-fol. 50 tab.). De retour à Upsal, en 1784, il fut nommé à la chaire de Linné, qu'il occupa jusqu'à sa mort, arrivée à l'âge de quatre-vingt-cinq ans. Retzius lui dédia le genre *Thunbergia*, de la famille des acanthacées. — Philippe-François de Siebold (né en 1796, à Würzbourg) entra, comme Thunberg, au service de la compagnie hollandaise, pour satisfaire ses goûts de voyage et d'histoire naturelle. Attaché en 1823 comme médecin à une mission diplomatique, envoyée par le gouvernement néerlandais au Japon, il dut d'abord également borner ses excursions scientifiques aux environs de Decima. Mais bientôt il eut, par l'intermédiaire des indigènes qu'il essayait d'initier à la science, la faculté de faire des herbiers avec des plantes que ses élèves japonais lui envoyaient de l'intérieur de l'empire. Après son retour en Europe (en 1830), il publia, en collaboration avec Zuccarini et d'autres botanistes, une *Flora japonica* (Leyde, 1835-1853, in-fol., avec de nombreuses planches.

La *Sibérie* fut explorée, sous le règne de l'impératrice Anne, par une expédition scientifique dont Jean-Georges Gmelin (né à Tubingen en 1709, mort en 1755) était le botaniste. Il avait, entre autres, pour compagnons W. Steller et Et. Krascheninikow. Un des principaux résultats de cette expédition, qui dura dix ans (de 1733 à 1743), fut la publication de la *Flora sibirica*, St.-Pétersb., 1747-69, 4 vol. in-4° avec 217 fig.: les deux premiers volumes sont de Gmelin, auteur du *Voyage en Sibérie*. La flore de la Sibérie fut depuis complétée par Fr. Adams, Redowsky et L. Fischer[1], qui visitèrent cette région aux frais du gouvernement russe.

1. *Mem. de la Soc. des nat. de Moscou*, t. I, III, IV, V et IX.

Fr. de Ledebours entreprit, en 1826, en compagnie de Meyer et de Bunge, ses disciples, un voyage dans les montagnes de l'Altaï et la steppe des Kirguises de Soongarie. La Relation de son voyage fut suivie de la *Flora altaïca* (Berlin, 1829-1834, 4 vol. in-8°), qui contient la description d'un grand nombre d'espèces nouvelles. On doit la connaissance des plantes de la Davourie et du lac Baïkal à Nicolas de Turczaninow, qui parcourut ces contrées de 1828 à 1835[1].

Le voyage d'Alexandre de Humboldt dans l'*Asie centrale* (Paris, 1843) ne fut pas non plus sans résultat pour la phytographie de ces régions encore fort peu connues. Nous en dirons autant du voyage plus récent des frères Schlagintweit dans l'Asie centrale. Les collections de plantes du Cachemyr et des régions alpines des Indes, envoyées au Muséum d'histoire naturelle de Paris par Victor Jaquemont (mort en 1832 à Bombay, des fatigues de son voyage), et dont la description, commencée en 1844, par M. Cambassèdes, fut continuée par M. Decaisne, montrent l'analogie frappante qui existe entre la végétation de ces régions élevées de l'Asie centrale et celle de l'Europe tempérée. Cette analogie a été confirmée par l'exploration de la Chine septentrionale, et surtout par les recherches d'un savant missionnaire, l'abbé David, auquel le Muséum de Paris doit de nombreuses collections, formées dans la Mongolie, au nord de Péking[2].

Afrique. — Le grand ouvrage publié par l'expédition française d'Egypte (Paris, 1812, in-fol.) contient de précieux renseignements de Raffenau-Delile, l'un des membres de cette expédition, sur les plantes du pays des Pharaons, qu'Hérodote appelait avec raison un *présent du*

1. *Flora baikalensi-dahurica*; Moscou, 1842 et années suiv., gr. in-8°.
2. M. A. Brongniart, *Rapport sur les progrès de la botanique phytographique*, p. 187 (Paris, 1868).

Nil. Si l'on joint à ces renseignements, ainsi qu'à ceux qu'on trouve épars dans les voyages de Sonnini, de Salt, de Denon, quelques notices de Bové, d'Aucher Eloy, de Coquebert de Montbret, de Schimper, on aura à peu près tout ce qui a été publié sur la flore de l'Egypte.

La flore de l'*Abyssinie*, si intéressante à étudier en raison de la grande variété du climat et des altitudes du sol, n'était guère connue que par les plantes indiquées dans le voyage de Bruce, par celles qu'avait signalées R. Brown à la suite du voyage de Salt, et par celles qu'avait décrites Delile, en appendice au voyage de Galinier et Féret, lorsque Achille Richard publia son *Tentamen floræ Abyssiniæ* (Paris, 1847, 2 vol. in-8°), d'après les matériaux recueillis, de 1838 à 1843, par Quantin-Dillon et Petit, voyageurs du Muséum d'histoire naturelle de Paris, qui moururent victimes de leur dévouement à la science sur la terre étrangère. A la flore abyssinienne se rattachent la plupart des espèces décrites par M. Courbon dans sa *Flore de l'île de Dyssée* (mer Rouge)[1].

De l'*Afrique orientale*, jusqu'à présent fort peu visitée par les voyageurs naturalistes, on ne connaît guère que les herbiers rapportés de Zanzibar par Boivin, et plus tard par M. Grandidier.

Depuis Flacourt, l'île de *Madagascar* a été parcourue par un assez grand nombre de voyageurs naturalistes, parmi lesquels nous citerons Dupetit-Thouars, Chapelier, Boyer, Richard, Goudot, Pervillé, etc. Les riches collections qu'ils en ont rapportées et qui se trouvent déposées au Muséum d'histoire naturelle et au Musée de B. Delessert, ont été, en partie, l'objet d'un examen particulier de la part de M. Tulasne (*Floræ Madagascariensis fragmenta*)[2]. On y remarque une abondance de certaines formes végétales qui sont rares sur d'autres points du globe.

1. *Annales des sciences nat.*, 14e série, t. XVIII, p. 130 (année 1862).
2. *Annales des sciences nat.*, t. VI (1855) et t. VIII (1857).

Si les gouverneurs des Iles de *France* et de la *Réunion* (Bourbon) avaient été tous animés du même esprit que Pierre Poivre (né en 1719, à Lyon, mort en 1786), nous connaîtrions aujourd'hui à fond la végétation des îles austro-orientales de l'Afrique. Bravant mille dangers, cet homme de bien introduisit, en 1750, à l'Ile de France quelques *arbres à épices*, qui *furent le commencement* du jardin d'acclimatation de cette île. On ne saurait s'imaginer les *précautions* qu'avaient prises les Hollandais pour s'assurer le commerce exclusif des épices. Non contents d'infliger la peine de mort à celui qui aurait arraché un plant de leurs précieux arbres, ils avaient pris à tâche de confectionner de fausses cartes de l'Archipel des Indes, afin d'engager dans d'homicides écueils le navigateur assez hardi pour entrer en concurrence avec ces avides marchands. Nommé en 1767 intendant de l'Ile de France, Poivre encouragea par tous les moyens à sa disposition les voyageurs naturalistes, notamment Commerson, mort dans cette île en 1773. Son exemple fut suivi par Nic. de Céré, mort en 1810, directeur du jardin d'acclimatation fondé par Poivre. Il accueillit parfaitement Aubert Dupetit-Thouars (né en 1753, mort en 1831), qu'un long séjour aux Iles de France et de la Réunion mit à même de préparer les éléments nécessaires pour une flore complète de ces régions[1].

J. Burmann esquissa le premier une flore du Cap de Bonne-Espérance (alors colonie hollandaise) avec les collections que lui avaient envoyées plusieurs voyageurs[2]. Ce travail fut notablement augmenté par J. Bergius (*Descriptiones plant. ex Capite Bonæ Spei*; Stock., 1767), et par Thunberg, qui résida au Cap de 1772 à 1775, et publia

1. Aub. Dupetit-Thouars, *Hist. des végétaux recueillis sur les îles de France, la Réunion et Madagascar*. 1re partie, Paris, 1804 et 1806, in-4°. — *Nova genera Madagascariensia*, etc., Paris, 1806, in-8°.

2. *Prodromus floræ capensis*; — *Rarior. African. plant. decas*, années 1738-39.

Flora capensis, etc., Upsal, 1807-1813. On trouve aussi diverses notions de botanique dans les voyages de Kolb, de Sparrman, de Lichtenstein, de J. Barrow, de Burchell, etc., dans les pays des Hottentots et des Cafres. Mais c'est surtout à Drège[1], à Ecklon, à Zeyher[2] et à Krause que l'on doit une connaissance plus exacte de la végétation si caractéristique de l'Afrique australe.

La *côte occidentale* de l'Afrique, où les établissements européens sont plus fréquents que sur la côte orientale, est aussi mieux connue que celle-ci, réputée d'ailleurs extrêmement insalubre. Adanson, dont nous avons déjà parlé plus haut, entreprit à ses propres frais d'explorer, l'un des premiers, le Sénégal. Parti de Marseille à l'âge de vingt-un ans, il débarqua à l'île de Gorée au commencement de 1749, visita le Sénégal à une assez grande distance dans l'intérieur, et était de retour dans sa patrie le 8 février 1754, après cinq ans de séjour dans un climat brûlant et malsain. Les résultats de cette exploration se trouvent consignés dans l'*Histoire naturelle du Sénégal*; Paris, 1757, in-4°. Parmi les végétaux qu'il a fait connaître, on remarque surtout le *baobab* et les *arbres* (acacias) *qui produisent la gomme* dite d'*Arabie*, l'un des principaux objets de commerce du Sénégal[3]. On ne connaissait jusqu'alors le baobab, d'une épaisseur gigantesque, que par le récit de quelques voyageurs, et on était tenté de reléguer au rang des fables la grosseur de 29 à 30 pieds qu'ils donnaient à son diamètre. Adanson non-seulement confirma leur récit, mais il décrivit l'accroissement progressif de cet arbre singulier, appelé depuis *adansonia baobab*, et le premier il en signala l'analogie avec les mauves[4]. — Le *Voyage* de J. B. L. Durand (mort

1. *Comment. de plantis Afric. australis* (décrites par F. Meyer); Lipz., 1835-47, in-8°.
2. *Enumeratio plantar. Africæ australis*, etc., Hamb. 1834-1837.
3. *Mém. de l'Acad.*, 1773 et 1779.
4. *Mém. de l'Acad.*, 1761.

en 1812) *au Sénégal* (Paris. 1802, 2 vol. avec atlas, in-4°) contient aussi quelques données sur la Flore de la Sénégambie. Mais il faut venir jusqu'à notre époque pour rencontrer sur cette flore des renseignements plus précis. Leprieur et Perrotet, qui habitèrent la Sénégambie de 1824 à 1839, rapportèrent de ce pays de riches collections de plantes. Ce fut sur ces collections que A. Richard rédigea le premier volume de la *Flore de Sénégambie*: Paris, 1830-1832.

Sur la végétation de *la Guinée*, on trouve quelques notions dans le voyage du Danois P. E. Isert, mort en 1789, à l'âge de trente-deux ans, et dans divers ouvrages d'A. Afzelius[1] qui visita, en 1792, la colonie africaine de Sierra-Leone, et perdit presque toutes ses collections lors de la prise de cette colonie par les Anglais. Il faut y ajouter la *Flore d'Oware et de Bénin* (Paris, 1804-1807, 2 vol. in-fol.) de Palissot de Beauvois (mort en 1820) qui, au péril de sa vie, séjourna pendant cinq ans (de 1786 à 1791) dans les petits royaumes d'Oware et de Bénin (Guinée). Les établissements français du Gabon et les stations faites sur quelques autres points du golfe de Guinée ont fourni aux collections du Muséum de Paris des herbiers fort intéressants. Ces herbiers, dus principalement aux recherches de M. Aubry le Comte, de M. Griffon du Bellay et du P. Duparquet, ont été, de la part de M. Baillon, l'objet d'une série de notices remarquables sur les dilléniacées, les anonacées, les ménispermées, les chrysobalanées et les connaracées, familles caractéristiques de la flore de ces régions[2].

Les autres parties de la côte occidentale de l'Afrique sont restées à peu près inexplorées, à l'exception des bords du Congo, où Christian Smith recueillit quelques

1. *Genera plantarum guineensium* etc., Upsal, 1804; — *Stirpium in Guinea medicinalium species*, etc.; ibid.; 1818-1829, in-4°.

2. M. A. Brongniart, *Rapport sur les progrès de la botanique phytographique*, p. 183 (Paris, 1868).

plantes, qui ont été décrites par Robert Brown (Lond., 1818, in-4°).

Sur la végétation de l'intérieur de l'Afrique, nous n'avons que des renseignements fort incomplets, fournis par les voyageurs Oudney, Denham, Clapperton, et plus récemment par Barth et Overweg.

La végétation de l'Afrique septentrionale ou méditerranéenne, dont les côtes ont été longtemps désignées sous le nom d'*États barbaresques*, était peu connue avant les voyages de Shaw, de Vahl, de Poiret. C'est à Desfontaines (né en 1751, mort en 1833 professeur à la faculté de médecine de Paris) que l'on en doit une connaissance plus détaillée. Son voyage biennal d'exploration, s'étendant depuis les frontières de Tripoli jusqu'à celles du Maroc, comprenait surtout les régions de l'Atlas; il descendit les pentes méridionales de cette chaîne de montagnes pour s'avancer jusque vers les limites du désert de Sahara, accompagnant les deys qui se portaient sur tous les points d'un vaste territoire pour y recueillir les impôts. Desfontaines fit une ample récolte de plantes, dont il a donné la description dans sa *Flora atlantica*; 2 vol. in-4°, avec 260 planches; Paris, 1798-1800.

Paul Della Cella visita en 1817 la régence de Tripoli; les plantes qu'il y recueillit furent décrites par Viviani[1].

De la conquête d'Alger en 1830 date une nouvelle ère pour la flore de l'Afrique septentrionale. La Commission scientifique instituée pour l'exploration de l'Algérie fit paraître en 1847-1848 un premier volume, consacré à la cryptogamie. Ce volume a été rédigé par MM. Durieu de Maisonneuve, Montagne, Léveillé et Tulasne. En 1852, M. Cosson fut adjoint à M. Durieu (chargé de la partie botanique de la Commission de l'Algérie); il publia en 1867 un second volume (comprenant les graminées et les cypéracées), sur un plan trop vaste pour être poursuivi.

1. *Floræ libycæ specimen*; Gênes, 1824, in-folio, avec 27 planches.

Avant ce travail, Mungby, botaniste anglais, avait publié, en 1847, une flore de l'Algérie, mais qui ajoutait peu de détails nouveaux à la flore atlantique de Desfontaines. M. Boissier, de Genève, avait aussi fait connaître, à la suite d'un voyage en Algérie, quelques espèces nouvelles, recueillies par lui [1]; et M. Debeaux, pharmacien militaire, avait mis au jour les résultats de ses explorations dans la haute Kabylie [2].

AMÉRIQUE. — Les établissements anglais du nord de l'Amérique, origines de la grande république des États-Unis, favorisèrent singulièrement la connaissance de la flore du Nouveau-Monde. Mettant à profit les herbiers rapportés par le médecin John Clayton, J. Fr. Gronovius (mort en 1762, sénateur de Leyde) publia une flore de la Virginie [3], dont la végétation avait été déjà étudiée par John Mitchell [4]. Linné décrivit les plantes qu'avait recueillies Colde, aidé de sa fille Jenny, dans l'État de New-York [5]. Il décrivit de même celles que lui avait envoyées de New-York, de New-Jersey et de Pensylvanie, Pierre Kalm, professeur d'Abo, qui visita ces colonies en 1747-49. A ces données il faut joindre la *Flora Caroliniana* (Lond., 1788, in-8°) de Th. Walther, les observations du P. Xavier de Charlevoix sur la végétation du Canada, celles de J. Bartram, faites pendant son voyage de Pensylvanie aux lacs Onondago, Oswego et Ontario (Lond., 1751, in-8°), enfin les renseignements de Miguel Venegas sur les plantes de Californie [6].

Le premier ouvrage sur la flore générale de l'*Amérique du nord* est dû à André Michaux (né en 1746, à la

1. *Pugillus plantarum novarum Africæ borealis*, etc.; Genève, 1852.
2. *Actes de la Soc. linnéenne de Bordeaux*, t. XXI, ann. 1856.
3. *Flora virginica*; Leyde, 1739-43, 2 vol. in-8°.
4. *Act. Nat. Curios.*, vol. VIII, p. 187.
5. *Act. Soc. Upsal.*, années 1743 et suiv.
6. *A natural and civil history of California*; Lond., 1759, in-8.

ferme de Satory, près Versailles, mort en 1802). Ce courageux voyageur naturaliste, fils d'un riche fermier, commença, en 1782, par visiter, pendant un séjour de deux ans auprès du shah de Perse (qu'il avait guéri d'une maladie réputée incurable), une partie de la vaste région comprise entre le golfe Persique et la mer Caspienne. Il se proposait de pénétrer dans le Thibet, lorsqu'il fut rappelé en France; il y apporta, en juin 1785, une riche collection de plantes et de graines. Chargé quelques mois plus tard, par le Gouvernement, de créer aux environs de New-York une vaste pépinière, destinée à recevoir les arbres et arbustes qui croissent dans l'Amérique septentrionale, il y engagea toute sa fortune et employa douze ans à parcourir les espaces, alors à peu près déserts, qui s'étendent d'un océan à l'autre. Ruiné par suite de la Révolution, il se décida à revenir en France. Il allait mettre pied sur le sol natal, lorsque le bâtiment qu'il montait fit naufrage sur les côtes de la Hollande; il perdit tous ses effets, moins les caisses qui renfermaient ses collections. Après avoir vainement sollicité le règlement des arrérages d'une pension, il s'adjoignit à l'expédition du capitaine Baudin en Australie, et mourut d'une fièvre pernicieuse dans l'île de Madagascar, où il avait commencé d'établir une pépinière. Son fils (né en 1770, mort en 1855), qui accompagna son père en Amérique, publia *Flora Boreali-Americana*; Paris, 1803, 2 vol. in-8°, avec fig. Autour de cet ouvrage viennent se grouper les travaux de Nuttal *The genera of the North-American plants*, etc.; Philadelphie 1818, de Rafinesque Schmaltz (*New flora of North-america*; Phil., 1836), d'Eaton, de Schweinitz, de Barton, d'Asa-Gray, ainsi qu'un grand nombre de flores spéciales des différents États de l'Union[1].

La connaissance des plantes du *Mexique* a été étendue

1. Voy. la liste de ces flores dans Winckler, *Geschichte der Bot.*, p. 373-375, et 572-574 (Francf., 1854, in-8°).

par Paul de la Llave et J. Lexarga (*Novorum vegetab. descriptiones;* Mexique, 1824-1825), par W. Schiede, F. Deppe, Wislicenius, etc., voyageurs allemands[1]. Humboldt et Bonpland y ont puissamment contribué. Enfin les membres de la Commission française instituée après la création éphémère de l'empire du Mexique ont fait parvenir au Muséum de Paris des collections dont l'examen pourrait fournir un tableau plus complet de la végétation de cette vaste contrée.

Les iles de la mer des Antilles, qui avec les Etats du Yucatan et de Guatemala forment ce qu'on pourrait appeler l'*Amérique centrale*, ont été explorées par un grand nombre de voyageurs naturalistes. Nous nous bornerons à citer : Griffith Hughes (*The natural history of Barbados;* Lond., 1750, in-fol.), Patrick Browne (*Civil and natural history of Jamaica;* Lond., 1756, in-fol.), Jacquin (*Enumeratio plantarum quas in insulis Caribæis detexit*, Leyde, 1760), O. Schwartz (*Nova genera et species*, etc.; Stockh., 1788), Richard de Tussac (*Flora Antillarum*, etc.; Paris, 1808-1827, 4 vol. in-fol.), Descourtilz (*Flore médicale des Antilles;* Paris, 1821-1829, 8 vol. in-8°), Ramon de la Sagra (*Histoire physique, etc.; de l'île de Cuba;* Paris, 1838, suiv.), etc.

L'*Amérique du Sud*, justement renommée par ses splendeurs végétales, a continué d'attirer de nombreux explorateurs. Pour la *Guyane*, nous mentionnerons Aublet (*Histoire des plantes de la Guyane française*, Paris, 1775, 4 vol. in-4°) ; pour la *Nouvelle Grenade*, Mutis (dans les *Nov. Act. Soc. Upsal.*; Stockh., t. V); pour les provinces de *Caracas*, de la *Nouvelle-Grenade*, de la *Nouvelle-Andalousie*, de l'*Orénoque*, Aimé Bonpland et Alex. de Humboldt (*Plantæ æquinoctiales*, etc., Paris, 1805 et suiv.); pour le *Brésil* et le *Paraguay*, le prince Max. de Neuwied, Martius (*Flora Brasiliensis*, etc., Stuttg. et Tub., 1829 et

1. *Linnæa*, t. IV et suiv.

suiv.), Auguste Saint-Hilaire (*Hist. des plantes les plus remarquables du Brésil et du Paraguay;* Paris, 1824 et suiv.; *Flora Brasiliæ meridionalis*, etc.), Gaudichaud, M. Weddell, etc.

Pour le *Pérou* et le *Chili :* Ruiz et Pavon (*Flora peruviana et chilensis;* Madr., 1798-1802, 4 vol. in-fol.), qui profitèrent des recherches de Dombey, leur infortuné compagnon de voyage[1]. M. Claude Gay habita pendant dix ans (1832-42) le Chili, et publia sur la flore de ce pays un ouvrage complet. MM. Barnéoud, Clos, Remy, Desvaux, Richard ont pris une part importante à la rédaction de la *Flore chilienne* de C. Gay.

Pour les îles situées à l'est de la Patagonie, encore inexplorée, nous mentionnerons J. Pernetty (*Journal d'un voyage fait aux îles des Malouines;* Berlin, 1769), et Gaudichaud (*Flore des îles Malouines*, dans les *Annales des nat.*, t. IV, année 1825). C'est principalement à l'amiral Dumont d'Urville que l'on doit la connaissance de la végétation si pauvre des régions antarctiques.

Sur la flore si étrange de l'*Australie*, Joseph Banks, compagnon du capitaine Cook (premier voyage), Reinhold et Georges Forster qui accompagnèrent Cook dans son deuxième voyage, Edw. Smith et Salisbury (*A specimen of the botany of New-Holland;* Lond., 1793, in-4°) nous ont donné les premiers renseignements. Ils furent complétés par Labillardière, attaché comme naturaliste à l'expédition d'Entrecasteaux, envoyée, en 1791, à la recherche de

1. Joseph Dombey avait été chargé par le ministre Turgot d'explorer l'Amérique espagnole, pour en rapporter les espèces végétales susceptibles d'etre acclimatées en France. Le 20 octobre 1777, il s'embarqua à Cadix avec Ruis et Pavon, botanistes espagnols. Il serait trop long de raconter toutes les tracasseries auxquelles il fut en butte de la part des autorités espagnoles du Chili et du Pérou pour assurer à leurs compatriotes le fruit des travaux de Dombey, qui, en retournant en Amérique, fut pris (en octobre 1793) par des corsaires, et périt dans les prisons de Montserrat, à l'âge de cinquante-un ans.

La Pérouse. Labillardière visita les parages de la Nouvelle-Calédonie et longea la côte sud-ouest de la Nouvelle-Hollande, où il faillit plusieurs fois faire naufrage. Ses collections contenaient plus de quatre mille plantes, dont les trois quarts étaient d'espèces jusqu'alors inconnues. Elles tombèrent entre les mains des Anglais, qui étaient alors en guerre avec la France. Le président de la Société Royale de Londres, Joseph Banks s'empressa de les lui renvoyer intactes, ainsi que nous l'avons raconté plus haut[1]. L'ouvrage déjà cité de Labillardière (*Novæ Hollandiæ plantarum specimen*, Paris, 1804-1806, 2 vol. in-4°) donne la description et le dessin de deux cent soixante-cinq espèces. L'une des plus curieuses de ces espèces, c'est le *cephalotus follicularis*, qui croît dans les lieux les plus humides et dont les feuilles, en godet, sont toujours remplies d'eau et d'un grand nombre de petits insectes.

Leschenault né à Châlon-sur-Saône, en 1773, mort à Paris en 1826), qui fit, en 1800, partie du *Voyage aux terres australes* de Péron et Freycinet, a donné le premier, dans le tome II de la relation de ce voyage, un aperçu général, exact, de la *Végétation de la Nouvelle-Hollande et de la terre de Diémen*, dont nous allons extraire les points les plus saillants.

Ce qui frappe ici le plus l'Européen, comme lors de la découverte de l'Amérique, c'est l'absence de toutes nos céréales. Les habitants de la terre de Diémen mangent la racine d'une fougère (*pteris esculenta*), qui offre une nourriture insuffisante. L'introduction de nos céréales fut un immense bienfait pour les Australiens. La végétation de la Nouvelle-Hollande a une physionomie particulière que Leschenault a essayé de mettre en relief. « Les parties méridionales de l'Afrique sont, dit-il, les seules à la végétation desquelles on puisse comparer celle de la Nouvelle-Hollande : par les mêmes parallèles, on

1. Voy. p. 265.

retrouve ces innombrables légions de bruyères et de protéacées, qui renferment plusieurs arbustes remarquables par leurs formes gracieuses et délicates, et qui parent la stérilité de l'un et de l'autre climat. Mais dans tous les lieux que nous avons visités, et surtout sur la côte occidentale de la Nouvelle-Hollande, nous n'avons retrouvé, dans les grandes masses, ni la majesté des forêts vierges du Nouveau-Monde, ni la variété et l'élégance de celles de l'Asie, ni la délicatesse et la fraîcheur des bois de nos contrées tempérées de l'Europe. La végétation est généralement sombre et triste, et n'a pas l'aspect de celle de nos arbres verts ou de nos bruyères: les fruits, pour la plupart, sont ligneux: les feuilles de presque toutes les plantes sont linéaires, lancéolées, petites, coriaces et spinescentes. Cette contexture des végétaux est l'effet de l'aridité du sol et de la sécheresse du climat. C'est à ces mêmes causes qu'est due sans doute la variété des cryptogames et des plantes herbacées. Les graminées, qui ailleurs sont généralement molles et flexibles, participent ici de la rigidité des autres plantes. On en voit des exemples remarquables dans l'*uniola distichophylla*, décrite par M. Labillardière, et dans une espèce de *festuca*, que j'ai trouvée sur la côte occidentale, et dont toutes les feuilles sont autant d'aiguillons. La plupart des plantes de la Nouvelle-Hollande appartiennent à des genres nouveaux, et celles qui se rattachent à des genres déjà connus, sont presque autant d'espèces nouvelles. Les familles naturelles, qui dominent, sont celles des protéacées, des bruyères, des composées, des légumineuses et des myrtoïdes. Les plus grands arbres appartiennent tous à cette dernière famille, et presque exclusivement au genre *eucalyptus.* »

Les arbres les plus connus sont l'*eucalyptus resinifera*, qui sécrète une gomme rouge, réputée par les Européens comme un très-bon remède contre la dyssenterie; et l'*eucalyptus robusta*, qui parvient à une hauteur considérable et fournit un bon bois de construction. Son accroissement lent l'empêchera d'être introduit avec avantage dans nos forêts.

Les autres plantes signalées par Leschenault comme caractéristiques de la végétation de la Nouvelle-Hollande sont les *metaleuca*, dont l'écorce, de plusieurs pouces d'épaisseur, est formée de feuillets minces, flexibles et très-doux, qui se détachent facilement, et qui servent aux indigènes à garnir l'intérieur de leurs cabanes; les *xanthoræa*, d'où découle abondamment une résine odorante, dont les naturels se servent pour boucher les sutures de leurs canots, ou pour souder la hampe de leurs sagaies avec la pointe en bois dur; les *casuarina*, qui varient de dimension depuis un tiers de mètre jusqu'à plusieurs mètres de hauteur; les *metrosideros*, dont l'espèce décrite par Leschenault sous le nom de *m. paludosa*, à cause des lieux marécageux où elle croît, est un très-bel arbuste, remarquable par ses épis de fleurs, très-longs et du rouge le plus éclatant. Leschenault mentionne encore comme caractéristique un *bignonia*, arbuste à feuilles épaisses, dont les fleurs blanches ont une forte odeur de tubéreuse; un *calorophus*, dont les feuilles frisées forment d'agréables panaches; une espèce de *mimosa*, dont les rameaux tortueux s'entrelacent et forment des touffes épaisses, sous lesquelles se retirent les kangurous à bandes; un *eucalyptus* (*e. globulosa?*), remarquable par la forme de ses fruits, qui ressemblent à de petites urnes; un très-joli et très-singulier liseron sans tige, dont les fleurs purpurines et solitaires sortent immédiatement de terre et ne sont entourées que de quatre à cinq très-petites feuilles linéaires, qu'elles cachent sous leur corolle [1].

Robert Brown (né en 1781), attaché à l'expédition du capitaine Flinders, explora en 1801, avec le peintre Ferd. Bauer, bien des contrées qui, au commencement

1. *Voyage de découvertes aux Terres australes*, t. II, p. 358-372 (Paris, 1816, 2 vol. in-4° avec atlas).

de notre siècle, étaient encore sauvages et qui sont aujourd'hui couvertes de cités florissantes. Après avoir visité la terre de Diémen et les îles du détroit de Banks, il revint, en 1805, en Angleterre, avec une collection de quatre mille espèces de plantes, et publia successivement *Prodromus Floræ Novæ Hollandiæ*, Lond., 1810, in-4°; *General Remarks on the botany of terra Australis*, ibid., 1814, et *Supplementum primum Floræ Novæ Hollandiæ*, ibid., 1830.

A la suite de ces ouvrages il convient de mentionner les travaux d'Endlicher, de Bentham, de Fenyl et Schott[1], de M. Raoul, chirurgien de la marine française[2], ainsi que les collections envoyées de la *Nouvelle-Calédonie* (colonie française depuis 1860) au Muséum de Paris par MM. Vieillard, Deplanche, Paucher, Thiébaut et Baudouin. Ces travaux et ces collections montrent d'une part que les fougères prédominent dans les régions insulaires, et, de l'autre, que la végétation de la Nouvelle-Calédonie forme le chaînon intermédiaire entre la végétation de la Nouvelle-Hollande et celle des îles de l'Asie tropicale.

Géographie botanique.

Cette branche de la science est toute moderne. Jusqu'au dix-huitième siècle les botanistes n'avaient aucune idée de l'influence du milieu climatérique sur la végétation. Cette influence leur échappait tellement, qu'ils croyaient devoir retrouver les plantes de la Grèce et de l'Italie, mentionnées par Théophraste, Dioscoride et Pline, non-seulement dans toutes les autres parties de l'Ancien Continent, mais même dans le Nouveau-Monde.

1 *Enumeratio plantarum quas in Novæ Hollandiæ ora austro-occidentali collegit* Karl v. Hügel ; Vienne, 1738, in-4°.
2. *Choix de plantes de la Nouvelle-Zélande* ; Paris, 1846.

De là une multitude de travaux inutiles sur la concordance de la synonymie ancienne avec la synonymie moderne. Mais depuis que les voyages d'exploration se sont multipliés, on a commencé à reconnaître l'erreur.

Christian Mentzel (mort en 1701, médecin de l'électeur de Brandebourg), qui avait parcouru le nord et le midi de l'Europe, paraît déjà avoir eu l'idée de classer les plantes d'après les climats. Mais, au lieu d'y donner suite, il se contenta d'écrire un dictionnaire de plantes polyglotte (*Lexicon plantarum polyglotton universale*; Berl., 1696 et 1715, in-fol.). C'est Tournefort qui le premier remarqua, pendant son ascension du mont Ararat, la végétation comme superposée par étages. Cependant il ne s'étendit pas beaucoup sur cette remarque, qui fut reprise par Linné, Haller, par Adanson et B. de Saussure (*Voyage dans les Alpes*). Giraud Soulavie, dans son *Histoire naturelle de la France méridionale* (Paris, 1783), distribua le premier les plantes par zones ou climats. Frédéric Stromeyer émit, au commencement de notre siècle, des considérations importantes sur l'influence physique du sol et les limites de la végétation[1]. Mais c'est à G. R. Treviranus que nous devons l'établissement des principes de la géographie botanique et géologique, dans un travail remarquable *Sur la distribution des corps vivants à la surface du globe*[2]. Alex. de Humboldt et Bonpland s'attachèrent plus particulièrement à la géographie des plantes et lui imprimèrent une direction vraiment scientifique[3]. Léopold de Buch, dans ses Voyages en Norwége et en Laponie (1810), et aux îles de Canaries (1817), insista sur les différences de la végétation suivant les latitudes et les altitudes. G. Wahlenberg, professeur d'Upsal,

1. *Commentatio inauguralis sistens. Hist. vegetabilium geograph. specimen*; Gœtt., 1800, in-4°.

2. Ce travail comprend tout le tome II de la *Biologie* de Treviranus (Gœtting., 1803, in-8°).

3. *Essai sur la géographie des plantes, accompagné d'un tableau physique des régions équinoxiales*, etc.; Paris, an XIII (1805), in-4°.

fit particulièrement ressortir ces différences dans sa Flore de la Laponie, accompagnée d'une carte botanico géographique (Berl., 1812), dans son travail sur la Végétation de la Suisse septentrionale[1] et dans sa Flore des monts Carpathes (Gœtting., 1814). Vers la même époque, De Candolle divisa la France en régions botanico-géographiques, en tenant surtout compte de la hauteur des localités au-dessus du niveau de la mer, et R. Brown publia ses Observations de géographie botaniques sur l'Australie.

L'élan était donné. Fréd. Schouw, Wilbrand, Mirbel, Beilschmied, Meyen, Rœmer, Unger, Adrien de Jussieu, Ch. Martins, etc., n'ont eu depuis qu'à suivre la route indiquée.

1. *De vegetat. et climat. in Helvetia septentrionali inter flumina Rhenum et Arolam*, etc.; Zurich, 1813.

HISTOIRE

DE LA

MINÉRALOGIE

ET DE

LA GÉOLOGIE

HISTOIRE
DE LA
MINÉRALOGIE
ET DE
LA GÉOLOGIE.

MINÉRALOGIE.

Pierres considérées comme précieuses ou rares par les anciens.

D'après la Genèse, la terre pierreuse, aride, a paru, dans l'ordre de la création, avant la terre nourricière, animée par les manifestations variées de la vie. L'autorité biblique se trouve ici d'accord avec l'autorité de la science.

L'examen attentif d'une roche brillante, cristalline, a pu faire naître une série d'observations du plus haut intérêt. Mais ces observations se sont d'abord primitivement arrêtées aux objets qui, par leur éclat et par leurs teintes variées, attirent les regards, non-seulement des hommes sauvages, mais même de certains animaux, tels que les corbeaux, les pies, etc. La connaissance des *pierres précieuses* a donc dû précéder celle des roches communes : c'est la branche la plus ancienne de la minéralogie.

Le président de l'aréopage égyptien, composé de trente juges, portait autour du cou une chaîne d'or, à laquelle était suspendue une petite figure en pierres précieuses, représentant la vérité[1]. Quelles étaient ces pierres précieuses?

Moïse, qui avait longtemps résidé en Egypte, va nous donner ici quelques renseignements utiles. Au nombre des usages que les Israélites avaient empruntés aux Egyptiens, il faut certainement placer le *rational* ou pectoral du grand prêtre, qui remplissait des fonctions analogues à celles du président du tribunal suprême de l'Égypte. Le pectoral était une pièce carrée, tissue de fils d'or, entremêlés de fils de lin teints en violet, en pourpre et en écarlate. Cette pièce, que le grand prêtre portait sur la poitrine par-dessus l'éphod, était ornée de douze pierres précieuses, disposées sur quatre rangs ou *tourim* (de טור, *tour*, rang). « Au premier *rang*, il y avait, disent les interprètes, la *sardoine*, la *topaze* et l'*émeraude;* au second, l'*escarboucle*, le *saphir* et le *jaspe;* au troisième, le *ligure*, l'*agate* et l'*améthyste;* au quatrième rang, la *chrysolithe*, l'*onyx* et le *béryl*. » On y voyait gravés les noms des douze tribus d'Israël[2].

Les noms de ces pierres et leur signification méritent une étude plus approfondie.

Sardoine. — Le nom hébreu de אדם, *odem*, que les Septante ont traduit par σάρδιον, et la Vulgate par *sardius*, désigne une pierre *rouge*, s'il faut s'en rapporter à son étymologie (*adom*, en hébreu, signifie *rouge*). On aura

1. Diodore, I, 75.
2. Exode, XXVIII, 1

donc à choisir entre le rubis, la cornaline et le grenat. Le rubis, *rubinus* (de *ruber*, rouge), de tout temps fort estimé, a été compris, dans l'antiquité, parmi les escarboucles, *carbunculi*, nom appliqué à toutes les pierres précieuses dont la transparence rappelle l'éclat d'un charbon incandescent. Il offre de nombreuses variétés (rubis balais, rubis spinelle, corindon rouge, rubis oriental ou saphir rouge), dont la composition chimique n'a été reconnue que de nos jours : ce sont des aluminates de magnésie naturels, appartenant aux terrains de micaschiste. Les grenats, qui doivent leur nom à la couleur de feu de la fleur du grenadier (*punica granatum*), sont en général opaques ou d'une faible transparence : il y en a de pourprés, dits syriens, d'orangés, dits hyacinthes, de vermeils, d'un rouge coquelicot, etc. Leur composition a été trouvée assez variable : ce sont des combinaisons de silice, d'alumine, de peroxyde de fer, avec de la chaux, de la magnésie, etc. Les anciens les comprenaient, en partie, parmi les escarboucles.

La cornaline paraît être la véritable sardoine des anciens ; c'est une espèce d'agate ou de quarz, dont la pâte fine, demi-transparente, susceptible d'un beau poli, est colorée de nuances vives et variées. Les agates bleuâtres, gris de perle, fortement translucides, portent le nom de *calcédoines*; celles d'un rouge de sang, nuancées de teintes ondulées d'un brun jaunâtre clair, sont les *cornalines* proprement dites ; celles d'un rouge brunâtre foncé ou d'un rouge orangé sont les *sardoines*.

On n'est pas d'accord sur l'origine de ce dernier nom. Les uns, comme Pline[1], le font dériver de *Sardes*, nom de l'ancienne capitale de la Lydie : *gemma vulgaris, primum Sardibus reperta;* les autres, comme saint Epiphane, le font venir de *sarda*, sardine, à cause des nuances chatoyantes que prend ce poisson conservé dans du sel : *pisci*

1. Pline, XXXVII, 7.

sale condito et inveterato similis[1]; d'autres enfin le déduisent du grec *sarx*, chair, à cause de sa couleur.

Théophraste et Pline divisaient les sardoines en mâles (*mares*) et en femelles (*feminæ*) : les dernières étaient d'un rouge clair, les premières d'un rouge foncé; c'étaient sans doute de simples variétés de cornaline. Les gemmes, les abraxas, les talismans et autres pierres gravées, qui nous sont parvenus de l'antiquité et du moyen âge, étaient pour la plupart des sardoines.

Topaze. — Suivant les auteurs grecs, tels que Orphée, Agatharchide, Strabon, Diodore, la topaze était jaune, couleur d'or, comme la chrysolithe, avec laquelle on a voulu l'identifier; tandis que d'après les auteurs latins, notamment Pline, elle était de couleur verte. Rappelons ici que, selon Diodore et Strabon, *la topaze*, τὸ τοπάζιον, venait d'une île de la mer Rouge nommée *Ophiode*, c'est-à-dire *Serpentine*. On sait que la serpentine est une pierre verte; mais, d'autre part, le nom hébreu de *pitedah*, פִּטְדָה, que tous les interprètes ont rendu par *topaze*, se rattache au mot *pita*, qui en sanscrit signifie *jaune*. Quoi qu'il en soit, la topaze était particulièrement estimée des anciens. On en ignora longtemps la composition. Ce n'est que depuis un siècle à peine que l'on sait que la topaze, dont les principales formes cristallines sont un prisme rhomboïdal ou un prisme hexaèdre, est une combinaison naturelle d'alumine, de silice et d'acide fluorique, empâtée dans le quarz et le feldspath des roches granitiques.

Émeraude. — Il résulte de plusieurs passages d'auteurs anciens que le nom de *smaragdus*, σμάραγδος (dérivé probablement de μαρμαίρω, *miroiter*) s'appliquait à toute pierre verte, tels que l'aigue marine, le jaspe, le malachite, etc., et même au verre artificiellement coloré en

1. Saint Épiphane, *De duodecim gemmis*, etc.

vert, comme l'étaient les colonnes (colonnes d'émeraude) du temple d'Hercule à Tyr [1]. Mais il ne faudrait pas induire de là, comme l'ont fait quelques commentateurs, que ce même nom ne pouvait pas s'appliquer à l'émeraude proprement dite. Pline en a donné une longue description, où il fait ressortir la lumière que cette pierre précieuse « lance en rayons aussi vifs que doux, faisant resplendir l'air qui l'environne et teignant par son irradiation l'eau dans laquelle on la plonge [2]. »

Dans les fragments qui nous restent de son traité *Des pierres* (Περὶ λίθων), Théophraste dit que « l'émeraude est rare et ne se trouve jamais en grand volume. » Il nous apprend aussi qu'on se plaisait à porter l'émeraude en bagues, et que les artistes la taillaient, soit en cabochon pour faire flotter la lumière, soit en table pour la réfléchir comme un miroir, soit en creux régulier dans lequel, sur un fond agréable à l'œil, venaient se peindre les objets en raccourci. Pline parle d'une émeraude sur laquelle était gravée Amymone, l'une des Danaïdes, et il rapporte la gravure de ces pierres chez les Grecs à une époque qui répond, chez les Romains, au règne du dernier des Tarquins. Selon Clément d'Alexandrie, le fameux cachet de Polycrate était une émeraude, gravée par Théodore de Samos.

Le mot hébreu *barèketh*, בָּרֶקֶת, que tous les interprètes ont rendu par *émeraude*, dérive de *barak*, éclair. La forme cristalline de l'émeraude (prismes à six faces), pas plus que celle des autres pierres précieuses, n'avait aucunement attiré l'attention des anciens.

C'est dans l'émeraude que la glucyne, terre particulière, découverte en 1798 par Vauquelin, se trouve naturellement combinée avec la silice et l'alumine.

Escarboucle. — Le terme de Moïse, *nophekh* (נֹפֶךְ),

1. Hérodote, II, 44.
2. Pline, *Hist. nat.*, XXXVII, 16.

que les Septante ont rendu par ἄνθραξ, *carbunculus*, escarboucle, signifie-t-il le diamant, le rubis ou toute autre pierre précieuse? La plupart des lexicographes, Gesenius en tête, n'osent pas se prononcer à cet égard. Ce qu'il y a de certain, c'est que le nom d'escarboucle pouvait s'appliquer à toute espèce de pierre qui, soit au soleil, soit même dans l'obscurité, brillait d'un feu très vif, rappelant l'éclat d'un charbon ardent. Le diamant jouit de cette propriété, et, chose remarquable, il n'est, en réalité, que du charbon pur, *carbunculus*, cristallisé. Mais les anciens ont clairement désigné le diamant sous le nom de ἀδάμας, *adamas* (de δαμάζειν, dompter, et l'α privatif), faisant allusion à sa dureté extrême. Pline a positivement observé que le diamant seul peut rayer toutes les autres pierres[1]. Il ajoute qu'on ne le trouve qu'en petite quantité, de la grosseur d'une graine de concombre au plus (*non amplior cucumis semine*), qu'à cause de sa rareté, cette pierre, transparente et incolore (*colore translucido*), cristallisée en octaèdres (*laterum sexangulo levore turbinatus in mucronem*), n'entre que dans l'ornement des rois, et qu'elle accompagne généralement l'or dans les mines de l'Ethiopie, de l'Arabie et de l'Inde. « On en rencontre cependant aussi, dit-il, de la grosseur d'une noisette (*magnitudine abellanæ nucis*)[2]. » — On s'est complu depuis à faire l'histoire des plus gros diamants qui ont passé dans différentes successions de trésors.

L'escarboucle n'est pas non plus le cristal de roche; car les anciens donnaient à la silice pure cristallisée le nom de cristal, κρύσταλλον, *crystallum*, par excellence. Ils croyaient, comme l'attestent Théophraste, Diodore, Pline, Sénèque, que c'était de l'eau concrétée par un froid excessif (*gelu vehementiore concretum*), et ils indiquaient

1. Pline, XXXVII, 76.
2. *Ibid.*, XXXVII, 15.

comme principal lieu de provenance les Alpes toujours couvertes de neige.

Beaucoup de commentateurs admettent que l'escarboucle était le rubis. Buffon partage cette opinion en la modifiant. « Comme le mot latin *carbunculus* indique, dit-il, une substance couleur de feu, on ne peut l'appliquer qu'au rubis ou au grenat, et les rubis étant plus rares et en plus petit volume que les grenats, nous nous croyons bien fondés à croire que l'escarboucle des anciens était un *vrai grenat d'un grand volume*, et tel qu'ils ont décrit leur *carbuncles*[1]. »

Saphir. — Ce mot, qui dérive évidemment de l'hébreu ou du chaldéen *saphar*, ספר, graver, se retrouve, avec de très-légères modifications, à peu près dans toutes les langues; il parait avoir été appliqué primitivement à toutes les pierres cristallisées propres à la gravure. Plus tard on l'a spécialement appliqué au corindon ou saphir bleu, au rubis des lapidaires (rubis oriental) et à l'améthyste orientale (saphir violet). Les plus beaux saphirs venaient, suivant Pline et Marbode (*De lapid. pret.* cap. LIII), de la Médie, qui est ici sans doute prise pour l'Inde.

On ne sait que depuis le commencement de notre siècle que le saphir ou corindon, incolore, translucide, rivalisant en beauté et en dureté avec le diamant, est de l'argile pure (alumine) cristallisée, qu'à l'état impur il constitue la terre connue dans l'industrie sous le nom d'*émeri*, et que cette terre aluminée, naturellement cristallisée avec de très-petites quantités d'oxyde de fer, de manganèse, de nickel, de chrome, présente les teintes les plus riches et les plus variées. C'est là-dessus que repose la fabrication des pierres précieuses, susceptibles de remplacer les pierres fines naturelles.

Jaspe. — Au second rang des pierres précieuses qui ornaient le pectoral du grand pontife, se trouvait le *iaha-*

1. Buffon, t. XI (*minéraux*), p. 267 (de l'édition de Flourens).

lom (יהלם), mot hébreu (dérivé de *halam*, broyer), sur la valeur duquel les interprètes ne sont pas d'accord : les uns le rendent par *diamant*, les autres par *émeraude*, d'autres enfin par *jaspe*. C'est la dernière interprétation qui a été généralement adoptée. Mais ici encore il y a beaucoup d'incertitude : le *jaspe* des anciens, tel que le décrit Pline, était vert et souvent translucide, *viret et sæpe translucet jaspis*, tandis que le *jaspe* des modernes est du quartz (silice), mêlé principalement d'oxyde de fer ; la présence de cet oxyde (mélange de protoxyde et de sesquioxyde), hydraté ou non, produit les diverses variétés de jaspes rouges, jaunes, verts, etc., à cassure terne, non vitreuse, où les couleurs sont tantôt uniformément répandues, tantôt disposées par bandes, par zones, par taches, etc. Les jaspes *terebinthizusa*, *grammatias*, *polygrammos*, *stellata rutilis punctis*, *jasponyx*, *onychipunctata*, *capnias*, *turbida*, étaient des espèces d'agates, principalement des calcédoines plus ou moins transparentes, marquées de raies ou de taches blanches, sur un fond sombre ou enfumé. Ces pierres servaient surtout de cachets : celle qui par sa couleur se rapprochait de l'émeraude, et qui était traversée, au milieu, par une ligne blanche, était particulièrement en usage comme un amulette pour se préserver du démon de la luxure et acquérir de la puissance[1].

Ligure. — On a beaucoup discuté sur la signification du mot hébreu *leschem* (לשם), que les Septante et la Vulgate ont traduit par λιγύριον, *ligurium*. Suivant saint Épiphane, c'était une pierre purpurine, semblable à l'hyacinthe. D'après Théophraste et Pline le ligure ou *lyncurius* (dérivé de *lynx*), c'était le succin, résine fossile, compacte (*electrum*), dont les anciens connaissaient les propriétés électriques, et qui passait pour une concrétion excrémentitielle du lynx, espèce de chat sauvage, plus commune

1. Pline, XXXVII, 37.

autrefois qu'aujourd'hui. Enfin il y en a qui pensent que le *ligurium* ou *lyncurius* était la tourmaline, borosilicate d'alumine naturel, d'un noir bleuâtre, quelquefois incolore ou légèrement rosé, dont les singulières propriétés physiques ne sont guère bien connues que depuis environ un siècle.

Agate. — Le *schebo*, שְׁבוֹ, des Hébreux est, s'il faut en croire les interprètes, notre agate, qui appartient, comme la calcédoine, le jaspe, la cornaline, etc., à la classe des quartz ou des pierres fines ayant pour principale composition chimique la silice. Le nom d'*achate*, ἀχάτης, est, suivant Théophraste (Περὶ λίθων), emprunté à celui d'un fleuve de la Sicile, où cette pierre abondait. Ses nuances variées lui avaient valu des appellations diverses, telles que *iaspachate*, *cérachate*, *hémachate*, *leucachate*, *dendrachate*, etc. Pline attribue aux agates, entre autres, la propriété de guérir les morsures de scorpions, d'étancher la soif, étant portées dans la bouche, de rendre les athlètes invulnérables, etc. Il signale aussi l'usage qu'en faisaient les médecins ou pharmaciens pour la confection des petits mortiers dans lesquels ils broyaient leurs médicaments[1].

Améthyste. — Cette pierre, qui est du quartz coloré en violet par de l'oxyde de manganèse, doit son nom grec d'*amethyste*, ἀμέθυστος, selon les uns, à la propriété de dissiper l'ivresse (μέθη), selon les autres, à sa couleur de vin d'un rouge violet. Deux épigrammes de l'Anthologie grecque (IV, 18) font allusion à cette double étymologie. Au rapport de Pline, les améthystes les plus recherchées provenaient de l'Inde et de l'Arabie Pétrée. On leur attribuait des vertus surnaturelles; on y gravait l'image du soleil ou de la lune, et on les portait suspendues au cou par des poils de cynocéphale ou par des plumes

1. Pline, XXXVII, 54.

d'hirondelle[1]. D'après l'étymologie du nom hébreu d'*hak lamah*, de (*khalam*, חלם rêver), nom que tous les interprètes ont rendu par *améthyste*, cette pierre aurait la vertu de donner des songes à ceux qui la portent.

Chrysolithe. — Si l'on ne s'en rapporte qu'à l'étymologie, le nom de *chrysolithe* (de χρύσος or, et λίθος pierre) devra s'appliquer à toutes les pierres ou matières jaunes, telles que la topaze, le corindon jaune (topaze orientale), l'olivine, une variété cristalline du péridote, la pyrite, le succin, etc. Les anciens faisaient venir leurs chrysolithes particulièrement de l'Espagne, comme l'atteste son nom hébreu de *darschisch* (תַּרְשִׁישׁ), qui est aussi le nom de la ville de Tartessus. On sait que cette antique cité, dont il est souvent question dans la Bible, était le principal entrepôt du commerce des Phéniciens sur le Bétis (Guadalquivir).

Onyx. — D'après la description qu'en donnent Théophraste, Pline (XXXVII, 24) et Isidore de Séville (*Origines.* XVI, 8), l'onyx est une variété d'agate rubanée en deux ou trois couleurs par des zones très-fixes, lactescentes, semblables à celles qu'on remarque à la base des ongles, d'où le nom d'*onyx*, qui en grec signifie *ongle*. Pline ajoute que l'onyx ne diffère que de nom de la sardoine: *nec sardæ natura differenda est, divi tur ex eodem nomine*. De là le nom de *sardonyx*, donné par les anciens à cette variété de quartz (agate) rubanée ou striée.

Tous les interprètes s'accordent à voir dans le *schoham* (שֹׁהַם) des Hébreux l'onyx ou le sardonyx. Les Grecs, qui ont excellé dans la gravure en creux et en relief sur les pierres, recherchaient ces belles agates pour en faire des camées. Il nous reste un certain nombre de ces pierres gravées, dont on ne saurait se lasser d'admirer la beauté

1. Pline, XXXVII, 40. — Marbode, *De lapid. pret.*, cap. IV. — Albert le Grand, *Lib. de mineral.*, II.

du travail, la netteté et la finesse du trait dans le relief, qui se détache si parfaitement du fond de la pierre qu'on le croirait fait à part et ensuite collé sur cette même pierre. Ils choisissaient pour ces beaux camées principalement les onyx blancs et rouges.

Béryl. — Le béryl (βήρυλλος, *beryllus*) des Grecs et des Romains paraît bien être ce qu'on appelle aujourd'hui *béryl*, c'est-à-dire une espèce d'émeraude bleue, qui a pour composition chimique la silice, l'alumine et la glucine. La variété, dans laquelle le bleu présente une teinte verdâtre, est l'aigue marine. C'est de celle-ci que parle saint Épiphane dans son opuscule *Des douze pierres précieuses d'Aaron* : il dit qu'on la trouve dans la chaîne du Taurus. Au rapport de Pline, le béryl est commun dans l'Inde, où l'on aurait découvert le moyen d'imiter les pierres précieuses, notamment les béryls, par la teinture (métallique) du cristal de roche [1].

Nous ignorons sur quoi se sont fondés les interprètes pour traduire le nom hébreu de *iaschepeh* (יָשְׁפֵה), dérivant de *schapoh*, être lisse, par *béryl*, au lieu de le traduire par *jaspe*, nom qui se trouve dans toutes les langues anciennes et dont l'origine sémitique paraît certaine.

Les pierres que nous venons de passer en revue, la plupart remarquables par leurs figures régulières, cristallines, sont les unes translucides, les autres demi-transparentes ou opaques. Elles formaient le pectoral ou rational d'Aaron, frère aîné de Moïse, premier grand prêtre des Juifs (mort en 1450 avant J. C.), et elles composaient depuis lors, comme nous l'avons dit, le principal ornement, le *khoschen*, le λογεῖον (*rationale*) de l'éphod des grands pontifes de la même nation. Au milieu creux de cet ornement, milieu qui se nommait le *khoschen hamisch-*

1. Pline, XXXVII, 20 : — *Indi.... gemmas tingendo adulterare repererunt, sed præcipue beryllos.*

pat, le λόγιον ou λογεῖον κρίσεως des Septante, c'est-à-dire le *rational du jugement*, étaient gravées *ourim* (אורים) et *thummim* (תמים), deux mots qui signifient *lumière* (révélation) et *vérité* (intégrité). « Ces mots seront, ajoute Moïse, sur le cœur d'Aaron, lorsqu'il paraîtra devant Jehovah[1]. »

Quel était le véritable sens de tout cela ? Bien des conjectures, plus ou moins inadmissibles, ont été émises à cet égard. Suivant Spencer, dont l'opinion réunit beaucoup de partisans, les *ourim* et *thummim* étaient des statuettes de figure humaine, analogues aux antiques *theraphim*, espèce de pénates donnant des oracles chez les Araméens, ancêtres du peuple hébreu : un Dieu ou ange répondait aux questions du grand prêtre[2]. Tout en adoptant l'opinion de Spencer, S. Munk la modifie en cherchant à établir que « ces figures, symboles de la vérité et de la justice, étaient employées, d'une certaine manière, comme un sort que l'on considérait comme un jugement de Dieu[3]. » Nous allons voir ce qu'il faudra penser de ces différentes opinions.

Rappelons d'abord que les pierres précieuses du pectoral des grands prêtres hébreux ornaient aussi le vêtement sacerdotal des rois de Tyr[4], et qu'elles formaient les douze assises de l'enceinte de la nouvelle Jérusalem, dont parle l'Apocalypse (XXI, 20). Nous ne devons pas ensuite oublier le rôle que la plupart de ces pierres jouaient dans la composition des talismans (du grec τέλεσμα, perfection) et des amulettes. Pline nous représente les mages, pontifes de l'Orient (d'où vient le mot de *magie*), comme ayant été particulièrement initiés à la connais-

1. Exode, XXXVII, 30.
2. J. Spencer, *De legibus Hebræorum ritualibus et earum rationibus libri III*; Cambridge, 1685, 2 vol. in-fol.
3. S. Munk, *la Palestine*, dans l'*Univers pittoresque*, p. 176.
4. Ezéchiel, XXVIII, 13.

sance des vertus surnaturelles de l'agate, de l'émeraude, de l'onyx, etc. Orphée, poëte du cycle pythagoricien, attribue, dans ses *Lithica*, aux pierres une action mystérieuse. A propos d'une pierre dont l'éclat lui avait valu le nom de *sidérite*, il dit qu'en la tenant devant les yeux, on se sent animé du souffle de la prophétie. Suivant la doctrine des bouddhistes, le saphir calme l'effervescence de l'âme, et préserve de l'envie et du mensonge. Marbode ajoute que, pour porter cette pierre, il faut avoir le cœur chaste et pur. Il serait trop long d'énumérer les vertus singulières que devait posséder le diamant, le grenat, l'agate, le cristal de roche, l'émeraude, l'onyx, etc. Théophraste, Dioscoride, Galien, Isidore de Séville, Avicenne, Albert le Grand, bref la plupart des écrivains de l'antiquité en font mention. Mais tout cela était, en grande partie, traité de fable, jusqu'à ce qu'on eût, vers la fin du dix-huitième siècle, observé l'action très-réelle de certains minéraux sur des somnambules. Les observations de ce genre se multiplièrent. Kerner, dans la *Voyante de Prevorst*, a consacré tout un chapitre[1] sur l'action des minéraux et des pierres précieuses suivant qu'ils ont pour principale composition la silice (quartz) ou l'alumine. Enfin, assez récemment on a constaté, par des expériences positives, que l'éclat des cristaux ou des substances translucides provoque chez certaines personnes un véritable sommeil magnétique. C'est le phénomène qui a reçu le nom d'*hypnotisme*. Ne pourrait-on pas trouver, dans ce que nous venons de rappeler, l'explication des *urim* et *thummim*, ainsi que l'emploi des pierres brillantes par les rois ou les pontifes prophètes de l'antiquité ?

1. *Die Seherin von Prevorst*, p. 55-103 (Stuttg. et Tub., 1846, in-8°).

Pierres ou roches communes.

Les anciens avaient, comme nous, observé que l'écorce pierreuse, inanimée, de la terre, se trouve la même sous tous les climats, que l'aspect des mêmes roches peut, dans les régions les plus lointaines, rappeler au voyageur le souvenir de la patrie absente, tandis que les végétaux et les animaux le distraient ou l'étonnent par leur variété infinie. Mais ils ignoraient absolument que la *chaux*, la *silice* et l'*argile*, mêlées aux détritus de la nature vivante, forment la presque totalité de la surface terrestre et que ces substances minérales, réduites à leur plus grand état de simplicité, ne sont que des rouilles, des oxydes de métaux aussi brillants que l'argent. Il a fallu des milliers d'années pour arriver à cette importante connaissance. Pourquoi ? Parce que ces substances, par la variabilité de leur couleur, de leur densité, de leur dureté, de toutes leurs qualités extérieures enfin, trompent l'œil et donnent complétement le change sur la simplicité de leur composition intérieure, moléculaire. C'est cette variabilité même qui constitue leur histoire géologique et minéralogique.

Chaux. — La terre alcaline, la chaux des chimistes, n'existe dans la nature qu'en combinaison avec l'acide carbonique, l'acide sulfurique, la silice, l'alumine (argile pure), l'oxyde de fer, etc. Dans ces combinaisons diverses, elle présente, sous le nom général de *pierre calcaire*, les aspects les plus variés, forme les plus puissantes assises du globe, et affecte toutes les positions imaginables, parmi lesquelles prédominent les couches horizontales. Ces points de vue scientifiques, étant le fruit du travail de longues générations, devaient nécessairement échapper à l'esprit des anciens.

C'est principalement à la pierre calcaire que s'appliqua cette remarque que les hommes, pour construire leurs demeures, palais et monuments, ont pris au-dessous du sol ce qui est au-dessus. Vitruve a particulièrement insisté sur l'usage des roches calcaires comme pierres à bâtir, suivant qu'elles sont tendres (*mollia*) ou dures. « Les tendres se taillent, dit-il, avec facilité (*in opere faciliter tractantur*), et résistent parfaitement, si elles sont employées dans des lieux couverts; mais, dans des lieux ouverts, elles sont rongées et dissoutes par les gelées. » Ces pierres perméables, appelées *gélives*, devaient être rejetées des constructions. Suivant Vitruve, la pierre de Tibur, assez dure, résiste le mieux aux injures de l'air[1]. La pierre de Tibur (*saxum Tiburtinum*) paraît être cette variété de tuf calcaire connue sous le nom de *travertin*. Formée de masses stratifiées à texture compacte et celluleuse, de couleur blanchâtre ou jaunâtre, elle contient souvent des débris de limnées, d'hélices, de paludines et d'autres coquillages. C'est au travertin que les principaux monuments de Rome doivent leur magnificence et leur durée.

Le *tophus*, tuf, de Vitruve et de Pline, était probablement notre *calcaire grossier*, presque entièrement composé de débris coquillers marins, réunis par un ciment calcaire auquel il doit sa consistance. Facile à tailler, il conserve quelquefois assez de ténacité pour se prêter aux exigences de la sculpture. C'était sans doute le *tophus* qui servait à la construction des édifices publics de l'antiquité grecque et romaine. Le temple de Jupiter à Élis, l'édifice de Pestum, au bord du lac de Salerne, le temple de Girgenti, etc., en étaient bâtis.

Sous le nom de *marmor*, μάρμαρος, marbre, les anciens comprenaient toutes les roches, quelle que fût leur couleur, susceptibles de polissure, telles que le granit, le por-

1. Vitruve, *De architect.*, II, 7.

phyre, le malachite, les calcaires compactes, etc. Plus tard ce nom reçut une signification plus restreinte : il ne s'appliquait plus qu'à ces types de calcaires primitifs qui composent les chefs-d'œuvre de la sculpture antique, et parmi lesquels les marbres de Paros et de Carrare occupent le premier rang. Ces marbres, qu'Alex. de Humboldt considère comme une modification du calcaire sédimenteux par la chaleur terrestre et par le voisinage d'une roche d'éruption, sont exempts de fossiles. Au marbre blanc, retiré des îles de Paros, de Naxos et de Tinos, on donnait, suivant Pline, l'épithète de *lychnites*, parce que les ouvriers le travaillaient sous terre à la lumière des flambeaux. Les marbres *oolithes* (de ὠόν œuf et λίθος pierre), composés de petits graviers arrondis, semblables à des œufs de poissons, étaient moins recherchés, à cause de leur dureté moindre.

Calcaire coquiller. — Il est impossible que les anciens philosophes, presque tous observateurs de la nature, n'aient pas été frappés de la présence de ces débris d'animaux à coquilles dans ces grands blocs de calcaire, qui constituent une des meilleures pierres de construction. Xénophane de Colophon, cité par Origène [1], a le premier signalé des coquilles marines dans le calcaire, des traces de poissons dans les carrières de Syracuse, et des empreintes de laurier dans celles de l'île de Paros. Hérodote mentionne les coquilles fossiles de l'Egypte. Eudoxe de Cnide, cité par Strabon, parle des *poissons fossiles* (ὀρυκτοὶ ἰχθῦς) de la Paphlagonie, et Théophraste des pierres trouvées près de Munda, en Espagne, offrant des empreintes de palmiers. Ce dernier mentionne encore [2] des plantes fossiles, rencontrées au delà de Gadès, et plusieurs espèces de charbon de terre dans la Ligurie, l'Elide et d'autres pays. Nous y reviendrons.

1. *Philosophumena*, ch. XIV.
2. *Hist. Plant.*, IV, 7.

Des ossements de grands mammifères étaient pris pour des restes de géants. Tels étaient les corps observés par Phlégon de Tralles dans la grotte d'Artémis en Dalmatie : les côtes sternales avaient 16 aunes de long. Ce même philosophe parle aussi de la dent d'un géant, longue d'un pied, consacrée à l'empereur Tibère. Pline, Aulu-Gelle, Pausanias, Solin, mentionnent des sarcophages découverts par suite de tremblements de terre, ou provenant de fouilles exécutées sur divers points de la Grèce et de l'Asie Mineure. Suétone, dans la Vie d'Auguste, parle le premier, comme provenant de grands animaux, des ossements de géants réunis à Caprée.

Il serait oiseux d'énumérer toutes les observations de fossiles, qui se sont multipliées depuis l'antiquité jusqu'à nos jours, et qui ont donné naissance à la *paléontologie*, branche importante de la géologie. Mais nous ne saurions passer sous silence les théories engendrées par ces observations. Nous en parlerons plus loin.

Craie. — Le mot *creta*, craie, n'avait aucunement chez les anciens le sens restreint qu'il a aujourd'hui. Ce mot correspondait plutôt à ce que nous appelons le *calcaire*: il s'appliquait à des terres argileuses et magnésiennes. C'est ce que montrent les nombreuses épithètes que Pline donne à la craie, telles que *argentaria*, *chalcidica*, *cimolia*, *cretria*, *figulina*, *rhodia*, *fullonia*, *viridis*, etc. La pierre meulière même, *lapis molaris*, était comprise sous la dénomination générale de *creta*.

La craie argentaire, *creta argentaria*, était une espèce de (le talc de Venise), une terre magnésienne. Composée de lamelles, d'un blanc d'argent, grasse au toucher (d'où son nom de *stéatite* ou *talc*), elle était, réduite en poudre, employée comme cosmétique, pour rendre la peau lisse, luisante, et lui donner une apparence de fraîcheur ; elle sert encore aujourd'hui de base au fard, dont le principe colorant est le rouge de carthame. La craie verte, *creta viridis*, était également une terre magnésienne; c'était le talc écailleux ou fibreux, variant du blanc au vert, dont la poudre réduite en pâte fine compose les crayons colorés, connus sous le nom de *pastels*, et qui, dans son état naturel, est employé par les tailleurs en guise de craie (craie de Briançon) pour tracer leurs coupes sur les étoffes. C'est probablement encore d'une terre magnésienne, d'une stéatite (craie d'Espagne), que se servaient les Romains pour blanchir la borne terminale dans le Cirque et pour marquer les pieds des esclaves destinés à être vendus.

Quant à la terre à foulon, *creta fullonia*, employée à dégraisser les étoffes de laine, c'était une terre argileuse, combinée avec de la silice, de la chaux et de la magnésie. Elle appartenait, ainsi que la *creta figulina* (terre à potier), à ce genre de pierres, extrêmement répandues dans tous les étages des terrains secondaires, que l'on désigne depuis deux siècles à peine sous le nom général de *marnes*[1], et dont on tire un si grand parti pour l'amendement de certains sols. Les craies *chalcidienne*, *érétrienne*, *rhodienne*, paraissent avoir été aussi des espèces de marnes.

Pline nous apprend que la craie, *creta*, que l'on mêlait à de la farine de blé, provenait des environs de Pouzzoles et de Naples[2]. Or cette localité est exempte de ce qu'on appelle aujourd'hui la *craie*; mais elle est caractérisée par une terre argileuse et magnésienne.

Y a-t-il des terres nutritives? Question fort intéressante, qui a été souvent soulevée sans avoir pu être résolue d'une manière positive. Les Otomaques, peuplade sauvage des bords de l'Orénoque, dans l'Amérique méridionale, mangent, quand les eaux du fleuve sont trop hautes pour

1. Ce nom ne vient pas, comme on l'a prétendu, de celui de la rivière de Marne, mais du latin *marga* et de l'allemand *mergel* (argile). Les marnes sont dites *argileuses*, *calcaires* ou *siliceuses*, suivant que l'argile, la chaux ou la silice dominent dans une pâte terne, plus ou moins compacte.

2. Pline, *Hist. nat.*, XVIII, 29.

leur fournir les poissons, une argile grasse, douce au toucher, vraie terre de pipe, jaunâtre, colorée par un peu d'oxyde de fer. Ils la choisissent en la distinguant d'autres terres semblables, qui leur paraissent moins agréables au goût. Ils la pétrissent et en font des boulettes, qu'ils grillent sur un feu doux jusqu'à ce que la croûte en devienne rougeâtre. Ces Indiens, pendant la saison des pluies, mangent de grandes quantités de cette glaise sans préjudice pour leur santé ; ils s'en rassasient et regardent eux-mêmes la terre comme une matière nutritive[1].

Des faits analogues ont été observés sur d'autres continents. En Guinée, les nègres mangent une terre jaunâtre, qu'ils nomment *caouac*. Au rapport de Labillardière, les habitants de la Nouvelle-Calédonie appaisent leur faim avec des morceaux de terre ollaire, friable, de la grosseur du poing. Les Tongouses, Tartares nomades de la Sibérie, passent pour faire leur nourriture d'une espèce de terre argileuse, mélangée avec du lait. « A Java, dit Leschenault, la terre que mangent quelquefois les indigènes, est une espèce d'argile rougeâtre, un peu ferrugineuse ; on l'étend en lames minces, on la fait torréfier sur des plaques de tôle, après l'avoir roulée en petits cornets, à peu près comme l'écorce de cannelle, et on la vend sur les marchés sous le nom de *tana-ampo*. » — Au rapport de Berzelius et de Retzius, on consomme, dans le nord de la Suède, annuellement plusieurs centaines de charges d'une terre d'infusoires semblable à de la farine ; les paysans en font usage, moins par besoin que par passe-temps. Dans quelques endroits de la Finlande, on mêle une certaine terre au pain ; ce sont des carapaces vides d'animalcules, si petites qu'elles ne croquent pas même sous les dents ; elles rassasient sans nourrir. Les chroniques parlent de la consommation de cette terre d'infusoires, que, pendant la

1. Alex. de Humboldt, *Tableaux de la nature*, t. I, p. 212 de notre traduction).

guerre de Trente ans, on faisait manger, sous le nom de *farine de montagne*, aux populations affamées de l'Allemagne septentrionale.

En résumé, les anciens avaient donné, en l'absence de toute analyse chimique, le même nom à des substances très-différentes de composition. Ce n'est guère que depuis le milieu du siècle passé que l'on donne le nom de *craie* à la chaux combinée avec l'acide carbonique, au carbonate de chaux. Comme ce carbonate forme la base des coquillages pulvérisés, Buffon a émis l'hypothèse qu'il est engendré de toute pièce par les animaux qui les habitent. Généralisant cette hypothèse, on a supposé depuis que le sable (silice), le sous-carbonate de fer (rouille), et beaucoup d'autres substances du règne minéral pouvaient bien être des produits du règne animal.

Guidés par le simple aspect, les anciens rattachaient le gypse, *gypsum*, à la chaux, *calx*. Mais, comme pour la craie, bien des siècles devaient s'écouler avant d'arriver à reconnaître que le gypse est de la chaux combinée avec l'huile de vitriol (acide sulfurique), que c'est, en un mot, du sulfate de chaux, et que le plâtre n'est que du gypse ou du sulfate de chaux qui a perdu, par l'action de la chaleur, son eau de cristallisation.

L'albâtre, *alabastrites*, avait été également rapproché des pierres calcaires, particulièrement des marbres, dont il partage la diversité de nuances. Les Romains employaient l'albâtre, ayant la couleur du miel, à faire ces vases à onguents, *vasa unguentaria*, appelés *alabastra*, dont l'antiquité nous a transmis de nombreux échantillons. La matière de ces vases, l'albâtre, bien moins dur que le marbre, a la même composition que le gypse; c'est un sulfate de chaux, ce qu'ignoraient absolument les anciens. Sa translucidité le rapproche de la pierre spéculaire, *lapis specularis*, qui est aussi un sulfate de chaux cristallisé, et probablement identique avec le *sélénite* ou l'*aphroselenon* de Pline et de Dioscoride.

Silice. — Le nom de *silex* était particulièrement affecté à ce que les minéralogistes modernes appellent *silex pyromaque*, pétrosilex, pierre à fusil. Ils auraient mieux fait de choisir le nom de *pyrode*, épithète donnée au fils de Cilix, personnage légendaire qui, selon Pline, apprit aux hommes à faire du feu au moyen de cette pierre dure : *ignem e silice elicere monstravit Pyrodes, Cilicis filius*[1].

Cette roche, d'une teinte semblable à celle de la corne, et d'une dureté supérieure à celle du marbre, est remarquable par sa cassure luisante, vitreuse, à arêtes tranchantes; c'est ce qui l'a fait employer, en guise d'armes et d'outils tranchants, par les peuples primitifs ou sauvages, à une époque (âge de pierre) où les usages du bronze et du fer étaient encore inconnus.

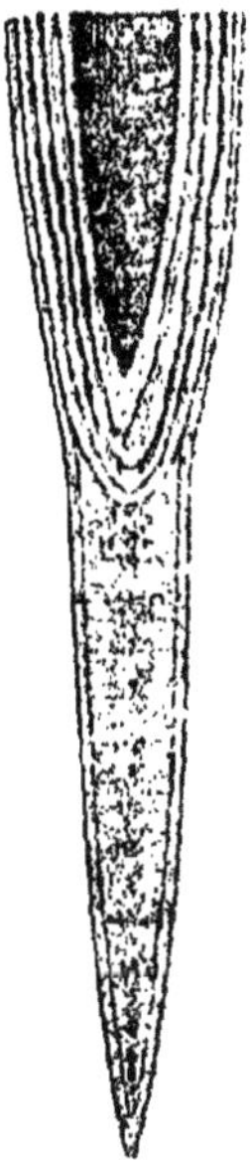

Les *pierres de tonnerre*, les βροντίαι et κεραύνια des Grecs, que l'on rencontre dans différents terrains, étaient des roches siliceuses, taillées en haches, en coins, etc., naturellement ou par la main de l'homme[2]. N'oublions pas cependant que certains coquillages fossiles, surtout les bélemnites, avaient l'honneur, à cause de leur forme particulière, d'être comptées parmi les pierres lancées, comme des flèches, par le Dieu du tonnerre (voy. ci-contre, la coupe verticale du *belemnites arenarius* de Schlotheim).

A chacune des formes si variées de la silice fut appliqué dès le principe un nom différent; la science qui devait pénétrer dans la constitution intime, moléculaire, des corps, restait encore à créer. Il aurait été bien difficile d'affirmer, par la sim

1. Pline, *Hist. nat*., VII, 59.

2. A une époque où le bronze et le fer étaient déjà connus, les Juifs employaient, pour certaines cérémonies religieuses, telles que la circoncision, des couteaux de pierre (silice). Josué, v, 2.

ple inspection des qualités extérieures, que l'agate, le cristal de roche (*crystallum*), le quartz, le grès, le sable, ne sont au fond que de la silice. Ce n'est que depuis le dix-huitième siècle de notre ère que l'on a pu se convaincre que le cristal de roche ne diffère du caillou ou quartz, ainsi que du grès ou du sable, que par leur état d'agrégation. Mais Buffon était encore dans l'erreur quand il présentait pour la formation du grès l'eau comme l'agglutinatif des débris de quartz réduits en petits grains ; car ce qui, dans les grès, relie entre eux les grains de quartz vitreux (hyalin), c'est un ciment silico-calcaire. Il se trompait encore quand il prétendait « que les cailloux les plus durs et tous nos verres factices se convertissent en terre argileuse par la longue impression de l'humidité de l'air. » Mais il savait que les colorations jaunes et rouges des grès sont dues à des infiltrations ferrugineuses. Ce n'est qu'au commencement de notre siècle que l'on découvrit ce qui aurait bien étonné les anciens, à savoir, que la silice, que la terre siliceuse qui revêt des formes si variées, se compose d'air vital (oxygène) et d'un métal semblable à l'argent (silicium), et que la silice se comporte avec la chaux, la magnésie, la rouille de fer, etc., comme un véritable acide (acide silicique).

Argile. — La confusion que nous venons de signaler pour les terres calcaires et siliceuses, existait plus particulièrement pour les différentes formes qu'affecte la terre argileuse. Le nom d'*argile* est d'origine grecque : l'*argilos*, ἡ ἄργιλος, dont parle Théophraste, est bien la *terre argileuse*. Le même nom se retrouve aussi dans Pline. A côté d'*argilla* se rencontra celui de *marga*, d'où dérive, comme nous l'avons dit, le nom de *marne* ou *margue*. Le naturaliste romain distingue entre elles plusieurs espèces de terre argileuse par leur simple différence de coloration naturelle. Après avoir nommé l'argile blanche, le *leucargillon*, notre terre à pipe, il cite l'argile rouge (*rufa*), l'argile brune (*columbina*), l'argile tofeuse ou vitrifiable (*to-*

facea), l'argile sablonneuse (*arenacea*). Les Mégariens employaient, dit-il, l'argile blanche pour amender un sol froid et humide[1]. Les autres espèces servaient à la fabrication des briques, des tuiles, de la poterie.

Les vases étrusques que l'on montre dans nos musées, témoignent de l'antiquité de l'art de travailler l'argile. Moins rouges que les vases faits avec l'argile d'Arcueil, ils ne sont guère plus légers, et, leur pâte étant généralement moins fine, les couleurs et les arêtes sont toujours moins vives. Les vases à rafraîchir, les alcarazas, connus de temps immémorial en Chine, en Perse, en Syrie, en Égypte, sont faits avec une pâte argileuse, remarquable par les pores qui laissent suinter l'eau et produisent par la prompte évaporation de ce liquide un abaissement de température marqué.

L'argile blanche, la terre à pipe, était, sous le nom de *creta*, très-souvent confondue avec la craie proprement dite. On a cependant lieu d'être surpris que les anciens ne se soient pas aperçus que la première happe à la langue et que sa pâte éprouve, sous l'influence de la chaleur, un mouvement de retrait, tandis que la dernière ne présente rien de semblable, enfin qu'ils aient ignoré ces moyens bien simples pour distinguer l'argile de la craie.

C'est son état extérieur de poudre fine et légère, semblable à la farine, qui a fait jusqu'au dix-huitième siècle identifier l'argile pure avec toutes les terres blanches pulvérulentes, telles que la chaux, la silice, la magnésie. C'étaient là pour les minéralogistes anciens de véritables produits de transformation : ils croyaient à la transmutation des terres, comme les chimistes à la transmutation des métaux. Ces croyances formaient alors le fond commun de la science, qui seule se transforme avec le temps.

Écoutez Buffon. « L'argile doit, dit-il, son origine à la décomposition des matières vitreuses qui, par l'impres-

1. Pline, *Hist. nat.*, XVII, 4.

sion des éléments humides, se sont divisées, atténuées et réduites en terre. Cette vérité est démontrée par les faits : 1° Si l'on examine les cailloux les plus durs et les autres matières vitreuses, exposées depuis longtemps à l'air, on verra que leur surface a blanchi et que dans cette partie extérieure le caillou s'est ramolli et décomposé, tandis que l'intérieur a conservé sa dureté, sa sécheresse et sa couleur : si l'on recueille cette matière blanche en la raclant, et qu'on la détrempe avec de l'eau, l'on verra que c'est une matière qui a déjà pris le caractère d'une terre spongieuse et ductile, et qui approche de la nature de l'argile ; 2° les laves des volcans et tous nos verres factices, de quelque qualité qu'ils soient, se convertissent en terre argileuse ; 3° nous voyons les sables des granites et des grès, les paillettes du mica, et même les jaspes et les cailloux les plus durs se ramollir, blanchir par l'impression de l'air, et prendre à leur surface tous les caractères de la terre argileuse. »

Ce passage, si magistralement affirmatif, montre combien il est facile à l'erreur de se glisser dans la science, sous le masque de « la vérité démontrée par les faits ». Rien sans doute n'est plus vrai que cette altération des granites, des jaspes, des cailloux, etc., sous l'influence des agents atmosphériques, et la réduction de ces matières en une matière blanche, pulvérulente. Mais affirmer que cette matière est de l'argile, sans s'être préalablement demandé si toutes les poudres blanches ainsi produites ne se réduisent au fond qu'à une seule, ou si elles sont différentes les unes des autres, c'est subordonner la marche de l'expérience à la conception d'une théorie, c'est faire dire à la nature ce que l'homme y a mis. Une fois lancé dans cette voie, on ne s'arrête plus. Non content de réduire toutes les terres blanches à une seule, Buffon créa, dans son imagination, cet « acide universel qui, produit de la combinaison du feu, de la terre et de l'eau, se retrouve dans toutes les argiles. » Cet enchaînement d'erreurs disparut bientôt devant l'analyse chimique, qui, dédaignant les qualités extérieures, trompeuses, allait chercher les caractères distinctifs dans la constitution moléculaire des substances.

La distinction des argiles en pures et en impures a été faite de bonne heure. Les premières, auxquelles s'appliquait plus particulièrement le nom de *leucargille*, étaient reconnues réfractaires au feu, tandis qu'on savait que les dernières sont fusibles, à cause des diverses matières auxquelles elles se trouvent mélangées. C'est l'argile impure, mélangée de silice, d'oxyde de fer, etc., qui s'appelle *glaise*, dérivé de *glesum*, nom de basse latinité, désignant la terre plastique.

Les minéralogistes modernes ont donné le nom de *schiste* (du grec σχίζειν, fendre) à toutes les roches caractérisées par une structure fossile ou feuilletée. Ces roches ont une composition assez complexe ; en général, l'argile, la magnésie, l'oxyde de fer, quelquefois la silice et le bitume, y dominent. Quand c'est l'argile qui l'emporte, le schiste est surnommé *argileux*. Dans les schistes ardoisés et micacés c'est la magnésie qui prédomine. Théophraste et Pline se sont les premiers servis du mot *schistos ;* mais ils l'appliquaient seulement au schiste ferrugineux en le confondant avec l'hématite ou sanguine (fer oligiste), ainsi qu'aux schistes bitumineux, inflammables comme la résine, et au schiste aluneux, qui portait plus particulièrement le nom d'*alumen*. C'est de là que les chimistes ont tiré, à la fin du dix-huitième siècle, le mot d'*alumine*, réservé à la terre argileuse pure, telle qu'elle provient de la décomposition de l'alun. Peu d'années après, ils montrèrent, à la grande surprise de tout le monde, que l'alumine est, au même titre que la chaux et la silice, une véritable rouille blanche, un oxyde métallique, composé d'oxygène et d'*aluminium*, métal d'un éclat argentin, comme le sont le calcium et le silicium.

Les anciens tout en parlant des « schistes qui brûlent en répandant une odeur de bitume, » n'y ont pas signalé la présence d'empreintes de végétaux et d'animaux fossiles; de même qu'ils paraissent avoir ignoré que les schistes argileux et bitumineux recouvrent ordinairement les bancs de houille.

Les anciens ont-ils connu la *houille?* Parmi les pierres les plus friables, dit Théophraste dans son *Traité des pierres*, il y en a qui s'allument et brûlent comme des charbons. Telles sont les pierres que l'on trouve « dans les mines des environs de Bena (ville de Thrace) : elles prennent feu lorsqu'on y jette des charbons incandescents;... éteintes, elles peuvent se rallumer. » Le même auteur cite encore la Ligurie, l'Elide, le cap d'Erimée, comme recélant des pierres semblables; il leur donne le nom d'*anthrax* (charbon), et ajoute que ces charbons fossiles, faciles à broyer, répandent par leur combustion une odeur résineuse, en laissant pour résidu une terre scorieuse. A tous ces caractères il est impossible de ne pas reconnaître la houille ou le charbon de terre.

L'ampélite, *ampelitis*, dont parlaient Dioscoride et Pline, était une pierre noire, bitumineuse, susceptible de s'effleurir à l'air, et qu'on mettait aux pieds des vignes pour tuer les insectes nuisibles à cette plante, de là sans doute son nom, qui signifie littéralement *pierre de vigne*. Pline dit qu'elle ressemble au bitume, se broie avec de l'huile, et, quoique grillée, conserve sa couleur noire[1]. Romé de Lisle et Haüy regardaient l'ampélite des anciens comme un schiste noir, bitumineux, qui accompagne le gisement houiller. Le *sagda* de Samothrace, que Pline décrit comme noir, très-léger et ressemblant au bois (*ligno similis*), paraît être une espèce de *lignite*, probablement le lignite fibreux, qui montre distinctement une structure végétale.

A ces mêmes substances minérales se rattache le

1. Pline, *Hist. nat.*, XXXV, 56.

gagates, dont Pline nous a laissé la description suivante : « Cette pierre doit son nom à un lieu et à une rivière de la Lycie. Elle est noire, légère, fragile, peu différente du bois, et d'une odeur forte, lorsqu'on la frotte. Les lettres qu'on trace avec elle sur des vases de poterie ne s'effacent point : elle brûle en exhalant une odeur sulfureuse. » Nous faisons abstraction des propriétés merveilleuses que lui prête le même auteur, comme celles de s'éteindre par l'huile, de se rallumer par l'eau, de guérir l'épilepsie, de raffermir les dents ébranlées, de faire reconnaître la virginité en exerçant une action particulière sur la sécrétion urinaire[1], etc.

De toutes les opinions émises sur le *gagates* des anciens, la plus probable est celle qui l'identifie avec le lignite piciforme, plus connue sous le nom de *jayet* ou de *succin noir*. D'un beau noir, facile à tailler et à polir, le jayet a été, de temps immémorial, recherché et exploité comme objet d'ornement.

L'exploitation de la houille comme combustible ne remonte guère au delà du seizième siècle de notre ère. Les Anglais, aux environs de Newcastle, et les Belges, dans le pays de Liége, paraissent avoir les premiers fait usage du charbon de terre pour chauffer leurs foyers et alimenter leurs usines.

Les théories sur l'origine de ce précieux combustible ne se sont pas fait attendre : à peu près toutes d'accord sur son origine végétale, elles se divisent sur son mode de transformation. La première et, en apparence, la plus simple, était celle qui attribuait la production des houillères à l'action du feu. Buffon s'attacha particulièrement à la réfuter. D'après sa théorie, les roches vitreuses ont été les premières produites par le feu primitif ; puis, après la précipitation des eaux, maintenues d'abord à l'état de vapeur, les grès, les argiles, les calcaires se sont formés des débris et de

1. Pline, *Hist. nat.*, XXXVI, 34.

la détérioration de ces mêmes roches vitreuses par l'action de l'élément humide. Les coquillages marins ont pris ensuite naissance et se sont multipliés en innombrable quantité, avant et durant la retraite des eaux. « A mesure, ajoute Buffon, que les eaux laissaient, en s'abaissant, les parties hautes du globe à découvert, les terrains élevés se couvraient d'arbres et d'autres végétaux, lesquels, abandonnés à la seule nature, ne croissaient et ne se multipliaient que pour périr de vétusté et pourrir sur la terre ou pour être entraînés par les eaux courantes au fond des mers; enfin ces mêmes végétaux, ainsi que leurs détritus en terreau et en limon, ont formé les dépôts en amas ou en veines que nous retrouvons aujourd'hui dans le sein de la terre sous la forme de charbon, nom assez impropre, parce qu'il paraît supposer que cette matière végétale a été attaquée et cuite par le feu, tandis qu'elle n'a subi qu'un plus ou moins grand degré de décomposition par l'humidité[1]. »

L'opinion de Buffon, que la houille est d'origine aqueuse, a été adoptée par les géologues récents. « Le charbon de terre ne provient point, dit Alex. de Humboldt, de végétaux carbonisés par le feu, mais de végétaux décomposés par la voie humide sous l'influence de l'acide sulfurique. La preuve la plus frappante dont on puisse arguer en faveur de cette opinion, a été donnée par Gœppert (*Archive de minéralogie* de Karsten, t. XVIII, p. 530). Gœppert a examiné un fragment de l'arbre à ambre qui a été transformé en charbon sans que l'ambre ait subi d'altération: le charbon et l'ambre s'y trouvent juxtaposés[2]. »

Il serait peut-être plus exact d'attribuer la formation des houillères, qu'on rencontre dans les profondeurs de presque toutes les régions du globe, à une de ces com-

1. Œuvres de Buffon, t. X, p. 213 (édition de Flourens).
2. Alex. de Humboldt, *Cosmos*, t. I, p. 550 (de l'édition française).

bustions lentes, à une véritable *chroniocausie*, dont la nature offre de nombreux exemples.

Aux terres calcaires, argileuses et siliceuses, qui composent la plus grande partie de l'écorce terrestre, nous ne saurions nous dispenser d'ajouter les terres magnésienne et ocreuse.

La *magnésie*, confondue longtemps avec la craie et la terre à pipe, forme la base du talc, du mica, des stéatites, des ardoises (phyllades), en général de toutes les substances minérales dont le toucher donne à la main la sensation d'un corps gras, d'où les noms de *talc* (de l'allemand *talg*[1], graisse) et de *stéatite* (du grec στέαρ, graisse). La plupart de ces substances étaient connues des anciens. Le mica, (du latin *micare*, briller), ils pouvaient l'avoir observé, sous forme de paillettes blanches, brillantes, dans le granite, dans le syénite (granite rose), *lapis Siennis*, dont se composent beaucoup de statues et monuments égyptiens. La pierre arabe, transparente comme du verre (*lapis vitri modo transtucidus*), semblable à la pierre spéculaire, est probablement aussi du mica[2]. La terre samienne, dont une espèce s'appelait étoile, *aster*, de Samos, était, selon Avicenne, le talc, qui peut, ajoute le médecin arabe, être calciné au feu le plus violent sans s'altérer. Ses colorations diverses lui ont valu les noms de *selenites*, *argyrodamas* (diamant d'argent), *gallaica*, *galactites* (pierre de lait), *leucogæa* (terre blanche), dont l'interprétation exacte a exercé l'esprit des commentateurs.

Le nom de *steatites* se trouve dans Pline; mais cet auteur ne dit pas si la pierre ainsi désignée ressemble à un corps gras par la vue ou par le toucher. Dans le premier cas, la stéatite de Pline pourrait être une espèce de caillou ou de quartz. Suivant Pott[3], il faudrait ranger parmi

1. Ce mot allemand paraît être d'origine arabe, car on le trouve déjà dans Avicenne.
2. Pline, *Hist. nat.*, XXXVI, 46.
3. Voy. Pott, Mémoires de l'Académie de Berlin, année 1746, p. 65.

les stéatites la pierre ollaire, *lapis ollaris*, et la pierre de Côme, *lapis Comensis*.

La pierre ponce, *pumex*, qui à cause de sa légèreté était qualifiée de *spuma maris*, écume de mer, le lin fossile ou amiante, qui devait à son incombustibilité le nom grec d'*asbeste* (de ἄσβεστος, inextinguible, incombustible), étaient des pierres également connues des anciens. Elles contiennent toutes, comme les pierres qui servaient à la fabrication des vases murrhins (espèce de porcelaine demi-transparente), des quantités plus ou moins notables de terre magnésienne. Ce n'est qu'au commencement du dix-huitième siècle que la magnésie, de tout temps confondue avec la chaux, fut pour la première fois décrite comme une terre particulière par Frédéric Hoffmann, à l'occasion de l'analyse du sel d'Epsom (sulfate de magnésie), dont elle forme la base[1].

L'ocre, *ochra* des anciens, était l'hydrate d'oxyde de fer jaune : ce qui le prouve, c'est que Théophraste dit qu'on obtenait la couleur rouge, *rubrica*, μίλτος, avec laquelle on peignait, entre autres, les proues des navires (μιλτοπάρῃοι νῆες d'Homère, où μίλτος, est traduit inexactement par *minium*), par la combustion de l'ocre[2].

On sait que l'hydrate d'oxyde de fer jaune se transforme, par la calcination, en oxyde de fer rouge (colcothar).

Le *sil* de Pline et de Vitruve était la terre jaune ocreuse, telle que l'employaient les peintres. Le *sil atticum* était le plus estimé. Tous les terrains jaunes et rouges, si répandus à la surface du globe, doivent leur coloration à la présence de la rouille de fer : ils sont, en un mot, ferrugineux. Ce fait, que les anciens avaient seulement entrevu, ne fut démontré que depuis la création de l'analyse chimique.

Les roches ou substances minérales que nous venons

1. *Voy.* notre *Histoire de la chimie*, t. II, p. 229 (2e édit.).

2. Théophraste, *De lapidibus* : γίνεται μίλτος καὶ ἐκ τῆς ὤχρας κατακαιομένης.

de passer en revue, et qui, dans leurs diverses combinaisons, forment les terrains dits secondaires, tertiaires et quaternaires, disposés par strates plus ou moins réguliers, portent les traces d'une action manifeste de l'eau. C'est là qu'on trouve les animaux et les plantes fossiles, dont les uns appartiennent à un monde éteint, tandis que les autres participent à la faune et à la flore actuelles.

Déluge universel. Premières théories paléontologiques.

Le philosophe Xénophane paraît avoir le premier, cinq siècles avant notre ère, émis l'idée d'un renouvellement périodique des êtres vivant à la surface terrestre. « Tous les hommes, dit-il, périssent chaque fois que la terre vient à être recouverte par la mer, qu'elle devient du limon (πηλὸς γίνεσθαι) : après chacune de ces catastrophes commence une nouvelle création, une nouvelle série d'êtres, et ces changements portent tous les caractères d'un ordre régulier καὶ τοῦτο πᾶσι τοῖς κόσμοις γίνεσθαι καταβάλλειν[1]). »

Suivant Anaximandre, contemporain de Xénophane, les premiers animaux se développèrent dans l'eau, se recouvrirent d'enveloppes épineuses, dont ils se dépouillaient ensuite pour chercher à vivre sur les terres émergées. Ces premières formes animales furent, après une certaine période, remplacées par d'autres[2]. L'opinion d'Anaximandre nous rappelle la tradition égyptienne, d'après laquelle il se produisait, dans une contrée de la Thébaïde, « des rats si prodigieux par leur grandeur et leur nombre que le

1. Xénophane, cité par Origène, *Philosophumena*, ch. XVI, et par Eusèbe, *Præpar. evang.*

2. Plutarque, *De Placit. philos.*, v, 19.

spectateur en restait frappé de surprise, et que plusieurs de ces animaux, formés seulement jusqu'à la poitrine et aux pattes de devant, se débattaient, tandis que le reste du corps, encore informe et rudimentaire, demeurait engagé dans le limon.... C'est pourquoi, ajoute la même tradition, un sol aussi propice que celui de la Haute-Égypte a dû produire les premiers hommes[1]. » Cuvier a représenté Anaximandre comme le véritable précurseur de de Maillet (Talliamed) et de Lamarck, parce que ce philosophe ionien aurait prétendu « que les hommes avaient été primitivement poissons, puis reptiles, puis mammifères, et enfin ce qu'ils sont maintenant[2]. » Le mythe d'Oannès, monstre moitié homme et moitié poisson, se rapproche plus de la doctrine d'Anaximandre que de celle du livre sanscrit de Vaivasvata.

Divers fragments conservés par Aristote et Plutarque attribuent à Empédocle (vivant 450 ans avant Jésus-Christ) au moins trois périodes distinctes dans la création des êtres vivants. Dans la première, les corps auraient été composés de parties asymétriques, inachevées ; dans la seconde, la symétrie se serait de plus en plus dessinée, et dans la troisième, les formes se seraient achevées par une distribution plus parfaite de leurs éléments constitutifs. La nature aurait ainsi procédé par voie de tâtonnement dans ses créations successives ; et cette théorie, où la formation des monstres jouait un grand rôle, a été depuis renouvelée par les modernes. Mais le langage du célèbre Sicilien est trop vague et trop incomplet pour qu'on puisse y trouver les premiers linéaments de la paléontologie. C'est encore à Empédocle qu'on attribue l'idée que les plantes ont apparu avant les animaux à la surface de la terre, idée confirmée depuis par l'observation.

1. Diodore, I, 10.

2. Cuvier, *Histoire des sciences naturelles*, t. I. — Plutarque, *Sympos.*, VIII.

L'eau ayant été dès le principe admise comme le principal élément de destruction et de rénovation, la croyance traditionnelle d'un déluge trouva facilement accès chez les esprits même les moins crédules. Mais ce déluge était-il *universel* ou *partiel?*

Le déluge biblique, où périrent tous les hommes et les animaux, à l'exception de ceux que Noé avait sauvés dans son arche, était universel, suivant le récit de Moïse. Ce récit, admirable de simplicité, n'est-il qu'un mythe, ou est-il l'expression d'un grand fait historique? Les opinions sont ici partagées. Nous n'entreprendrons pas de les discuter. Mais nous devons rappeler que le souvenir d'un cataclysme, d'une inondation immense qui aurait envahi la terre, se retrouve dans les traditions les plus anciennes de l'Ancien et du Nouveau Continent.

Le Purana et le Mahabharata, livres sacrés des Hindous, contiennent des détails qui, tels que « l'homme juste Menou sauvé du déluge, et le vaisseau de Vaïvasvata, abordant au sommet de l'Himalaya, » ont beaucoup d'analogie avec le récit de la Genèse[1].

Le Chou-King, le plus ancien livre des Chinois, donne la relation d'un déluge, que diverses circonstances ont fait rapporter à celui de Noé. Ce déluge arriva, d'après la chronologie chinoise la plus accréditée, sous le règne de Ty-Ko, père d'Yao. Ty-Ko est le dixième descendant de Hoang-Ty, comme, d'après la Bible, Noé est le dixième descendant d'Adam.

Les Perses ont conservé aussi la tradition d'une inondation universelle, ayant couvert toute la terre et fait périr tout le genre humain, à l'exception d'un petit nombre de personnes. Au rapport de Zoroastre, le Moïse des Perses, ce déluge fut envoyé en punition des crimes commis par une race perverse[2].

1. *Asiatic Researches*, t. I, p. 230 (Lond., 1801).
2. Hyde, *De relig. vet. Persarum*, ch. x, p. 171.

Le déluge dont parlait Bérose, prêtre chaldéen, plus de trois siècles avant notre ère, paraît être identique avec celui de Moïse. « On croit, dit-il, qu'en Arménie, sur la montagne des Gordiens, il existe encore une partie de l'arche de Noé; les habitants y exploitent le bitume dont elle était enduite, en conservent les restes avec soin, etc.[1] Le récit du déluge de Xissouthros, donné par Georges le Syncelle d'après des fragments de Bérose, d'Alexandre Polyhistor, d'Apollodore, rappelle en tout point le récit mosaïque.

Les déluges d'Inachus, d'Ogygès et de Deucalion n'étaient que des inondations partielles, s'il faut en croire les poëtes et mythographes de l'antiquité gréco-romaine. On a cependant essayé de les assimiler tous les trois au déluge universel de Noé.

Les Mexicains avaient représenté dans leurs peintures les scènes d'un déluge tout à fait semblable à celui de Noé. Un seul homme, nommé Cox-cox ou Tocipaitli, et une seule femme, nommée Xochiquetzal, se sauvèrent dans une petite barque. Ils eurent beaucoup d'enfants, qui restèrent tous muets jusqu'à ce qu'une colombe, du haut d'un arbre, leur eût appris à parler; mais leurs langues étaient si diverses qu'il leur fut impossible de s'entendre. D'après la légende des Tlascollas, les hommes qui se sauvèrent du déluge furent changés en singes, mais peu à peu ils recouvrèrent le langage en recouvrant la raison[2].

Les quatre âges ou cycles dans lesquels les Mexicains avaient, au rapport d'Alexandre de Humboldt, divisé le monde, ne manquent pas d'une certaine analogie avec des périodes géologiques. Le premier cycle s'appelait l'âge de la terre; le deuxième cycle, l'âge rouge ou de feu; le troisième, l'âge du vent ou de l'air; le quatrième, l'âge

1. Bérose, *Chaldæorum Historiæ quæ supersunt*, p. 60 (édition Richter).

2. Clavigero, *Storia del Messico*, t. II, p. 6 (Cesena, 1780).

de l'eau. Dans cette dernière période, une grande inondation fit périr l'espèce humaine. Les hommes, ajoute la légende, furent convertis en poissons, à l'exception d'un homme et d'une femme qui se sauvèrent dans le tronc d'un ahahuéte ou cyprès chauve[1].

D'après une tradition, rapportée par le P. Charlevoix, et répandue parmi les tribus de l'Amérique septentrionale, tous les hommes auraient été primitivement détruits par un déluge, et Dieu ou le Grand-Esprit aurait, pour repeupler la terre, changé les animaux en hommes.

Suivant la légende des Péruviens, il fut un temps où l'eau du ciel monda les champs et les cités; tout se noya, à l'exception de quelques hommes qui s'étaient, avec des provisions et quelques animaux, réfugiés dans un navire. Quand ils sentirent que la pluie avait cessé, ils firent sortir des animaux qui revinrent souillés de fange; par là ils jugèrent que les eaux avaient baissé[2].

Le même genre de tradition se retrouve chez les peuples de l'Océanie, particulièrement chez les habitants des îles de Taïti.

Une telle unanimité chez les races les plus diverses, chez toutes les nations anciennes et modernes, civilisées ou sauvages, pourrait-elle reposer sur un fait imaginaire[3]?

A défaut d'autres témoignages, l'inspection des couches plus ou moins profondes de l'écorce terrestre, la nature sédimenteuse de certains terrains (secondaire, tertiaire et alluvionnaire), leur stratification, la conformation de certaines roches, brèches, pouddingues, cailloux roulés, etc., et surtout la fossilisation (pétrification) d'un grand nombre de corps organisés océaniques, auraient dû suffire, aux yeux des moins crédules, pour admettre l'action macé-

1. Al. de Humboldt, *Vue des Cordillères*, p. 202 et suiv. (Paris, 1810, in-fol.).

2. Lopez de Gomara, *Histoire générale des Indes*, v. 14.

3. L'abbé Ed. Lambert a réuni dans une brochure intéressante (Paris, 1868) les légendes et les preuves archéologiques du déluge.

rante des eaux sur presque toute la surface de la terre. Les ammonites, les bélemnites, les nummulites, ne sont pas rares, surtout dans les terrains secondaire et tertiaire. S'il y a quelque doute sur l'identification des cornes d'Ammon, trouvées en Éthiopie, et des *Idæidactyli* de Pline avec les ammonites et les bélemnites, il est du moins certain que les anciens connaissaient les nummulites. Strabon en vit en Égypte près des Pyramides. « Ce sont, dit-il, des monceaux de petits éclats de pierre élevés en avant de ces monuments. On en trouve qui, pour la forme et la grandeur, ressemblent à des lentilles ; on dirait des grains à moitié déballés. » Mais, loin d'y reconnaître l'action des eaux ou des êtres qu'elles pouvaient charrier, la plupart des anciens n'y voyaient que les restes pétrifiés des lentilles dont se nourrissaient les ouvriers employés à la construction des Pyramides. Strabon regardait cependant cette opinion comme peu vraisemblable, parce qu'il y avait près d'Amasis, son lieu natal, une colline qui se prolongeait au milieu d'une plaine et qui était remplie « de petites pierres de tuf, semblables à des lentilles. » Un voyageur récent, M. de Tchihatchef, a rapporté précisément de cette même localité de nombreuses nummulites, que personne n'y avait signalées depuis l'ancien géographe grec.

Le prince des médecins arabes, Avicenne, paraît avoir le premier, vers le onzième siècle de notre ère, compris tout le parti que l'on pouvait tirer de l'action des eaux et de l'existence des fossiles pour arriver à une théorie générale de la terre. Ce qui le préoccupait d'abord, comme tous les géologues, c'était de se rendre exactement compte de la formation des montagnes. « Les montagnes peuvent, dit-il, provenir de deux causes : ou elles sont l'effet du soulèvement de la croûte terrestre, comme cela arrive dans un violent tremblement de terre ; ou elles sont l'effet de l'eau qui, en se frayant une route nouvelle, a creusé des vallées en même temps qu'elle a produit des montagnes; car il y a des roches molles et des roches dures. L'eau et le vent charrient les unes et laissent les autres intactes. La plupart des éminences du sol ont cette origine.... Ce qui montre que l'eau a été ici la principale cause, c'est qu'on voit sur beaucoup de roches les empreintes d'animaux aquatiques et d'autres. Quant à la matière terreuse et jaune qui recouvre la surface des montagnes, elle n'a pas la même origine que le squelette de la montagne : elle provient de la désorganisation des débris d'herbes et de limon amenés par l'eau. Peut-être provient-elle aussi de l'ancien limon de la mer, qui couvrait autrefois toute la terre[1]. »

Le passage cité contient en germe toute la théorie des formations par voie aqueuse, dont il sera parlé plus loin. On y remarquera aussi l'explication des terrains alluvionnaires par l'effet d'un déluge universel.

Bien que Boccace, au quatorzième siècle, Léonard de Vinci, Fracastor, André Césalpin, Alessandro degli Alessandri, au seizième siècle, eussent présenté les coquilles fossiles comme la meilleure preuve d'un ancien séjour de la mer sur le continent, Cardan, Matthiole, Calceolari, persistèrent à ne voir dans ces productions que des jeux de la nature ou l'effet de certaines influences occultes.

Au dix-septième siècle, van Helmont, Fabio Colonna, Boccone, renouèrent le fil interrompu des idées rationnelles entrevues dans l'antiquité.

Les coquilles et les plantes fossiles sont pour van Helmont autant de preuves d'un monde antédiluvien, englouti par les eaux. Ce grand observateur, qui peut être considéré comme l'un des fondateurs de la paléontologie, conservait dans son musée la mâchoire d'un éléphant fossile (mammouth), de plusieurs pieds de long, trouvée

1. Avicenne, *De conglutinatione lapidum*, dans Manget, *Biblioth. chimica*, t. I.

à Hingsen, sur l'Escaut, à douze pieds au-dessous du sol[1].

Fabio Colonna fut le premier à reconnaître que toutes les espèces fossiles ne sont pas d'origine marine, qu'il y en avait *de* terrestres et d'eau douce. Il donna, sous le nom de *concha anomia*, la première description scientifique d'un de ces curieux coquillages fossiles qui reçurent, en 1682, par Lhuyd, le nom de *térébratules*, genre de mollusques brachiopodes, mélangés avec les ammonites et les bélemnites dans les terrains anciens, secondaires. F. Colonna fut aussi le premier à démontrer que les *glossopetres* (langues de pierre) n'étaient point des langues de serpent pétrifiées, mais des dents de poissons du genre *carcharias* (requins), mêlées avec des buccins, des huîtres et autres productions marines[2]. Les glossopètres ne sont, en effet, que des dents de raies ou de requins. Colonna s'efforça vainement de faire partager sa manière de voir à ses collègues de l'Académie des Lincei, qui avait été pourtant créée dans le but de déraciner les vieilles erreurs.

L'opinion de Colonna au sujet des glossopètres fut partagée par Boccone, qui démontra anatomiquement l'identité de ces fossiles avec les dents de requin. Il fit en même temps voir que les pierres étoilées sont des fossiles marins, ayant leurs analogues parmi les échinodermes, tels que les oursins ou hérissons de mer[3]. Tout cela n'empêcha pas les savants de continuer à fermer, pour la plupart, l'oreille à la vérité. Et, au dix-huitième siècle, les deux célèbres naturalistes italiens étaient encore loin d'avoir réuni tous les suffrages. Voltaire, par exemple, ne voulut jamais croire que les glossopètres, les pierres étoilées, les cornes d'Ammon, etc., fussent d'origine marine. Il les regardait

1. *Ortus medicinæ*, p. 34 et suiv. (Lyon, 1656, in-fol.).

2. F. Colonna, *Osservazioni degli animali aquatici*, etc.; en appendice au Traité *de Purpura*; 1616.

3. *Recherches et observations naturelles*, p. 316 (Amsterd., 1674, in-8°).

comme des fossiles terrestres. « Je n'ai jamais osé penser, ajoutait-il, que ces glossopètres pussent être des langues de chien marin, et je suis de l'avis de celui qui a dit qu'il voudrait autant croire que des milliers de femmes sont venues déposer leurs *conchas Veneris* sur un rivage, que de croire que des milliers de chiens marins y sont venus apporter leurs langues. »

Cependant plus de trente années avant l'*Essai sur les mœurs et l'esprit des nations*, où Voltaire a déposé cette burlesque critique, avaient déjà paru les fameux *Entretiens d'un philosophe indien avec un missionnaire français sur la diminution de la mer, la formation de la terre, l'origine de l'homme*, etc., par *Telliamed* anagramme de *De Maillet*[1]. Après avoir montré que les pierres éloignées de la mer, comme celles qui en sont le plus rapprochées, ont le même aspect et les mêmes caractères, qu'on y rencontre partout, à toutes les hauteurs, des coquilles pétrifiées et différentes les unes des autres, que les pierres, dans les carrières, sont de couleurs, de dureté, de qualité variables, et qu'elles sont disposées par lits au-dessus les unes des autres, l'auteur conclut que les eaux de la mer ont primitivement enveloppé tout le globe et qu'elles ont diminué peu à peu jusqu'à leur état actuel; de là il déduit la formation des terrains, celle des continents et des îles, ainsi que le développement successif des végétaux et des animaux. Enfin il ne manque pas de rappeler que cette opinion était aussi celle des prêtres égyptiens, trois mille ans avant qu'il ne vînt puiser ses inspirations dans cette vallée qui était, selon le mot d'Hérodote, interprète de la tradition égyptienne, « un don du Nil. »

Suivant le même auteur, le niveau de la mer dépassait, à l'origine, le sommet des plus hautes montagnes; mais alors on n'y rencontrait pas encore d'êtres organisés. Sur

1. Benoît de Maillet (né en 1656, mort à Marseille en 1738) fut consul général dans le Levant, et séjourna longtemps en Égypte.

les pentes des montagnes, qui apparurent après le premier abaissement des eaux, se formèrent d'abord les plantes, puis vinrent les poissons et les coquillages, vivant au milieu des débris et des accumulations de sable, de vase et d'autres matériaux provenant de la destruction des roches anciennes, et ainsi se succédèrent les diverses couches qui ensevelissaient au fur et à mesure les animaux que ces mers virent apparaître.

Des restes d'industrie humaine, des débris de squelettes humains, firent admettre à de Maillet la contemporanéité de l'homme avec des espèces animales antérieures au déluge. Cette contemporanéité, niée par Cuvier et son école, a été de nos jours remise sur le tapis par M. Boucher de Perthes.

Histoire des roches ignées.

Les roches ou substances minérales, qui attestent par leur cassure vitreuse et par leur structure cristalline, l'action primordiale du feu, les roches ignées n'offrent aucune trace d'êtres organiques : la vie ne s'y était jamais fixée. C'est pourquoi on leur a donné le nom de roches *azoïques*.

Le granite est l'une des plus répandues de ces roches. Les anciens le connaissaient ; mais ils ne le désignaient pas sous le nom de *granite* : ce nom ne commença à être employé que vers la fin du dix-septième siècle. Pline parle du *syénite*, qui est le granite rose des géologues modernes. « Autour de *Syène*, dans la Thébaïde, on trouve, dit-il, le syénite (*syenites*), que l'on appelait auparavant *pyropœcilon*, c'est-à-dire *variée de rouge*. » L'auteur ajoute que cette pierre servait à faire ces colonnes ou monolithes (*trabes*), appelés *obéli-ques*, d'un mot qui, en égyptien, signifie *rayon*, parce qu'ils étaient consacrés à la divinité du soleil[1].

Sous la dénomination de *granite*, on comprend aujourd'hui une roche à cassure raboteuse, composée de feldspath, de quartz et de mica. Toutefois, il y a cent cinquante ans à peine, on y comprenait même les grès et les poudingues. B. de Saussure fit le premier disparaître cette confusion. « Ceux qui n'ont, dit-il, observé que superficiellement les granites, les regardent comme des espèces de grès ou comme des grains de sable, réunis et agglutinés ensemble, et c'est même vraisemblablement de cette apparence grenue qu'ils ont reçu le nom de *granite*. Mais si on étudie attentivement leur structure, on verra que toutes les petites pièces dont le granite est composé, s'adaptent les unes aux autres avec une précision qu'il est impossible de supposer dans un arrangement fortuit de parties séparées. Les grès, les brèches, les poudingues, qui ont été réellement formés par la réunion de fragments détachés, n'ont pas leurs parties aussi parfaitement engrenées les unes dans les autres. De plus, dans ces mêmes pierres, on voit pour l'ordinaire les interstices des fragments dont elles sont formées, remplis d'une espèce de pâte ou de ciment, qui sert à les soutenir, et à les lier ensemble. Dans les granites, au contraire, il est impossible de distinguer aucun ciment : toutes les parties paraissent également intégrantes et sont si bien adaptées les unes aux autres, qu'on dirait qu'elles ont été pétries ensemble, pendant qu'elles étaient encore tendres et flexibles[2]. »

C'est cette alliance intime des parties intégrantes qui a fait supposer que ces masses de monuments granitiques qui nous restent des anciens et dont le transport paraissait surpasser les forces humaines, étaient des mélanges de différentes pâtes qui auraient été pétries sur les lieux.

1. Pline, XXXVI, 13 et 14.
2. B. de Saussure, *Voyages dans les Alpes*, t. I, § 134.

B. de Saussure a l'un des premiers remarqué que le quartz, le mica et le feldspath, dont se composent les granites, varient de proportion, non-seulement dans différentes roches, mais souvent dans les différentes parties d'une même roche ; que le quartz y varie le moins de couleur, qu'il est d'ordinaire blanc, transparent ou d'un gris tirant sur le violet ; que les lames brillantes du mica revêtent toutes les nuances imaginables, depuis le blanc jusqu'au noir. Quant au feldspath, son histoire montre combien la géologie a été inutilement encombrée par une foule de noms barbares, empruntés à la fois au grec, au latin, aux idiomes germaniques, scandinaves, etc.

Le nom hybride de *feldspath*, composé de l'allemand *feld*, champ, et du grec *spathe*, lame, signifie littéralement *lame des champs*, ce qui n'a aucun sens précis. Les minéralogistes du dix-huitième siècle appelaient *spaths* certains carbonates de chaux lamellaires, particulièrement le spath d'Islande, dont les lames présentent le phénomène optique de la double réfraction. Bientôt ils appliquèrent ce mot à toutes les substances cristallisées en lamelles, dont le feldspath ne devait d'abord etre qu'une espèce. B. de Saussure le caractérisa ainsi comme espèce minérale : « Le feldspath est, dit-il, composé de lames brillantes, dont la forme est ou rhomboïdale ou rectangulaire. Ces lames, superposées les unes aux autres, forment par leur assemblage quelquefois des cubes ou des rhomboïdes, mais le plus souvent des prismes à quatre côtés rectangulaires, d'une longueur double ou triple de leur largeur. Quelques-uns de ces cristaux ont à l'une de leurs extrémités, et quelquefois à leurs deux extrémités, une ou deux de leur arêtes abattues. Souvent les faces de ces cristaux paraissent divisées suivant leur longueur en deux parties égales, et l'une de ces parties brille et chatoie, tandis que l'autre paraît mate. Si on les observe à la loupe, on verra que cette division apparente vient de ce que les lames, dont ces cristaux sont composés, n'ont pas des deux côtés le même arrangement ou la même inclinaison; d'où il arrive qu'elles ne réfléchissent pas sous le même angle, les rayons de lumière[1]. » — La substance ainsi cristallisée pouvant être blanche, jaune, rouge, violette, noire, chacune de ces colorations était considérée comme une variété de feldspath.

Cependant les minéralogistes ne tardèrent pas à s'apercevoir que la cristallisation n'est pas toujours un moyen de classification sûr, et lorsque par les progrès de l'analyse, ils acquirent la certitude qu'une même substance peut cristalliser de deux manières différentes, ils ne pouvaient guère se dispenser de recourir aux lumières de la chimie. Mais que d'erreurs il y avait encore à traverser avant d'atteindre la vérité! Sage, dans ses *Éléments de minéralogie docimastique* (t. I, p. 250), considérait le feldspath comme un quartz silicé. Voyant que le feldspath se vitrifie au degré de chaleur où le quartz ne se vitrifie point, Wallerius n'admettait pas l'opinion de Sage : pour lui, le feldspath était un mélange de silice et de terre calcaire. Ni l'un ni l'autre ne tenaient encore la vérité. Kirwan trouva le feldspath composé, sur 100 parties, de 67 p. de silice, de 14 p. d'argile pure, de 11 p. de terre pesante (baryte) et de 8 p. de magnésie. La constatation de l'argile pure (alumine) était un grand pas de fait : mais, à côté de ce résultat, il y avait bien des erreurs dans l'analyse de Kirwan. L'analyse donnée par B. de Saussure différait notablement de celle du chimiste anglais. Ce célèbre voyageur des Alpes trouva, dans 100 p. de feldspath : 43 de silice, 37,05 d'argile (alumine), 1,70 de chaux, 4 de fer et 14,25 de perte. Cette perte énorme de plus de 14 p. 0/0 attira justement son attention; il l'attribuait au dégagement de quelques fluides élastiques, notamment de l'eau et de l'air. Mais il se passa encore près de cinquante ans, avant qu'on s'aperçût qu'elle était, en

1. B. de Saussure, *Voyages dans les Alpes*, t. I, § 77.

réalité, due à la présence d'un alcali très-soluble dans l'eau, tel que la potasse ou la soude, ayant la propriété de vitrifier la silice et l'alumine, enfin que le feldspath est un silicate naturel d'alumine et de potasse, dans lequel la potasse peut être remplacée par la soude, par la chaux ou la magnésie.

Aujourd'hui, on regarde l'ancienne espèce feldspath comme formant un groupe d'espèces minérales, parmi lesquelles l'*orthose* de Haüy, l'*albite* (pétrosilex), l'*oligoclase*, la *ryacolite* et la *labradorite* (jade de Lamétherie) occupent le principal rang. Dans la première espèce, prise pour type du groupe, la base alcaline est représentée par la potasse ; dans la 2ᵉ, elle l'est par la soude : dans la 3ᵉ, par la chaux ; dans la 4ᵉ, par la potasse et la soude réunies : dans la 5ᵉ, par la soude et la chaux réunies. Depuis les travaux d'Abich, de Gustave Rose et d'Alex. de Humboldt, ce cadre a été élargi par l'adjonction de l'*andésine*, de l'*anorthite*, de la *carnatite*, de la *pétasite*, de la *triphane*, etc., entrant dans la composition de diverses roches primitives, analogues au granite.

Le *gneiss*, nom dont on ignore la véritable étymologie, a été jusqu'à la fin du dix-huitième siècle confondu avec le granite. Quelques géologues, parmi lesquels il faut citer Werner et B. de Saussure, signalèrent alors comme une espèce distincte une roche granitoïde, remarquable par sa texture schisteuse, due principalement à la prédominance des lamelles de mica, et par l'absence ou l'apparition accidentelle du quartz, qui ne manque jamais dans le granite proprement dit. C'est cette roche granitoïde qui reçut le nom de *gneiss*. Très-souvent associée au micaschiste, caractérisé par des feuillets de mica souvent très-étendus, elle forme avec le granite la masse primitive, fondamentale, les assises du globe terrestre.

Les granites et les gneiss sont les *saxa fissilia* (roches feuilletées) et les *saxa solida* (roches en masse) de Wallérius. Ces deux espèces de roches forment la charpente des hautes montagnes, telles que les chaînes centrales des Alpes, des Cordillères, de l'Oural, du Caucase, de l'Altaï, etc. B. de Saussure crut, par ses observations, pouvoir établir « qu'on ne les trouve jamais assises sur des montagnes d'ardoise ni de pierre calcaire, qu'elles servent, au contraire, de base à celles-ci et ont par conséquent existé avant elles. » C'est pourquoi il leur assigna le nom de *montagnes primitives*, tandis que celles d'ardoise et de pierre calcaire devaient être qualifiées de *montagnes secondaires*. Cette division devint le point de départ des principales théories géologiques.

Aperçu historique des minéraux contenus dans les terrains primitifs.

Les terrains primitifs de gneiss et de micaschiste ont donné naissance aux principaux travaux minéralogiques.

Dans le gneiss on trouve engagé ordinairement sous forme de petits amas vitreux, cristallisés dans le système clinorhombique, le *pyroxène* (du grec πῦρ feu, et ξένος hôte), nom donné par Haüy[1]. Ce nom, que son auteur croyait n'avoir appliqué qu'à une seule espèce minérale, a été trouvé depuis comprendre tout un genre de substances isomorphes ou à structure cristalline identique, et ayant une composition analogue : ces substances sont des silicates de chaux, de magnésie, de protoxyde de fer ou de manganèse, bases qui peuvent se remplacer mutuellement de manière à former 1° la *diopside*, cristaux blancs où la silice s'est combinée avec la chaux et la magnésie ; 2° la *sahlite*, cristaux d'une teinte verte plus ou moins foncée,

1. René Just *Haüy*, né en 1743 à Saint-Just en Picardie, mourut à Paris en 1822. (Voy. pour plus de détails, p. 346.)

due au protoxyde de fer, uni à la chaux et à la magnésie 3° l'*augite*, cristaux d'un vert tirant sur le noir, teinte produite par une plus forte proportion de protoxyde de fer; 4° la *paulite* ou l'*hypersthène*, cristaux d'un noir bronzé, où la silice se trouve combinée avec la magnésie et le protoxyde de fer; 5° la *diallage chatoyante*, cristaux brunâtres de silicate de magnésie, de protoxyde de fer et de manganèse. Ces pyroxènes sont un élément essentiel des basaltes, des trapps, des dolérites et de certains porphyres.

A côté des pyroxènes vient se placer un autre groupe de substances isomorphes, dont l'histoire montre combien les origines de la minéralogie sont obscures et embrouillées. La rencontre d'un cristal dans les fissures d'une substance en *masse*, sur la nature de laquelle il règne de l'incertitude « est, pour nous servir d'une expression de Brongniart, une bonne fortune ; c'est le mot écrit à côté de l'énigme. » Comme ces cristaux sont rares et qu'il faut quelquefois parcourir bien des montagnes pour en trouver un seul, les minéralogistes s'y jettent à l'envi ; c'est à qui imposera à chacun de ces cristaux une dénomination nouvelle. Se ravisant ensuite, ils réunissent ce qu'ils avaient séparé, pour distinguer enfin de nouveau ce qu'ils avaient d'abord confondu.

Le mot *schorl* est un exemple de ces abus que l'on peut faire du langage. Ce mot, qui rappelle l'allemand *schorn*, cheminée, a été appliqué aux substances cristallines les plus diverses, n'ayant souvent entre elles aucune analogie, ni de forme, ni de composition. Aussi le minéralogiste, quand il était interrogé par un profane sur la nature d'une pierre d'origine ignée, avait-il coutume de se tirer d'embarras, en répondant imperturbablement : « C'est un schorl. »

Il serait trop long d'énumérer toutes les substances cristallines disséminées dans des roches primitives et auxquelles on a donné ce nom. Citons seulement l'*épi-*

dote, d'un vert plus ou moins foncé, et qui a reçu un grand nombre de synonymes, tels que *schorl vert, thallite, arendalite, zoysite, delphinite, stralite, pistacite, akanticone*; la *diallage* (l'*euphotide* de Brongniart, le *gabbro* de L. de Buch), présentant de petites lamelles très-brillantes et dures, dont Haüy a décrit trois variétés principales sous les noms de *diallage verte* (*smaragdite* de Saussure, *émeraudite* de Daubenton), de *diallage chatoyante* (*schillerspath* de Werner, *spath chatoyant* de Brochant), et de *diallage métalloïde* (*bronzite* et *pistrite* de quelques minéralogistes); l'*amphigène* ou l'*axinite*, remarquable par ses cristaux en prismes quadrangulaires, tellement amincis et aplatis aux bords qu'ils sont tranchants comme le fer d'une hache (en grec *axinè*); la *tourmaline*, l'*amphibole*, le *pyroxène*, etc. Wallerius, Romé de Lisle et Sage avaient déjà réuni les schorls aux basaltes. Enfin on avait tant abusé du mot *schorl*, que Haüy crut devoir l'effacer de la nomenclature minéralogique. Il fut ainsi conduit à réunir dans un même groupe, sous le nom d'*amphibole* (du grec *amphibolos*, ambigu), les substances d'abord comprises sous le nom commun de *schorl*, et que Werner avait séparées, d'après quelques caractères extérieurs, fort peu décisifs. Plus tard, la découverte de l'isomorphisme fit considérer ce groupe, caractérisé, comme les pyroxènes, par des prismes obliques à base rhomboïdale, non plus comme une véritable espèce, mais comme un genre d'espèces isomorphes, c'est-à-dire d'espèces analogues et très-rapprochées les unes des autres tant par leur forme cristalline que par leur composition atomique. La première manière de voir fut remise en crédit par les analyses de Gustave Rose, qui montra que les amphiboles sont, comme les pyroxènes ou schorls volcaniques, composées d'un atome de bisilicate de chaux et de trois atomes de bisilicate de magnésie, la chaux et surtout la magnésie pouvant être, en tout ou en partie, remplacée par le protoxyde de fer ou par le protoxyde de manganèse.

Cependant les minéralogistes continuèrent à distingue les amphiboles des pyroxènes, parce que les premiers son plus fusibles que les seconds, et surtout parce que les espèces amphiboliques leur paraissaient, non pas isomorphe dans le sens rigoureux du mot, mais seulement *plésiomo-phes*, c'est-à-dire *à peu près de même forme*. Partant de là, il ont essayé de rattacher toutes les variétés d'amphibole à trois espèces distinctes : 1° la *trémolite* (*grammatite* de Haüy[1] ainsi nommée par le P. Pini et de Saussure, parce qu'ils l rencontrèrent dans le Val Tremola, entre Airolo et l'hospi du Saint-Gothard, et la signalèrent, vers 1775, comme un pierre nouvelle. B. de Saussure fut frappé de voir les pri-mes blancs ou verdâtres de ce minéral (amphibole blanche formant de longues baguettes, répandre de la lumière quan on les frottait dans l'obscurité. Il remarqua aussi que l trémolite se rattache, par sa structure, aux amiantes ou asbestes, et qu'au Saint-Gothard elle a pour gangue un espèce de calcaire qui ressemble à du grès blanc (calcair saccharoïde des terrains micaschisteux), et à laquelle sa fils donna le nom de *dolomie*, « du nom du commandeu de Dolomieu qui le premier a fixé l'attention des natura-listes sur cette pierre singulière[2]. » La trémolite, en tan que bisilicate à base de chaux et de magnésie, correspon au pyroxène diopside. — 2° L'*anthophyllite*; c'est, d'apr l'analyse de Vopelius, une trémolite dont la chaux a é remplacée par le protoxyde de fer. Cette substance miné-rale fut découverte à Kongsberg, en Norwége, par Schu-macher; qui en a donné la première description. N'ayan pu la rapporter à aucun des minéraux connus, il lui a donné le nom d'*anthophyllite* (ἄνθος fleur et φύλλον feuille, à cause de sa couleur, qui est d'un brun d'œillet. On l

1. Le nom de *grammatite* (de *gramma*, ligne) vient de ce que dan les apparentes cassures transversales des baguettes prismatiques de l trémolite on aperçoit souvent une ligne colorée dans la directi n de la grande diagonale.

2. B. de Saussure, *Voyage dans les Alpes*.

trouvée depuis à Helsingfors en Finlande et à Inkertonk en Groenland, et on a reconnu que l'anthophyllite est pour les amphiboles ce que l'hypersthène est pour les pyroxènes. — 3° *L'amphibole* proprement dite, composée d'un atome de trisilicate de chaux et d'un atome de bisilicate de fer, comprend deux sous-espèces, *l'actinote* et la *hornblende*. L'actinote, d'abord appelée *schorl vert des talcs*, doit son nom (du grec *actis*, rayon) à ses cristaux en longs prismes ou en longues aiguilles rayonnées, translucides, d'un vert plus ou moins foncé ; elle fut décrite par B. de Saussure sous le nom de *rayonnante* (*strahlstein* de Werner), sur les échantillons qu'il avait trouvés, sous forme de noyaux ovales, dans du gneiss micacé, près de Zumloch, dans la vallée du Rhône. Lamétherie lui donna le nom de *zillerite*, parce qu'on la trouve dans le Zillerthal, en Tyrol, et il fit de ses variétés, aciculaire, lamellaire et fibreuse, une espèce particulière, sous le nom d'*asbestoïde*.

L'actinote correspond, par sa composition, à la sahlite pyroxénique. La *hornblende* (de l'allemand *horn* corne, et *blenden*, éblouir) a une composition analogue. Le plus souvent engagée, en lamelles prismatiques, dans la syénite et la diorite, elle forme quelquefois des masses rocheuses, connues sous le nom d'*amphibolites*. L'ouralite de G. Rose et l'arfwedsonite se rapprochent de la hornblende.

Les grenats, les graphites, les macles se rencontrent, comme les pyroxènes et les amphiboles, dans le granite, dans le gneiss, dans le micaschiste et d'autres roches primitives. Les *grenats* ont plus particulièrement fixé l'attention des cristallographes : leurs cristaux rentrent dans le système cubique, ayant pour forme habituelle un dodécaèdre irrégulier, terminé par des rhombes ; et leur belle couleur rouge, qui rappelle celle des pommes de grenade, d'où le nom de *grenat*, les ont fait de tout temps rechercher des lapidaires.

L'*asteria* des anciens, qui a vainement exercé la sagacité des philologues, était probablement un de ces grenats qui, couverts de stries parallèles aux arêtes du dodécaèdre rhomboïdal, présentent un phénomène optique bien remarquable. Lorsqu'on les taille en plaque perpendiculairement à l'axe, la section passant par deux angles trièdres opposés au dodécaèdre, et qu'on vient ensuite regarder, au travers d'une pareille plaque, un point lumineux ou la flamme d'une bougie, on aperçoit une étoile à six branches, d'où sans doute le nom d'*asteria*, d'une teinte très-vive, qui paraissent se diriger vers les angles de l'hexagone formé par la coupe transversale du cristal : on remarque en même temps une courbe lumineuse circulaire (*cercle parhélique* de Babinet), qui passe par le point de croisement des branches de l'astérie, c'est-à-dire par le point lumineux. Les théories que les physiciens ont données de ce phénomène, présenté encore par d'autres minéraux, tels que le corindon, sont loin d'être concordantes.

Les anciennes analyses de Klaproth avaient déjà montré que les grenats appartiennent au grand groupe des silico-aluminates de chaux et de magnésie, dans lesquels les sesquioxydes de fer, de manganèse et de chrome semblent jouer le rôle de matière tinctoriale par voie ignée. Ici encore la manie nomenclaturale a créé de singuliers embarras. L. G. Karsten, célèbre minéralogiste allemand (né à Butzow en 1768, mort en 1810), a nommé *almandin* (grenat syrien) le grenat composé principalement d'alumine et de silice, *mélanite* (grenat noir de Frascati), le grenat contenant beaucoup de chaux provenant surtout de sa gangue, *pyrope* (grenat de Bohême) le grenat où dominerait la magnésie, sans exclure les autres parties constitutives. A cette nomenclature il faut ajouter la *topazolite* (merveille des lapidaires), l'*uwarowite*, d'un beau vert d'émeraude, la *colophanite*, d'un jaune roux, l'*essonite* ou pierre de cannelle, l'*hyacinthe*, le *grenat grossulaire*, le *grenat blanc* (leucite, leucolithe), l'*amphigène* (ainsi nommée à cause de ses deux formes de clivage), l'*idiocrase*, l'*aplome* d'Haüy, qui sont tous des silico-aluminates du même genre.

Le *graphite* (plombagine), qui passa longtemps pour un carbure de fer, et qui forme la mine des crayons (d'où son nom, de γράφω, j'écris), a été reconnu pour n'être que du charbon presque pur. On s'étonna qu'une matière combustible comme le charbon eût pu se rencontrer, — le fait est certain, — dans du granite et d'autres roches d'origine ignée. Mais comment le graphite peut-il, ainsi que M. Reichenbach et d'autres l'ont constaté, entrer dans la composition des météorites, de ces pierres qui, venues probablement d'autres mondes, deviennent perceptibles dans le voisinage de notre planète?

Enfin c'est dans les terrains primitifs que l'on rencontre la plus grande partie des *minerais* qui renferment presque tous nos métaux, et qui, à raison de leur utilité, avaient déjà attiré l'attention des anciens. L'art de leur exploitation constitue la *métallurgie*, dont l'histoire se rattache à celle de la chimie.

Météorites. — Aperçu historique.

Les météorites, plus anciennement connus sous le nom d'*aérolithes*, c'est-à-dire de *pierres tombées de l'air* (de ἀήρ air, et λίθος pierre), mettent la terre directement en rapport avec le ciel, la géologie avec l'astronomie. Les *bolides* et les *étoiles filantes* rentrent dans la même catégorie de phénomènes.

Les plus anciennes traditions parlent de pierres de foudre, de pierres tombées du ciel. La Chronique de Paros mentionne une masse de fer tombée sur le mont Ida. Tite Live (I, 31) parle d'une pluie de pierres, arrivée sur le mont Albain. Anaxagore de Clazomène paraît s'être, l'un des premiers, livré à l'étude des météorites, qu'il considérait comme des pierres tombées du soleil. C'est d'après ce philosophe que Pline, Plutarque et d'autres, ont décrit la fameuse pierre tombée, dans la seconde année de la 78e olympiade (année 467 avant J. C.), près du fleuve Ægos (Ægos-Potamos), en Thrace, et qui s'y voyait encore au commencement de notre ère. Suivant Pline, elle était de la grosseur d'un char, de couleur sombre, comme si elle avait subi l'action du feu (*colore adusto*)[1]. « Malgré les inutiles tentatives que le voyageur Browne fit, dit Alex. de Humboldt, pour la découvrir, je ne renonce pas à l'espoir qu'un jour on pourra retrouver, plus de 2300 ans après sa chute, cette masse météorique, dont la destruction ne me paraît guère admissible[2]. » Ces chutes de pierres, qu'on a observées, en tout temps, sur presque tous les points de la surface terrestre[3], étaient dans l'antiquité considérées comme des présages, à l'exemple des comètes.

C'est seulement depuis l'année 1798 que l'attention des savants est fortement attirée vers l'étude des météorites et que l'existence réelle de ces corps, ou, pour ainsi dire, leur autonomie, est définitivement admise. Cette conquête de la science se rattache en effet à la chute de pierres observée, aux environs de Bénarès dans l'Inde, le 19 décembre 1798. Jusque-là le phénomène de la chute des pierres était nié de la manière la plus formelle par les savants, et, par exemple, l'Académie des sciences de Paris avait en 1768, par l'organe de Lavoisier, rejeté dans le domaine des illusions propres à l'ignorance l'idée qu'il pût tomber des corps solides de l'atmosphère. La chose est d'autant plus remarquable que vers cette même époque et dans les années suivantes il y eut un nombre

1. Pline, *Hist. nat.*, II, 59.
2. Alex. de Humboldt, *Cosmos*, t. I, p. 132.
3. On en trouve la liste, par ordre chronologique, dans Arago, *Astronomie populaire*, t. IV, p. 184 et suiv.

relativement grand de chutes de météorites dans les pays civilisés, tels que la France, l'Italie, l'Espagne, l'Angleterre, etc., et il est bien digne d'attention que ce fut une chute arrivée au fond de l'Inde, dans les circonstances les plus ordinaires, qui eut le privilége de fixer l'attention de tous les physiciens.

Le chimiste anglais Howard, ayant analysé non-seulement la pierre indienne, mais beaucoup d'autres pierres tombées à diverses époques et en différents pays, constata l'uniformité de composition de la plupart d'entre elles. Ce fait saisissant, en ébranlant l'incrédulité, n'entraîna cependant pas les convictions de l'Académie des sciences de Paris; c'est ce dont un physicien génevois, Pictet, eut bientôt occasion de faire l'expérience. Pictet avait, pendant un voyage en Angleterre, acquis la conviction que la chute des pierres était un phénomène réel. Il écrivit à Paris et fit une communication sur ce sujet à l'Académie des sciences. C'était en novembre 1802. Il trouva l'Académie si mal disposée que, suivant l'expression d'un historien, « il lui fallut une sorte de courage pour achever sa lecture. »

Le fait est d'autant moins explicable que sept années s'étaient déjà écoulées depuis la publication d'un travail devenu célèbre du physicien allemand Chladni, où l'auteur développait, avec une hardiesse qui étonne, l'hypothèse d'après laquelle les météorites constitueraient de petits corps célestes, indépendants, et se mouvant dans l'espace jusqu'à ce qu'un astre de grand volume les attire et les précipite sur sa surface.

Quoi qu'il en soit, un mois après la lecture de Pictet, Vauquelin, qui sur l'invitation de Howard avait fait l'analyse de différentes pierres météoriques, présenta à l'Académie les résultats de ses recherches, résultats conformes à ceux du chimiste anglais. A son tour il provoqua une vive opposition parmi les académiciens, et ceux-ci allaient repousser formellement ses conclusions, quand Laplace les arrêta : « Il est possible, dit-il, qu'il tombe sur notre globe des masses lancées par les volcans de la Lune. Ne rejetez donc pas comme impossible un fait qui mérite d'être soigneusement examiné. »

Aussi attendit-on avec impatience qu'une chute permît de constater avec précision toutes les conditions du phénomène.

L'occasion arriva bientôt. Vers la fin du mois d'avril 1803, des lettres écrites du département de l'Orne apportèrent à Paris la nouvelle que, le 26 du même mois, entre une et deux heures de l'après-midi, un phénomène prodigieux, subitement apparu aux environs de la ville de l'Aigle, avait frappé d'étonnement et de terreur toutes les personnes et même tous les animaux qui en avaient été témoins. Au milieu d'un ciel serein, un nuage s'était montré du sud au nord; une explosion épouvantable, entendue de plusieurs kilomètres à la ronde, en était sortie; plusieurs décharges avaient suivi, semblables à des feux de mousqueterie, puis un roulement terrible, qui s'était prolongé pendant plusieurs minutes; enfin des pierres s'étaient échappées de ce nuage effrayant, on les avait entendues siffler, on les avait vues rebondir sur le sol et s'enfoncer en terre; on en citait une du poids de 7 à 8 kilogrammes, enfouie à la profondeur de 50 centimètres. On prétendait en avoir ramassé sur une grande étendue de pays. Plusieurs de ces pierres arrivèrent à Paris en même temps que la nouvelle de leur chute. Grises à l'intérieur, grenues, fendillées, remplies de parcelles brillantes et métalliques, elles étaient toutes recouvertes d'une sorte de vernis de couleur noire.

L'annonce de cet événement produisit à Paris la plus vive sensation, et, sur la demande de l'Institut, le ministre de l'instruction publique chargea Biot de se rendre sur le théâtre du phénomène et d'y ouvrir une enquête. Le résultat de cette enquête fut la confirmation de tous les récits populaires que les savants avaient jusque-là rejetés avec tant de dédain, et l'admission dans la science du phénomène de la chute des pierres.

Mais la question, une fois résolue, de la réalité du phénomène, d'autres questions étaient par cela même posées ; elles se réunirent sous deux chefs, qui sont la *nature* et l'*origine* des météorites. Howard et Vauquelin avaient déjà analysé quelques pierres d'origine céleste. Le résultat de leurs travaux fut que ces pierres contenaient surtout de la silice, de la magnésie, du fer et du nickel. Laugier y reconnut le chrôme, dont la fréquence est très-remarquable; Berzélius, l'étain et le cuivre, etc.; et aujourd'hui le nombre des corps simples rencontrés dans les météorites s'élève à trente environ.

Mais à mesure que les analyses se multipliaient, on reconnut, contrairement à la première opinion de Howard, que toutes les météorites sont bien loin d'être identiques entre elles. Par exemple, la belle collection de météorites du Muséum d'histoire naturelle, fondée par Cordier et agrandie par M. Daubrée, renferme les représentants de plus de 200 chutes, que M. Stanislas Meunier a été amené, par ses études, à distribuer entre 43 types de roches parfaitement distincts les uns des autres et affectés maintenant de noms particuliers.

Dans ces roches célestes, les corps simples que nous venons d'indiquer se présentent associés entre eux sous la forme de minéraux terrestres, mais dont beaucoup aussi ont un caractère spécial. Ces espèces minérales sont dès à présent au nombre d'au moins une cinquantaine, et les recherches ultérieures les multiplieront sans doute. Les minéraux les plus fréquents sont des alliages de fer et de nickel, des silicates magnésiens, comme le péridot et le pyroxène, le graphite, un sulfure de fer et de nickel, qui forme souvent dans les fers météoriques de gros amas cylindroïdes très-remarquables, un phosphure de fer et de nickel, etc.

L'association de ces divers minéraux est très intéressante à étudier. M. Sorby, savant observateur anglais, a surtout examiné à cet égard les tranches délitées dans les pierres avec assez de minceur pour être transparentes et pouvoir être placées sur le porte-objet du microscope.

Un minéralogiste allemand, M Widmannstætten, s'est occupé de la structure des fers météoriques et il a montré que les divers minéraux qui y sont mélangés sont disposés dans la masse de façon à constituer des réseaux souvent très-réguliers. Pour cela il polit une lame de fer et la traite par un acide. Au lieu de s'attaquer uniformément comme le ferait le fer terrestre, la lame présente un moiré particulier, auquel on a donné le nom de *figure de Widmannstætten* et dont l'étude a été fort instructive.

Enfin, M. Stanislas Meunier, en étudiant les minéraux qui se sont développés dans les fers météoriques, a reconnu qu'ils occupent les uns vis-à-vis des autres des situations parfaitement fixes, et qu'ils offrent une grande constance dans leur association.

On ne pouvait étudier la nature des météorites sans se demander quel a été leur mode de formation. Sous ce rapport, on n'a pas été très-heureux jusqu'à présent. Parmi les divers travaux faits dans cette voie il faut citer d'une manière toute particulière les longues recherches de M. Daubrée, qui a fait fondre un très-grand nombre de météorites et parallèlement un très-grand nombre de roches terrestres de composition comparable. La conclusion qu'il est légitime de tirer de ces expériences est que les météorites ne se sont évidemment pas produites dans des conditions analogues à celles qu'on réalise dans nos fourneaux de laboratoire, et que leur mode de production se rapproche le plus de la formation des roches primordiales de la terre et particulièrement du granite. A cet égard, il faut mentionner une expérience qui a permis à M. Stanislas Meunier de reproduire dans tous ses détails une météorite, la météorite noire tombée en Algérie, en 1867, au moyen d'une roche terrestre, c'est-à-dire au moyen de la serpentine des Alpes. Pour reproduire la météorite artificiellement, il a suffi de chauffer la serpentine, mais sans la fondre, dans un courant d'hydrogène.

Relativement à l'origine des météorites, les tentatives ont été très-nombreuses, et il est curieux, au point de vue historique, de les passer rapidement en revue. Parmi ces tentatives il importe d'abord de distinguer celles qui sont de simples hypothèses plus ou moins vraisemblables, de celles qui, au contraire, ont eu pour but de faire découler la solution cherchée d'expériences et d'observations scientifiques. Les premières sont incomparablement les plus nombreuses, il suffira d'en citer deux.

La première hypothèse a pour auteur Chladni; nous l'avons déjà citée. La seconde, imaginée par Laplace, développée par Poisson et reprise de nos jours par M. Lawrence Smith, voit dans les météorites des fragments lancés par des volcans lunaires avec assez de violence pour pénétrer dans la sphère d'attraction de la terre. Ce ne sont là que deux manières de voir plus ou moins vraisemblables, que l'on peut admettre ou repousser d'après le sentiment du moment, mais que rien jusqu'ici ne semble démontrer. Leurs auteurs bornent leurs efforts à écarter tout ce qui pourrait conclure à la fausseté de leurs systèmes.

De ces diverses manières de voir se distingue la théorie à laquelle M. Stanislas Meunier a été conduit par l'observation exclusive des caractères offerts par les météorites. Il a reconnu, en effet, d'une façon qui paraît inattaquable en ce sens que plusieurs méthodes, absolument indépendantes entre elles, concourent à ce même résultat, que les météorites les plus diverses ont été ensemble en relations stratigraphiques. De plus, il a observé dans les météorites des traces toutes semblables à celles que les phénomènes géologiques impriment sur les roches terrestres.

De cet ensemble d'observations, l'auteur a conclu que les pierres qui tombent du ciel proviennent d'un astre jadis unique et maintenant brisé. La rupture d'un astre serait donc, d'après M. Stanislas Meunier, l'effet d'une cause naturelle, soumettant la vie sidérale à un cycle tout à fait comparable à celui de la vie organique. L'ensemble des études relatives à cet important sujet constitue une science nouvelle, à laquelle M. Stanislas Meunier propose de donner le nom de *géologie comparée*.

Fondateurs de la minéralogie moderne. Cristallographie.

Depuis longtemps on avait remarqué que beaucoup de substances inorganiques minérales affectent des formes polyédriques, et que certains cristaux étaient semblables à quelques-uns des corps réguliers de la géométrie, tels que l'octaèdre et le cube. On avait de tout temps admiré le beau prisme hexagonal, terminé par des sommets pyramidaux, du cristal de roche (quartz hyalin). Les physiciens y avaient remarqué le phénomène de la double réfraction comme dans le spath d'Islande (chaux carbonatée transparente), dont ils mesurèrent même les angles de cristallisation. Les philosophes n'avaient émis sur les cristaux que des idées vagues, quand ils ne les passaient pas entièrement sous silence. La plupart ne regardaient les solides polyédriques que comme des accidents ou des hasards de la nature. Ce fut un naturaliste qui sentit le premier que les cristaux devaient être le résultat de causes régulières, constantes. C'est Linné qui doit être mis au nombre des fondateurs de la cristallographie.

Buffon, qui aimait mieux planer dans des généralisations que descendre dans l'examen des détails, fut le premier à établir en principe que « toutes les fois qu'on dissout une matière, soit par l'eau, soit par le feu, elle ne manque pas de cristalliser, pourvu qu'on tienne cette matière dissoute assez longtemps en repos pour que ses particules similaires et déjà figurées puissent exercer leur force d'affinité, s'attirer réciproquement, se joindre et se réunir. » Puis, faisant ressortir l'importance de l'action du temps, il ajoutait : « Notre art peut imiter ici la nature dans tous les cas où il ne faut pas trop de temps, comme pour la cristallisation des sels ; mais, quoique la substance du temps ne soit pas matérielle, néanmoins le temps entre comme élément général, comme ingrédient réel et plus nécessaire qu'aucun autre dans toutes les compositions de la matière. Or la dose de ce grand élément ne nous est point connue ; il faut peut-être des siècles pour opérer la cristallisation d'un diamant, tandis qu'il ne faut que quelques minutes pour faire cristalliser un sel[1]. »

Romé de Lisle choisit le premier les cristaux comme un objet d'études spécial. Dans sa *Cristallographie*, qui parut en 1772, il décrivit avec soin un grand nombre de cristaux, la plupart inconnus ou mal déterminés avant lui. Ainsi il fit, entre autres, connaître, sous le nom de *pierre de croix*, la *crucite* de Lamétherie, le *chiastolithe* de Karsten, le *macle* de Brochant et de Brongniart, une substance minérale cristallisée en prismes quadrangulaires qui présentent, sur leur coupe transversale, des dessins particuliers produits par une matière noire, disposée tantôt au centre du cristal sous la forme d'un carré, tantôt suivant les diagonales et figurant alors une sorte de croix. Ce groupement résulte de la réunion en sens contraire (angle de rotation de 180°) de deux cristaux semblables. Haüy lui donna le nom d'*hémitropie*, depuis lors universellement adopté. Il mesura mécaniquement les angles entre les pans de prismes, et mit en lumière un fait fondamental, à savoir que ces *angles ont une mesure constante dans la même variété minérale*.

Depuis lors, un assez grand nombre de naturalistes et

1. Buffon, *Œuvres*, t. X, p. 8 (édition de M. Flourens).

de physiciens se livrèrent à des observations cristallographiques. Mais aucun n'alla dans cette voie aussi loin que Haüy, qui devint ainsi le principal fondateur de la minéralogie moderne.

Haüy était professeur de seconde au collége du Cardinal-Lemoine, quand il entra un jour au cours de minéralogie que Daubenton faisait au Jardin du Roi, voisin de ce collége. Familiarisé avec l'étude de la botanique, il se demandait si les formes si simples des minéraux ne pourraient pas être soumises à des lois, comme on a essayé de le faire pour les formes beaucoup plus compliquées des fleurs et des fruits. Comment, se disait-il, la même pierre, le même sel se montrent-ils en cubes, en prismes, en aiguilles, tandis que la rose a toujours les mêmes pétales, le gland la même courbure, le cèdre la même hauteur et le même développement.... Rempli de ces idées, il eut un jour, chez un de ses amis, amateur de minéraux, l'heureuse maladresse de laisser tomber un beau groupe de spath calcaire, cristallisé en prismes. Un de ces prismes se brisa de manière à montrer sur sa cassure des faces non moins lisses que celles du dehors, et qui présentaient l'apparence d'un cristal nouveau, tout différent du prisme pour la forme. Haüy ramassa ce fragment; il en examina les faces, leurs inclinaisons, leurs angles. Il découvre, à sa grande surprise, qu'elles sont les mêmes que dans le spath en cristaux rhomboïdes, que dans le spath d'Islande. Un monde nouveau semblait à l'instant s'ouvrir à lui. Il rentre dans son cabinet, prend un spath cristallisé en pyramide hexaèdre, ce que l'on appelait *dent de cochon*; il essaye de le casser, et il en voit encore sortir ce rhomboïde, ce spath d'Islande; les éclats qu'il en fait tomber sont eux-mêmes de petits rhomboïdes; il casse un troisième cristal, celui que l'on nommait *lenticulaire*: c'est encore un rhomboïde qui se montre dans le centre, et des rhomboïdes plus petits qui s'en détachent. « Tout est trouvé, s'écrie-t-il : les molécules du spath calcaire n'ont qu'une seule et même forme ; c'est en se groupant diversement qu'elles composent ces cristaux dont l'extérieur si varié nous fait illusion. » Et partant de cette idée, il lui fut bien aisé d'imaginer que les couches de ces molécules s'empilant les unes sur les autres, et se rétrécissant à mesure, devaient former de nouvelles pyramides, de nouveaux polyèdres, et envelopper le premier cristal comme d'un autre cristal où le nombre et la figure des faces extérieures pourraient différer beaucoup des faces primitives, suivant que les couches nouvelles auraient diminué de tel ou tel côté, et dans telle ou telle proportion. Si c'était là le véritable principe de la cristallisation, il ne pourrait manquer de régner aussi dans les cristaux des autres substances : chacune d'elles devait avoir des molécules constituantes identiques, un noyau toujours semblable à lui-même, des lames ou des couches accessoires produisant toutes les variétés. Pour vérifier cette idée, Haüy n'hésita pas à mettre en pièces sa petite collection; ses cristaux éclatent sous le marteau; partout il retrouve une structure fondée sur la même loi. Dans le grenat, c'est un tétraèdre ; dans le spath fluor, c'est un octaèdre ; dans la pyrite, c'est un cube ; dans le gypse, dans le spath pesant, ce sont des prismes droits à quatre pans, mais dont les bases ont des angles différents, qui forment les molécules constituantes; toujours les cristaux se brisent en lames parallèles aux faces du noyau. Les faces extérieures se laissant toujours concevoir comme résultant du décroissement des lames superposées, décroissement plus ou moins rapide, et qui se fait tantôt par les angles, tantôt par les bords, les faces nouvelles ne sont que de petits escaliers ou que de petites séries de pointes produites par le retrait de ces lames, mais qui paraissent planes à l'œil, à cause de leur ténuité. Aucun des cristaux qu'il examina ne lui offrit d'exception à sa loi [1].

1. Cuvier, *Éloge historique de Haüy.*

Haüy ne s'arrêta pas à mi-chemin. Pour que sa découverte fût complète, une troisième condition devait être remplie. Le noyau, la molécule constituante, ayant chacun une forme fixe et géométriquement déterminable dans ses angles et dans les rapports de ses lignes, les faces secondaires étant, de même, faciles à déterminer d'après les lois de décroissement, on devait, le noyau et les molécules étant une fois donnés, pouvoir calculer d'avance les angles et les lignes de toutes les faces secondaires que les décroissements pourraient produire. Haüy se remit à apprendre la géométrie pour vérifier l'exactitude de ses observations. « Dès ses premiers essais, dit Cuvier, il se vit pleinement récompensé. Le prisme hexaèdre qu'il avait cassé par mégarde, lui donna, par des observations ingénieuses et par des calculs assez simples, une valeur fort approchée des angles de la molécule du spath ; d'autres calculs lui donnèrent ceux des faces qui s'y ajoutent par chaque décroissement, et en appliquant l'instrument, le *goniomètre*, aux cristaux, il trouva les angles précisément de la mesure que donnait le calcul. Les faces secondaires des autres cristaux se déduisirent tout aussi facilement de leurs faces primitives ; il reconnut même que presque toujours, pour produire les faces secondaires, il suffit de décroissements dans des proportions assez simples, comme le sont en général les rapports des nombres établis par la nature. »

Arrivé à ce point, Haüy parla de ses découvertes à Daubenton, qui en fit part à Laplace. Celui-ci l'engagea à venir les présenter à l'Académie des sciences. Le 10 janvier 1781, le savant minéralogiste lut devant cette compagnie un premier mémoire, où il traitait des grenats et des spaths calcaires. Daubenton et Bezout en firent le rapport au mois suivant ; mais ils n'avaient pas bien saisi la nature de ces découvertes. Le 22 août de la même année, Haüy lut à l'Académie un second mémoire, où il ne traitait que des spaths calcaires ; les mêmes commissaires firent un rapport au mois de décembre, et cette fois ils montrèrent qu'ils s'étaient mis au fait des idées de l'auteur et qu'ils en comprenaient toute l'importance.

Les travaux de Haüy firent bientôt naître l'envie. On rappela qu'un jeune chimiste suédois, du nom de Gahn, qui devint professeur à Abo, avait remarqué, six ou sept ans avant Haüy, en brisant un cristal de spath pyramidal, que le noyau de ce cristal était un rhomboïde semblable au spath d'Islande. Gahn avait fait part de son observation à Bergmann, son maître, et celui-ci, au lieu de la répéter sur des cristaux différents et de s'assurer expérimentalement dans quelles limites le fait pouvait se généraliser, s'était jeté dans de vaines hypothèses. De ce rhomboïde du spath il prétendait déduire non-seulement les autres cristaux de spath, mais ceux du grenat, ceux de l'hyacinthe, qui n'ont avec lui aucun rapport de structure. On n'en accusa pas moins Haüy de s'être emparé de l'idée de Bergmann, et on déclara, en outre, sa méthode fausse. Romé de Lisle l'attaqua durement et trouva plaisant de le traiter de *cristalloclaste* (briseur de cristaux). Haüy ne répondit que par de nouvelles recherches. « Bientôt ses observations fournirent, rapporte Cuvier, des caractères de première importance à la minéralogie. Dans ses nombreux essais sur les spaths, il avait remarqué que la pierre, dite spath perlé, que l'on regardait alors comme une variété du spath pesant (baryte sulfatée), a le même noyau que le spath calcaire, et une analyse que l'on en fit prouva qu'en effet elle ne contient, comme le spath calcaire, que de la chaux carbonatée. Si les minéraux bien déterminés, quant à leur espèce et à leur composition, se dit-il aussitôt, ont chacun son noyau et sa molécule constituante fixe, il doit en être de même de tous les minéraux distingués par la nature et dont la composition n'est point encore connue. Ce noyau, cette *molécule*, pourra donc suppléer à la composition par la distinction des substances, et dès la promière application qu'il fit de cette idée, il porta la lumière dans une partie de la science, que tous les travaux de ses prédécesseurs n'avaient pu éclaircir. » C'est ainsi que Haüy parvint à mettre de l'ordre dans une foule de pierres, confondues ensemble jusqu'alors sous les noms de *schorls* et de *zéolithes*.

Disséminés dans le *Journal de Physique*, dans le *Journal des mines* et dans les *Mémoires de l'Académie des sciences*, etc., les travaux de Haüy furent repris et développés dans son *Traité de minéralogie*, dont la première édition parut en 1801 (4 vol. in-8°, avec atlas in-4°). L'auteur y a classé les minéraux d'après la forme de leurs molécules, mettant en première ligne la cristallisation pour déterminer les espèces. Il la préférait pour cela à l'analyse chimique, dans l'opinion que celle-ci n'avait pas les moyens sûrs de distinguer les substances accidentelles des essentielles, et que chaque jour elle trouvait de nouveaux éléments qui lui étaient restés cachés. « Il n'est presque plus, ajoute Cuvier, de minéral cristallisable dont Haüy n'ait déterminé le noyau et les molécules avec la mesure de leurs angles et la proportion de leurs côtés, et dont il n'ait rapporté à ces premiers éléments toutes les formes secondaires, en déterminant pour chacune les divers décroissements qui la produisent, et en fixant par le calcul leurs angles et leurs faces. C'est ainsi qu'il a fait enfin de la minéralogie une science tout aussi précise et tout aussi méthodique que l'astronomie. Mais ce qui est tout particulier, c'est que son ouvrage (le *Traité de minéralogie*) n'est pas moins remarquable par sa rédaction et la méthode qui y règne que par les idées originales sur lesquelles il repose.... Haüy s'y montre habile écrivain et bon géomètre autant que savant minéralogiste : on voit qu'il y a retrouvé toutes ses premières études ; on y reconnaît jusqu'à l'influence de ses premiers amusements de physique. S'il faut apprécier l'électricité des corps, leur magnétisme, leur action sur la lumière, il imagine des moyens ingénieux et simples, de petits instruments portatifs : le physicien y vient sans cesse au secours du minéralogiste et du cristallographe. » Cuvier reprochait seulement à Haüy de n'avoir pas eu assez d'égards aux observations, faites postérieurement aux siennes, avec le nouveau goniomètre de Wollaston sur les angles du spath calcaire, du spath magnésifère et du fer spathique[1].

L'ère nouvelle de la minéralogie commence avec l'apparition du *Traité de minéralogie* de Haüy. La définition rigoureuse qui y est faite de l'espèce minérale, considérée comme la collection de tous les individus dont les molécules physiques sont semblables en tout point, c'est-à-dire de même forme cristalline et de même composition atomique (chimique), les travaux, dont cette définition devint le point de départ, valurent à l'école de Haüy le surnom de *géométrique*.

Werner, précédé en Suède par Wallerius, créa à Freyberg, en Saxe, l'école qu'Alex. Brongniart a proposé d'appeler *empirique*, parce qu'elle se fondait uniquement sur le témoignage des sens, accordant une attention trop exclusive aux caractères extérieurs, à ceux que nous constatons à l'aide de nos seuls organes, sans le secours d'aucun instrument artificiel. Ramenant la détermination des minéraux à des procédés méthodiques, Werner parvint à définir tous leurs caractères extérieurs avec une précision inconnue jusqu'alors. Mais après avoir reconnu que la dureté, la cassure, etc., ne sont que les conséquences de la forme des molécules et de leur arrangement, l'école de Freyberg ne tarda pas à se fondre dans les écoles géométrique et chimique.

L'*école chimique*, qui eut pour fondateurs Cronstadt Bergmann et Kirwan, comprend les minéralogistes qui ont basé leurs principes de classification sur la composition

1. Cuvier, *Éloge historique de Haüy* (lu à l'Académie des sciences le 2 juin 1823).

chimique, telle que la donne l'analyse. Représentée de nos jours par Gustave Rose et Berzelius, elle a rendu d'immenses services à la science en réunissant, par l'isomorphisme, en groupes naturels, comme nous l'avons montré plus haut, des substances dont la classification fut tout ce qu'il y avait de plus arbitraire en minéralogie. Ces services semblent avoir été méconnus par beaucoup de minéralogistes qui reprochent aux chimistes de trop effacer, dans le classement des espèces minérales, le rôle du naturaliste, « de se borner aux seuls résultats de l'analyse, réduisant la minéralogie à n'être plus qu'un simple appendice de la chimie minérale, et par là l'annulant en l'absorbant tout entière au profit de leur science[1]. »

Frédéric *Mohs*, professeur de minéralogie à l'école de Graetz (né en 1774 à Gernrode au Harz, mort en 1839, près de Bellune), devint le chef d'une école particulière, dans laquelle il a été précédé par Daubenton et suivi par Breithaupt : c'est *l'école des naturalistes purs*, qui, pour prendre en quelque sorte leur revanche du dédain que les chimistes avaient témoigné pour les caractères physiques, repoussent, à leur tour, toutes les données de la chimie, prétendant qu'elle ne saurait fournir des caractères inhérents aux espèces, parce qu'elle dénature les minéraux, et que la cristallographie et la physique peuvent seules nous les dépeindre tels qu'ils sont réellement. Mais cette manière de voir est évidemment exagérée. Indépendamment de ce que notre organisation bornée ne nous permet pas de saisir à l'aide de nos sens les molécules constituantes et que nous ne pouvons arriver à cette connaissance que par une voie indirecte, par des déductions tirées des résultats de l'analyse chimique et de l'ensemble des faits cristallographiques, le chef de l'école naturaliste se trompait encore en voulant assimiler la minéralogie à la zoologie ; car l'in-

1. M. Delafosse, article *Minéralogie*, dans le *Dictionnaire d'histoire naturelle* de Ch. d'Orbigny.

dividualisme qui caractérise les êtres vivants, n'a rien de commun avec le caractère d'échantillons des minéraux : le minéralogiste peut détacher une parcelle du minéral à déterminer, sans altérer en rien le reste de la masse.

Les modifications singulières que présente la lumière polarisée dans son trajet à travers les cristaux transparents, ont également appelé l'attention des physiciens sur la constitution moléculaire cristalline des substances minérales. Un rayon de lumière polarisée est pour le minéralogiste, suivant une juste remarque de Biot, comme une sorte de sonde déliée, avec laquelle il interroge dans tous les sens la structure des cristaux. Ce rayon reçoit, en effet, dans chacune des positions qu'il peut prendre, pour ainsi dire l'empreinte des modifications les plus légères de la structure cristalline et la transmet ainsi fidèlement à l'organe de la vue. L'optique des cristaux, sur laquelle est fondée l'*école physique*, a été principalement cultivée, en Angleterre par Brewster; en France par Biot et M. Babinet.

En dépit de la résistance des anciennes écoles, les principes chimiques ont fini par envahir la minéralogie. Haüy avait déjà classé les substances minérales, en prenant pour genres les bases et pour espèces les acides; exemples : chaux carbonatée, chaux sulfatée, etc. Beudant se rapprocha davantage de la nomenclature chimique, en prenant, au contraire, les acides pour genres et les bases pour espèces ; de là viennent les noms de silicates de chaux, de magnésie, etc., également adoptés par les chimistes et par les minéralogistes. Brongniart et Kobell ont proposé une classification mixte, dans laquelle les espèces sont groupées tantôt par les acides, tantôt par les bases.

Parmi les minéralogistes récents qui ont, par leurs travaux, particulièrement contribué aux progrès de la science, nous citerons Senarmont et M. Delafosse.

Dans un premier mémoire, publié en 1840, Senarmont[1] montra que les substances cristallines douées de l'opacité métallique impriment à la lumière des modifications tout autres que les miroirs homogènes métalliques. Dans un second mémoire, paru en 1847, il prit pour objet de ses recherches la polarisation elliptique, et essaya d'établir que les cristaux opaques réfractent la lumière suivant les mêmes lois que les autres, et sont doués comme eux de la double réfraction.

M. Delafosse[2] attira le premier l'attention des cristallographes sur les relations qui existent entre le sens du pouvoir rotatoire des substances minérales et le sens de l'orientation des facettes hémiédriques qui les modifient. Ses observations sur le cristal de roche sont devenues le point de départ d'un grand nombre de recherches du plus haut intérêt.

Enfin, nous ne devons pas passer sous silence les longs et patients travaux de M. Gaudin (né en 1804, à Saintes) qui obtint le premier, à l'aide de son chalumeau, de petits cristaux de pierres précieuses, notamment le rubis et le corindon, avec leurs éléments constitutifs naturels. Depuis 1831, ce modeste savant s'est occupé, avec une rare patience, du groupement des atomes pour former les molécules cristallines. Ses résultats, publiés partiellement dans les *Comptes rendus* de l'Académie et dans d'autres recueils, n'ont pas encore été réunis en un corps de doctrine.

1. *Hureau de Senarmont*, né à Broué (Eure-et-Loir), sortit, en 1829, le premier de l'École polytechnique, dirigea les mines de Rive-de-Giers et du Creuzot, remplaça, en 1852, Beudant, à l'Académie des sciences, et mourut en 1868 à Paris. Ses principaux travaux ont paru dans les *Annales des mines* et dans les *Annales de physique et de chimie*.

2. Gabriel *Delafosse*, né vers 1795, entra en 1813 à l'École normale, devint professeur de minéralogie à la Sorbonne et fut nommé, en 1857, membre de l'Académie des sciences.

GÉOLOGIE.

Principales théories géologiques.

Sur les différentes couches pierreuses qui forment l'écorce terrestre se trouve inscrite, en caractères ineffaçables, l'histoire primitive de notre globe. Les unes portent les traces de l'action de l'eau, les autres celles de l'action du feu.

Le fait de l'action de l'eau a été reconnu dès la plus haute antiquité, comme nous l'avons montré plus haut, par les traditions d'un déluge universel, et par les échantillons de plantes et d'animaux fossiles, dont la plupart, même aux yeux de quelques anciens, portent d'irrécusables témoignages d'un monde éteint.

Quant au fait de l'action du feu, dont nous avons également signalé d'incontestables traces, on le trouve déjà indiqué par l'antique légende du Typhon, qui, dans sa fuite souterraine du Caucase en Italie, vomissait des flammes. Les éruptions de l'Etna et du Vésuve pouvaient avoir donné naissance au mythe du Pyriphlégéthon : les laves étaient les affluents du fleuve de feu circulaire. Dans l'intérieur de ces monts ignivomes, Héphestos ou Vulcain avait établi ses forges; Pluton, le Jupiter souterrain, qui portait primitivement le nom de *Hadès* (Enfer), était qualifié de *donneur de richesses* (πλουτοδοτήρ); et on trouve, dès le troisième siècle de notre ère, la croyance à un feu central[1]. Les noms de *basalte* et de *porphyre* nous viennent des anciens, et lors même qu'ils ne s'appliqueraient pas exactement aux roches que nos géologues désignent ainsi, il est néanmoins hors de doute que les Grecs et les Romains ne se trompaient pas sur l'origine ignée ou volcanique de beaucoup de roches qu'ils pouvaient avoir sous les yeux.

Enfin, le neptunisme et le plutonisme, l'idée d'une formation de pierres *sédimenteuses* (roches *exogènes*) et celle d'une formation de pierres *éruptives* (roches *endogènes*), comprenant les roches plutoniques (granite, gneiss, porphyre non quartzeux) et les roches volcaniques proprement dites (basalte, trachyte, phonolithe), se trouvaient déjà en germe dans l'antiquité[2].

Quand l'homme qui interroge la nature rencontre des faits propres à exalter son imagination ou à donner à l'esprit un rapide essor, il ne manque pas d'en profiter pour créer des théories ou des systèmes, dans lesquels il semble se complaire, en quelque sorte se mirer. Comme ces créations portent un cachet tout individuel, elles sont inséparables chacune du nom de son auteur.

Avant l'exposé des théories qui depuis la fin du dix-septième siècle surgirent tout à coup en assez grand nombre, nous devons mentionner les idées d'un esprit éminent, de *Bernard Palissy* (né en 1499, mort à Paris en 1589), sur la constitution géologique du sol. « Nous savons, dit-il, qu'en plusieurs lieux les terres sont faites par divers bancs, et en les fossoyant on trouve quelquefois un banc de terre, un autre de sable, un autre de pierre et de chaux, et un autre de terre argileuse ; et communément les terres sont ainsi faites par bancs distingués. Je ne te donnerai qu'un exemple pour te servir de tout ce que j'en saurais jamais dire : Regarde les carrières de terre argi-

1. Alex. de Humboldt, *Cosmos*, t. I, p. 59 (de l'édition allemande).
2. *Voy.* plus haut, p. 326.

leuse qui sont près de Paris, entre la bourgade d'Auteuil et de Chaillot, et tu verras que, pour trouver la terre d'argile, il faut premièrement ôter une grande épaisseur de terre, une autre épaisseur de gravier, et puis après on trouve une autre épaisseur de roc, et au-dessous dudit roc on trouve une grande épaisseur de terre d'argile, de laquelle on fait toute la tuile de Paris et lieux circonvoisins [1]. » — Ces paroles ne contiennent rien de fictif : elles ne sont que la simple expression d'un fait.

Bernard Palissy, dont le nom appartient plus particulièrement à l'histoire de la chimie, recommanda l'un des premiers l'emploi de la sonde pour s'assurer de la nature d'un terrain. « Mais si tu rencontrais, demande la Théorie (dans un curieux dialogue entre la *Théorique* et la *Practique*) des rocs durs, comment te prendrais-tu pour les percer ? — La Practique répond : « A la vérité, cela serait fâcheux. Toutefois il me semble qu'une *tarière torcière* les percerait aisément ; et après la torcière, on pourrait mettre une autre torcière, et par tel moyen on pourrait trouver des terres de marne, voire des eaux pour faire puits, lesquelles bien souvent pourraient monter plus haut que le lieu où la pointe de la torcière les aura trouvées ; et cela se pourra faire moyennant qu'elles viennent de plus haut que le fond du trou que tu auras fait. » De là à la découverte des *puits artésiens* il n'y avait qu'un pas.

Bien avant le chancelier Bacon, Bernard Palissy avait recommandé la méthode expérimentale comme le seul moyen de faire avancer la science.

Mais cette méthode, déjà prônée par Aristote, devait, comme la morale, exister en paroles plutôt qu'en actes. C'est ce que montrent les innombrables conceptions imaginaires par lesquelles la science n'a jamais cessé d'être envahie.

1. *De la marne*, dans les *Œuvres* de Bernard Palissy, p. 141 et suiv. (édition Paris, 1777, in-4°).

Théorie de Burnet.

Thomas Burnet (né en 1635, mort en 1715), théologien écossais, imagina une théorie dont il gratifia le public dans un livre élégamment écrit en latin, qui a pour titre : *Telluris theoria sacra* (Lond., 1681, in-4°). D'après cette théorie, la terre était à l'origine un mélange informe de liquides et de solides, un chaos composé de matières de toutes espèces et de toutes sortes de formes; peu à peu ces matières se groupèrent pour former un noyau solide, compacte; les eaux se rassemblèren autour de ce noyau et l'enveloppèrent de toute part; les liquides plus légers que l'eau entourèrent cette première enveloppe, et furent à leur tour enveloppés de l'air qui entourait toute la circonférence du globe. C'est ainsi que, entre l'orbe de l'air et celui de l'eau, il se forma un orbe d'huile ou de matières grasses plus légères que l'eau. L'air était encore fort impur et chargé d'une très-grande quantité de particules terrestres; ces particules, se déposant peu à peu sur la couche grasse et huileuse, formèrent par leur mélange la première terre habitable et le premier séjour de l'homme. Ce terrain, gras et léger, devait éminemment favoriser le développement des premiers germes de la vie. A cette période primordiale, que l'auteur suppose avoir duré seize siècles, la surface du globe terrestre était parfaitement unie, sans montagnes, sans mers, sans anfractuosités. Mais la chaleur du soleil desséchant peu à peu cette croûte limoneuse, ne la fit d'abord que fendiller; bientôt ces fendilles s'élargirent, les crevasses se multiplièrent et pénétrèrent jusqu'à l'orbe du liquide plus pesant. En un instant la terre s'écroula, tomba par morceaux dans l'abîme d'eau qui était au-dessous, et voilà comment se fit le déluge universel. Ces masses de terre, tombant dans l'abîme, formèrent les inégalités de toutes espèces, les îles, les continents qu'on observe à la surface actuelle du globe.

Cette théorie, qui n'est qu'un roman, fut réfutée par un ami de Newton, par Keill, dans un opuscule intitulé : *Examination of the theory of Earth* (Lond., 1734, 2e édit.).

Théorie de Whiston.

William Whiston, (né en 1667, à Norton, mort en 1752, à Londres), théologien dissident et professeur de mathématiques à l'université de Cambridge, où il avait, en 1703, succédé à Newton, est l'auteur d'une théorie plus sérieuse que celle de Burnet. D'après la théorie de Whiston, exposée dans un livre intitulé : *A new theory of Earth from its origine to the consummation of all things* (Lond., 1698, in-8°), la création dont parle Moïse n'est pas celle de l'univers, qui comprend d'innombrables mondes semblables au nôtre ; le récit de la Genèse ne s'applique qu'à la nouvelle forme que la terre a prise lorsque la main du Créateur l'a tirée du nombre des comètes pour en faire une planète. Car, dans le système du savant anglais, l'origine de notre terre, le chaos primitif, fut l'atmosphère d'une comète ; le mouvement révolutif de la terre autour du soleil, indéterminé d'abord comme celui de presque toutes les comètes, n'est devenu annuel qu'avec la nouvelle forme planétaire ; avant le déluge, l'orbite terrestre était un cercle parfait ; l'année solaire et l'année lunaire étaient de même durée, contenant chacune 360 jours ; le déluge a commencé le dix-huitième jour de novembre de l'année 2365 de la période Julienne (2349 ans avant l'ère chrétienne), au moment où une comète a passé tout près du globe terrestre.

L'auteur parle aussi de la chaleur centrale qui, de l'intérieur du globe, devait irradier constamment vers la circonférence. Il attribue au déluge universel tous les changements arrivés à la surface et à l'intérieur du globe. Traitant enfin de l'état futur de la terre, il dit qu'elle périra par le feu, que sa destruction sera précédée de tonnerres et de météores effroyables, que le soleil et la lune auront l'aspect hideux, que les cieux paraîtront s'écrouler; mais qu'après que le feu aura dévoré tout ce que la terre contient d'impur, après qu'elle sera vitrifiée et devenue transparente comme le cristal, les saints et les bienheureux viendront en prendre possession pour l'habiter jusqu'au temps du jugement dernier.

Critiquant cette théorie, après l'avoir analysée, Buffon reproche surtout à Whiston d'avoir étrangement mêlé la science divine avec les sciences humaines, en prenant les passages de l'Écriture pour des faits de physique et pour des résultats d'observations astronomiques.

Théorie de Woodward.

Dans son *Essay toward the natural History of the Earth*, Woodward est parti d'un fait d'observation exact pour arriver à des conclusions fausses. Ainsi, il dit avoir reconnu par ses yeux que toutes les matières qui composent la terre en Angleterre, depuis sa surface jusqu'aux endroits les plus profonds où il est descendu, sont disposées par couches; qu'un grand nombre de ces couches renferment des coquilles et d'autres productions marines; qu'elles sont horizontales et posées les unes au-dessus des autres comme le seraient des matières transportées par les eaux et déposées en forme de sédiments. Il s'est ensuite assuré par ses correspondants et par ses amis que « dans tous les autres pays, la terre est composée de même, et qu'on y trouve des coquilles non-seulement dans les plaines, mais encore sur les plus hautes montagnes, dans les carrières les plus profondes, etc. » Il conclut de là qu'à l'époque du déluge la terre a été totalement dissoute; que cette dissolution s'est faite par les eaux du grand abîme qui, répandues à la surface terrestre, ont délayé et réduit en pâte les pierres, les rochers, les minéraux, etc.; enfin que les dépôts statifiés se sont précipités en même temps suivant leur pesanteur spécifique. Woodward admettait dans l'intérieur du globe un foyer de chaleur, qui doit, dit-il, avoir pour effet de faire sortir du vaste abîme une certaine quantité d'eau; après avoir produit les sources et les fontaines, cette eau s'évapore dans l'atmosphère pour retomber en pluie, d'où il résulte que le réservoir intérieur ne s'épuise jamais.

Théorie de Sténon.

Homme de génie, anatomiste habile, premier médecin de Ferdinand II, grand-duc de Florence, Sténon (né en 1631, à Copenhague, mort en 1687 à Schwerin) a écrit, dans un opuscule intitulé : *De solido intra solidum naturaliter contento* (Florence, 1669, 76 pages in-4°), quelques vues qui sont du plus haut intérêt pour l'histoire de la géologie. Ses raisonnements ont la rigueur de déductions géométriques. Ainsi, il commence par établir en axiomes 1° que lorsqu'un corps solide est de toute part enveloppé par un autre corps solide, celui qui a donné à l'autre son empreinte s'est développé le premier; 2° que dans le cas où un corps solide est de tous points semblable à un autre corps solide, non-seulement par son aspect extérieur et sa configuration, mais encore par sa composition intime, le lieu ou le mode de leur production doivent être les mêmes. De là il induit que l'existence de fossiles est antérieure à celle des roches où ils sont enfermés; que les terrains stratifiés, étant complétement analogues aux dépôts laissés par les eaux troubles, doivent avoir la même origine; enfin que les corps extraits de la terre et qui présentent exactement la même structure de plantes ou d'animaux, ont été produits de la même manière, dans les mêmes conditions et dans les mêmes lieux.

Sténon est ainsi parvenu à distinguer le premier les terrains en *primitifs*, caractérisés par l'absence de tout fossile, et en terrains *secondaires* ou de *formation plus récente*, caractérisés par la présence de fossiles. Il a signalé en même temps la différence des végétaux et des coquilles comme un moyen de distinguer les couches sédimenteuses, dues aux *eaux de la mer*, de celles dont il faut rapporter l'origine aux *eaux fluviales*. Du fait de l'*horizontalité*, inséparablement lié à celui d'un dépôt sédimentaire, et de ce que des couches de cette nature tapissent le flanc des montagnes, il conclut que ces couches ont dû être soulevées et redressées par l'effort des vapeurs souterraines et que celles-ci, s'étant embrasées et cherchant à se dégager, ont produit, dans certaines directions, des soulèvements de l'écorce terrestre, et dans d'autres, des affaissements avec effractions. Ces vues ont servi de base à la géologie moderne.

Théorie de Leibniz.

D'après les théories que nous venons de passer en revue, la terre doit finir par le feu. Suivant Leibniz, elle a dû, au contraire, commencer par là. Descartes avait déjà dit que la terre était un *soleil encroûté*, c'est-à-dire éteint, qu'elle cachait, dans son intérieur un foyer ardent, et que la réaction de ce foyer contre la surface avait produit les inégalités qu'on y remarque. C'était à la fois affirmer l'origine ignée du globe, l'existence du feu central et le mode de formation desprincipales chaînes de montagnes. Leibniz, qui s'était initié en France aux doctrines de Descartes, qui avait eu, en Italie, des conférences avec Sténon, et qui savait penser par lui-même, fit sur la physique du globe un système qui, tout en conservant son originalité, tient tout à la fois des idées de Descartes et de celles de Sténon.

Voici, en résumé, la théorie de Leibniz. La terre et toutes les autres planètes étaient autrefois des étoiles lumineuses par elles-mêmes. Primitivement liquéfiées par le feu, elles se sont éteintes, faute de matière combustible, et sont devenues opaques[1]. Par la condensation de la matière à la surface, la chaleur a été concentrée, et la croûte refroidie s'est affermie. De la sorte est né l'astre opaque, destiné à réfléchir des rayons étrangers. « Si les grands ossements de la terre, ces roches nues (nous citons l'auteur textuellement), ces impérissables silex, sont presque entièrement vitrifiés, cela ne prouve-t-il pas qu'ils proviennent de la fusion des corps, opérée par la puissante action du feu de la nature sur la matière encore tendre? Et l'action de ce feu surpassant infiniment en intensité et en durée celle de nos fourneaux, faut-il s'étonner si elle a amené un résultat que les hommes maintenant ne peuvent atteindre, bien que l'art fasse de continuels progrès, qu'il enfante chaque jour des nouveautés extraordinaires, et qu'il porte même quelquefois à un degré de dureté très-prononcé les corps qu'il est parvenu à fondre? »

L'aspect vitreux des grès, des sables, des pierres siliceuses, des cailloux, si abondamment répandus, des quartz, disséminés dans tous les granites et gneiss, a fait dire à Leibniz que « le verre est en quelque sorte la base de la terre, et qu'il est caché sous le masque de la plupart des autres substances. »

1. D'après les théories les plus récentes, c'est là, chose curieuse, le même sort qui serait réservé au soleil, centre de notre monde.

Ce qu'il dit ensuite de l'*origine de la salure de la mer* réunit toutes les chances de probabilité. Il cherche, en effet, très-bien à établir que, pendant la période de l'*incandescence du globe*, toutes les eaux ont dû être projetées au loin dans l'espace sous forme de vapeurs; que, par suite de l'abaissement de la température, ces vapeurs, se trouvant en contact avec la surface refroidie de la terre, se condensaient en eau, et que celle-ci, délayant les scories, a retenu en elle les sels solubles, d'où une sorte de lessive ou de saumure, qui est l'origine de la salure de la mer. A l'appui de cette hypothèse, nous ajouterons que, d'après les analyses les plus récentes, les sels que la mer tient en dissolution et qui lui communiquent ses propriétés caractéristiques, se retrouvent dans la composition des roches d'origine ignée.

Les saillies et les anfractuosités de la surface terrestre proviennent, suivant Leibniz, des inégalités dans le mouvement de retrait pendant le refroidissement des masses formées par le feu. « Ces masses se sont, dit-il, inégalement raffermies, et ont éclaté çà et là, de sorte que certaines portions, en s'affaissant, ont formé le creux des vallons, tandis que d'autres, plus compactes, sont restées debout comme des colonnes et ont ainsi constitué les montagnes. »

Leibniz était loin de croire que toutes les pierres ou roches proviennent d'une fusion primordiale; il n'admettait l'origine ignée que pour les roches les plus anciennes, formant en quelque sorte la *base de la terre*. « A l'action du feu, il faut, dit-il, joindre celle des eaux, qui, par leur poids, tendaient à se creuser un lit dans un sol encore mou; et puis, soit par le poids de la matière, soit par l'explosion des gaz, la croûte terrestre venant à se briser, l'eau a été chassée (par le feu) des profondeurs de l'abîme à travers les décombres, et, se joignant à celle qui s'écoulait naturellement des lieux élevés, a donné lieu à de vastes inondations qui ont laissé, sur différents points, d'abondants sédiments. Ces sédiments se sont durcis; et, par le retour de la même cause, les couches sédimenteuses se sont superposées, et la face de la terre, peu consistante encore, a été ainsi souvent renouvelée, jusqu'à ce que, les causes perturbatrices ayant été épuisées et équilibrées, un état plus stable s'est enfin produit. Cela doit nous faire comprendre dès à présent la double origine des substances solides, d'abord par leur refroidissement après la fusion ignée, et puis, par de nouvelles agrégations après leur dissolution dans l'eau. »

Il était impossible d'établir plus nettement la distinction, aujourd'hui universellement adoptée, des roches éruptives ou ignées et des roches sédimenteuses.

La condensation des vapeurs à la surface refroidie du globe et le déplacement des eaux par suite des modifications violentes qu'a subies cette même surface, expliquent à Leibniz la présence des fossiles de tout genre que l'on trouve répandus dans les terrains sédimenteux des continents. A cette occasion il s'élève avec force contre les prétendus observateurs qui regardent les fossiles comme des *jeux de la nature*. « Ils se servent, dit-il, d'un mot vide de sens, ceux qui nous présentent ces pierres ichthyomorphes comme un exemple indubitable des caprices du *génie des choses*, espérant par là trancher toutes les difficultés, et nous prouver que la nature, cette grande fabricatrice, imite, comme en se jouant, des dents et des ossements d'animaux, des coquilles et des serpents. Et toutes les fois qu'on leur objecte qu'en dehors du règne animal il ne se produit que des semblants informes d'organisation, ils invoquent nos pierres (fossiles), dans lesquelles, il faut l'avouer, la perfection du dessin ne laisse rien à désirer; car on y reconnaît, au premier coup d'œil, l'espèce à laquelle appartient le poisson, et il n'y a rien de changé, ni dans la symétrie des parties, ni dans leurs proportions. Mais il est à craindre qu'un argument tiré d'une si parfaite ressemblance, ne prouve le contraire de ce qu'on voudrait établir. Il y a un tel rapport entre ces prétendus simulacres de poissons et la réalité, leurs nageoires et leurs écailles sont reproduites avec tant de précision, et la multiplicité de ces images en un même lieu est si grande, que nous supposons plus volontiers une cause manifeste et constante qu'un jeu du hasard, ou je ne sais quelles idées génératrices, vaines démonstrations sous lesquelles s'abrite l'orgueilleuse ignorance des philosophes. »

Les arguments, que Leibniz fait valoir en faveur de sa thèse, lui paraissaient avec raison, sans réplique. « Que peut-on, demande-t-il, nous opposer, si nous disons qu'un grand lac avec ses poissons, par suite d'un tremblement de terre ou d'une inondation, ou de toute autre cause majeure, a été enseveli dans du limon, qui, en se durcissant, a conservé les vestiges et comme la reproduction en relief des poissons, dont le corps, d'abord empreint sur la masse encore molle, a été ensuite pénétré et remplacé par une matière plus dure? » Comparant le procédé employé ici par la nature avec l'art des orfèvres, il ajoute : « Après avoir enveloppé une araignée ou quelque autre insecte d'une matière appropriée à ce but, en y laissant toutefois une étroite issue, les orfèvres font durcir cette matière au feu, puis, à l'aide du mercure qu'ils y introduisent, ils chassent par la petite ouverture les cendres de l'animal, et à leur place ils font couler par la même voie de l'argent fondu, enfin, brisant l'écale, ils trouvent un animal d'argent avec son appareil de pattes, d'antennes et de fibrilles d'une similitude étonnante. »

Leibniz persistait à croire que ces empreintes d'animaux fossiles proviennent de véritables animaux. A cet égard, son opinion était nettement arrêtée. Aux objections des savants qui avaient peine à se persuader que la mer eût occupé le sommet des hautes montagnes ou qu'il y eût eu là des productions marines, il répond que cela vient de ce qu'ils jugent trop de l'état primitif du globe par son état actuel, qu'ils ne cherchent que dans les pluies la cause du déluge, et qu'ils ne prennent point garde que « les eaux du vaste abîme ont dû rompre leurs digues et déborder. » — A ceux qui s'étonnent de ne retrouver dans aucune mer les analogues de certains fossiles, tels que les cornes d'Ammon, Leibniz demande si l'on est sûr d'avoir exploré tous les abîmes souterrains et les dernières profondeurs de l'Océan. Il rappelle en même temps que le Nouveau-Monde nous offre une foule d'espèces animales auparavant inconnues. Enfin il ne saurait se défendre de l'idée que « dans les grands changements que le globe a subis, beaucoup d'espèces animales ont été transformées. »

Voilà comment Leibniz s'est élevé, par la seule pénétration de son génie, à l'idée d'espèces *perdues* ou *transformées*. Entrant ensuite dans l'examen des détails, il cite les ossements de certaines cavernes, les défenses d'éléphants fossiles, que les Russes désignent sous le nom de *mammouths*; il parle des bélemnites ou dactyles, qu'il soupçonne avec raison appartenir à quelque animal marin; il décrit les langues de pierre, les *glossopetres*, qu'il déclare n'être que des dents de requin, les *pierres judaïques*, signalées par des voyageurs à Bethléem et qui sont des pointes d'oursins fossiles. Il dit avoir rencontré, dans quelques mines du Harz, des dents et des portions de mâchoires, d'une dimension telle, qu'on ne saurait les rapporter à *aucun animal actuellement connu*. C'était probablement le *mégathérium*, gigantesque pachyderme antédiluvien. — Leibniz finit l'exposé de sa théorie par l'origine de la tourbe, « qui n'est point, dit-il, de la terre, mais bien un amas de matières végétales, accidentellement formé de bruyères, de mousse, de gazon, de racines et de roseaux de marais, désséchés et condensés à la longue. »

En terminant cette analyse, n'oublions pas de rappeler que Leibniz a le premier proclamé l'emploi du microscope pour l'avancement de ces recherches, et il s'indigne « de la paresse des hommes qui ne daignent pas ouvrir les yeux et entrer en possession de la science qu'on leur a préparée. »

Telles sont les éléments d'une science nouvelle que Leibniz voulait qu'on appelât *Géographie naturelle* (les noms de *Géologie* et de *Paléontologie* sont de création plus récente). Consignés pour la première fois dans le Journal des Savants de Leipzig (*Acta Eruditorum Lips.*, cahier du mois de janvier 1693)[1], ces éléments reparurent, sous le titre de *Protogæa*, en 1749 (édit. L. Scheidt, Gœtting.)[2], trente-trois ans après la mort de Leibniz, l'année même où Buffon fit paraître les trois premiers volumes de son *Histoire naturelle*.

Les idées mises en avant par les *Acta Eruditorum* de Leipzig n'eurent, malgré leur hardiesse et leur nouveauté, aucun retentissement. Le nom même de leur auteur, rival de Newton, n'éveilla pas l'attention du public. Scheuchzer, l'auteur de la *Physica sacra*, continua dans un mémoire, adressé en 1708 à l'Académie des sciences, d'en appeler à la théologie plutôt qu'à l'observation ; et la masse des penseurs, sans en excepter Voltaire[3], continuait à ne voir dans les fossiles que des jeux de la nature.

Cependant quelques vues originales ne tardèrent pas à se faire jour. Telles étaient, entre autres, les idées de Bourguet. Dans ses *Lettres philosophiques sur la formation des sels et des cristaux*, suivies d'un *Mémoire sur la théorie de la terre* (Amsterdam, 1729, in-12), ce naturaliste (né à Nîmes, en 1678, mort à Neufchâtel, en 1742), présenta des considérations fort remarquables sur la manière dont les montagnes sont groupées, sur la correspondance de leurs angles, et sur l'orientation uniforme de chaque

1. Et non en 1683, comme l'ont écrit Buffon et Cuvier.

2. Cet intéressant opuscule a été traduit en français par le Dr Bertrand de Saint-Germain, sous le titre de Protogée *ou de la formation des révolutions du globe, par Leibniz* (Paris, 1859, in-8°).

3. *Voy.* plus haut, p. 325.

groupe de montagnes. Il s'attachait ainsi à montrer que ces masses en relief doivent leur origine à une même cause, agissant simultanément sur de vastes étendues. Les idées de Bourguet ont été reprises de nos jours, ainsi que ses conjectures sur le mode de formation des roches anciennes et des fossiles, conjectures fondées sur la manière dont se forment sous nos yeux certaines espèces de roches.

Théorie de Buffon.

Son premier essai de cosmogonie, la *Théorie de la terre*, que Buffon avait publiée en 1749, était une tentative incomplète. Perdant de vue l'origine ignée de la terre, il n'y envisageait que l'action des eaux à la surface du globe; il attribuait à leur mouvement de fluctuation et au limon qu'elles déposent la formation des montagnes en général, ce qui était inadmissible. Mais, dans les *Époques de la nature*, publiées trente ans plus tard, il se rattacha aux idées de Leibniz. La forme de la terre, sphéroïde renflé à l'équateur et aplati à ses pôles, lui révèle l'état de fluidité primitif de notre planète. « Le globe terrestre, dit-il, a précisément la figure que prendrait un globe fluide qui tournerait sur lui-même avec la vitesse que nous connaissons au globe de la terre. » De ce que cet état de fluidité de la masse terrestre n'a pu s'opérer ni par la dissolution, ni par le délayement dans l'eau (à cause de l'insolubilité de la plupart des substances terrestres, et de la quantité d'eau relativement trop petite), l'auteur conclut que « cette fluidité a été une liquéfaction causée par le feu. » Le fait de cette liquéfaction primordiale est encore confirmé par la chaleur intérieure propre du globe, que Buffon admet pleinement. « Cette chaleur nous est, dit-il, démontrée par la comparaison de nos hivers et de nos étés; et on la reconnaît d'une manière encore plus palpable dès qu'on pénètre au dedans de la terre; elle est constante en tous lieux pour chaque profondeur, et elle paraît augmenter à mesure que l'on descend[1].» La température des eaux thermales et les phénomènes volcaniques en sont également des témoignages irrécusables.

D'accord avec Palissy, Sténon, Leibniz, etc., Buffon reconnaît la nature sédimentaire des couches superficielles du globe, et que ces couches sont semées de productions marines, dont la présence, loin des rivages et jusqu'au sommet des montagnes, atteste le séjour prolongé des mers sur toute la surface terrestre. Il comprit que des espèces entières avaient dû disparaître dans les révolutions du globe. Il revient souvent sur un fait important que Leibniz avait entrevu, à savoir les *especes perdues* qu'il signale aux recherches des naturalistes futurs.

Les ossements d'éléphants et de rhinocéros, qu'on avait découverts du temps de Buffon, en Sibérie, au Canada, en Angleterre, en Allemagne, firent naître chez l'éminent naturaliste le raisonnement que voici. Ces grands animaux, de même que les palmiers dont on a trouvé des empreintes dans les houillères du Nord, exigent, pour leur constitution et leur développement, une température beaucoup plus élevée que celle qui règne actuellement dans ces contrées. Les régions septentrionales de l'Océan et des nouveaux continents jouissaient donc primitivement d'une température à peu près égale à celle des tropiques. Quelle était la cause de cet étrange phénomène? Ce ne pouvait être l'action du soleil, à moins de supposer que, par suite d'une révolution radicale de notre système planétaire, nos rapports avec l'astre radieux ont complétement changé. C'est ainsi que Buffon fut conduit à admettre que cette température primitive des

1. Cette augmentation est, en moyenne, d'un degré du thermomètre centigrade, par environ 33 mètres de profondeur.

régions septentrionales tenait à la chaleur propre du globe, et qu'elle s'était longtemps maintenue après la condensation des vapeurs à la surface de la terre refroidie.

Quant aux fossiles communs aux deux continents, Buffon y voyait la preuve manifeste que l'Ancien et le Nouveau-Monde étaient primitivement unis, et que leur disjonction fut l'effet d'une de ces phases par lesquelles la nature en travail préparait l'apparition de l'homme, dont les débris des premiers âges n'offrent point de traces.

Ces diverses phases de la création étaient pour Buffon autant d'*époques*, qui devaient à peu près correspondre aux *jours* de la Genèse.

Leibniz et Buffon avaient laissé trop de lacunes dans les détails, trop d'observations incomplètes ou inexactes dans leurs généralités, pour ne pas faire naître de profonds dissentiments parmi leurs successeurs. La question de savoir quelle prépondérance il faut accorder au feu ou à l'eau dans la constitution du globe fit naître de vives polémiques. De là deux écoles opposées qui se disputèrent, pendant quelque temps, le domaine de la science, celle des *Vulcaniens* et celle des *Neptuniens*.

Le Vulcanisme.

L'école des Vulcaniens eut pour représentants, en Angleterre, Hutton et Playfair, en France Desmarest et Dolomieu.

Hutton[1] part de ce principe, que les causes qui modifient

1. James *Hutton* (né en 1726 à Édimbourg, mort en 1797 dans la même ville) se livra particulièrement à l'étude de la géologie, de la météorologie et de l'économie rurale. Il a publié sur ces sciences des ouvrages estimés; mais ce qui le fit surtout apprécier du monde savant, c'est sa théorie de la Terre, *Theory of Earth*; Édimbourg, 1795, 2 vol.

encore aujourd'hui partiellement l'écorce terrestre, suffisent pour expliquer les révolutions du globe aux époques les plus reculées. Ainsi les tremblements de terre nous font comprendre comment les couches épaisses déposées par les eaux de la mer peuvent avoir été brisées et bouleversées en divers sens. A cette cause modificatrice, présentée par les tremblements de terre, sont liées les éruptions volcaniques. Et comme ces éruptions supposent à l'intérieur du globe un foyer ardent, le savant écossais présente ce foyer comme la source des bouleversements dont nous voyons partout des preuves, et, par le ralentissement de l'activité de ce foyer, il cherche à expliquer l'état de stabilité relatif dont nous jouissons. Cette théorie fut reprise et développée par Playfair[1].

Dans ses *Illustrations of the Huttonian theory of the Eahrt* (Edimb., 1802, in-8°), *Playfair*, revenant sur l'action de la chaleur interne, essaya de montrer qu'elle n'avait pu que ramollir les couches supérieures ou les terrains stratifiés, tandis qu'elle avait entièrement fondu les couches inférieures, en leur donnant l'aspect de substances cristallisées au milieu des eaux. Cette même chaleur a dû, selon lui, injecter par sa force expansive la matière fluide de l'intérieur à travers les couches superjacentes, et produire ainsi les veines et les filons qu'on y remarque. Elle a dû même soulever ces masses au-dessus du niveau des eaux et donner naissance à des îles et à des continents. Ces îles et ces continents se dégradent peu à peu par l'action de l'air et des eaux courantes; leurs débris s'accumulent au fond de l'Océan, y forment de nouvelles couches, qui un jour seront à leur tour soulevées pour former des îles et des continents. Cette alternative de

1. *John Playfair* (né en 1748, mort à Edimbourg en 1819) embrassa d'abord l'état ecclésiastique, et l'abandonna ensuite pour se livrer à son goût pour les mathématiques et les sciences naturelles. Vers la fin de sa vie il entreprit un voyage en Italie pour y étudier le système géologique des Alpes.

destruction et de formation a eu lieu plusieurs fois, et pourra se reproduire indéfiniment.

Desmarest avait fait des productions volcaniques l'objet spécial de ses recherches. Il inclinait donc naturellement du côté des vulcaniens. En étudiant les volcans éteints de l'Auvergne, il reconnut que les basaltes, répandus à profusion dans cette contrée, se rattachaient à des bouches ignivomes, et que la disposition de ces roches en nappes, en colonnes prismatiques, révélait l'action du feu. Il les regardait comme des produits de décomposition du granite[1]. B. de Saussure essaya de réfuter cette opinion[2].

Gratet de Dolomieu était devenu, comme Desmarest, partisan du vulcanisme par la direction de ses études. Né en 1750, à Dolomieu, en Dauphiné, Gratet entra très-jeune dans l'ordre de Malte, et il le quitta bientôt à la suite d'un duel où il avait tué son adversaire, chevalier comme lui. Il se livra dès lors à des voyages scientifiques. En 1777, on le voit parcourir le Portugal; l'année suivante, l'Espagne; en 1780 et 1781, la Sicile et les îles Eoliennes; en 1782, la chaîne des Pyrénées, et en 1783, le midi de l'Italie, où l'avait attiré le mémorable tremblement de terre de la Calabre[3].

1. *Mém.* de l'Académie des sciences, année 1771, p. 273.

2. B. de Saussure, *Voyages dans les Alpes*, t. I, § 172 et suiv.

3. En 1789 et 1790, Dolomieu visita le Mont-Blanc et le Mont-Rose, il examina les roches qui forment la vallée du Rhône, il franchit le Saint-Gothard et suivit la chaîne des Apennins, depuis le lac Majeur jusqu'aux rives du Garigliano; il fouilla les cratères éteints de la plaine latine, retrouva aux champs Phlégréens le pays des Lestrygons, et revint en France en 1791, apportant de riches collections minéralogiques. Dans les années suivantes, il explora l'Auvergne et les Vosges. La part qu'il prit à l'expédition d'Égypte lui permit de visiter le Delta, la vallée du Nil et les sables mouvants de la Libye. Le 7 mars 1799, il se rembarqua à Alexandrie; rejeté par une tempête dans le golfe de Tarente, il fut fait prisonnier, endura pendant vingt-un mois, dans les cachots de l'Ordre de Malte, à Messine, les plus horri-

Dolomieu faisait ses courses géologiques à pied, le sac sur le dos, le marteau à la main; elles développèrent en lui de grandes pensées sur les révolutions du globe, sur le soulèvement des montagnes, sur le siége des conflagrations des volcans, sur le trapp [1], sur l'origine du basalte, sur la nature d'un calcaire particulier qui a reçu le nom de *dolomie*.

L'origine du basalte, de cette roche d'un brun tirant sur le noir, sur le vert et le rouge foncés, et qui a pour principaux éléments la silice, l'alumine, la chaux et l'oxyde de fer, était alors, parmi les géologues, l'objet d'une vive controverse, sur laquelle il convient de nous arrêter un instant.

Tous les géologues qui avaient visité l'Etna, le Vésuve, l'Auvergne, l'île de Ténériffe, l'île de Bourbon, etc., et qui y avaient observé des prismes massifs de basalte, caractéristiques des pays volcaniques, en étaient revenus avec la conviction que le basalte est d'origine plutonique ou ignée. Cette conviction s'était encore corroborée par la ressemblance des basaltes avec des laves compactes d'une origine volcanique évidente, ressemblance d'autant plus grande que plusieurs laves prennent un retrait prismatique rappelant la forme du basalte. Il y eut donc unanimité sur l'origine ignée du basalte. Bergmann, ayant analysé un basalte de l'île de Staffa, souleva le premier quelques doutes

bles privations et souffrances. Il eut encore la force d'y rédiger son *Traité de philosophie minéralogique* et son *Mémoire sur l'espèce minérale*, et de les écrire avec un morceau de bois noirci à la fumée de sa lampe, sur les pages d'une Bible, le seul livre qu'on lui eût laissé. Il mourut (le 15 mars 1801) peu de temps après sa mise en liberté. Ses principaux travaux ont été consignés dans son *Voyage aux îles de Lipari* (Paris, 1783, in-8°); dans sa *Description de l'éruption de l'Etna* (Paris, 1788, in-8°); dans le *Journal de Physique*, le *Journal des Mines* et dans les *Mémoires* de l'Académie.

1. Le mot *trapp* ou *treppe* signifie *escalier* dans les langues germaniques. Il a été donné à une roche noire comme le basalte, et qui se brise en morceaux parallélipipédiques, ce qui fait que les montagnes qui en sont composées (comme en Suède), offrent, dans leurs pentes escarpées, des espèces de gradins.

à cet égard. Ces doutes se propagèrent depuis que Dolomieu avait dit que « les basaltes des contrées de l'Éthiopie, employés par les Égyptiens pour leurs statues et leurs ornements, n'étaient point volcaniques ; que les naturalistes et les sculpteurs italiens, accoutumés à regarder toutes les pierres noires comme volcaniques, leur avaient attribué cette origine, d'autant plus facilement qu'ils se servaient pour restaurer les statues de laves très-compactes. » Desmarest avait décrit les basaltes d'Auvergne sous le nom de *gabbro*, que les Italiens appliquent à une pierre d'origine aqueuse. Enfin, Werner affirmait avoir vu dans les montagnes de Scheibenberg, en Saxe, que la *wacke*[1], alors généralement regardée comme de formation aqueuse, passait à l'état de basalte par des nuances insensibles, et il en concluait que cette roche s'était formée dans l'eau.

De cette discordance naquirent des discussions violentes. Les vulcaniens citaient, à l'appui de leur thèse, les expériences de Hall sur la fusion comparée du basalte et du diorite[2]. Hall avait montré que le basalte et le *grünstein* (diorite), dont l'origine ignée était incontestée, donnaient par la fusion un verre homogène semblable ; que ce verre, fondu de nouveau et refroidi lentement, donnait une pierre à cassure terreuse, absolument identique. Les neptuniens opposaient à leurs antagonistes la forme prismatique, comme caractérisant la cristallisation aqueuse. Ils citaient à leur appui la montagne basaltique de Stolpen,

1. Le nom de *wacke* ou de *grauwacke* s'applique à une roche d'un gris ou noir verdâtre, assez mal déterminée, et qui semble faire le passage des pierres argileuses aux basaltes.

2. Le nom de *diorite* a été donné par Haüy à une roche qu'Alex. Brongniart appelait *diabase*. Composé de feldspath albite et d'amphibole hornblende, le diorite a reçu les noms de *grünstein*, *trapp*, *cornéenne*, *ophite*, *aphanite*, suivant qu'elle est verte ou noire, plus ou moins variée de taches comme la serpentine, dans laquelle elle peut se transformer. La *protogine*, roche talqueuse, granitoïde, l'accompagne.

à six lieues de Dresde, et les basaltes qui couronnent, en forme de dômes et de chapiteaux, les sommets de la chaîne qui sépare la Saxe royale de la Bohême. Ils insistaient particulièrement sur ce que ces dômes ou cônes de basalte avaient pour assises des colonnes multipliées généralement très-minces, interposées entre des couches d'autres substances d'une origine certainement aqueuse, telles que des grès, des pierres calcaires, etc.: ces substances sont quelquefois comme entrelacées avec ces couches et en suivent toutes les sinuosités, comme Fortis l'a observé en passant de Valdagno à Schio dans le Vicentin.

Mais comment expliquer la présence, à peu près constante, des basaltes dans des pays évidemment volcaniques? Les neptuniens ne firent qu'accroître les difficultés en disant que « le terrain basaltique est le seul propre à la formation des volcans, que ce terrain leur a donné naissance plutôt qu'il ne l'a reçue d'eux, que les laves basaltiques sont le produit de l'altération des basaltes, et que ces laves sont, avec les basaltes, les seules roches connues qui contiennent une aussi grande quantité de fer. »

Ces discussions, où l'on se payait, de part et d'autre, plus souvent de mots et d'hypothèses que d'observations exactes, aboutirent à une sorte d'opinion mixte. D'après cette opinion, professée par Dolomieu, da Rio, Fortis, Spalanzani, etc., les basaltes sont, les uns volcaniques, les autres d'origine aqueuse; les basaltes de Saxe et ceux d'Ethiopie, et probablement ceux d'Ecosse et d'Irlande, appartiennent sûrement à cette seconde catégorie, tandis que les basaltes d'Italie et ceux d'Auvergne doivent être rangés, en partie, sinon en totalité, dans la première catégorie. D'après une dernière hypothèse, soutenue par Patrin, les basaltes sont le produit d'une éruption boueuse de volcans sous-marins, et c'est à la nature de cette éruption qu'ils doivent leurs principaux caractères.

Alex. Brongniart a présenté cette hypothèse comme la plus vraisemblable[1].

La question est aujourd'hui vidée. Sans s'être laissé égarer par quelques cas isolés, d'une anomalie apparente, où des veines de basalte ont pénétré, soit un lit de charbon de terre sans lui avoir enlevé une partie notable de son carbone, soit des couches de grès sans leur avoir donné un aspect de fritte ou de scorie, soit des couches de craie, sans que la craie ait été convertie en marbre granulaire, tous les géologues reconnaissent maintenant que le basalte est un produit de formation ignée, sorti du sein de la terre à l'état fluide, par de longues fissures[2] ou par des cheminées étroites, plus ou moins cylindriques.

Théorie de Laplace.

L'auteur de la *Mécanique céleste* a essayé de se rendre compte de la formation de la terre, ainsi que de toutes les planètes, par une hypothèse qui a réuni beaucoup de partisans. D'après cette hypothèse, l'atmosphère du soleil s'est primitivement étendue au delà des orbes de toutes les planètes, de manière à former ce qu'on est convenu d'appeler une *étoile nébuleuse*, et elle s'est resserrée successivement jusqu'à ses limites actuelles. Les planètes ont été formées aux limites successives de cette atmosphère par la condensation graduelle des zones de vapeurs qu'elle a abandonnées dans le plan de l'équateur, en se refroidissant. Ces zones de vapeur ont pu former, par leur refroidissement, des anneaux liquides ou solides autour du noyau central, anneaux semblables à

1. *Dictionnaire des sciences naturelles*, article *basalte* (t. IV, p. 121 ; Paris, 1816).

2. C. Prévost, dans le *Dictionnaire d'histoire universelle* de Charles d'Orbigny, art. *basalte* (t. II, p. 483 ; Paris, 1842).

ceux de Saturne ; mais, en général, elles se sont réunies de manière à produire plusieurs globes distincts, s'attirant les uns les autres. La terre n'est donc que le résultat de la condensation d'une masse originairement gazeuse, et la lune a été formée par l'atmosphère de la terre, comme les planètes par celle du soleil. La théorie de Laplace a l'avantage de faire très-bien comprendre la période primitive de notre planète.

Le Neptunisme.

Le chef de l'école des neptuniens, *Werner*, professeur à l'école des mines de Freyberg (Saxe), réunissait pendant plus de quarante ans (de 1775 à 1817 autour de sa chaire une jeunesse nombreuse, avide de s'instruire[1]. Le premier il fit de l'étude des minerais et de l'art du mineur une science à part, et, en lui donnant le nom d'*oryctognosie*, il la sépara de la minéralogie proprement dite ; de même qu'il sépara, sous le nom de *géognosie*, la connaissance positive des masses constitutives de l'écorce terrestre, de ce qu'on appelait la *géogénie*, c'est-à-dire l'histoire ou la théorie de la formation du globe. Suivant le système auquel Werner a attaché son nom, l'eau est la source de toute formation. Recouvrant, à l'origine, toute la surface du globe, y compris le sommet des plus hautes montagnes, l'eau tenait en dissolution ou en suspension les éléments de tous les terrains ; ceux qui

1. Abraham-Gottlob *Werner* (né à Wehrau en Silésie en 1750, mort à Dresde en 1817) ne s'était, pendant son long enseignement, absenté que deux fois de Freyberg : en 1802, où il reçut à Paris le brevet d'associé étranger de l'Institut et celui de citoyen français ; et en 1817, étant allé à Dresde dans l'espoir de trouver quelque soulagement à sa dernière maladie. Parmi ses principaux élèves, on remarque Alex. de Humboldt, Léopold de Buch. Son *Traité d'oryctognosie* (Freyberg, 1792 in-8°) est le plus remarquable de ses ouvrages.

se sont déposés les premiers, les plus anciens dépôts, ont formé les principales assises ou les principales sommités. L'eau baissant peu à peu de niveau, et son action dissolvante venant à changer, de nouveaux dépôts ont recouvert les premiers sous forme de couches d'une grande étendue, mais en s'élevant à des hauteurs de moins en moins considérables. Le niveau venant à baisser encore, une agitation plus grande des eaux rendait la cristallisation plus confuse, et bientôt n'apparurent que des masses terreuses, de simples sédiments ; les courants, de plus en plus rapprochés du fond de l'immense réservoir, l'attaquèrent, en détachèrent des fragments, les chassèrent et mêlèrent ainsi des dépôts purement mécaniques aux précipités chimiques qui se formaient sans cesse. A ces périodes d'agitation succédèrent des périodes de tranquillité, et c'est alors que les êtres organisés firent leur première apparition. Mais ces périodes de tranquillité furent interrompues par de grandes révolutions : à deux époques différentes les eaux ont extraordinairement haussé de niveau, et elles ont produit de nouveaux dépôts cristallins qui ont recouvert tous les terrains formés précédemment. En somme, aux yeux du chef des neptuniens, toutes les roches, même le basalte, étaient des précipités chimiques d'une sorte de fluide chaotique, formant, à l'origine des choses, une mer universelle.

Adversaires de l'école wernerienne.

Ce ne sont pas les vulcaniens proprement dits qui portèrent au système de Werner les plus rudes coups; ce sont les élèves mêmes du célèbre professeur de Freyberg qui le firent tomber. Elevé à l'école wernérienne, où il eut pour condisciple Alex. de Humboldt, Léopold *de Buch*[1], était encore partisan de la théorie neptunienne lorsqu'il fit, en 1797, paraître sa *Description géognostique de la Silésie*, où le basalte, le gneiss et le micaschiste se trouvent classés parmi les formations aqueuses.

Cependant, de Pargine en Italie, le disciple de Werner, L. de Buch, écrivait déjà (vers 1798) à son ami Humboldt : « Ici les diverses espèces de roches semblent avoir été bouleversées par le chaos. Je trouve les couches de porphyre sur le calcaire secondaire, et les schistes micacés sur le porphyre. Tout cela ne menace-t-il pas de renverser les beaux systèmes par lesquels on prétend expliquer les époques des formations? » Bientôt ses doutes s'accrurent avec l'étude des volcans. A la suite de son exploration du Vésuve, il peignit avec une verve poétique les formidables efforts du déchaînement des forces souterraines. Le voyage d'Italie lui fit comprendre que l'examen des couches tranquillement déposées par les eaux n'était pas, comme on le croyait à Freyberg, toute la géologie, que la nature ne se révèle que dans ses crises et que là seulement on pouvait espérer lui dérober ses secrets.

Le voyage d'Auvergne opéra un changement complet dans les idées de L. de Buch. Guettard, l'un des maîtres de Lavoisier, avait découvert, en 1751, les volcans éteints

1. Léopold *de Buch* (né en 1774 à Stolpe, mort en 1853 à Berlin) parcourut dès 1798 l'Italie et l'Auvergne à différentes reprises, pédestrement, le sac au dos et le marteau du géologue à la main; il visita pendant deux ans (de juillet 1806 en octobre 1808) les îles scandinaves, pénétra jusqu'au cap Nord, et établit un centre d'observations dans l'île déserte de Mager-Oe. Il explora, en 1815, les îles Canaries, visita, à son retour, les côtes de l'Irlande et de l'Écosse, et le groupe basaltique des îles Hébrides. Huit mois avant sa mort (en l'été de 1852), il avait encore visité l'Auvergne : ce fut sa dernière excursion. Ses principaux travaux se trouvent consignés dans le recueil des Mémoires de l'Académie de Berlin. Parmi ses autres publications, on remarque surtout sa *Description physique des îles Canaries* (Berlin, 1825, in-8°, avec atlas) et sa *Carte géologique de l'Allemagne*, en 42 feuilles (Berlin, 1832, 2e édition).

de l'Auvergne : les laves, les cendres, les scories, les montagnes avec leurs cônes cratériformes auraient dû depuis longtemps démontrer aux habitants qu'ils foulaient un sol autrefois embrasé. Cependant un étonnement général accueillit une découverte à peine soupçonnée. En 1763, Desmarest, visitant le Puy-de-Dôme, signala les piliers de pierre noire dont la figure et la position lui rappelaient tout ce qu'il avait lu sur les basaltes. Ces colonnes, par leur régularité, portaient l'empreinte d'un produit fondu par le feu. Mais où cet agent modificateur réside-t-il? Bien profondément au-dessous de l'écorce consolidée du globe, avait osé dire Dolomieu.

Avant de se prononcer, Léopold de Buch voulut observer lui-même ces cratères éteints, ces basaltes fondus, qui dérangeaient singulièrement le système de Werner. Son exploration de l'Auvergne fut un acte d'indépendance. Le moyen de rester fidèle à son maître quand il voyait, contrairement à l'enseignement reçu, le granite, le gneiss, le porphyre au-dessus du calcaire, le foyer des volcans au-dessous des roches réputées les plus profondes, le basalte lié à la lave, et partout des traces de soulèvement et de redressement! Son exploration des îles Canaries et celle de la presqu'île Scandinave achevèrent de le convaincre.

Son voyage au nord de l'Europe le mit sur la voie de la solution d'un grand problème. Depuis plus d'un demi-siècle, les habitants des côtes de la Norvége s'étaient aperçus d'un abaissement graduel du niveau de la mer. Sur le conseil du physicien Celsius, on avait gravé des marques sur les rochers de Galfe et de Calmar. Linné lui-même était venu tracer un niveau sur un bloc dont il a fait la description. Telle ville maritime étant devenue continentale, tel petit bras de mer se trouvant transformé en grande route, les indigènes croyaient fermement que les eaux de la mer diminuaient. Ce phénomène étrange frappa beaucoup l'esprit de L. de Buch. « Il est certain, se disait-il, que le niveau de la mer ne peut s'abaisser; l'équilibre des eaux s'y oppose. Cependant le mouvement de retrait est un fait incontestable. Pour sortir d'embarras, il ne restait d'autre moyen que de supposer que le sol de la presqu'île Scandinave s'est soulevé depuis Friedrichs-hall jusqu'à Abo. » Voyant dans les bouleversements des couches primitives du globe, dans la sortie des basaltes et de toutes les roches cristallines, l'effet d'une cause souterraine, volcanique, L. de Buch finit par rattacher aux réactions de la terre le soulèvement des montagnes et celui de contrées entières, telle que la Suède.

Ce grand géologue distingua l'effort qui *soulève* de l'effort qui *rompt* : au premier il donnait le nom de *cratère de soulèvement*, au second celui de *cratère d'éruption*. Pour lui les volcans sont des « communications permanentes entre l'atmosphère et l'intérieur du globe. » Il les divise en deux classes, les volcans centraux et les chaînes volcaniques : les premiers forment le centre d'un grand nombre d'éruptions qui se sont faites autour d'eux ; les seconds sont disposés dans une même direction, comme une grande fente ou rupture du globe. Ces pointes de rochers, soulevées par le feu souterrain lui suggérèrent l'idée que les innombrables îles de l'océan Pacifique, que l'on avait considérées jusqu'alors comme les sommets d'un continent submergé, étaient des îles de soulèvement.

L. de Buch n'avait d'abord présenté son idée favorite du soulèvement des montagnes qu'avec beaucoup de réserve. Mais, à mesure que les observations s'accumulaient, il devint plus hardi. En 1822, après une étude nouvelle du Tyrol méridional, il déclara, dans un écrit publié sous le titre de *Lettre*, que toutes les masses redressées du globe doivent leur position actuelle « à un véritablement soulèvement. » Cette manière de voir lui expliqua un fait, resté jusque-là sans interprétation plausible, la présence de coquilles marines sur le sommet des plus hautes montagnes. En montrant que ce ne sont pas les mers qui se sont soulevées jusqu'au sommet des montagnes, puisque ce sont, au contraire, les montagnes qui se sont soulevées du fond des mers, L. de Buch parvint à résoudre les plus grandes difficultés qui eussent jusqu'alors occupé l'esprit des géologues.

Alexandre *de Humboldt* adopta pleinement les idées de son ami et condisciple[1]. Ce génie universel, qui devait laisser des traces de son passage dans presque toutes les branches des connaissances humaines, avait fait de la géologie l'étude de sa première jeunesse. Encore élève de l'université de Gœttingen, il fit dans l'intervalle des vacances, de 1787 à 1789, des excursions géologiques au Harz et aux bords du Rhin, et il en publia les résultats sous le titre de *Sur les basaltes du Rhin*. Son goût pour cette science lui fit suivre, dès 1791, les cours de Werner à la célèbre école des mines de Freyberg. A sa sortie de cette école, où il s'était lié avec L. de Buch et André del Rio, il fit paraître un essai de flore souterraine (*Specimen floræ subterraneæ fribergensis*, etc., Berlin, 1793, in-4°) et occupa jusqu'en 1797 la place de directeur général des mines d'Anspach et Bayreuth. Vers la fin d'une vie si bien remplie, il revint à l'étude favorite de sa première jeunesse, et résuma admirablement bien, dans le *Cosmos*, les idées qui forment en quelque sorte les assises de l'édifice géologique. Ces idées, également éloignées de ce que le neptunisme et le vulcanisme avaient d'exclusif, font une juste part de l'action du feu et de l'action des eaux dans l'ossature du globe terrestre.

Les travaux de L. de Buch stimulèrent l'esprit des géologues. Ils ne furent pas étrangers à la théorie des chaînes de montagnes parallèles, à laquelle M. Élie *de Beaumont* a attaché son nom[2]. Cet illustre savant, qui

1. Alex. *de Humboldt* (né le 14 septembre 1769) était de cinq ans plus âgé que L. de Buch, qui mourut six ans avant lui. Alex. de Humboldt est mort, en 1859, dans sa quatre-vingt-dixième année.

2. M. Élie *de Beaumont*, né à Canon (Calvados), en 1798, a succédé

dressa, de concert avec Dufrénoy, La *Carte géologique de la France*, est parvenu à établir que des chaînes de montagnes, indépendantes les unes des autres, ont été soulevées subitement à de certaines époques et que toutes les chaînes contemporaines, ainsi soulevées, ont conservé leur parallélisme, même dans les régions les plus distantes. Nous ne saurions mieux faire que de citer ici l'auteur lui-même. « L'histoire de la terre, dit M. Elie de Beaumont, présente d'une part de longues périodes de repos comparatif, pendant lesquelles le dépôt de la matière sédimentaire s'est opéré d'une manière aussi régulière que continue ; et de l'autre, des périodes de très-courte durée, pendant lesquelles ont eu lieu de violents paroxysmes qui ont interrompu la continuité de cette action. Chacune de ces époques de paroxysme ou de révolution dans l'état de la surface de la terre a déterminé la formation subite d'un grand nombre de chaînes de montagnes. Toutes ces chaînes soulevées par la même révolution ont une direction uniforme, et sont parallèles les unes aux autres, à un petit nombre de degrés près, lors même qu'elles se trouvent dans des contrées très-éloignées entre elles. Quant aux chaînes, soulevées à des époques différentes, elles ont, pour la plupart, des directions différentes. Chacune de ces révolutions a toujours coïncidé avec un autre phénomène, savoir le passage d'une formation sédimentaire à une autre, caractérisée par une différence considérable de ses types organiques. Outre que ces mouvements violents de paroxysme ont eu lieu depuis les époques géologiques les plus anciennes, ils peuvent encore se reproduire à l'avenir : de sorte que l'état de repos dans lequel nous vivons actuellement sera peut-être un jour interrompu par

à Arago dans la place de secrétaire perpétuel de l'Académie des sciences. On a de lui de nombreuses notices dans les *Annales des mines*, dans les *Annales des sciences naturelles*, dans les *Comptes rendus* et les *Mémoires de l'Académie*. Ses travaux se trouvent résumés dans ses *Leçons de géologie*, 3 vol. in-8°, Paris, 1845 et années suivantes.

le soulèvement subit d'un nouveau système de chaînes de montagnes parallèles. On peut dire qu'une seule révolution a eu lieu dans les temps historiques, lorsque les Andes atteignirent leur hauteur actuelle; car cette chaîne, qui probablement a été soulevée la dernière, est la plus nettement tranchée de toutes celles qu'on observe aujourd'hui à la surface du globe, et celle qui présente les traits les moins altérés. Comme l'émersion subite des grandes masses de montagnes hors de l'océan doit occasionner une agitation violente dans les eaux, ne se pourrait-il pas que le soulèvement des Andes ait donné lieu à ce déluge temporaire dont les traditions d'un si grand nombre de peuples font mention? Enfin les révolutions successives dont nous venons de parler ne peuvent être rapportées à des forces volcaniques ordinaires; mais il est probable qu'elles sont dues au refroidissement séculaire de l'intérieur de notre planète[1]. »

La théorie de M. Élie de Beaumont repose sur le fait général que voici. En examinant avec soin la plupart des chaînes de montagnes et leurs environs, on voit les couches les plus récentes s'étendre horizontalement jusqu'au pied de ces chaînes, comme cela aurait pu avoir lieu si elles se fussent déposées dans des mers ou dans des lacs dont ces montagnes auraient en partie formé les rivages; tandis que les autres lits sédimentaires, redressés et plus ou moins contournés sur les flancs des montagnes, s'élèvent quelquefois jusqu'aux cimes les plus hautes. Il existe donc dans chaque chaîne de montagnes et dans leur voisinage immédiat deux classes de roches sédimentaires, les strates anciennes ou inclinées et les couches récentes ou horizontales. De là il est permis de déduire que le soulèvement de la chaîne elle-même a dû s'effectuer entre l'époque à laquelle se sont déposés les lits aujourd'hui inclinés et celle où se sont formées les couches horizontales qu'on observe à ses pieds. Les Pyrénées en offrent un exemple.

1. *Annales des sciences naturelles*, année 1829.

D'autres chaînes sont contemporaines de celles des Pyrénées, quand les couches inclinées et les couches horizontales renferment les mêmes types organiques.

Cette théorie ne manqua pas de critiques. Un géologue anglais, *Charles* Lyell (né le 14 novembre 1797, à Kinnordyl), auteur d'un ouvrage estimé (*Principles of Geology*, Londres, 1840, 3 volumes in-8°), et partisan zélé du *métamorphisme* (transformation graduelle des roches) a fait observer, entre autres, que le mot *contemporain* ne doit pas s'appliquer à un simple moment, mais à tout le temps qui s'est écoulé entre l'accumulation des strates inclinées et celle des couches horizontales. Ce serait, ajoute-t-il, une supposition bien gratuite d'admettre que les couches inclinées qui s'appuient, par exemple, sur les flancs des Pyrénées, soient précisément les dernières qui aient été déposées durant la période crétacée, ou que aussitôt après leur redressement toutes ou pres que toutes les espèces animales et végétales qu'elles renferment aujourd'hui à l'état fossile, aient été subitement détruites.

Théorie du Métamorphisme.

En admettant également l'action du feu et celle de l'eau, on était arrivé à établir, sans conteste, deux classes de pierres ou de roches : 1° les *roches éruptives* (endogènes), sorties de l'intérieur du globe soit à l'état de fusion, *volcaniquement*, soit à l'état de ramollissement, *plutoniquement*. Les failles béantes qui livraient passage à ces roches (granite, porphyre, diorite, serpentine, mélaphyre, basalte), ont été comblées par les chaînes de montagnes poussées au dehors (soulevées) ; elles ont disparu avec la période chaotique, ignée, primitive, dont le monde actuel n'est qu'un faible reflet avec son petit nombre de volcans en activité. 2° *Les roches sédimenteuses* (exogènes), dont l'horizontalité a été détruite par les roches éruptives. Déposées ou précipitées du sein des eaux, suivant que leur matière constituante se trouvait à l'état de simple mélange ou chimiquement dissoute dans le milieu liquide, les roches de sédiment s'appelaient aussi, improprement, *formations de transition*, *secondaires et tertiaires*; elles composent les couches de calcaire, de schiste argileux, les lits de houille et les bancs d'infusores, puissante formation, dont la découverte, assez récente, est due aux travaux d'Ehrenberg. Les couches de travertin (calcaire d'eau douce), qui se déposent journellement à Rome, comme à Hobart-Town en Australie, les petits bancs de calcaire très-dur, que nos mers produisent, sous des influences encore peu connues, sur les côtes de certaines îles, donnent une image affaiblie de cette seconde période de formation.

Les géologues wernériens, presque exclusivement guidés par la structure apparente des roches, décrivaient ces deux classes de roches sous le nom de *saxa solida* (roches en masse) et de *saxa fissilia* (roches schisteuses). Ils admettaient une troisième classe, comprenant les conglomérats ou roches agregées (*saxa aggregata*). Ils se servaient du mot de *breche* pour désigner des marbres composés de fragments calcaires, et de celui de *poudingue* pour des pierres formées par la réunion d'un grand nombre de petits silex. En même temps ils rapprochaient ces conglomérats des grès. « Les poudingues et les brèches ne diffèrent des grès, dit B. de Saussure, qu'en ce que leurs grains sont plus gros, les intervalles de ces grains par cela même plus grands, et le ciment qui remplit les intervalles, plus abondant et plus visible. » Aujourd'hui le mot de *conglomérat* a reçu une signification plus étendue : on le donne à tous les débris de roches, ignées ou aqueuses, consolidés, cimentés par l'intermédiaire de l'oxyde de fer ou de matières argileuses et calcaires. « Lorsque, dit L. de Buch, des îles de basalte ou des monts de trachyte ont été soulevés à travers de grandes fractures, il est résulté du frottement des masses ascendantes contre les parois des failles, que le basalte ou le trachyte se sont trouvés entourés de conglomérats formés aux dépens de leur propre matière. Les grains qui composent les grès d'un grand nombre de formations ont été détachés par le frottement des roches d'éruption plutoniques ou volcaniques plutôt que par la force d'érosion d'une mer voisine. L'existence de cette espèce de conglomérat, qu'on rencontre en masses énormes dans les deux hémisphères, révèle l'intensité de la force avec laquelle les roches d'éruption se sont fait jour à travers les couches solides de l'écorce terrestre. Les eaux se sont ensuite emparées de ces débris, et les ont disséminés par couches sur le fond même qu'elles recouvrent aujourd'hui [1]. »

Le même géologue montre ensuite comment le grès rouge (le *todtliegende* des montagnes de *flætz* de la Thuringe et le terrain houiller ont dû être produits par l'éruption des roches porphyritiques. Si l'on rapproche ces considérations de l'explication qu'il a donnée de la formation de la dolomie, on ne saura s'empêcher de reconnaître L. de Buch pour le véritable auteur de la théorie du *métamorphisme*, qui rend compte d'une dernière classe de roches (*roches métamorphiques*, de la plus haute importance. La théorie du métamorphisme était fondée du moment où l'on eut reconnu les transformations variées, mécaniques et chimiques, que les roches peuvent subir dans le vaste atelier des forces souterraines. Les preuves ne manquèrent pas à l'appui. Ainsi, au fait, signalé par L. de Buch, de la formation de masses dolomitiques par l'action ignée d'une roche éruptive sur les strates de calcaire compacte dans le Tyrol méridional et le versant italien de la chaîne des Alpes [2], il faut ajouter le

1. L. de Buch, *Lettres géognostiques*, p. 75 et suiv.
2. Le calcaire, en se modifiant, présente d'abord des crevasses, tapis-

résultat des observations faites par Alex. de Humboldt et par Gustave Rose dans l'Oural et l'Altaï. Ces savants y ont vu le schiste argileux transformé, par l'action plutonique du granite en une masse granitoïde, composée de feldspath et de grandes parcelles de mica. Dans les Alpes, au mont Saint-Gothard la marne calcaire a été changée, par l'éruption du granite, successivement en micaschiste et en gneiss. La production du gneiss et du micaschiste, sous l'influence de contact du granit, s'observe dans beaucoup d'autres localités, tels que le Fichtelgebirge et le groupe oolithique de la Tarentaise, où l'on a trouvé des bélemnites dans des roches calcaires, altérées au point qu'on pouvait les prendre pour du micaschiste. On cite encore l'ardoise d'un noir bleuâtre et brillant, comme un produit de transformation du schiste argileux par le voisinage de roches plutoniques; le jaspe, comme étant produit par l'action volcanique du porphyre augitique. Le marbre granulaire, notamment le marbre de Carrare est aussi un produit de transformation, par des actions plutoniques, du grès calcaire (*macigno*) qui se montre, dans les Alpes Apennines, entre le micaschiste et le schiste talqueux[1].

sées de cristaux rhomboïdes de magnésie, et finit par n'être qu'un amas de cristaux granulaires de calcaire saccharoïde (*dolomie*), où l'on ne trouve plus de trace de la stratification originaire, ni aucun des fossiles qui y étaient primitivement contenus. Des feuilles de talc et des masses de serpentine (provenant de la roche éruptive) sont disséminées çà et là dans le calcaire transformé et devenu ainsi une roche nouvelle. S'élevant verticalement en murailles polies, d'une éblouissante blancheur, jusqu'à plusieurs milliers de pieds de hauteur, la dolomie forme un paysage de montagnes fantastique dans le Fassathal.

1. Voy., *sur le métamorphisme*, Alex. de Humboldt, *Cosmos*, t. I, p. 293 et suiv. (de l'édition française).

Paléontologie moderne.

La théorie des formations solides de l'écorce terrestre s'est dégagée de ses entraves originelles par l'étude des restes organiques, végétaux et animaux, appliquée à la détermination de l'âge relatif des terrains ou des roches. Ces restes, depuis longtemps signalés, comme nous l'avons montré plus haut, n'ont reçu leur véritable signification que depuis les travaux paléontologiques de Cuvier et de Brongniart, suivis de ceux de Lyell, de Buckland, de Murchison, d'Agassiz, de Lindley, de Constant Prévost, d'Alcide d'Orbigny, d'Archiac, etc. ; ils sont devenus les points de repère de la chronologie du globe terrestre, déjà pressentie par le génie de Hooke. Avant ces travaux, on prétendait reconnaître les espèces vivantes parmi les organisations éteintes, comme au seizième siècle on confondait, sur de fausses analogies, les animaux de l'Amérique, récemment découverte, avec ceux de l'Ancien Monde.

Pierre Camper, Sœmmering et Blumenbach avaient déjà essayé d'appliquer les ressources de l'anatomie comparée à l'étude des ossements des grands animaux fossiles vertébrés, lorsque Georges *Cuvier* fit paraître, en 1812, ses *Recherches sur les ossements fossiles*, précédées, en guise d'introduction, du *Discours sur les révolutions du globe*. Ses premiers travaux paléontologiques remontent à 1796. A cette époque il avait présenté à l'Institut un mémoire où il cherchait à établir que l'éléphant fossile, dont les débris se rencontrent en un si grand nombre de localités, diffère spécifiquement de l'éléphant d'Afrique, ainsi que de celui des Indes. Il avoue lui-même que ce fait lui ouvrit des vues toutes nouvelles sur la théorie de la terre. « Lorsque la vue de quelques ossements d'ours et d'éléphants m'inspira, dit-il, l'idée d'appliquer les règles générales de l'anatomie à la reconstruction et à la détermination des ossements fossiles, lorsque je commençais à m'apercevoir que ces espèces n'étaient point représentées par celles de nos jours, je ne me doutais guère que je marchasse sur un sol rempli de dépouilles plus extraordinaires encore que celles que j'avais vues jusque-là, ni que je fusse destiné à reproduire à la lumière des genres entiers, inconnus au monde actuel et ensevelis depuis des temps incalculables à de grandes profondeurs. »

Un jour de l'année 1798, un particulier, nommé Vuarin, apporta à Cuvier quelques ossements qu'il avait recueillis dans les plâtrières de Montmartre. Cuvier reconnut au premier coup d'œil que ces ossements provenaient d'animaux entièrement inconnus. Il se met aussitôt en rapport avec les ouvriers employés à l'exploitation de ces plâtrières, les encourageant par des récompenses quand ils lui apportaient des fragments bien conservés, et bientôt il posséda une collection d'ossements fossiles assez riche pour pouvoir entreprendre sérieusement ses recherches. Voici comment l'auteur raconte lui-même ses débuts dans cette voie de découvertes inattendues : « Dès les premiers moments je m'aperçus, dit-il, qu'il y avait plusieurs espèces dans nos plâtres ; bientôt après je vis qu'elles appartenaient à plusieurs genres, et que ces espèces, de genres différents, étaient souvent de même grandeur entre elles, en sorte que la grandeur pouvait plutôt m'égarer que m'aider. J'étais dans le cas d'un homme à qui l'on aurait donné pêle-mêle des débris mutilés et incomplets de quelques centaines de squelettes appartenant à vingt sortes d'animaux. Il fallait que chaque os allât retrouver celui auquel il devait tenir : c'était presque une résurrection en petit, et je n'avais pas à ma disposition la trompette toute-puissante ; mais les lois immuables prescrites aux êtres vivants y suppléèrent, et, à la voix de l'anatomie comparée, chaque os, chaque portion d'os reprit sa place. Je n'ai point d'expression pour peindre le plaisir que j'éprouvai en voyant, à mesure que je découvrais un caractère, toutes les conséquences plus ou moins prévues de ce caractère se développer successivement : les pieds se trouver conformes à ce qu'avaient annoncé les dents, les dents à ce qu'annonçaient les pieds ; les os des jambes, des cuisses, tous ceux qui devaient réunir les parties extrêmes, se trouver conformés comme on pouvait le juger d'avance, en un mot, chacune de ses espèces renaître, pour ainsi dire, d'un seul de ces éléments. Ceux qui auront la patience de me suivre pourront prendre une idée des sensations que j'ai éprouvées en restaurant ainsi par degrés ces antiques monuments d'épouvantables révolutions. »

Voilà comment cet homme de génie parvint à reconstituer, à ressusciter, suivant son expression, les animaux à l'aide de leurs débris. Les difficultés qu'il avait rencontrées dans sa comparaison des éléphants fossiles avec les éléphants du monde actuel étaient peu de chose à côté de celles qu'il rencontra dans la détermination des espèces des plâtrières de Montmartre. Ces espèces n'appartenant pas, pour la plupart, à la faune actuelle, il en résultait que la vie n'a pas toujours revêtu les formes que nous lui voyons aujourd'hui, et que de nombreuses générations d'êtres ont disparu par suite des révolutions de notre planète. Les idées fantastiques d'autrefois se dissipèrent pour faire place aux conquêtes de la science. Scheuchzer avait décrit un squelette comme étant de la race d'homme maudite, antérieure au déluge. Cuvier démontra, en observant la pierre qui contenait ce débris, et qui était conservée au musée de Harlem, que le prétendu témoin du déluge, *homo diluvii testis*, n'était qu'une grosse salamandre.

Après avoir reconstitué les ossements fossiles de Montmartre, Cuvier voulut chercher dans l'étude géologique du bassin de Paris la solution des questions qui se pressaient dans son esprit. Mais comme il était jusqu'alors resté à peu près étranger à la géologie, il s'adjoignit pour collaborateur Alexandre *Brongniart*[1]. Pendant quatre ans les deux savants explorèrent de concert tous les environs de Paris, et publièrent les résultats de leurs excursions, en 1810, d'abord sous le titre d'*Essai sur la géographie minéralogique du bassin de Paris*, et plus tard, avec des augmentations, sous le titre de *Description géologique des environs de Paris* (1835, 3e édit., in-8°, avec atlas). Dans cet ouvrage, on trouve pour la première fois la distinction essentielle entre le terrain marin et le terrain d'eau douce. Cette distinction, acquise depuis à la science, est fondée sur ce que le terrain d'eau douce est composé de deux bancs d'argile, dont l'un, inférieur, formé d'*argile plastique*, infusible, servant à faire de la faïence et de la poterie fine, ne renferme aucun débris organique, tandis que le banc supérieur, formé de ce que les ouvriers appellent *fausse glaise*, séparé du banc inférieur par un lit de sable, est souvent très-riche en débris de corps organisés, dont l'origine n'est point marine, mais qui ont dû vivre, comme leurs congénères actuels, ou dans les eaux douces ou à la surface du sol. « C'est, ajoutent les auteurs, aux limites supérieures de la formation d'argile et de lignite que se montre le plus ordinairement le mélange et même l'alternance des animaux marins, et des animaux et végétaux terrestres ou d'eau douce. Mais à mesure qu'on s'élève dans ce mélange, les corps organisés d'origine lacustre et terrestre diminuent, tandis que les corps marins deviennent tellement dominants qu'ils se montrent bientôt seuls, ce qui prouve encore que l'origine principale du terrain d'argile et de lignite n'est point sous-marin, et ce qui

1. Alexandre *Brongniart* (né à Paris en 1770, mort en 1847) était d'une année plus jeune que Cuvier, et mourut quinze ans après son collaborateur. Il fut depuis 1801 directeur de la manufacture de Sèvres, professa la minéralogie au Jardin des Plantes, et fit paraître, outre sa collaboration à la *Description géologique des environs de Paris* (Paris, 1822), un *Traité des arts céramiques* (*Ibid.*, 1845), fruit de quarante ans de travaux et d'études.

justifie le nom que nous lui avons donné de *premier terrain d'eau douce.* » Ils avaient appelé *dernier terrain d'eau douce* un mélange de marne et de silice qui ne contient que des coquilles d'eau douce en abondance, et qui remplit les vides laissés, d'une part entre le calcaire siliceux et le calcaire grossier, coquillier, et de l'autre entre le gypse et la marne. Quant à la masse calcaire, riche en fossiles marins, il faudrait la considérer comme s'étant déposée dans un vaste espace creux, dans une sorte de golfe dont les côtes étaient de craie ; ce serait là le fond du bassin de Paris.

Suivant Laurillard, c'est Cuvier (et non pas Brongniart, comme on l'a dit) qui eut le premier l'idée de la distinction des terrains marins et des terrains d'eau douce, et cette idée lui vint subitement, dans un endroit de la forêt de Fontainebleau que l'on appelle le Mont-Pierreux[1].

Après avoir étudié les espèces fossiles, non plus en elles-mêmes, mais dans leurs rapports avec les terrains qui recèlent leurs débris, et après s'être assuré que dans chaque localité plusieurs générations d'êtres vivants se sont remplacées les unes les autres, Cuvier arriva à la démonstration positive de cette succession d'époques géologiques que Buffon avait entrevues. Mais parmi ces innombrables fossiles, on n'avait jamais trouvé d'ossements humains.

C'est en vain qu'aidé des ressources d'une vaste érudition, il chercha dans la mythologie, dans l'histoire, dans l'archéologie, dans l'astronomie, des documents certains sur l'antiquité de notre espèce : partout il rencontra la même réponse : c'est que notre espèce appartient à une époque relativement récente et ne remonte pas au delà de six mille ans. Ce fait paraissait être confirmé par l'histoire

1. Laurillard était depuis 1804 secrétaire de Cuvier, et l'accompagnait dans ses excursions.

de la terre. « Tout porte à croire, dit Cuvier, que l'espèce humaine n'existait point, dans les pays où se découvrent les os fossiles, à l'époque des révolutions qui ont enfoui ces os.... Mais je n'en veux pas conclure que l'homme n'existait point du tout avant cette époque : il pouvait habiter quelques contrées peu étendues, d'où il a repeuplé la terre après ces événements terribles; peut-être aussi les lieux où il se tenait ont-ils été entièrement abîmés et les os ensevelis au fond des mers actuelles, à l'exception du petit nombre d'individus qui ont conservé son espèce. Je pense donc que s'il y a quelque chose de constaté en géologie, c'est que la surface de notre globe a été victime d'une grande et subite révolution, dont la date ne peut remonter au delà de cinq ou six mille ans; que cette révolution a enfoui et fait disparaître les hommes et les espèces des animaux aujourd'hui les plus connus; qu'elle a, au contraire, mis à sec le fond de la dernière mer, et en a formé les pays aujourd'hui habités; que c'est depuis cette révolution que le petit nombre des individus épargnés par elle se sont répandus et propagés sur les terrains nouvellement mis à sec, et que par conséquent c'est depuis cette époque seulement que nos sociétés ont repris une marche progressive, et qu'elles ont formé des établissements, recueilli des faits naturels et combiné des systèmes. Où donc était alors le genre humain? Ce dernier et ce plus parfait ouvrage du Créateur existait-il quelque part? Les animaux qui l'accompagnent maintenant, dont il n'y a point de traces parmi les fossiles, l'entouraient-ils? Les pays où il vivait avec eux ont-ils été engloutis?... C'est ce que l'étude des fossiles ne nous dit pas. »

On voit par cette citation que Cuvier n'était pas aussi absolu dans ses affirmations qu'on l'a prétendu. Il y avait encore de la place pour des recherches ultérieures, et M. Boucher de Perthes a très-bien pu, de nos jours, soutenir la thèse de la contemporanéité de l'homme avec des espèces éteintes, et reculer ainsi l'âge de notre espèce bien au delà des limites indiquées.

Depuis les travaux de Cuvier, la paléontologie, marchant d'accord avec la géologie, s'est enrichie d'une multitude de faits nouveaux dont nous ne pouvons signaler ici que les principaux. Dans ce rapide aperçu historique, nous laisserons de côté la branche purement morphologique de la paléontologie, qui ne cherche, dans l'étude des fossiles, qu'à combler les lacunes qui se présentent dans les séries d'êtres actuellement vivants; nous nous attacherons exclusivement à sa branche géologique, qui considère les fossiles en rapport avec la formation sédimentaire du globe, où se sont passés ces cataclysmes et ces soulèvements qui ont eu pour suite la destruction des espèces anciennes, végétales ou animales, et l'apparition d'autres espèces, improprement nommées *créations nouvelles*.

L'ensemble de la FORMATION SÉDIMENTAIRE, théâtre de la paléontologie, comprend, en allant de bas en haut, comme autant d'époques géologiques subdivisées en périodes : 1° le terrain de *transition*, reposant sur les roches dites *azoïques*, parce qu'on n'y rencontre aucune trace de corps organique; il a été divisé par les géologues allemands en *grauwackes* inférieure et supérieure, et par Murchison[1] en *systèmes silurien* (étage *ampélitique* de Cor-

1. Roderic *Murchison*, né en 1792, à Taradale, en Écosse, se fit particulièrement connaître par son exploration géologique du nord du pays de Galles. Il établit, dès 1831, que cette masse caractéristique de couches sédimentaires, déchirées çà et là par des roches d'origine ignée, formait un système unique, auquel il donna le nom de *silurien*, parce que les roches qui en déterminent le type se trouvent dans la contrée occupée, du temps des Romains, par la peuplade des Silures (*Philosophical Magazine*, 1832). Plus tard, il établit, de concert avec Sedgwick, que les roches stratifiées des contrées de Devon et de Cornouailles devaient être assimilées au vieux grès rouge d'Écosse (*old red sandstone*), et il leur imposa le nom de *système devonien*. Mais ce système ne se voit pas seulement en Angleterre, on le rencontre aussi

dier) et *devonien* (étage des *grès pourprés* de Cordier), division aujourd'hui généralement adoptée ; 2° le *terrain carbonifère*, comprenant l'étage du calcaire de montagne (*calcaire carbonifère*), l'étage houiller, l'étage des pséphites (le *todtliegende* ou *nouveau grès rouge inférieur* des Allemands, partie du *terrain pénéen* ou *permien* de Murchison et de la *période salino-magnésienne* de Cordier), l'étage du calcaire magnésien (*zechstein* des Allemands, *calcaire pénéen* de Brongniart) ; 3° Le *terrain de trias*[1], ainsi nommé parce qu'il comprend trois dépôts minéralogiquement très-distincts : les grès bigarrés (*nouveau grès rouge* des Anglais, *formation pœcilienne* de M. Huot), le calcaire coquillier (*muschelkalk* des Allemands), et la marne irisée (*keuper* des Allemands, *red marle* des Anglais) ; 4° le *terrain jurassique*, composé des étages du *lias*[2] et de l'*oolithe;* 5° le *terrain crétacé* ou le *grès massif*, comprenant l'étage *néocomien* ou groupe *wealdien*[3] (terrain *aptien* d'Alc. d'Orbigny), l'étage *glauconieux* (grès vert, terrain albien ou turonien d'Alc. d'Orbigny), la craie proprement dite; 6° le *terrain paléothérien*, ainsi nommé à cause de ses nombreux débris de paléothérium, comprend cette longue série de formations de calcaire grossier, de marnes, de sables (grès quarzeux), de gypse, de molasses, de faluns (dépôts coquilliers), qui commence au-dessus de la craie

en Belgique, sur les bords du Rhin, en Bretagne, et dans d'autres contrées de l'Europe.

1. Alex. de Humboldt appelle *trias* inférieur le terrain houiller, et *trias supérieur* le terrain de trias proprement dit.

2. Le mot anglais *lias*, insignifiant par lui-même, a été appliqué à la base du terrain jurassique, composé principalement de ce grès jaunâtre (grès du lias) qui comprend la plus grande partie du *quadersandstein* (pierre à bâtir des Allemands).

3. Le nom de *weald* désigne diverses parties des contrées de Kent, de Surrey et de Sussex, où ce groupe, principalement composé de sable et de grès ferrugineux, a été particulièrement observé. Le dépôt correspondant, observé en France, en Suisse, etc., a reçu le nom de *néocomien*.

blanche et se termine aux alluvions. Ce terrain, qui a été plus particulièrement exploré par les paléontologistes, a été divisé par Lyell en périodes *éocène* (terrain tertiaire inférieur, étage parisien inférieur), *miocène* (étage des molasses et des faluns, terrain tertiaire moyen), et *pliocène*[1] (étage du crag, terrain tertiaire supérieur, *terrain quaternaire* de quelques géologues). Enfin, après la formation sédimentaire, dont nous venons d'énumérer les principaux étages, terrains, périodes ou systèmes, viennent les TERRAINS DE TRANSPORT ou D'ALLUVION, qui ont été divisés en *alluvions anciennes* (*diluvium* de quelques géologues, *nouveau pliocène* de Lyell, *terrain clysmien* ou des *blocs stratiques*, *terrain de transport ancien*) et en *alluvions modernes* (*terrains post-diluviens*, période jovienne de Brongniart, *terrain récent*), comprenant, entre autres, les stalactites, stalagmites, les tufs, les travertins et autres concrétions calcaires.

En jetant un coup d'œil sur toutes ces couches fossilifères, de plusieurs milliers de mètres de profondeur, on a remarqué çà et là des êtres organisés, conservés intacts jusque dans les moindres détails de leur tissu, témoin cette sépia, découverte par Miss Mary Anning dans l'oolithe inférieure du terrain jurassique, d'où on a pu retirer encore la matière noire dont cet animal se servait, il y a des milliers d'années, pour échapper à ses ennemis. Ailleurs on ne retrouve que des vestiges incomplets, l'empreinte d'une coquille, les traces qu'un animal a laissées en courant sur une argile molle, ou des résidus de

1. Par les mots *pliocène* (du grec πλεῖον, plus) et *miocène* (du grec μεῖον, moins). Lyell a voulu exprimer le *plus* ou le *moins* d'analogie que les mollusques fossiles de ces groupes ou étages présentent avec les mollusques actuellement vivants. Quant au groupe tertiaire qui repose immédiatement au-dessus de la craie, groupe que Lyell appelle la période *éocène* (du grec ἠώς, aurore), il ne mérite pas ce nom, « car, comme le dit Ehrenberg, l'*aurore* du monde où nous vivons s'étend bien plus en avant dans les âges antérieurs qu'on ne l'a cru jusqu'à présent. » (Ehrenberg, *Mém.* de l'Académie de Berlin. 1839, p. 164.)

sa digestion, désignés sous le nom de *coprolithes*. Buckland compare ces excréments pétrifiés à des pommes de terre répandues en abondance sur le sol [1]. Les corps organisés contenus dans les couches sédimentaires les plus anciennes sont non-seulement de formes très-diverses, mais souvent dans un tel état de déformation qu'il est difficile d'en apprécier exactement les caractères. Tels sont, parmi les organisations végétales, quelques équisétacées (prêles d'eau), lycopodiacées et fougères arborescentes [2], et, parmi les organisations animales, une association singulière de polypiers pierreux, de crustacés trilobites aux yeux réticulaires), de brachiopodes (spirifères), de céphalopodes (orthocères, nautiles), d'encrinites, de térébratules, etc. Tel fut le point de départ des manifestations apparentes de la vie sur notre planète.

Parmi les animaux vertébrés, les poissons, d'une forme étrange, ont les premiers apparu. Les céphalaspides aux lourds boucliers, dont certains fragments du genre ptérichthys ont été longtemps pris pour des trilobites, caractérisent exclusivement le terrain devonien (vieux grès rouge) [3]. En allant de là de bas en haut, on rencontre successivement les reptiles et les mammifères. C'est dans le calcaire magnésien (zechstein) qu'on a découvert le premier reptile (*protosaurus* de Mayer, espèce de monitor, selon Cuvier), qui avait déjà attiré l'attention de Leibniz. Le *paléosaurus* et le *thecodontosaurus* de Bristol sont, suivant Murchison, des reptiles de la même époque. Leur nombre va en augmentant dans le calcaire

1. Buckland, *Geology considered with reference the to natural theology*, vol. I, p. 188 et suiv.

2. Adolphe *Brongniart*, né à Paris en 1801, fils d'Alexandre Brongniart, a beaucoup contribué à la connaissance de la flore fossile par son *Histoire des végétaux fossiles*, ou *Recherches botaniques et géologiques*, etc., Paris, 1828 et suiv. 2 vol. in-4°.

3. Agassiz, *Monographie des poissons fossiles du vieux grès rouge*.

coquillier, dans la marne irisée (keuper) et dans le terrain jurassique, où il atteint son maximum. A l'époque représentée par ce terrain, vivaient le plésiosaure au long cou de cygne, formé de trente vertèbres, le mégalosaure, gigantesque crocodilien de quinze mètres de longueur, garnis de pieds semblables à ceux d'un lourd mammifère terrestre; huit espèces d'ichthyosaures, énormes poissons-lézards, le géosaure (*lacerta gigantea* de Sœmmering) et sept espèces de ptérodactyles, garnis d'ailes membraneuses poilues, hideux reptiles volants, pareils aux dragons légendaires [1]. Dans la craie, où se trouve le colossal iguanodon, probablement herbivore, le nombre des reptiles crocodiliens va en diminuant. Quant aux crocodiliens dont les espèces existent encore aujourd'hui, on en trouve, selon Cuvier, jusque dans le terrain tertiaire, et l'*homo diluvii testis* de Scheuchzer, la grande salamandre, voisine de l'axolotl des lacs du Mexique, appartient, suivant Al. de Humboldt, aux plus récents dépôts d'eau douce d'Œningen. C'est dans le terrain jurassique qu'on a découvert les premiers mammifères (le *thylacotherium Prevostii* et le *th. Bucklandi*), voisins de la famille des marsupiaux; et c'est dans le plus ancien dépôt du terrain crétacé qu'on a trouvé le premier oiseau fossile. Le nombre des *ornitholithes* (oiseaux fossiles) augmente dans le gypse de la formation tertiaire [2].

Telles sont, dans l'état actuel de la science, les limites géologiques inférieures des poissons, des reptiles, des oiseaux et des mammifères, représentant les quatre classes de la grande division des animaux à vertèbres.

Quant aux animaux sans vertèbres, il a été difficile d'établir une relation bien certaine entre la succession de

1. H. de Mayer, *Palæologica*, p. 228 et suiv.
2. Valenciennes, *Comptes rendus de l'Académie des sciences*, année 1838, p. 580.

leurs espèces et l'âge des terrains où on les trouve. Ainsi, des céphalopodes et des crustacés d'une organisation relativement très-élevée se rencontrent dans les plus anciens terrains sédimentaires, en compagnie avec des coraux pierreux et des serpulites, placés sur les limites du règne végétal et du règne animal. Cependant on a vu des coquilles fossiles, comme des goniatites, des trilobites, des nummulites, groupés de manière à former des montagnes entières. Certaines familles se trouvent régulièrement associées à des strates superposés d'un même terrain. Ainsi, parmi les ammonites, classées par L. de Buch en familles bien définies par la disposition de leurs lobes, les cératites appartiennent au calcaire coquillier, les ariètes au lias, les goniatites à la grauwacke. Les bélemnites ont leur limite inférieure dans le keuper, situé au-dessous du calcaire jurrassique, et leur limite supérieure dans la craie. On a constaté encore que les eaux des régions les plus distantes ont été habitées aux mêmes époques par des testacés identiques. C'est ainsi que L. de Buch et Alcide d'Orbigny ont signalé, le premier, des exogyres et des trigonies dans l'hémisphère austral (volcan Maypo, au Chili), le second, des ammonites et des gryphées dans l'Himalaya et dans les plaines de Cutch (Inde), exactement identiques avec les espèces de l'*horizon* ou *mer géologique*, représentée par la formation jurassique.

Les limites supérieures des vertébrés et des invertébrés sont d'autant plus difficiles à déterminer, que les espèces éteintes se confondent, souvent à d'assez grandes profondeurs, avec des espèces encore vivantes. Par exemple, les couches de craie, où gisent des reptiles gigantesques, tout un monde détruit de coraux et de coquilles, et deux espèces de poissons sauroïdes (poissons qui, par leurs écailles recouvertes d'émail, se rapprochent des reptiles), sont, d'après les observations d'Ehrenberg, entièrement composées de polythalames microscopiques, dont la plupart des espèces vivent aujourd'hui dans nos mers. Dans les terrains d'alluvion, les espèces éteintes de mammifères gigantesques, tels que les mastodontes, les dinothériums, le mégathériums, le mylodon d'Owen, espèce de paresseux, long de trois mètres et demi, se trouvent associées avec des ossements d'éléphants, de rhinocéros, de girafes, dont les espèces, actuellement vivantes, appartiennent au climat tropical que l'on suppose avoir régné à l'époque des mastodontes.

Passons de la faune à la flore fossile.

Partant d'une vue théorique sur la gradation des êtres organisés, on a cru pouvoir affirmer que la vie végétale est la condition nécessaire du développement de la vie animale, et que par conséquent la première a dû apparaître avant la seconde. Mais aucun fait ne paraît justifier cette théorie, si plausible en apparence. Aujourd'hui encore n'y a-t-il pas des races entières qui, comme les Esquimaux, vivent exclusivement de poissons et de cétacés?

Les plus anciennes couches de sédiment, les strates siluriennes, ne renferment que des plantes marines (fucus), à feuilles cellulaires. Les strates devoniennes sont les premières où l'on trouve quelques plantes vasculaires (calamites, lycopodiacées). Le terrain houiller forme les véritables catacombes de la flore primitive, dont on connaît déjà environ quatre cents espèces, réparties sur les grands embranchements du règne végétal, cryptogames et phanérogames (monocotylédones et dicotylédones). Parmi ces plantes, aux formes étranges, disséminées dans toutes les houillères du globe, on remarque les lycopodes arborescents, les calamites, semblables aux prêles d'eau; les sigillaria squammeux, de vingt mètres de longueur, quelquefois debout et enracinés; les stigmaria, semblables aux cactus; d'innombrables fougères, souvent accompagnées de leurs troncs témoignant de la constitution insulaire primordiale du globe; les cycadées, qui par leur aspect extérieur ressemblent aux palmiers de nos régions tropicales, tandis que par la structure de la fleur et de la graine elles se rapprochent des conifères de nos régions septentrionales. Toute cette végétation primitive a maintenu, à travers les périodes qui se sont succédé depuis le vieux grès rouge jusqu'aux dernières couches de la craie, les caractères qui la distinguent de la végétation du monde actuel.

La masse des végétaux accumulés en certains lieux par les courants, et transformés ensuite en houille, montre combien l'atmosphère du monde primitif devait être chargée d'acide carbonique, pour fournir à ces végétaux le carbone nécessaire. Les cycadées devaient jouer à cette époque primordiale un plus grand rôle qu'aujourd'hui : accompagnant les conifères depuis la formation houillère, elles manquent presque entièrement dans la période des grès bigarrés, où certains conifères se sont puissamment développés, et atteignent leur maximum dans le keuper et le lias; elles diminuent dans les époques subséquentes, alors que les conifères et les palmiers augmentent de nombre[1]. Dans la craie, ce sont les plantes marines et les naïadées qui prédominent. Dans la période tertiaire moyenne, on voit réapparaître des palmiers et des cycadées. Enfin les pins, les sapins, les cupulifères, les érables, les peupliers, qui caractérisent la dernière période de la végétation, offrent la plus grande analogie avec ceux de la flore actuelle. Le succin de la Baltique, dont les anciens faisaient un commerce important, provenait d'une espèce très-résineuse de sapin rouge (*pinites succinifer*, Goeppert).

Les grandes variations, déjà signalées par Cuvier, qui ont eu lieu successivement dans les types généraux de la vie, présentent des relations numériques dont Lyell en Angleterre et Deshayes en France ont fait l'objet de leurs

1. Goeppert, *Cycadées fossiles*, dans les *Travaux de la Société silésienne*, année 1843, p. 33 et suiv.

recherches. Une chose certaine, c'est que les faunes et les flores fossiles diffèrent d'autant plus des formes animales et végétales actuelles, que les terrains où elles se trouvent sont plus anciens. Toutes les observations sont d'accord sur ce point fondamental.

Théorie des causes actuelles.

Les théories que nous avons plus haut passées en revue, ont présenté le globe comme ayant été, à de longues périodes, le siége de révolutions et de cataclysmes dont aucun mortel n'a été témoin. Quelques géologues cependant ont pensé que les causes qui agissent encore aujourd'hui, quoique très-lentement, sous nos yeux, suffisent pour expliquer les changements dont notre planète a été successivement le théâtre. En tête de ces géologues, nous devons citer Constant Prévost[1].

Dès 1809 C. Prévost avait signalé une série de faits nouveaux concernant la présence de coquilles marines au milieu des dépôts d'eau douce, et de coquilles d'eau douce au milieu de dépôts marins. Il essaya d'expliquer ces faits par la rencontre en un même bassin de courants marins et d affluents fluviatiles, donnant naissance à des alternances répétées de deux sortes de dépôts.

C. Prévost appliqua d'abord cette manière de voir à la formation du bassin de Paris. Par ses travaux ultérieurs, il appela l'attention des géologues sur l'existence de terrains tertiaires, plus ou moins récents que les autres suivant les localités. Ses recherches *Sur les falaises de la Normandie* le

1. Constant *Prévost* (né à Paris en 1787, mort en 1856), membre de l'Académie des sciences, fut un des fondateurs de la Société géologique de France. Ses principaux travaux ont été publiés dans les Bulletins de cette Société.

conduisirent à comparer les terrains secondaires de la Normandie avec ceux de la Grande-Bretagne. Reprenant, en 1827, la question de l'origine des formations du bassin de Paris, il battit en brèche l'ancienne théorie des submersions itératives de nos continents par les mers, pour lui substituer celle des affluents fluviatiles. Dans l'île de Julia, apparue en 1831 dans les eaux de la Sicile, il ne vit qu'un cratère d'éruption, formé de déjections pulvérulentes. Partant de nouvelles observations, faites en Sicile et aux environs de Naples, en Auvergne et dans le Vivarais, il étendit cette manière de voir aux anciennes montagnes volcaniques de l'Italie et de la France centrale : le Vésuve, l'Etna, le Mont-Dore et le Cantal ne seraient, d'après lui, que de simples cônes produits par des accumulations successives de matières projetées à l'état pulvérulent ou épanchées sous forme de coulées.

Cette doctrine était en opposition ouverte avec celle des géologues qui admettent, comme prélude aux phénomènes subséquents, le soulèvement des roches subjacentes. Les discussions soulevées à cet égard par M. Elie de Beaumont portèrent Constant Prévost à exposer ses propres idées sur la formation des chaînes de montagnes, et il poursuivit dès lors sans relâche l'application de la *théorie des causes actuelles* à l'histoire complète de la terre, s'attachant à démontrer l'identité et le synchronisme, à toutes les époques géologiques, des actions ignées et des actions sédimentaires[1]. Dans cette théorie, les révolutions violentes, séparées par des intervalles de repos, disparaissent et sont remplacées par une continuité d'action qui va en diminuant depuis son origine.

De tout ce qui précède, il résulte que la géologie est

1. *Voy.* l'article *Prévost* (Constant) dans la *Biographie générale*, t. XLI, col. 16.

loin d'avoir dit son dernier mot. En cela elle partage le sort de toutes les autres sciences. L'histoire de la science se continue comme celle des hommes qui y consacrent leurs efforts

FIN.

TABLE DES MATIÈRES.

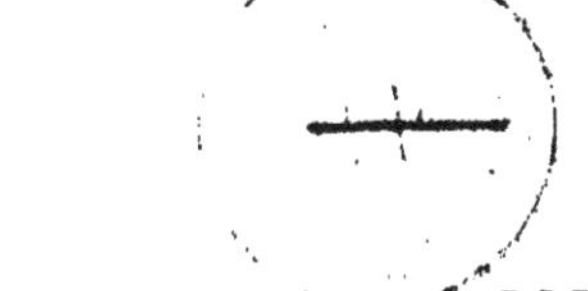

HISTOIRE DE LA BOTANIQUE.

LIVRE PREMIER.

LA BOTANIQUE DANS L'ANTIQUITÉ.

LIVRE DEUXIÈME.

LA BOTANIQUE AU MOYEN-AGE.

LIVRE TROISIÈME.

LA BOTANIQUE DANS LES TEMPS MODERNES.

LIVRE QUATRIÈME.

PROGRÈS DE LA BOTANIQUE DEPUIS LE DIX-HUITIÈME SIÈCLE JUSQU'A NOS JOURS.

HISTOIRE DE LA MINÉRALOGIE ET DE LA GÉOLOGIE.

MINÉRALOGIE.

GÉOLOGIE.

FIN DE LA TABLE DES MATIÈRES.

[illegible] — PARIS. TYPOGRAPHIE LAHURE
Rue de Fleurus, 9

LIBRAIRIE HACHETTE ET Cie

Boulevard Saint-Germain, 79, à Paris

HISTOIRE UNIVERSELLE

publiée par une société de professeurs et de savants

SOUS LA DIRECTION

DE M. V. DURUY

Format in-18 jésus

Les volumes de cette collection sont accompagnés de cartes géographiques, de plans de villes et de batailles, et contiennent des dessins de monuments, de costumes, etc.

La terre et l'homme, ou Aperçu historique de géologie, de géographie et d'ethnologie générales, pour servir d'introduction à l'*Histoire universelle*, par L. F. A. Maury, membre de l'Institut; 3e édition. 1 volume. 5 fr.

Chronologie universelle, par M. Dreyss, recteur de l'Académie de Chambéry; 4e édition, corrigée et conduite jusqu'en 1872. 2 volumes. [illegible]

Histoire sainte d'après la Bible, par M. Duruy; 6e édition. 1 volume, broché. 3 fr.

Histoire ancienne de l'Orient, par M. Guillemin, ancien recteur de l'Académie de Douai; 5e édition. 1 volume. 4 fr.

Histoire grecque, par M. Duruy; 7e édition. 1 vol. 4 fr.

Histoire romaine, par M. Duruy; 10e édition. 1 vol. 4 fr.

Histoire du moyen âge, depuis la chute de l'empire d'Occident jusqu'au milieu du XVe siècle, par M. Duruy; 8e édition. 1 volume. 4 fr.

Histoire des temps modernes, depuis 1453 jusqu'à 1789, par M. Duruy; 5e édition. 1 vol. 4 fr.

Histoire de France, par M. Duruy. Nouvelle édition illustrée de nombreuses gravures et de cartes. 2 volumes. 8 fr.

Histoire d'Angleterre (abrégé de l'), comprenant celle de l'Écosse, de l'Irlande et des possessions anglaises, par M. Fleury, recteur de l'Académie de Douai; 2e édition. 1 vol. 4 fr.

Histoire d'Italie (abrégé de l'), par M. Zeller, maître de conférences à l'École normale supérieure; 2e édition. 1 vol. 4 fr.

Histoire des États scandinaves (Suède, Norvège, Danemark), par M. A. Geffroy, professeur d'histoire à la Faculté des lettres de Paris. 1 vol. 3 fr. 50 c.

Histoire du Portugal, par M. Bouchot, ancien professeur d'histoire au lycée Corneille. 1 vol. 4 fr.

Histoire de la littérature grecque, par M. Pierron, ancien professeur au lycée Louis-le-Grand; 5e édition. 1 vol. broché. 4 fr.

Histoire de la littérature romaine, par M. Pierron; 5e édition. 1 volume. 4 fr.

Histoire de la littérature française, par M. D[illegible], agrégé de la Faculté des [illegible] de Paris; 12e édition. 1 volume. 4 fr.

Dictionnaire historique des institutions, mœurs et coutumes de la France, par M. Chéruel, recteur de l'Académie de Poitiers; 3e édition. 2 vol. 12 fr.

Histoire de la physique et de la chimie, depuis les temps les plus reculés jusqu'à nos jours, par M. Hoefer. 1 volume. 4 fr.

Histoire de la botanique, de la minéralogie et de la géologie, par M. Hoefer. 1 vol. 4 fr.

Histoire de la zoologie, par M. Hoefer. 1 vol.

Histoire de l'astronomie, par M. Hoefer. 1 vol.

Histoire des sciences mathématiques, par M. Hoefer. 1 vol.

La demi-reliure en chagrin de chacun de ces volumes se paye : tranches jaspées, 1 fr. 50 c.; tranches dorées, 2 fr.

Typographie Lahure, rue de Fleurus, 9, à Paris.

www.ingramcontent.com/pod-product-compliance
Ingram Content Group UK Ltd.
Pitfield, Milton Keynes, MK11 3LW, UK
UKHW012005240726
13965UKWH00001B/155